Kosmos Himmelsjahr 2018

Sonne, Mond und Sterne im Jahreslauf

Herausgegeben von Hans-Ulrich Keller

unter Mitarbeit von Erich Karkoschka

KOSMOS

Inhalt

NASA/JPL

Die Monatsthemen Januar – Juni

Abbildungen zu den Planeten

Der Planetenzoo 243

Die Monatsthemen Juli – Dezember

Wichtige Abbildungen und Tabellen

Das Kosmos Himmelsjahr – ein Begleiter durch die Sternenwelt

Die Sonnenuhr geht immer richtig,
die Räderuhr nimmt man zu wichtig!

Sonnenuhrspruch

In der Morgendämmerung der Menschheitsgeschichte entwickelte sich allmählich das Zeitbewusstsein, vor allem auch durch die Beobachtung des stets wechselnden Sonnenstandes und der damit verbundenen Änderungen der Längen und Richtungen des Schattens, den Gegenstände im Sonnenlicht werfen. Deshalb wurden Sonnenuhren zu den ersten Zeitmessern in der Kulturgeschichte des Homo sapiens.

Mit Einführung genau gehender Pendeluhren in der Neuzeit stellte man bald fest, dass die Sonnentage, die Zeitspannen zwischen zwei aufeinander folgenden Höchstständen der Sonne, nicht stets gleich lang sind. Ursache für diese Erscheinung ist die Schrägstellung der Erdachse und die elliptische Bahn der Erde um die Sonne. Man führte daher als gleichförmiges Zeitmaß den mittleren Sonnentag ein. Die Differenz zwischen dem wahren Sonnenstand und dem einer fiktiven mittleren Sonne wird Zeitgleichung genannt. Sie kann Werte zwischen plus/minus einer Viertelstunde annehmen.

Im Zeitalter des schnellen Verkehrs war es angebracht, Zonenzeiten festzulegen. Unsere Uhren zeigen somit nicht mehr die wahre Sonnenzeit am Ort des Beobachters an, sondern die mittlere Sonnenzeit eines Referenzmeridians. So ist beispielsweise die Mitteleuropäische Zeit (MEZ) die mittlere Sonnenzeit des Meridians 15° östlich von Greenwich. Hinzu kommt, dass man die Uhren auch mal eine Stunde vorstellt, dann wieder eine Stunde zurückdreht, um im Sommerhalbjahr die Tageshelle besser nutzen zu können.

Eine Sonnenuhr hingegen bleibt von diesen Manipulationen unbeeindruckt. Sie zeigt den Sonnenstand am Ort des Beobachters stets korrekt an, also die natürliche wahre Sonnenzeit. Darauf will obiger Sonnenuhrspruch aufmerksam machen.

Himmlische Zeitmesser

Sonne, Mond und Sterne zeigen dem naturverbundenen Menschen den Zeitablauf während des Jahres zuverlässig an. Im Winter sind abends andere Sterne und Sternbilder zu sehen als an Sommerabenden. Gelegentlich tritt der Vollmond in den Schatten der Erde. Venus zeigt sich einmal als heller Morgenstern, dann wieder spielt sie ihre Rolle als Abendstern. Jupiter strahlt hell am Winterhimmel, sechs Jahre später hält er sich am Sommerhimmel auf. Mars wird im Sommer 2018 als auffällig helles Gestirn die Blicke auf sich ziehen und so manchen Himmelsunkundigen verwundern. Und am Tag der Opposition des roten Planeten ereignet sich am gleichen Abend eine bei uns sichtbare totale Mondfinsternis.

Es kann sehr reizvoll sein, den stets wechselnden Anblick des Sternenhimmels bewusst zu verfolgen. Um sich schnell kundig zu machen, was, wann und wo sich am Sternenhimmel ereignet, dazu dient das *Kosmos Himmelsjahr*.

Ein Jahrbuch für jedermann

Auch der 108. Jahrgang des vorliegenden Jahrbuches soll sowohl dem Einsteiger in die Himmelskunde als auch der kundigen Amateurastronomin die erforderlichen Hinweise und Daten für eigene astronomische Beobachtungen liefern.

Der erfahrene Himmelsbeobachter findet auf der inneren Umschlagklappe Kurzhinweise zum Gebrauch dieses Jahrbuches. Ausführliche Erläuterungen zu den wichtigsten Grundtatsachen der Astronomie findet der Einsteiger in die Himmelskunde ab Seite 8.

Eine kalendarische Übersicht enthält das Kapitel „Das Jahr 2018 auf einen Blick“ auf Seite 6. Dem Hauptteil vorangestellt ist die Beschreibung der Sonnen- und Mondfinsternisse, die sich im Jahr 2018 ereignen (siehe Seite 22).

Der Anhang enthält ein Verzeichnis von Planetarien und Sternwarten sowie eine Liste von amateurastronomischen Einrichtungen, die den Kontakt zu Gleichgesinnten erleichtern soll.

Wieder wurden einige Verbesserungen vorgenommen. Die Grafiken zu den Merkursichtbarkeiten wurden neu gestaltet. Neu ist ferner die Tafel der Planetenelongationen auf der hinteren, inneren Umschlagseite. Sie ermöglicht eine schnelle Übersicht, wann welche Planeten abends, morgens oder auch um Mitternacht zu sehen sind und ob helles Mondlicht eventuell die Beobachtungen stört. Neu sind auch die Grafiken zu den Planetensichtbarkeiten und die Darstellung der Mondscheiben im Ephemeridenteil.

Eine ausführliche Erläuterung zu den einzelnen Fachbegriffen findet man im *Wörterbuch der Astronomie*, in dem alle wichtigen Begriffe verständlich erklärt werden. Das *Wörterbuch der Astronomie* ist im Kosmos-Verlag erschienen und überall im Buchhandel erhältlich.

Professionelle Daten

Die Daten für das vorliegende Jahrbuch stammen, soweit nicht nachstehend besonders vermerkt, vom Planetarium Stuttgart. Das Institut de Mécanique Celeste et de Calcul des Éphémerides (IMCCE), Observatoire de Paris, lieferte die Daten für die Jupitermonderscheinungen, die Sonnenfleckenrelativzahlen das Observatoire Royal de Belgique, Brüssel, und die Daten für die Sternschnuppenströme die International Meteor Organization (IMO),wofür Herrn Dr. Jürgen Rendtel (Leibniz-Institut für Astrophysik, Potsdam) zu danken ist.

Sven Melchert

Immer einen Blick wert: Ringplanet Saturn.

Mein besonderer Dank gilt meinem Mitarbeiter, Herrn Dr. Erich Karkoschka (Lunar and Planetary Laboratory, University of Arizona, Tucson) für seine Ephemeridenberechnungen, die Kalkulation der Sternbedeckungen durch den Mond und die Anfertigung vieler Skizzen und Abbildungen. Er hat auch die neuen Merkursichtbarkeitsgrafiken und die Tafel der Planetenelongationen entworfen.

Dank schulde ich auch Herrn Gerhard Weiland, der mit großer Sorgfalt und Umsicht die Reinzeichnungen der Grafiken angefertigt hat, sowie Herrn Wil Tirion für die Herstellung der monatlichen Sternkarten und Übersichten des Planetenlaufs. Dankbar bin ich auch Herrn Michael Vogel, der sorgfältig Korrektur gelesen hat.

Zu danken habe ich ferner Herrn Martin Gertz von der Beobachtergruppe des Planetariums Stuttgart für die professionellen Astroaufnahmen, die er auf der Sternwarte Welzheim gewonnen hat. Nicht zuletzt gebührt auch Frau Claudia Dintner Dank für die sorgfältige Reinschrift des Manuskripts sowie den Mitarbeiterinnen und Mitarbeitern des Verlages, namentlich Frau Susanne Richter sowie den Herren Siegfried Fischer und Sven Melchert, für die hervorragende Zusammenarbeit, ohne die dieses Jahrbuch nicht pünktlich erscheinen könnte.

Stuttgart, im März 2017
Hans-Ulrich Keller

Das Jahr 2018 auf einen Blick

Das Jahr 2018 ist nach dem Gregorianischen Kalender ein **Gemeinjahr** mit **365** Tagen.

Beginn der Jahreszeiten:

Frühling (Tagundnachtgleiche): 20. März, 17^h15^m

Sommer (Sonnenwende): 21. Juni, 11^h07^m

Herbst (Tagundnachtgleiche): 23. September, 2^h54^m

Winter (Sonnenwende): 21. Dezember, 23^h23^m

Sommerzeit: Die Mitteleuropäische Sommerzeit (MESZ) geht gegenüber der Mitteleuropäischen Zeit (MEZ) um eine Stunde vor. Sie soll vom **25. März** bis **28. Oktober** 2018 gelten. Kurzfristige Änderungen sind möglich.

Fest- und Feiertage 2018

Neujahrstag:	**Montag,**	1. Januar
Aschermittwoch:		14. Februar
Karfreitag:		30. März
Ostersonntag:		**1. April**
Ostermontag:		2. April
Maifeiertag	**Dienstag,**	1. Mai
Christi Himmelfahrt:	Donnerstag,	10. Mai
Pfingstsonntag:		20. Mai
Pfingstmontag:		21. Mai
Fronleichnam:	Donnerstag,	31. Mai
Allerheiligen:	Donnerstag,	1. November
Buß- und Bettag:	Mittwoch,	21. November
Totensonntag:		25. November
1. Advent:	**Sonntag,**	2. Dezember
Heiliger Abend:	Montag,	24. Dezember
1. Weihnachtstag:	**Dienstag,**	25. Dezember
2. Weihnachtstag:	Mittwoch,	26. Dezember
Silvester:	**Montag,**	31. Dezember

Staatsfeiertage 2018

Tag der deutschen Einheit:	Mittwoch,	3. Oktober
Österreichischer Nationalfeiertag:	Freitag,	26. Oktober
Schweizer Bundesfeier:	Mittwoch,	1. August
Liechtensteiner Staatsfeiertag:	Mittwoch,	15. August

Kalenderären 2018

Das **jüdische Jahr** 5779 beginnt am 9. September mit Sonnenuntergang. Der jüdische Neujahrstag fällt daher auf den 10. September 2018.

Das **islamische Jahr** 1440 beginnt am 11. September mit Sonnenuntergang. Der erste Tag des islamischen Jahrs 1440 korrespondiert mit dem 12. September 2018.

Am 16. Februar 2018 beginnt das 35. Jahr im 79. Zyklus des traditionellen **chinesischen Kalenders**. Es ist das Jahr des Hundes (wu-xu).

Am 14. September beginnt in der **byzantinischen Ära** das Jahr 7527.

Am 1. Januar beginnt das **japanische Jahr** 2678.

Am 11. September beginnt das Jahr 1735 der Ära **Diokletians** (Koptische Ära).

Am 14. September beginnt das Jahr 2330 der **Seleukidenära**.

Am 14. Januar beginnt das Jahr 2771 der **römischen Ära a.u.c.**

Der 14. Januar 2018 des **Gregorianischen** Kalenders korrespondiert mit dem 1. Januar 2018 des **Julianischen** Kalenders.

Das Jahr 2018 entspricht dem Jahr 6731 der **Julianischen Periode**.

Der 1. Januar 2018 (0^h Weltzeit = 1^h Mitteleuropäische Zeit) hat die **Julianische Tagesnummer** 2 458 119,5

Chronologie 2018

Sonnenzirkel: 11
Goldene Zahl (Mondzirkel): V
Sonntagsbuchstabe: G
Indiktion (Römerzinszahl): 11
Epakte: 13
Jahresregent: Venus

Finsternisse 2018

Im Jahr 2018 ereignen sich fünf Finsternisse. Am 31. Januar und in der Nacht vom 27. auf 28. Juli findet je eine totale Mondfinsternis statt. Die erste bleibt von Mitteleuropa aus unbeobachtbar, die zweite kann in der ersten Nachthälfte am 27. Juli bei uns beobachtet werden.

Am 15. Februar, am 13. Juli und am 11. August findet je eine partielle Sonnenfinsternis statt, die alle drei von Mitteleuropa aus unbeobachtbar bleiben.

Ausführliche Erläuterungen zu den Finsternissen findet man im Kapitel „Sonnen- und Mondfinsternisse 2018“ ab Seite 22.

Planeten 2018

Merkur zeigt sich Mitte März am Abendhimmel. Von Ende August bis Anfang September bietet der sonnennahe Planet eine Morgensichtbarkeit, ebenso Mitte Dezember.

Venus kommt am **9. Januar** in **obere Konjunktion** mit der Sonne. Von Februar bis September ist sie am Abendhimmel vertreten. Am 17. August erreicht sie ihre **größte östliche Elongation** (46°) von der Sonne. Am **21. September** strahlt sie mit **maximaler Helligkeit am Abendhimmel**. In **unterer Konjunktion** mit der Sonne steht sie am **26. Oktober**. Von November bis Juli 2019 spielt sie Ihre Rolle als Morgenstern. Ihren **größten Glanz am Morgenhimmel** erreicht sie am **2. Dezember**.

Sven Melchert

Die Sonne streift die Antennenspitze des Stuttgarter Fernsehturms.

Mars ist zu Jahresbeginn am Morgenhimmel vertreten. Bis Sommer wird er zum Planeten der gesamten Nacht, wobei seine Helligkeit deutlich zunimmt. Am **27. Juli** kommt der rote Planet im Sternbild Steinbock **in Opposition** zur Sonne. Mit nur 58 Millionen Kilometer Entfernung von der Erde ist dies eine der günstigsten Oppositionen. Bis Jahresende kann Mars am Abendhimmel gesehen werden.

Jupiter kommt am **9. Mai** im Sternbild Waage in **Opposition** zur Sonne. Bis Anfang Oktober kann der Riesenplanet am Abendhimmel gesehen werden. Am 26. November steht er in Konjunktion mit der Sonne. Gegen Ende Dezember taucht Jupiter am Morgenhimmel auf.

Saturn steht am **27. Juni** im Sternbild Schütze in **Opposition** zur Sonne. Bis Mitte November ist der Ringplanet am Abendhimmel vertreten. Am 2. Januar 2019 wird er von der Sonne eingeholt und steht in Konjunktion mit ihr. Ende Februar 2019 erscheint der Ringplanet wieder am Morgenhimmel.

Uranus kommt am **24. Oktober** im Sternbild Widder in **Opposition** zur Sonne. In Konjunktion mit der Sonne steht Uranus am 18. April.

Neptun erreicht seine **Opposition** am **7. September** im Sternbild Wassermann. In Konjunktion mit der Sonne steht Neptun am 4. März.

Pluto, der prominenteste Zwergplanet unseres Sonnensystems, steht am **12. Juli** im Sternbild Schütze in **Opposition** zur Sonne. Seine Konjunktion mit der Sonne erreicht Pluto schon am 9. Januar 2018.

Ausführliche Angaben über die Sichtbarkeit der Planeten entnehme man der Rubrik „Planetenlauf“ in den Monatsübersichten.

Erläuterungen zum Gebrauch

Wer zum ersten Mal dieses Jahrbuch in Händen hält, dem bieten nachstehende Erläuterungen eine erste Einführung in seine Benutzung. Wer jedoch schon mit den Grundlagen der Himmelskunde vertraut ist, kann sofort die „Kurzhinweise zum Gebrauch" dieses Jahrbuches auf der vorderen Umschlagklappe aufschlagen.

Im *Kosmos Himmelsjahr* ist das Bild des abendlichen Fixsternhimmels für jeden Monat beschrieben. Eine Sternkarte erleichtert die Übersicht. Außerdem ist die Stellung des Großen Wagens und des Himmels-Ws um 22^h MEZ für jeden Monat aus einer Grafik ersichtlich. Der Große Wagen und das Himmels-W sind in jeder klaren Nacht zu beobachten, da sie bei uns zirkumpolar sind, also niemals untergehen.

Während die Fixsterne ihre Stellungen zueinander nicht ändern, sondern nur gemeinsam infolge der Erdrotation über das Firmament ziehen, gibt es Gestirne, die ihre Position im Laufe von Wochen und Monaten ändern. Man nennt sie Wandelsterne oder Planeten. Sie sind die Geschwister unserer Erde, die ebenfalls ein Planet ist. Mit freiem Auge sind fünf Planeten zu sehen: Merkur, Venus, Mars, Jupiter und Saturn.

Von der Erde aus gesehen wandert somit die Sonne in einem Jahr durch die bekannten Sternbilder des Tierkreises. Der Wanderweg der Sonne heißt Ekliptik. Mond und Planeten bewegen sich ebenfalls in der Nähe der Ekliptik. Sie sind daher stets in den Tierkreissternbildern zu finden.

Sterne, Sternbilder und Sternkarten

Je nach Fantasie und Kultur haben die einzelnen Völker Sterne und Sternbilder unterschiedlich benannt. Die Internationale Astronomische Union (IAU) hat für die gesamte Himmelskugel 88 Sternbilder festgelegt, die für alle Astronomen und Sternfreunde verbindlich sind. Diese 88 Sternbilder haben lateinische Namen und jeweils eine Abkürzung von drei Buchstaben; Beispiel: der Krebs, lat.: Cancer, Abkürzung: Cnc.

Speziell für die Benutzer des Himmelsjahres empfehlen sich zur ersten Orientierung die Sternkarten im *Atlas für Himmelsbeobachter* von Erich Karkoschka. Neben den klassischen Sternatlanten gibt es heute auch gute Computerprogramme, die einen gewünschten Himmelsausschnitt am Monitor erscheinen lassen.

Nur die hellsten oder auffällige Sterne, die beispielsweise periodisch ihre Helligkeit ändern, haben Eigennamen erhalten. So heißen die beiden hellsten Sterne im Wintersternbild Orion Beteigeuze und Rigel, der berühmte veränderliche Stern im Perseus Algol.

Etwas systematischer hat Johannes Bayer im Jahre 1603 die Sterne bezeichnet, nämlich mit griechischen Buchstaben und dem Genitiv des lateinischen

Martin Gertz, Sternwarte Welzheim

E.1 Die Leier mit ihrem Hauptstern Wega ist ein kleines, aber einprägsames Sommersternbild.

Sternbildnamens. So bekam der hellste Stern in der Leier die Bezeichnung α Lyrae (oder kurz α Lyr), der zweithellste β Lyrae, der dritthellste γ Lyrae usw. Die Helligkeitsfolge ist aber nicht immer streng eingehalten, manchmal hat die Mythologie Vorrang; von den beiden hellen Zwillingssternen trägt der hellere Pollux die Bezeichnung β Geminorum, der etwas schwächere Kastor α Geminorum. Bei Doppelsternen wird gelegentlich noch ein Index an den griechischen Buchstaben angehängt. Beispiel: ε_1 und ε_2 Lyrae, der berühmte Vierfachstern in der Leier (jede Komponente ist ihrerseits ebenfalls ein Doppelstern). Die 24 griechischen Buchstaben (siehe Seite 18) pro Sternbild reichen natürlich nicht aus, um alle Sterne zu benennen.

Den ersten umfangreichen Sternkatalog nach Erfindung des Fernrohrs hat John Flamsteed (1646–1719) im Jahre 1712 herausgegeben. Flamsteed hat die Sterne in einem Sternbild durchnummeriert. So hat ω Aurigae beispielsweise bei Flamsteed die Bezeichnung 4 Aurigae. Viele Sterne, die keine Bayer-Bezeichnung haben, sind jedoch mit Flamsteed-Nummern gekennzeichnet.

Bei schwächeren Sternen gibt man die Katalognummer an, unter der sie verzeichnet sind, oder einfach die genauen Koordinaten. Beispiele für Katalognummern: BD +52°1312 bedeutet Stern Nummer 1312 in der Deklinationszone von +52° bis +53° der sogenannten *Bonner Durchmusterung*. HD 128974, Stern aus dem *Henry-Draper-Katalog*, SAO 146912, Stern aus dem *Smithsonian Astrophysical Observatory Star Catalogue*, FK5: 1051, Stern aus dem *5. Fundamental-Katalog*.

Sterne, deren Helligkeit variiert, werden häufig mit großen lateinischen Buchstaben und ihren Sternbildnamen versehen: RR Lyrae, T Coronae Borealis. Man kann somit aus der Bezeichnung auf die Eigenart dieser Sterne schließen.

Sternhaufen und Nebel

Man unterscheidet offene und kugelförmige Sternhaufen. Offene Sternhaufen enthalten Dutzende bis einige hundert Sterne, die alle einzeln als Lichtpunkte erkennbar sind. Kugelhaufen haben Hunderttausende bis Millionen Mitgliedssterne und sind als verwaschene, kreisrunde Lichtfleckchen zu sehen. Nur die Randpartien sind in Einzelsterne auflösbar, im Zentrum stehen die Sterne zu dicht, um als einzelne Lichtpunkte erkannt zu werden.

Zwischen den punktförmigen Sternen zeigen sich auch nebelhafte Gebilde. Bei den „Nebeln" gilt es zwei Kategorien zu unterscheiden: Einmal beobachtet man tatsächlich Staub- und Gasmassen zwischen den Sternen unserer Milchstraße, wie zum Beispiel im Sternbild Orion den berühmten Orionnebel. Andere

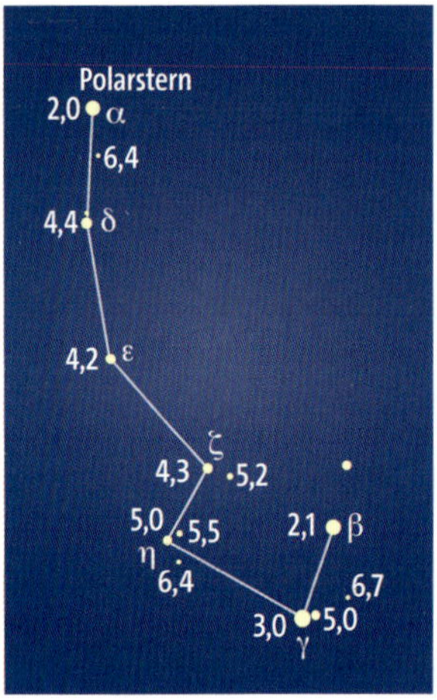

E.2 Sternbild Kleiner Wagen mit Helligkeitsangaben in Größenklassen für die einzelnen Sterne.

nebelhafte Lichtfleckchen lassen sich jedoch mit sehr großen Teleskopen in einzelne Sterne auflösen. Hier sieht man fremde, ferne Milchstraßensysteme. Das Licht von Milliarden Sternen wird von uns nur als schwaches Nebelfleckchen registriert, wie beispielsweise beim Andromedanebel. Wegen ihrer häufig spiraligen Gestalt spricht man auch von Spiralnebeln oder Galaxien.

Der französische Astronom Charles Messier (1730–1817) hat einen Katalog mit über hundert Sternhaufen und Nebeln zusammengestellt. Der Orionnebel wird z. B. mit M 42, der Andromedanebel mit M 31, der Kugelhaufen im Herkules mit M 13 bezeichnet. Wesentlich umfangreicher ist der Katalog von John L. E. Dreyer mit dem Namen *New General Catalogue of Nebulae and Clusters of Stars*, abgekürzt NGC. Später erschienen noch zwei Ergänzungen (*Index-Catalogue I and II*, kurz IC I und IC II) und schließlich der überarbeitete *Revised New General Catalogue* (RNGC). Daher trägt der Andromedanebel M 31 auch die Bezeichnung NGC 224.

Die Helligkeit der Sterne

Man teilt die Sterne in Größenklassen ein. Diese Größenklassen geben nicht den Durchmesser oder die wahre Leuchtkraft der Sterne an, sondern ihre scheinbare Helligkeit am Himmel. Sterne erster Größe sind dabei heller als solche zweiter Größe. Ein schwaches Sternpünktchen sechster Größe ist eben noch mit bloßen Augen zu erkennen. Ein Stern erster Größe ist dabei hundertmal heller als ein Stern sechster Größe. Daraus folgt, dass ein Stern zweiter Größe 2,512-mal lichtschwächer ist als ein Stern erster Größe. Ein Stern dritter Größe wiederum ist 2,512-mal lichtschwächer als ein Stern zweiter Größe, denn $2{,}512^5 = 100$. Die Größenklassenskala ist somit ein logarithmisches Maß.

Als Abkürzung verwendet man ein kleines hochgestelltes ^{m} für magnitudo (lat.) = Größe. Sterne, die heller als 1^{m} sind, bezeichnet man mit 0^{m}, -1^{m}, -2^{m} usw. Die Venus kann -4^{m} hell sein. Das bedeutet, dass sie dann hundertmal heller strahlt als ein Stern erster Größe, also mit 1^{m}! In manchen Schriften findet man gelegentlich die Abkürzung „mag" für Größenklasse. In der Fachastronomie ist sie jedoch nicht in Gebrauch. Mit Teleskopen lassen sich auch Sterne beobachten, die schwächer sind als 6^{m}. In einem guten Fernglas sind Sterne bis 10^{m} erkennbar.

In großen Teleskopen werden Sterne bis 26^{m} beobachtet, also Objekte, die hundert Millionen Mal lichtschwächer sind als die schwächsten, dem menschlichen Auge zugänglichen Sterne mit 6^{m}. Die Helligkeiten der Sterne zu schätzen, sollte man üben. Abb. E.2 zeigt den Kleinen Wagen, wobei die Helligkeiten der einzelnen Sterne vermerkt sind. Da das Sternbild Kleiner Wagen zirkumpolar ist, kann es in jeder klaren Nacht zu jeder Uhrzeit gesehen werden.

Stünden alle Sterne gleich weit entfernt, sozusagen in einer Normentfernung, dann entspräche die beobachtete scheinbare Helligkeit auch ihrer wirklichen Leuchtkraft. Eine solche Normentfernung wurde mit 10 Parsec (knapp 33 Lichtjahre) festgelegt. Man rechnet nun die Helligkeit aus, die ein Stern in 10 Parsec Entfernung hätte, und bezeichnet diese Größe als „absolute Helligkeit" oder „wahre Leuchtkraft" eines Sterns.

Um die absolute nicht mit der scheinbaren Helligkeit zu verwechseln, wird sie mit einem großen M (Magnitudo) abgekürzt. Beispiel: Unsere Sonne hat die enorme scheinbare Helligkeit von -27^{m} am Firmament und eine absolute Helligkeit von

+4,8^{M}. Das heißt, in 33 Lichtjahren Entfernung erschiene uns die Sonne nur noch als Sternchen 5. Größe. Anmerkung: Da ^{m} auch für Minute steht, ist aus dem Textzusammenhang zu entnehmen, ob Helligkeiten oder Zeiten beziehungsweise Koordinaten gemeint sind.

Entfernungsangaben

In der Astronomie verwendet man, um große Zahlenungetüme zu vermeiden, für die Distanzen im Sonnensystem als Längenmaß die Astronomische Einheit (AE). Eine Astronomische Einheit entspricht der mittleren Entfernung der Erde von der Sonne, das sind rund 150 Millionen Kilometer.

Es gilt: 1 AE = 149 597 870 km

Diese Strecke legt das Licht in $8^{m}20^{s}$ zurück. Man spricht von der Lichtlaufzeit der Astronomischen Einheit. Jupiter ist beispielsweise 5,2 AE von der Sonne und Neptun rund 30 AE von ihr entfernt. Die Lichtlaufzeiten der Planetendistanzen betragen Minuten bis wenige Stunden. Die Sterne sind jedoch so weit entfernt, dass ihr Licht Jahre, Jahrhunderte und Jahrmillionen zur Erde unterwegs ist. Man gibt daher ihre Distanzen in Lichtlaufzeiten an, wobei man ein Lichtjahr (LJ) als Einheit nimmt. In einem Jahr legt ein Lichtstrahl im Vakuum rund zehn Billionen Kilometer zurück.

Es gilt: 1 LJ = $9{,}46 \times 10^{12}$ km
= 63 240 AE

Ein Lichtjahr ist somit keine Zeit-, sondern eine Entfernungsangabe. In der Stellarastronomie wird ferner das Parsec (Parallaxensekunde) verwendet. Ein Parsec entspricht 3,26 Lichtjahren. Die Definition des Parsec findet man im Begleitbuch zum *Himmelsjahr*, dem *Kompendium der Astronomie* im Abschnitt „Entfernungseinheiten in der Astronomie".

Im *Himmelsjahr* werden die Entfernungen im Sonnensystem in AE und die Fixsterndistanzen in Lichtjahren angegeben. Parsec werden nicht verwendet.

Zeitangaben

Alle Uhrzeiten im *Himmelsjahr* sind grundsätzlich in Mitteleuropäischer Zeit (MEZ) angegeben. Die Mitteleuropäische Zeit ist die mittlere Sonnenzeit des Meridians 15° östlich von Greenwich (Nullmeridian der Erde). Sie geht gegenüber der Weltzeit (UT = Universal Time) um eine Stunde vor. Es gilt: Weltzeit plus eine Stunde = MEZ.

Wenn es in Greenwich Mitternacht (0^{h}) ist, dann haben wir schon 1^{h} (MEZ) morgens. Für ortsabhängige Angaben (z. B. Auf- und Untergänge) gelten alle Zeiten genau für den Ort 10° östlich von Greenwich und 50° nördlicher Breite. Dieser Punkt liegt für Mitteleuropa ziemlich zentral.

Die Sommerzeit ist eine willkürliche Verschiebung der Zonenzeit um eine Stunde, um die Tageshelligkeit besser auszunutzen und (angeblich) Energie einzusparen. Sie beruht nicht auf astronomischen Grundlagen und ist außerdem von Staat zu Staat verschieden. Um die Benutzer des Himmelsjahres nicht zu verwirren und die Daten konsistent zu halten, sind alle Angaben das ganze Jahr durchgehend in MEZ vermerkt. Es gilt: MEZ plus eine Stunde = MESZ (Mitteleuropäische Sommerzeit). Gilt in einem Land die Sommerzeit, so ist zu den Zeitangaben im *Himmelsjahr* einfach eine Stunde zu addieren.

Achtung: Fällt ein Ereignis in die letzte Stunde vor Mitternacht, so ändert sich auch das Datum um einen Tag.

Während der Dauer der Sommerzeit sind alle Zeitangaben in den Tabellen in einem dunkleren Farbton unterlegt.

Auf- und Untergangszeiten

Alle Auf- und Untergangszeiten (MEZ) gelten exakt für 10° östlicher Länge und 50° nördlicher Breite.

Für andere Orte in Mitteleuropa können diese Zeiten erheblich differieren (bis etwa eine halbe Stunde). Um schnell auch für andere Orte die Auf- und Untergänge ermitteln zu können, ist das Nomogramm auf Seite 292 gedacht.

Im Nomogramm sind die wichtigsten Städte in Mitteleuropa eingetragen. Man wähle eine Stadt, die dem eigenen Standpunkt am nächsten kommt. Dann lege man ein Lineal so auf das Nomogramm, dass es mit der

Deklination des Gestirns beziehungsweise der Uhrzeit laut Tabelle „Sonnenlauf" am oberen Bogen übereinstimmt. Dabei gilt das obere Vorzeichen für den Aufgang, das untere für den Untergang. Die Verbindungslinie (Lineal) gibt dann am unteren Bogen die Korrektur für die Auf- bzw. Untergangszeit an. Positive Werte bedeuten eine Verspätung, ein negativer Wert deutet an: Der Auf- oder Untergang erfolgt entsprechend früher. Die Zahlen geben die Minuten an.

Beispiel: Wann geht in Wien am 31. März die Sonne auf? Man verbinde mit einem Lineal den Punkt „Wien" mit der 6-Uhr-Marke am oberen Bogen. Denn laut Tabelle „Sonnenlauf" auf Seite 72 erfolgt der Sonnenaufgang am 31. März um 5^h59^m. Die Verbindungslinie schneidet den unteren Bogen bei -24^m. Der Sonnenaufgang erfolgt in Wien somit 24 Minuten früher, also um 5^h35^m MEZ bzw. 6^h35^m Sommerzeit. Wem die Verwendung des Nomogramms zu kompliziert erscheint, der kann auch die Tabelle zur Auf- und Untergangskorrektur auf Seite 293 benutzen. Man suche die seinem Wohnort nächstliegende Stadt und lese einfach die Korrekturzeit in Minuten ab, wobei für Mond, Planeten oder Sterne noch vorher die Deklination zu ermitteln ist. Bei der Sonne beachte man das Datum.

Die Sternzeit: Um mit einem Fernrohr ein bestimmtes Gestirn zu finden, muss man die Stellung des Beobachters auf der Erde zu einer bestimmten Uhrzeit des Tages relativ zur Fixsternwelt kennen. Man braucht dazu einen Referenzpunkt unter den Sternen. Dies ist der Frühlingspunkt. Er ist der Schnittpunkt der aufsteigenden Sonnenbahn mit dem Himmelsäquator. Im Frühlingspunkt steht die Sonne zu Frühlingsbeginn. Er ist auch der Nullpunkt der äquatorialen Himmelskoordinaten. Nimmt man statt der Sonne den unter den Fixsternen (fast) feststehenden Frühlingspunkt, erhält man statt der Sonnenzeit die Sternzeit.

Steht der Frühlingspunkt im Süden (Meridian), spricht man von 0^h Sternzeit, eine Stunde später von 1^h Sternzeit, usw. Es gilt: **Sternzeit = Stundenwinkel des Frühlingspunktes**.

Im *Himmelsjahr* ist die Sternzeit jeweils für 1^h MEZ (= 0^h Weltzeit) von zehn zu zehn Tagen für den Meridian von Greenwich (Nullmeridian) angegeben (siehe Tabelle auf Seite 286).

Die Tabelle auf Seite 290 erlaubt eine schnelle Bestimmung der Sternzeit zur abendlichen Beobachtungsstunde. Die Tabelle „Sternzeit" gibt die Sternzeit um 20^h MEZ (= 21^h MESZ) am Ortsmeridian 10° östlicher Länge für jeden Tag des Jahres an.

Um den Stundenwinkel eines Gestirns zu ermitteln, bilde man die Differenz: Sternzeit minus Rektaszension des Gestirns, dann hat man den Stundenwinkel zum Beobachtungszeitpunkt und kann das Teleskop entsprechend einstellen.

Für die Bestimmung des Stundenwinkels eines Planeten kann man auch seine Kulminationszeit (Zeit des Meridiandurchganges) benutzen, wenn man keine Sternzeituhr zur Verfügung hat und sich die Berechnung der Sternzeit zum Beobachtungszeitpunkt ersparen will. Die Kulminationszeiten der Planeten und Kleinplaneten sind auf den Seiten 280 bis 284 angegeben. Die Kulminationszeit gilt für 10° östlicher Länge. Zunächst ist die Korrektur für die Längendifferenz des Beobachtungsortes anzubringen (siehe Seite 291, Spalte Zeitkorrektur gegen 10° östlicher Länge). Um diese so erhaltene Zeit geht der Planet durch den Meridian des Beobachters und hat somit den Stundenwinkel Null. Man bilde nun die Zeitdifferenz zwischen der Beobachtungszeit und der Zeit des Meridiandurchganges. Sie entspricht direkt dem Stundenwinkel (im Zeitmaß).

Die Dynamische Zeit: In der Astronomie wird seit 1984 eine Dynamische Zeit verwendet, die die vorher verwendete Ephemeridenzeit abgelöst hat. Nähere Erläuterungen zu den Dynamischen Zeitskalen finden sich in dem Buch *Kompendium der Astronomie*. Die genaue Differenz der Dynamischen Zeit (TT = Terrestrial Time) zur Weltzeit (UT = Universal Time) kann erst im Nachhinein aus Beobachtungen der Gestirnspositionen bestimmt werden. Der extrapolierte Wert für das Jahr 2018 lautet: $\Delta T = +69$ Sekunden, wobei

$\Delta T = TT - UTC$ gilt. Die koordinierte Weltzeit (UTC) hinkt somit der Dynamischen Zeit (TT) um mehr als eine Minute nach.

Der beobachtende Sternfreund kann die TT unberücksichtigt lassen, wenn er nicht hohe Genauigkeitsansprüche hat. Wer jedoch die Angaben im *Himmelsjahr* mit anderen Jahrbüchern vergleicht, muss beachten, dass alle Zeitangaben hier in $MEZ = UTC + 1^h$ und nicht in TT vermerkt sind.

Seit dem 1. Januar 2017 beträgt die Differenz der UTC zur Internationalen Atomzeitskala (TAI) $\Delta AT = +37{,}00$ Sekunden ($\Delta AT = TAI - UTC$) bis zum Einschub einer weiteren Schaltsekunde, die relativ kurzfristig vom International Earth Rotation and Reference Systems Service (IERS) in Paris bekannt gegeben wird.

Der Himmelskalender

Jede Monatsübersicht beginnt mit dem zweiseitigen Himmelskalender. Auf der ersten Seite wird in kurzen Stichworten auf aktuelle Ereignisse im betreffenden Monat hingewiesen. Eine kleine Grafik zeigt die Stellung von Großem Wagen und Himmels-W jeweils um 22 Uhr MEZ relativ zum Nordhorizont.

Die zweite Seite des Himmelskalenders enthält eine Tabelle mit den Wochentagen und für jeden Tag die entsprechende Mondphase in einer kleinen Grafik. Vermerkt sind in der Tabelle ferner Feiertage, die Hauptphasen des Mondes, sichtbare Konstellationen von Mond und Planeten sowie die bei uns beobachtbaren Finsternisse.

Der Sonnenlauf

Die Bewegung der Sonne durch den Tierkreis ist zu Beginn jeder Monatsübersicht aus einer kleinen Grafik zu entnehmen.

Die Tages- und Nachtstunden sowie Dämmerungslängen werden durch eine dreiteilige Zeichnung (Uhrensymbole) veranschaulicht. Diese soll einen groben und schnellen Überblick über die Länge der Tages- und Nachtzeit geben. Für die Dämmerungszeiten wurde die nautische Dämmerung (Sonne 12° unter dem Horizont) eingesetzt.

Die Tabelle „Sonnenlauf" gibt die Auf- und Untergangszeiten, Meridiandurchgang (Kulmination), Zeitgleichung und die Mittagshöhe der Sonne an sowie die

Sommerzeit (MESZ) in der Bundesrepublik Deutschland

	Beginn Sonntag	Ende Sonntag		Beginn Sonntag	Ende Sonntag
1980	06. April	28. September	2000	26. März	29. Oktober
1981	29. März	27. September	2001	25. März	28. Oktober
1982	28. März	26. September	2002	31. März	27. Oktober
1983	27. März	25. September	2003	30. März	26. Oktober
1984	25. März	30. September	2004	28. März	31. Oktober
1985	31. März	29. September	2005	27. März	30. Oktober
1986	30. März	28. September	2006	26. März	29. Oktober
1987	29. März	27. September	2007	25. März	28. Oktober
1988	27. März	25. September	2008	30. März	26. Oktober
1989	26. März	24. September	2009	29. März	25. Oktober
1990	25. März	30. September	2010	28. März	31. Oktober
1991	31. März	29. September	2011	27. März	30. Oktober
1992	29. März	27. September	2012	25. März	28. Oktober
1993	28. März	26. September	2013	31. März	27. Oktober
1994	27. März	25. September	2014	30. März	26. Oktober
1995	26. März	24. September	2015	29. März	25. Oktober
1996	31. März	27. Oktober	2016	27. März	30. Oktober
1997	30. März	26. Oktober	2017	26. März	29. Oktober
1998	29. März	25. Oktober	2018	25. März	28. Oktober
1999	28. März	31. Oktober	2019	31. März	27. Oktober

äquatorialen Koordinaten Rektaszension und Deklination für 1^h MEZ jeweils von fünf zu fünf Tagen.

Die Zeiten gelten exakt für einen zentralen Ort mit 10° östlicher Länge und 50° nördlicher Breite. Für diesen Ort gelten auch die Dämmerungszeiten. Angegeben ist jeweils der Beginn und das Ende der nautischen Dämmerung.

Die Sonnenhöhe zu Mittag: Sie ist in der Tabelle „Sonnenlauf" für 50° nördlicher Breite angegeben. Für andere Breiten ist sie einfach zu ermitteln: 90° minus geografische Breite des Beobachters plus Sonnendeklination. Beispiel: Wie hoch steht die Sonne am 10. Juni zu Mittag (Kulmination) in Düsseldorf (geografische Breite: +51°)? 90° – 51° + 23° = 62° (Im Winterhalbjahr die negativen Deklinationen der Sonne beachten!).

In der Grafik „Sonnenlauf" jeweils zu Monatsbeginn ist die scheinbare Sonnenbahn (Ekliptik) durch die Sternbilder des Tierkreises für den jeweiligen Monat eingezeichnet. Ferner sind die Eintritte der Sonne sowohl in die einzelnen Tierkreissternbilder als auch in die Tierkreiszeichen vermerkt sowie die Äquinoktien (Tagundnachtgleichen) und Solstitien (Sommer- und Winterbeginn).

Die Zeitgleichung: Die Sonnenzeit wird nach einer fiktiven „mittleren Sonne" gerechnet. Die wahre Sonne läuft nämlich ungleichförmig. So geht sie einmal vor, dann wieder nach. Die Differenz kann bis zu einer Viertelstunde plus oder minus betragen. Diese Differenz wird Zeitgleichung (ZGL) genannt. Sie ist definiert zu:

ZGL = Wahre Sonnenzeit minus Mittlere Sonnenzeit

Die Zeitgleichung und die Kulmination der wahren Sonne sind tabellarisch aufgeführt. Ein negativer Wert der Zeitgleichung bedeutet, die wahre Sonne geht nach der mittleren durch den Meridian.

Der Mondlauf

Auf- und Untergangszeiten (MEZ) gelten genau für 10° östlicher Länge und 50° nördlicher Breite (siehe Zeitangaben). Ferner sind die Kulminationszeiten (Meridiandurchgänge) für 10° östlicher Länge tabelliert.

Der Mond bewegt sich recht schnell durch den Tierkreis. Deshalb sind für jeden Tag des Jahres seine Koordinaten angegeben. Sie gelten jeweils für 1^h MEZ (= 0^h Weltzeit). Wem diese Zahlen nichts sagen, der findet in der Spalte „Sterne und Sternbilder" die Position des Mondes im Tierkreis vermerkt. Ein Sternchen (*) deutet auf eine Sternbedeckung hin.

Die Position des Mondes gilt wie erwähnt für 1^h MEZ. Wer also abends beobachtet, sollte die Stellung des Mondes im Tierkreis aus der Zeile des folgenden Tages entnehmen, denn der Mond läuft recht rasch. Nähere Angaben zu den Sternbedeckungen finden sich in der Tabelle „Sternbedeckungen durch den Mond" auf Seite 288. Die letzte Spalte enthält die Mondphasen sowie wichtige Punkte in der Bahn.

Die Mondbahn ist rund 5° gegen die Ekliptik (scheinbare Sonnenbahn) geneigt. Aufsteigender Knoten bedeutet, der Mond überschreitet die Ekliptik nach Norden; absteigender Knoten, er wechselt wieder nach Süden. Größte Nordbreite: Der Mond steht am weitesten in nördlicher Richtung von der Ekliptik entfernt; analog dazu heißt größte Südbreite: Der Mond hat maximalen südlichen Abstand von der Ekliptik.

Im Tabellenteil findet man auf Seite 278/279 die Mondbahn relativ zur Ekliptik eingetragen. Wegen der Rückläufigkeit der Mondbahnknoten verläuft die Mondbahn unter den Sternen in jedem Jahr anders.

Die Libration: Bei größter Südbreite ist die Nordhalbkugel des Mondes uns ein wenig mehr zugekehrt, man spricht von maximaler Libration Nord; entsprechend sieht man bei größter Nordbreite mehr vom Südpolgebiet des Mondes. Libration West: Westrand des Mondes, Libration Ost: Ostrand des Mondes ist uns zugekehrt (astronomische Definition West/Ost siehe auch *Kompendium der Astronomie*, Kapitel „Der Mond der Erde").

„Libration West" bedeutet, das Mare Crisium zeigt sich randfern, das Mare Smythii wird sichtbar. „Libration Ost" heißt, das Mare Crisium rückt an den

Westrand, im Osten zeigt sich der Ringwall Grimaldi randfern und das Mare Orientale wird gut sichtbar.

Bei Erdnähe und Erdferne ist die Distanz des Mondes jeweils in tausend Kilometer vermerkt. Außerdem ist der scheinbare Monddurchmesser in Bogenminuten angegeben. Neben der Phase „Neumond" steht die Brownsche Lunationsnummer. Eine Lunation ist die Zeitspanne, die der Mond benötigt, um einmal alle Phasen zu durchlaufen, also von einem Neumond bis zum nächstfolgenden. Diese Zeitspanne heißt „Synodischer Monat". Auf Vorschlag von Ernst William Brown werden die Lunationen seit dem Neumond vom 16. (17.) Januar 1923 fortlaufend nummeriert.

Unterhalb der Tabelle „Mondlauf" findet sich jeweils eine Graphik, aus der die schnelle Wanderung des Mondes innerhalb einer Nacht an einem hellen Fixstern oder Planeten ersichtlich wird.

Der Planetenlauf

Planeten sind Geschwister der Erde. Sie laufen gemeinsam mit ihr um die Sonne. Je näher ein Planet der Sonne steht, desto schneller wandert er um sie. Wir beobachten die Planeten nicht von einem ruhenden Punkt aus, sondern vom Raumschiff Erde, das ständig in Bewegung ist. Deshalb erscheinen uns von der Erde aus (geozentrisch) die Bewegungen der Planeten vor dem Hintergrund der fernen Fixsterne – dem Muster der Sternbilder also – recht kompliziert. Überholt die Erde einen weiter außen laufenden Planeten, so scheint er einige Wochen lang zurückzubleiben, er ist „rückläufig", wie man zu sagen pflegt. Anschließend bewegt er sich wieder in der ursprünglichen Richtung wie die Sonne von West nach Ost, er ist wieder „rechtläufig". Durch diesen Bewegungswechsel bildet die Bahn des Planeten eine Schleife.

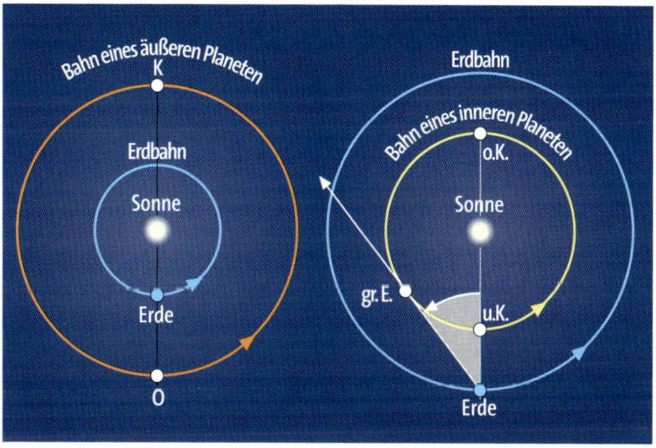

E.3 Die linke Zeichnung zeigt die Erdbahn und die Bahn eines äußeren Planeten. Bei O steht der Planet in Opposition, bei K in Konjunktion. Auf der rechten Seite der Abbildung sind die Erdbahn und die Bahn eines inneren Planeten dargestellt. Bei u. K. steht der Planet in unterer, bei o. K. in oberer Konjunktion mit der Sonne. Bei gr. E. steht er in größter Elongation (Winkel grau gerastert).

Ob ein Planet am Himmel zu sehen ist, hängt von der gegenseitigen Stellung von Sonne und Planet ab. Steht ein äußerer Planet von der Erde aus gesehen hinter der Sonne, Planet – Sonne – Erde bilden also eine Linie, so ist er nicht beobachtbar (Abb. E.3). Da er in Sonnenrichtung steht, geht er mit der Sonne auf und unter, bleibt somit nachts unter dem Horizont verborgen. Diese Konstellation heißt Konjunktion.

Steht der Planet von der Erde aus gesehen der Sonne gegenüber, also in der Reihenfolge Sonne – Erde – Planet (Abb. E.3), so spricht man von Opposition oder Gegenschein. Der Planet ist die ganze Nacht über zu sehen, da er mit Sonnenuntergang aufgeht und morgens mit Sonnenaufgang unter dem Westhorizont verschwindet. Bilden Sonne – Erde – Planet ein rechtwinkliges Dreieck, so spricht man von einer Quadratur.

Die inneren Planeten Merkur und Venus können niemals in Oppositionsstellung kommen. Dafür unterscheidet man bei ihnen zwischen oberer und unterer Konjunktion (Abb. E.3). In

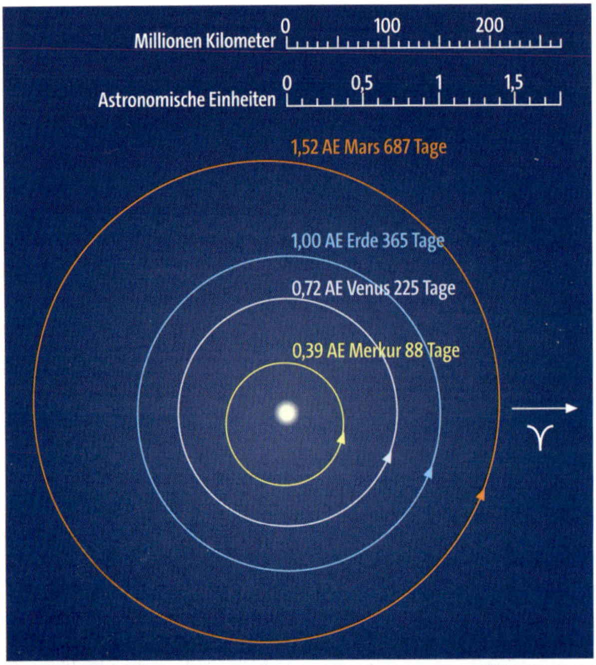

E.4 Die Bahnen der inneren Planeten um die Sonne (1 AE = 1 Astronomische Einheit = 149,6 Millionen Kilometer). Der Pfeil deutet die Richtung zum Frühlingspunkt an (Symbol: ♈).

diesen beiden Stellungen bleibt der Planet unsichtbar. Nur wenn der Planet westlich oder östlich der Sonne „in Elongation" steht, kann er gesehen werden. Steht Venus in östlicher Elongation, so geht sie erst nach Sonnenuntergang unter, sie ist dann Abendstern. Steht sie in westlicher Elongation, so geht sie vor der Sonne auf und ist am Morgenhimmel zu sehen.

Ähnliches gilt für Merkur. Die größte Elongation (Winkelabstand von der Sonne) kann für die Venus 48° betragen, für den sonnennäheren Merkur aber nur 28°. Merkur ist daher schwierig zu beobachten – entweder abends kurz nach Sonnenuntergang tief im Westen oder kurz vor Sonnenaufgang tief am Osthimmel. Die Sichtbarkeiten der Planeten hängen nicht nur von den geometrischen Verhältnissen (Stellung des Planeten und der Sonne), sondern auch von meteorologischen Gegebenhei-

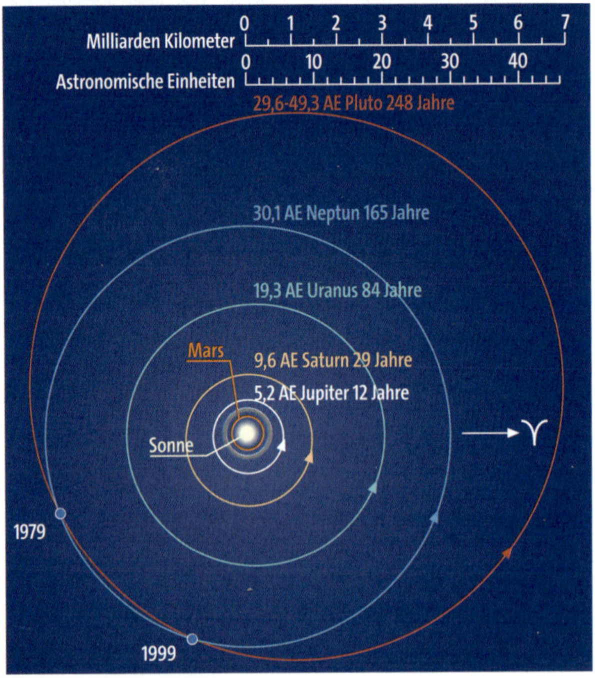

E.5 Die Bahnen der äußeren Planeten. Zwischen der Marsbahn und der Jupiterbahn laufen Abertausende Kleinplaneten (Planetoiden) um die Sonne. Wegen seiner stark exzentrischen Bahn war Pluto von 1979 bis Anfang Februar 1999 der Sonne näher als Neptun.

E.6 Größenverhältnisse der Planeten und der Mondbahn im Vergleich zur Sonne. Darunter sind die astronomischen Symbole der Planeten vermerkt, die auch in den monatlichen Sternkarten des Himmelsjahres die Orte der betreffenden Planeten markieren.

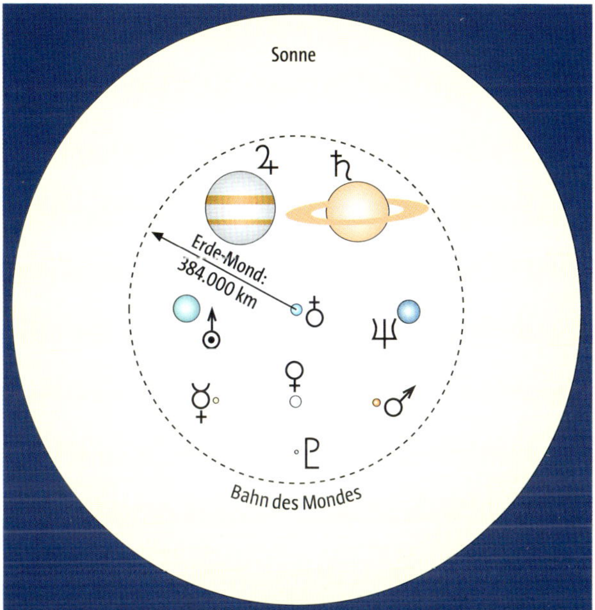

☉ Sonne	ø	1.392.000 km	♃ Jupiter	ø	142.796 km
☿ Merkur	ø	4.878 km	♄ Saturn	ø	120.536 km
♀ Venus	ø	12.104 km	♅ Uranus	ø	51.118 km
♁ Erde	ø	12.756 km	♆ Neptun	ø	49.424 km
♂ Mars	ø	6.794 km	♇ Pluto	ø	2.300 km

ten ab. Eine starke Dunstglocke, hohe Luftfeuchtigkeit (Nebel) oder irdisches Streulicht (Neonreklame, Fahrzeugscheinwerfer, Lichtdom eines Stadions) beeinträchtigen die Beobachtung.

Eine Grafik vor der Rubrik „Planetenlauf“ ermöglicht einen schnellen Überblick, welche Planeten am Abend, die ganze Nacht über, am Morgen oder gar nicht zu sehen sind. Eine grafische Jahresübersicht der Stellung, Größe, Helligkeit und Sichtbarkeit der Planeten findet sich auf den Seiten 276–277.

Die großen Planeten

Merkur: Sonnennächster Planet, zwischen $+3^m$ und $-1^m.5$ hell; schwer zu beobachten, da nur kurze Sichtbarkeitsperioden und stets horizontnahe Stellung; chromgelbes Licht.

Venus: Nach Sonne und Mond hellstes Gestirn, oft als Abend- bzw. Morgenstern bezeichnet. Helligkeiten von $-3^m.9$ bis $-4^m.9$; strahlend weißes Licht; entweder abends am Westhimmel oder morgens in der östlichen Himmelshemisphäre zu sehen.

Mars: Äußerer Nachbarplanet der Erde, auffallend seine rötliche Farbe (der „rote Planet“); sehr unterschiedliche Helligkeiten von $+1^m.8$ bis $-2^m.9$.

Jupiter: Der größte aller Planeten, ein auffallend heller Planet, daher kaum zu übersehen; Helligkeit von $-1^m.7$ bis $-2^m.9$, weißlichgelbes Licht.

Saturn: Der sonnenfernste mit freiem Auge noch sichtbare Planet strahlt in einem fahlen Licht zwischen $+1^m.3$ und 0^m, in Ausnahmefällen bis $-0^m.5$. Den berühmten Ring kann man mit einem Fernrohr ab etwa 30-facher Vergrößerung erkennen.

Uranus: Ist theoretisch mit bloßem Auge gerade noch erkennbar (Oppositionshelligkeit $5^m.5$). Wohlgemerkt „theoretisch“, es empfiehlt sich auf alle Fälle ein gutes Fernglas, um Uranus zu finden! Farbe: grünlich. Die im März 1977 entdeckten Ringe sind jedoch selbst in großen Fernrohren für Hobbyastronomen nicht zu sehen.

Neptun: sonnenfernster Planet, Helligkeit um $7^m.9$; zeigt im Fernrohr ein winziges, grünblaues Scheibchen.

Pluto: Seit IAU-Beschluss vom August 2006 als Zwergplanet eingestuft, ist sehr lichtschwach, Oppositionshelligkeit $14^m.2$. Nur gut ausgerüstete Amateurastronomen können ihn (fotografisch) beobachten.

Die Angaben der scheinbaren Helligkeiten sind – wie international üblich – V-Helligkeiten (nach dem UBV-System von Johnson). Die früher gebräuchlichen „visuellen“ (m_{vis}) Helligkeiten sind um ca. $0^m\!,2$ geringer, werden aber in manchen anderen Quellen noch verwendet.

Kleinplaneten

Außer den acht großen Planeten schwirren noch Tausende kleiner und kleinster Planeten (Planetoiden oder Asteroiden) um die Sonne. Der erste wurde in der Neujahrsnacht des Jahres 1801 von Giuseppe Piazzi in Palermo entdeckt und auf den Namen Ceres getauft. Heute sind einige hunderttausend Planetoiden katalogisiert. Die meisten bewegen sich zwischen Mars und Jupiter um die Sonne. Einige haben jedoch sehr langgestreckte Bahnen, die die Bahnen anderer Planeten kreuzen. Sie können auch der Erde recht nahe kommen. Einige Planetoiden, die in diesem Jahr heller als 9^m werden, sind in der Rubrik „Planetenlauf“ verzeichnet.

Die Monde der Planeten

Die beiden winzigen Marsmonde, die zahlreichen Uranusmonde, die Neptunmonde und die Plutomonde sind so lichtschwach, dass sie nicht mit den bescheidenen optischen Hilfsmitteln der Sternfreunde zu beobachten sind. Deshalb sind sie hier nicht aufgeführt.

Jupiter: Die vier hellsten Monde sind schon in kleinen Teleskopen leicht zu sehen: I Io, II Europa, III Ganymed und IV Kallisto. In den Monaten, in denen Jupiter zu beobachten ist, findet man jeweils eine Grafik, aus der die Positionen der Jupitermonde im umkehrenden Fernrohr ersichtlich sind. Sie lassen die gegenseitigen Stellungen und die Bewegungsabläufe der Jupitermonde erkennen.

Die waagerechten Linien in der Grafik beziehen sich auf 1^h MEZ des jeweiligen Datums, das links angegeben ist. Die Schnittpunkte der waagerechten Linien mit den Kurven der Jupitermonde geben somit deren Positionen jeweils um 1^h MEZ an.

Am unteren Rand jeder Grafik findet man eine Darstellung der Jupitermondbahnen relativ zum Beobachter.

Erscheinungen der Jupitermonde: Für den Fernrohrbesitzer ist es reizvoll, Bedeckungen, Verfinsterungen, Durchgänge und Schattenwürfe der Monde des Riesenplaneten auf Jupiter selbst zu beobachten.

Sofern diese Ereignisse von Mitteleuropa aus beobachtbar sind, findet man sie in der Rubrik „Jupitermonderscheinungen“ verzeichnet. Es gelten folgende Abkürzungen:

B = Bedeckung, Mond verschwindet hinter der Jupiterscheibe
D = Durchgang, Mond geht vor der Planetenscheibe vorbei
S = Schattendurchgang, Mond wirft seinen Schatten auf Jupiter
V = Verfinsterung, Mond wird vom Jupiterschatten getroffen
A = Anfang der Erscheinung
E = Ende der Erscheinung
I: Io, II: Europa, III: Ganymed, IV: Kallisto.

Beispiel:

Januar: 12. 6 07 II SA

bedeutet: Am 12. Januar um 6^h07^m MEZ beginnt der Schatten

Das griechische Alphabet

Α	α	Alpha	a	Η	η	Eta	e	Ν	ν	Ny	n	Τ	τ	Tau	t
Β	β	Beta	b	Θ	ϑ	Theta	th	Ξ	ξ	Xi	x	Υ	υ	Ypsilon	y
Γ	γ	Gamma	g	Ι	ι	Jota	i, j	Ο	ο	Omikron	o	Φ	φ	Phi	ph
Δ	δ	Delta	d	Κ	κ	Kappa	k	Π	π	Pi	p	Χ	χ	Chi	ch
Ε	ε	Epsilon	e	Λ	λ	Lambda	l	Ρ	ϱ	Rho	r	Ψ	ψ	Psi	ps
Ζ	ζ	Zeta	z	Μ	μ	My	m	Σ	σ	ς Sigma	s	Ω	ω	Omega	o

von Mond II (Europa) über die Jupiterkugel zu wandern.

Saturn: Schon mit einem guten Fernglas ist der Riesenmond Titan zu erkennen. Im Fernrohr sind auch die Monde Rhea, Dione und Tethys sowie Japetus in westlicher Elongation (er ist dann rund 2^m heller) zugänglich. Für die Monate, in denen Saturn zu beobachten ist, findet man jeweils eine Grafik, aus der die Stellungen und die Bewegungsabläufe der Saturnmonde Tethys, Dione, Rhea, Titan und Japetus zu entnehmen sind. Die Bahnlagen der Saturnmonde relativ zum Beobachter sind jeweils darunter abgebildet.

Sternschnuppen

In jeder Nacht des Jahres sind Meteore zu beobachten, doch variiert ihre Anzahl erheblich. Neben sporadisch auftauchenden Sternschnuppen gibt es periodisch wiederkehrende Ströme. Die dazu gehörenden Meteore scheinen dann von einem Punkt am Himmel in alle Richtungen auszustrahlen, dem Radianten oder Fluchtpunkt. Nach Lage des Radianten in einem bestimmten Sternbild wird der Meteorstrom benannt.

Sternschnuppen, die in Strömen periodisch auftreten, sind in den Monatsübersichten angegeben. Bei den verzeichneten Daten, vor allem, was die Häufigkeit betrifft, ist mit erheblichen Abweichungen zu rechnen. Die in vorliegendem Jahrbuch verwendeten Daten stammen von der International Meteor Organization (IMO) und werden jährlich aktualisiert.

Die angegebene Meteorrate bezieht sich auf die unter besten Sichtbedingungen (ohne Störung durch irdische Lichtquellen oder Mondlicht) mit bloßen Augen pro Stunde sichtbare Zahl der Sternschnuppen für den Idealfall, dass der Radiant im Zenit steht.

Vor allem bei horizontnahen Radianten ist die pro Stunde zu beobachtende Sternschnuppenzahl erheblich geringer.

Konstellationen und Ereignisse

Diese Übersicht weist auf Konjunktionen (Begegnungen) zwischen den großen Planeten, mit Sonne und Mond sowie auf alle Oppositionen zur Sonne und die größten Elongationen der inneren Planeten hin. Auch Perihel- (Sonnennähe) und Aphelstellungen (Sonnenferne) der Planeten sind angegeben.

Sind Begegnungen des Mondes mit Planeten prinzipiell beobachtbar, so sind die Winkeldistanzen topozentrisch (für +50° Breite) angegeben und durch **Fettdruck** hervorgehoben.

Für die übrigen Konjunktionen sind die Abstandsangaben geozentrische Werte (Normaldruck). Denn durch die relative Erdnähe des Mondes ergibt sich eine große Parallaxe, das heißt, der Winkelabstand des Mondes von einem Planeten kann bis etwa 1° differieren zwischen einem (fiktiven) Beobachter im Erdmittelpunkt (geozentrisch) und einem Beobachter auf der Erdoberfläche (topozentrisch). Ferner sind wichtige Ereignisse durch **Fettdruck** hervorgehoben.

Fixsternhimmel

Da die Sonne täglich um rund 1° unter den Sternen nach Osten vorrückt, ändert sich der Anblick des Himmels im Laufe eines Jahres. Genauer: Täglich durchschreiten die Fixsterne den Meridian vier Minuten früher als am Vortag. In 30 Tagen, also einem Monat, macht das schon zwei Stunden!

Mitte Dezember steht das Sternbild Orion gegen Mitternacht im Süden. Mitte Januar schon um 22 Uhr, und Mitte Februar geht Orion um 20 Uhr durch den Meridian. Dadurch ändert sich zur gleichen Beobachtungsstunde die Himmelsszene mit dem Datum. Nach einem Monat ist der Anblick noch nicht allzu verschieden vom Vormonat, aber nach einem Vierteljahr (sechs Stunden!) hat sich die Szenerie völlig umgestellt.

Man spricht daher von einem typischen Frühlings-, Sommer-, Herbst- und Wintersternhimmel. Gemeint ist der Anblick des Fixsternhimmels in den Abendstunden der jeweiligen Jahreszeit.

Die Monatssternkarte dient der schnellen Orientierung. Sie

zeigt den beobachtbaren Himmelsausschnitt für 50° nördlicher Breite zur Standardbeobachtungszeit (am Monatsersten um 23^h MEZ, am 15. um 22^h MEZ).

Ebenfalls in die Monatssternkarten eingetragen sind die fünf hellen Planeten (Merkur bis Saturn), sofern sie zur Monatsmitte um 22^h MEZ über dem Horizont stehen.

Zum Rand hin erscheint die Sternkarte aufgehellt. Es werden damit die Extinktion und die durch künstliche Lichtquellen fast immer aufgehellten Horizonte nachempfunden.

Die monatlichen Sternkarten können auch zur Beobachtung am Morgenhimmel herangezogen werden. Unter jeder Sternkarte finden sich die entsprechenden Datums- und Uhrzeitangaben.

Man beachte noch, dass für andere Monate der Planetenstand nicht aktuell ist. Man entnehme ihn der Grafik „Planetenlauf" im aktuellen Monat.

Monatsthemen

Hier wird monatlich ein Kapitel aus der Himmelskunde kurz und bündig dargestellt, zum leichteren und allmählichen Eindringen in die Wissenschaft von den Sternen. Auch über neue Forschungsergebnisse aus der Astronomie wird berichtet.

Wer ältere Jahrgänge des Himmelsjahres besitzt, möchte gelegentlich in einem Monatsthema der letzten Jahre nachsehen. Im *Kosmos Himmelsjahr 2010* findet man auf Seite 273 ein Verzeichnis der Monatsthemen von 2001–2010. Ferner ist im *Kosmos Himmelsjahr 2001* auf Seite 249 ein Verzeichnis der Monatsthemen 1990–2000 und im *Himmelsjahr 1989* auf Seite 193 ein Verzeichnis der Monatsthemen 1982–1989 abgedruckt.

Tabellen und Ephemeriden

Für den fortgeschrittenen Amateurastronomen sind im Anhang wichtige Beobachtungsgrundlagen vermerkt. Der Anfänger kann diese Angaben unberücksichtigt lassen. Ab Seite 278 findet man die **ekliptikalen Koordinaten** des Mondes, der Sonne und der großen Planeten von Merkur bis Neptun und Pluto. Die **äquatorialen Koordinaten** der Planeten und Kleinplaneten sind für das Äquinoktium J2000.0 angegeben, damit man sie leichter in vorhandene Sternkarten einzeichnen kann. Die Aufsuchkärtchen gelten ebenfalls für J2000.0. Ferner sind Kulminationszeiten sowie die Auf- bzw. Untergangszeiten, Scheibchendurchmesser in Bogensekunden und beleuchteter Teil der Planetenscheibchen vermerkt. Bei Saturn ist noch die Ringöffnung zur Erde und zur Sonne sowie die scheinbare Ausdehnung der großen und der kleinen Ringachse angegeben.

Für Sonne, Mars und Jupiter (System I und II) sind die **Zentralmeridiane** (Meridiane durch den Scheibenmittelpunkt) jeweils für 1^h MEZ vermerkt. Ferner gibt die Sonnenephemeride die Entfernung der Sonne von der Erde in AE an sowie ihren scheinbaren Durchmesser, die Achsenlage und die Sternzeit an.

Sternbedeckungen durch den Mond sind für Berlin, Dresden, Hamburg, Hannover, Düsseldorf, Frankfurt (Main), Leipzig, München, Nürnberg, Stuttgart, Wien und Zürich angegeben. Aus Platzersparnisgründen ist jeweils nur ein Positionswinkel angegeben, der lediglich dem leichteren Aufsuchen des zu bedeckenden Sternes dienen soll. In den Monatsübersichten wird unter der Rubrik „Mondlauf" in der Spalte „Sterne und Sternbilder" durch ein Sternchen (*) auf eine Sternbedeckung hingewiesen.

Veränderliche Sterne sind im Anschluss an die Fixsternmonatsübersichten aufgeführt. Für Algol (β Perseï) und β Lyrae findet der Sternfreund jeweils die Minima-Zeiten, für δ Cepheï die Lichtmaxima und für den langperiodischen Veränderlichen Mira (o Ceti) den jeweiligen Helligkeitszustand. Die Aufsuchkärtchen findet man auf der hinteren Umschlagklappe. Bei den Minima-Angaben für Algol ist die Lichtzeitkorrektur (heliozentrisch auf geozentrisch) berücksichtigt.

Eine **Sternzeittafel** soll die rasche Bestimmung der Sternzeit zur abendlichen Beobachtungsstunde ermöglichen. Die Sternzeit für 1^h MEZ, bezogen auf den Meridian von Greenwich (Nullmeridian), findet man in der Tabelle „Ephemeride der Sonnenscheibe“ (letzte Spalte).

Das **Julianische Datum** ist jeweils für den Monatsersten in der Rubrik „Sonnenlauf“ angegeben. Das Julianische Datum stellt eine fortlaufende Tageszählung dar, die mit dem 1. Januar des Jahres –4712 (= 4713 v. Chr.) beginnt.

Im Anhang finden sich **zwei Verzeichnisse astronomischer Institutionen**. Im Verzeichnis „Astronomische Institute, Planetarien und Sternwarten“ findet man die professionellen Einrichtungen im deutschen Sprachraum. Das Verzeichnis „Amateurastronomische Vereinigungen, Beobachtungsstationen und Privatsternwarten“ enthält astronomische Vereine, Schulsternwarten sowie ehrenamtlich betriebene Sternwarten mit Publikumsverkehr.

Dieses Verzeichnis soll dem Leser den Kontakt zu Gleichgesinnten erleichtern und die eigene Beobachtungstätigkeit fördern. Das Verzeichnis erhebt keinen Anspruch auf Vollständigkeit.

Weitere Adressen nimmt der Herausgeber gerne auf (Anschrift: Planetarium Stuttgart, Willy-Brandt-Straße 25, 70173 Stuttgart).

Literaturhinweise

Erklärung astronomischer Fachbegriffe:
H.-U. Keller,
Wörterbuch der Astronomie
H.-U. Keller,
Kompendium der Astronomie (5. Auflage 2016)

Sternkarten für eigene Beobachtungen:
H.-M. Hahn, G. Weiland,
Drehbare Kosmos-Sternkarte
E. Karkoschka,
Atlas für Himmelsbeobachter
E. Karkoschka,
Drehbare Welt-Sternkarte

Software:
United Soft Media
Redshift für PC, MacOS und als App für iOS und Android

Astronomie im Internet:
www.kosmos-himmelsjahr.de
www.astronomie.de
www.astrotreff.de
www.sternfreunde.de
www.sternwarte.de

Impressum

Umschlaggestaltung von eStudio Calamar unter Verwendung einer Illustration von Mark Garlick (Science Photo Library/Agentur Focus).

Mit 48 Farb- und Schwarzweißfotos, neun historischen Abbildungen, 216 Illustrationen von Gerhard Weiland sowie zwölf Planetenlauf- und zwölf Monatssternkarten von Wil Tirion.

Unser gesamtes Programm finden Sie unter **kosmos.de**.
Über Neuigkeiten informieren Sie regelmäßig unsere Newsletter, einfach anmelden unter **kosmos.de/newsletter**

Gedruckt auf chlorfrei gebleichtem Papier

MIX
Papier aus verantwortungsvollen Quellen
FSC® C084279
www.fsc.org

ISSN: 1438-3306
ISBN: 978-3-440-15439-7
Redaktion: Sven Melchert
Produktion: Ralf Paucke, Siegfried Fischer
Druck und Bindung: Print Consult GmbH, München
Printed in Slovenia/Imprimé en Slovénie

Anschrift des Herausgebers:
Prof. Dr. Hans-Ulrich Keller
Planetarium Stuttgart
Willy-Brandt-Straße 25
D-70173 Stuttgart

Sonnen- und Mondfinsternisse 2018

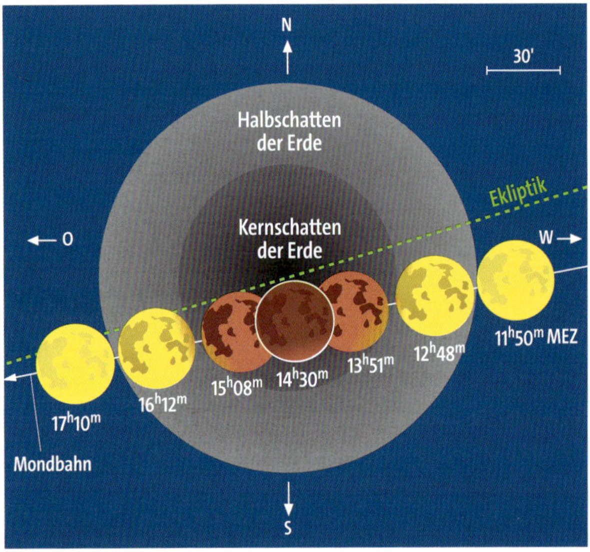

F.1 **Verlauf der totalen Mondfinsternis vom 31. Januar 2018.**

Im Jahr 2018 finden fünf Finsternisse statt: zwei totale Mondfinsternisse und drei partielle Sonnenfinsternisse. Die partiellen Sonnenfinsternisse am 15. Februar, 13. Juli und 11. August bleiben von Mitteleuropa aus unbeobachtbar. Die totale Mondfinsternis vom 31. Januar findet in den Mittagsstunden statt und bleibt somit in Mitteleuropa ebenfalls unsichtbar, da sich der Vollmond unter dem Horizont befindet. Lediglich die totale Mondfinsternis vom 27. Juli kann teilweise in unseren Gegenden verfolgt werden. In Deutschland, Österreich und der Schweiz geht der Vollmond bereits verfinstert auf.

Totale Mondfinsternis am 31. Januar

Die Finsternis findet in den Mittagsstunden am Mittwoch, 31. Januar statt. Zu dieser Zeit befindet sich der Mond in Mitteleuropa unter dem Horizont, weshalb diese Finsternis hierzulande unbeobachtbar bleibt.

Die Mondfinsternis nimmt folgenden Verlauf:

	MEZ
Eintritt des Mondes in den Halbschatten	11^h50^m
Eintritt des Mondes in den Kernschatten	12^h48^m
Beginn der Totalität	13^h51^m
Mitte der Finsternis	14^h30^m

F.2 **Reihenaufnahme der Halbschattenfinsternis des Mondes vom 10./11. Februar 2017, gewonnen von Hans Dschida auf der Sternwarte Welzheim.**

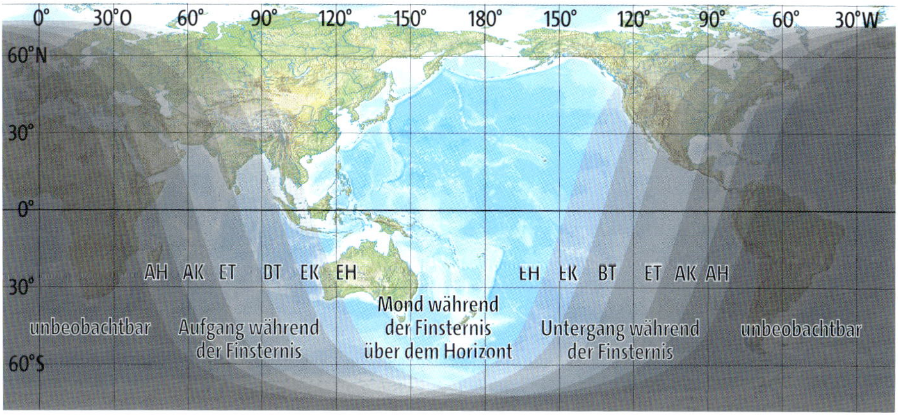

F.3 Sichtbarkeitsgebiet der totalen Mondfinsternis vom 31. Januar 2018. EH/AH – Eintritt/Austritt Halbschatten, EK/AK – Eintritt/Austritt Kernschatten. BT/ET – Beginn/Ende der Totalität.

	MEZ
Ende der Totalität	15^h08^m
Austritt des Mondes aus dem Kernschatten	16^h12^m
Austritt des Mondes aus dem Halbschatten	17^h10^m

Der Verlauf der Finsternis ist in Abb. F.1 dargestellt.

Der Aufgang des Vollmondes erfolgt am 31. Januar in 50° Nord und 10° Ost um 17^h18^m MEZ und somit acht Minuten nach Ende der Finsternis. Die Größe der Finsternis beträgt das 1,321-Fache des scheinbaren Monddurchmessers. Das Sichtbarkeitsgebiet umfasst den Pazifischen Ozean, den Nordwesten von Nordamerika, Alaska, Neuseeland, Australien, Ozeanien, Japan, östliches Asien und die Arktis (siehe Abb. F.3 oben).

Diese Finsternis gehört zum Saros-Zyklus Nr. 124. Sie ist die 49. von insgesamt 74 Mondfinsternissen in diesem Zyklus.

Partielle Sonnenfinsternis am 15. Februar

Diese Finsternis ereignet sich in den Abendstunden am Donnerstag, 15. Februar und bleibt von der gesamten Nordhalbkugel der Erde aus unbeobachtbar. Sie ist lediglich sichtbar in der Antarktis, der Südspitze Südamerikas und vom südlichen Eismeer aus. Die Sonnenfinsternis beginnt um 19^h56^m MEZ am Ort 144°27′ östlicher Länge und 62°26′ südlicher Breite. Dieser Punkt befindet sich vor der Küste der Antarktis. Die maximale Phase wird um 21^h51^m MEZ am Ort 0°52′ östlicher Länge und 71°06′ südlicher Breite erreicht. Dieser Ort liegt an der antarkti-

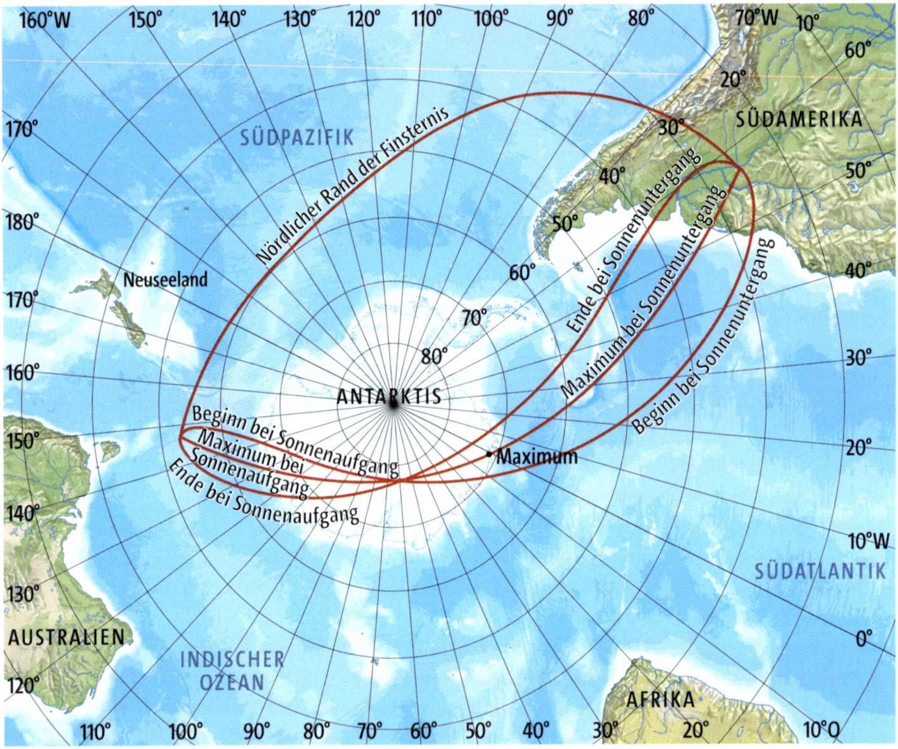

F.4 Globaler Verlauf der partiellen Sonnenfinsternis vom 15. Februar 2018.

schen Küste zum südatlantischen Ozean.

In der maximalen Phase werden 60,0 % des scheinbaren Sonnendurchmessers vom Neumond bedeckt.

Die Finsternis endet um 23ʰ47ᵐ MEZ am Ort 59°16′ westlicher Länge und 35°23′ südlicher Breite. Dieser Ort befindet sich im südlichen Südamerika nahe der Südatlantikküste bei Buenos Aires und der Trichtermündung des Rio de la Plata (siehe Abb. F.4 oben).

Diese Finsternis trägt die Nummer 17 im Saros-Zyklus Nr. 150, der 71 Sonnenfinsternisse umfasst.

Partielle Sonnenfinsternis am 13. Juli

Diese Finsternis findet in den frühen Morgenstunden am Freitag, 13. Juli statt und bleibt fast überall unbeobachtbar.

Das Sichtbarkeitsgebiet umfasst das südliche Eismeer zwischen dem südlichen Indischen Ozean und dem Südpazifik sowie einen schmalen Küstenstreifen der Antarktis gegenüber Australien sowie einem kleinen Bereich der südöstlichen Küste Australiens und die Insel Tasmanien (siehe Abb. F.5 auf Seite 25).

Zum Höhepunkt der Finsternis werden 34 % des scheinbaren Sonnendurchmessers vom Neumond bedeckt, dies entspricht einem Bedeckungsgrad von gerade 22 % der Sonnenscheibenfläche. Die Sonne steht dabei nur knapp über dem Nordhorizont.

Das Maximum tritt um 4^h01^m MEZ am Ort 127°28′ östlicher

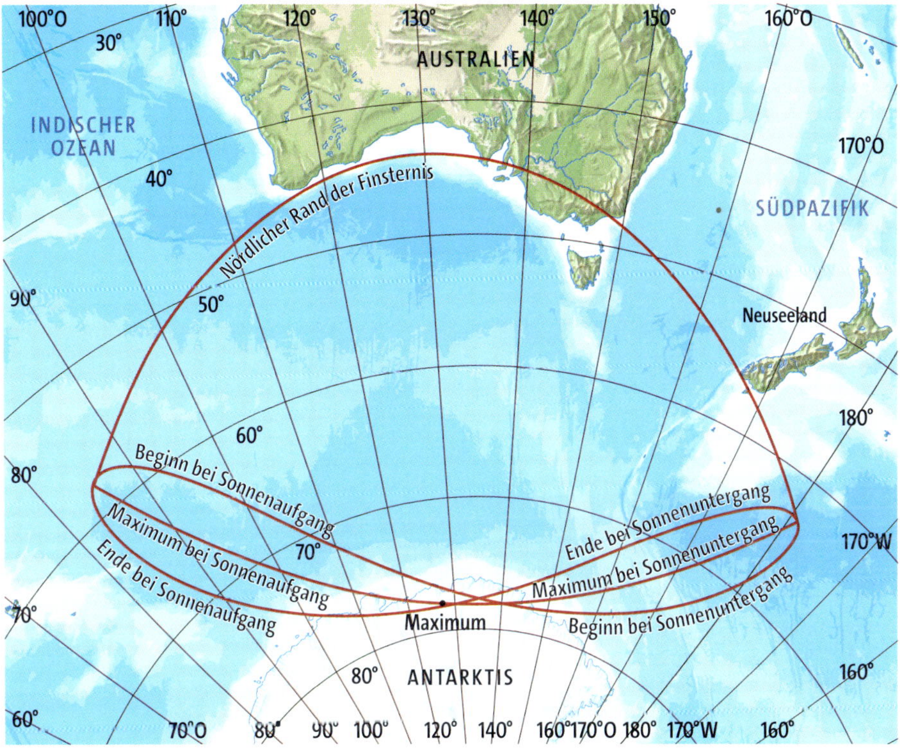

F.5 Globaler Verlauf der partiellen Sonnenfinsternis vom 13. Juli 2018.

Länge und 67°56′ südlicher Breite ein. Dieser Ort liegt in der Antarktis nahe der Küste, die Australien gegenüber liegt. Die Finsternis beginnt um 2^h48^m MEZ am Ort 96°24′ östlicher Länge und 52°56′ südlicher Breite. Dieser Ort befindet sich im südlichen Indischen Ozean. Die Finsternis endet am Ort 168°20′ östlicher Länge und 57°52′ südlicher Breite um 5^h14^m MEZ. Dieser Ort befindet sich im Südpazifik.

Die Finsternis gehört zum Saros-Zyklus Nr. 117. Sie ist die drittletzte (Nr. 69) von insgesamt 71 Sonnenfinsternissen dieses Zyklus, der mit der partiellen Sonnenfinsternis vom 3. August 2054 endet.

Totale Mondfinsternis am 27./28. Juli

Diese Finsternis findet in der Nacht vom Freitag, 27. Juli auf Samstag, 28. Juli statt. Sie ist die einzige Finsternis des Jahres 2018, die zumindest teilweise von Mitteleuropa aus beobachtbar ist.

Für die meisten Orte in Deutschland, Österreich und der Schweiz geht der Mond bereits verfinstert auf. Somit bleibt der erste Teil bei uns unbeobachtbar.

Die Mondfinsternis nimmt folgenden Verlauf:

	MEZ	MESZ
Eintritt des Mondes in den Halbschatten	18^h13^m	19^h13^m
Eintritt des Mondes in den Kernschatten	19^h24^m	20^h24^m
Beginn der Totalität	20^h30^m	21^h30^m

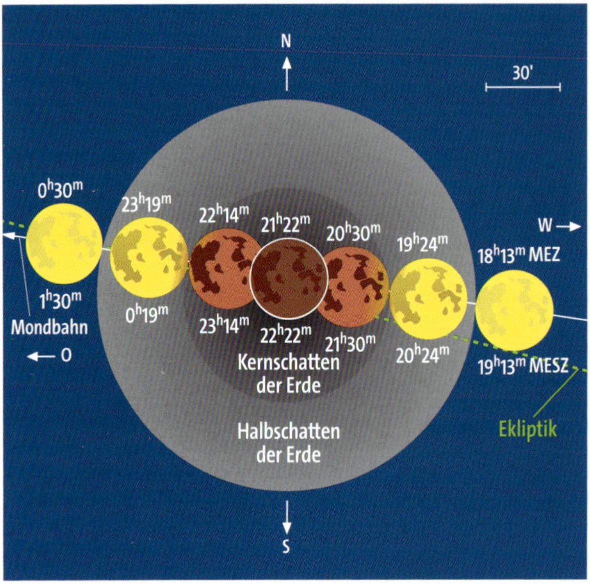

F.6 Verlauf der totalen Mondfinsternis vom 27./28. Juli 2018.

	MEZ	MESZ
Mitte der Finsternis	21^h22^m	22^h22^m
Ende der Totalität	22^h14^m	23^h14^m
Austritt des Mondes aus dem Kernschatten	23^h19^m	0^h19^m
Austritt des Mondes aus dem Halbschatten	0^h30^m	1^h30^m

Der Verlauf der Finsternis ist in Abb. F.6 dargestellt.

Ein- und Austritt des Mondes in bzw. aus dem Halbschatten der Erde bleiben prinzipiell unbeobachtbar.

Die Größe der Finsternis beträgt das 1,613-Fache des scheinbaren Monddurchmessers. Dies ist fast die maximal mögliche Größe. Zur Finsternismitte wird der Mond daher sehr dunkel erscheinen.

Der Mondaufgang erfolgt am 27. Juli 2018 in 50° Nord und 10° Ost um 20^h02^m MEZ (= 21^h02^m MESZ). Sein Untergang erfolgt am 28. Juli um 5^h07^m MEZ.

Mondaufgang am 27. Juli in folgenden Städten:

	MEZ	MESZ
Berlin	19^h58^m	20^h58^m
Dresden	19^h51^m	20^h51^m
Hamburg	20^h17^m	21^h17^m
Köln	20^h18^m	21^h18^m
Leipzig	19^h57^m	20^h57^m
München	19^h57^m	20^h57^m
Nürnberg	19^h55^m	20^h55^m
Stuttgart	20^h01^m	21^h01^m
Wien	19^h29^m	20^h29^m
Zürich	19^h58^m	20^h58^m

Die Finsternis ist sichtbar in Mittel-, West- und Osteuropa, im westlichen Asien, Afrika, Madagaskar, in Indien und im Indischen Ozean sowie der Ant-

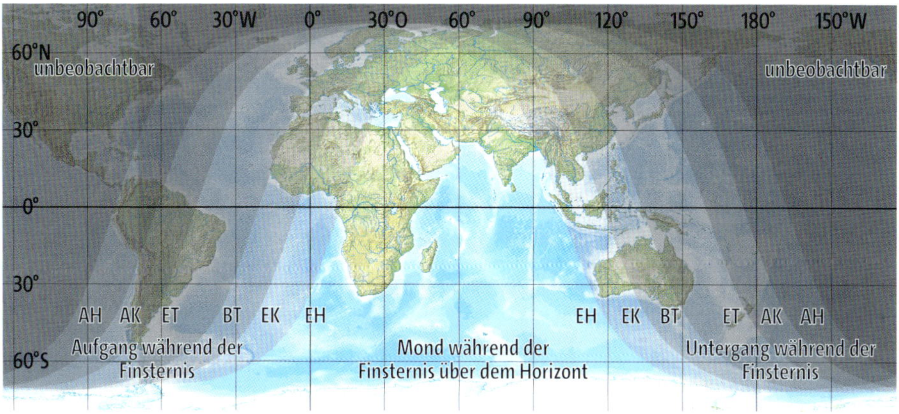

F.7 Sichtbarkeitsgebiet der totalen Mondfinsternis vom 27./28. Juli 2018. EH/AH – Eintritt / Austritt Halbschatten, EK/AK – Eintritt/Austritt Kernschatten. BT/ET – Beginn/Ende der Totalität.

arktis (siehe Abb. F.7). Die Finsternis ist die 38. im Saros-Zyklus Nr. 129, der insgesamt 71 Mondfinsternisse umfasst.

Partielle Sonnenfinsternis am 11. August

Diese Finsternis ereignet sich in den Morgenstunden am Samstag, 11. August. Sie bleibt von Mitteleuropa aus unbeobachtbar. Sie kann von Skandinavien, nördlichen Gebieten Asiens, Island, Grönland sowie der Arktis und nordöstlichen Gebieten Kanadas verfolgt werden (siehe Abb. F.8). Die Sonnenfinsternis beginnt um 9^h02^m MEZ am Ort 54°50′ westlicher Länge und 57°47′ nördlicher Breite. Dieser Punkt liegt im Nordatlantik knapp südwestlich der Südspitze Grönlands. Die maximale Phase wird um 10^h46^m MEZ am Ort 174°41′ östlicher Länge und 70°26′ nördlicher Breite erreicht. Dieser Ort liegt in Nordasien an der Küste des nördlichen Eismeeres.

Zum Höhepunkt der Finsternis werden 74% des scheinba-

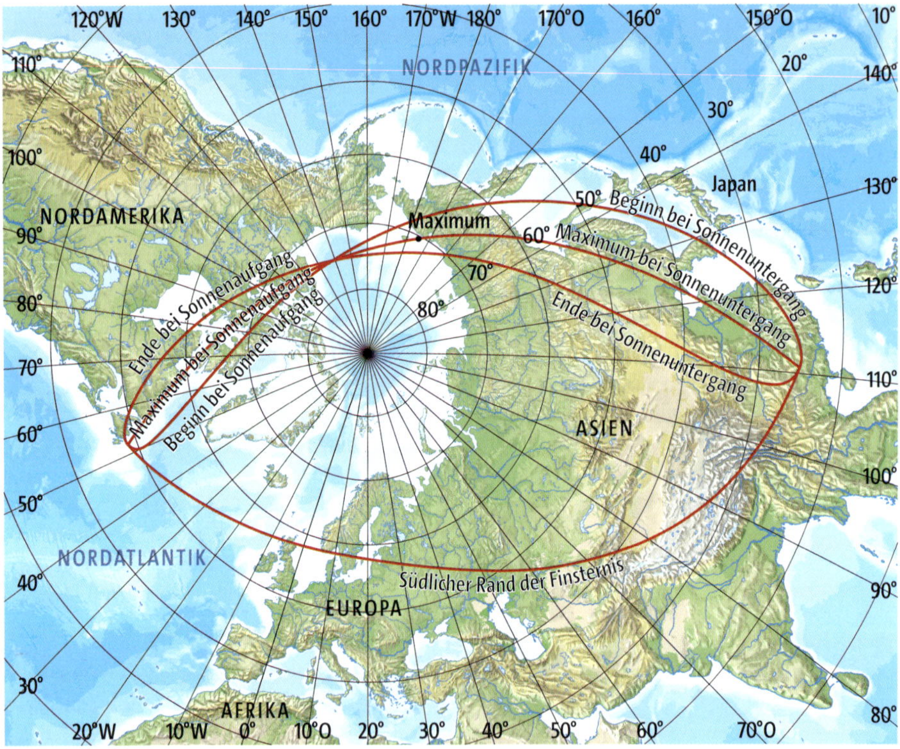

F.8 Globaler Verlauf der partiellen Sonnenfinsternis vom 11. August 2018.

ren Sonnendurchmessers vom Neumond bedeckt.

Sie endet um 12^h31^m MEZ am Ort 109°28′ östlicher Länge und 34°44′ nördlicher Breite. Dieser Ort befindet sich im östlichen Asien (China). Die Finsternis zählt zum Saros-Zyklus Nr. 155 und trägt die Nummer 6. Insgesamt umfasst dieser Zyklus 71 Sonnenfinsternisse.

Januar 2018

- Die Erde passiert am 3. ihren sonnennächsten Bahnpunkt. Abstand Erde – Sonne: 147 Millionen Kilometer.
- Merkur bietet zu Jahresbeginn eine Morgensichtbarkeit.
- Mars und Jupiter sind am Morgenhimmel vertreten.
- Venus steht am 9. in oberer Konjunktion mit der Sonne.

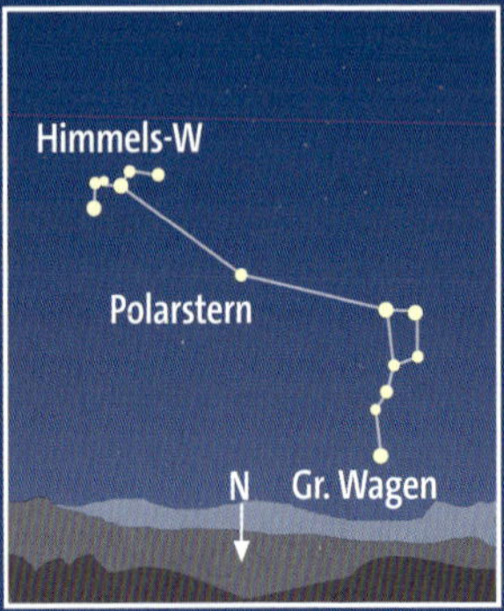

Großer Wagen und Himmels-W Anfang Januar um 22 Uhr

1.1 Himmelsanblick am 11. Januar gegen 7h MEZ. Die Planeten Mars und Jupiter sind über dem Südhorizont zu sehen. Zu ihnen gesellt sich die Sichel des abnehmenden Mondes.

- 1 Mo Neujahr
- 2 Di Vollmond
- 3 Mi Erde in Sonnennähe
- 4 Do
- 5 Fr
- 6 Sa Heilige drei Könige
- 7 So Mars bei Jupiter (Morgenhimmel)
- 8 Mo Mond im letzten Viertel
- 9 Di
- 10 Mi
- 11 Do Mond bei Mars und Jupiter (Morgenhimmel)
- 12 Fr
- 13 Sa Merkur bei Saturn (Morgenhimmel)
- 14 So
- 15 Mo
- 16 Di
- 17 Mi Neumond
- 18 Do
- 19 Fr
- 20 Sa
- 21 So
- 22 Mo
- 23 Di
- 24 Mi Mond im ersten Viertel
- 25 Do
- 26 Fr
- 27 Sa
- 28 So
- 29 Mo
- 30 Di
- 31 Mi Vollmond

Sonne – Sternbilder

20.1. 2h:
Sonne tritt in das Sternbild Steinbock
20.1. 4h:
Sonne tritt in das Tierkreiszeichen Wassermann
Julianisches Datum am
1. Januar, 1h MEZ: 2458119,5

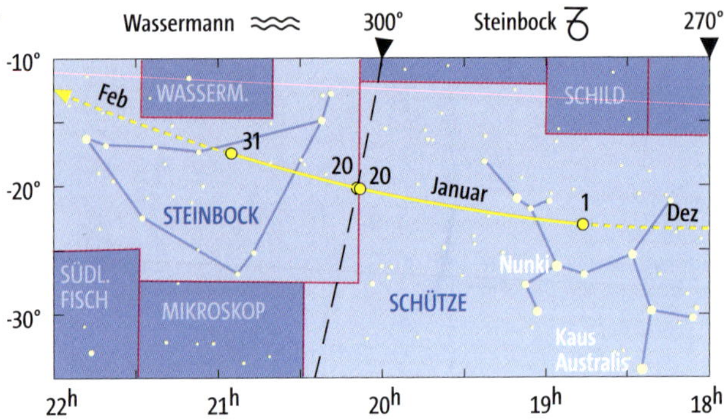

Tabelle Sonnenlauf

Tag	Dämmerg. Anfang	Aufgang MEZ	Kulmination	Untergang MEZ	Dämmerg. Ende	Mittagshöhe	Zeitgleichg.	Rektaszension	Deklination
	h m	h m	h m	h m	h m	°	m	h m	°
1.	6 59	8 19	12 24	16 29	17 48	17,0	– 4	18 45	–23,0
5.	6 59	8 18	12 25	16 33	17 52	17,4	– 5	19 02	–22,7
10.	6 58	8 16	12 27	16 39	17 58	18,1	– 7	19 24	–22,0
15.	6 55	8 13	12 29	16 46	18 04	18,9	– 9	19 46	–21,2
20.	6 52	8 08	12 31	16 54	18 10	19,9	–11	20 07	–20,2
25.	6 48	8 03	12 32	17 02	18 17	21,1	–12	20 28	–19,1
31.	6 41	7 55	12 33	17 12	18 26	22,7	–13	20 53	–17,5

Tages- und Nachtstunden

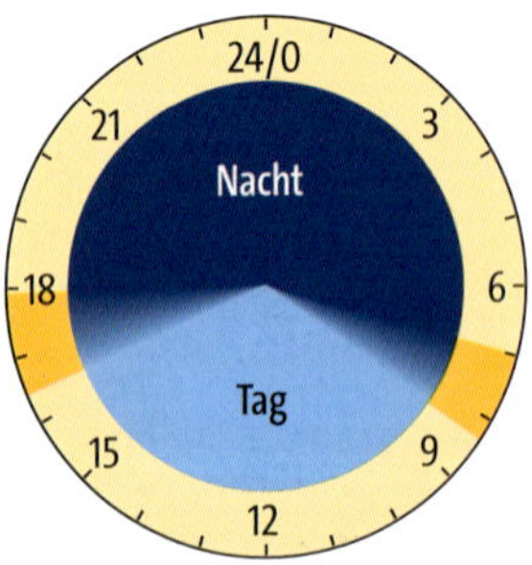

5. Januar

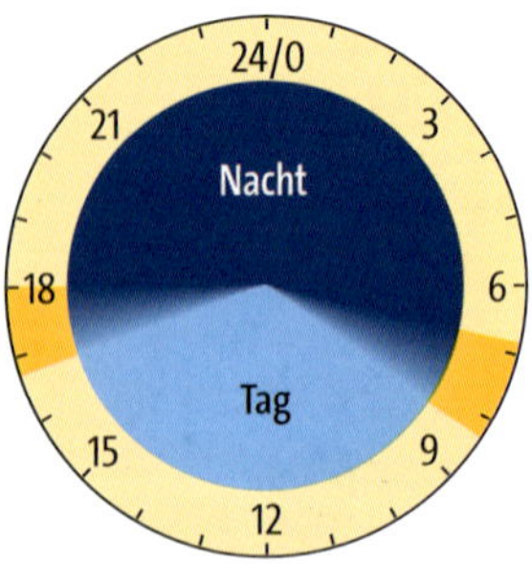

15. Januar

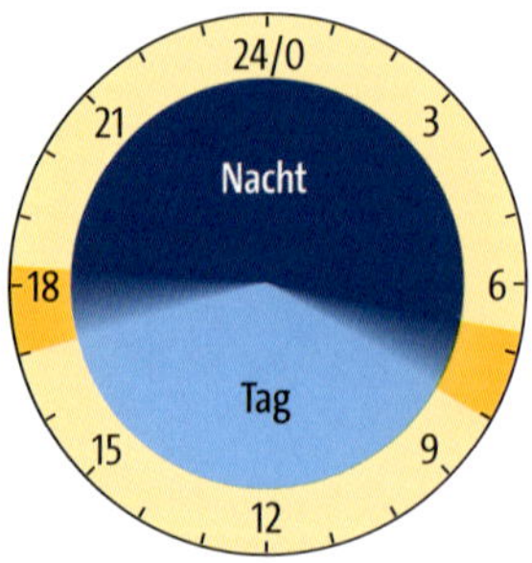

25. Januar

Tabelle Mondlauf

Datum		Aufg. MEZ	Kulmination	Unterg. MEZ	Rektaszension	Deklination		Sterne und Sternbilder	Phase	MEZ
		h m	h m	h m	h m	°				
Mo	1.	16 13	–	7 11	5 37	+19,3		Stier	Erdnähe 357/33′,5	23^h
Di	2.	17 18	0 15	8 17	6 42	+20,1		Alhena	**Vollmond**	**$3^h 24^m$**
Mi	3.	18 32	1 18	9 12	7 47	+19,4		Zwillinge		
Do	4.	19 49	2 20	9 57	8 50	+17,3		Krebs, Krippe	Aufsteigender Knoten	
Fr	5.	21 05	3 18	10 34	9 50	+14,1	*	Löwe, Regulus		
Sa	6.	22 20	4 11	11 05	10 46	+10,1		Löwe		
So	7.	23 31	5 02	11 31	11 39	+ 5,8		Jungfrau	Libration West	
Mo	8.	–	5 49	11 56	12 29	+ 1,3		Jungfrau	**Letztes Viertel**	**$23^h 25^m$**
Di	9.	0 40	6 35	12 20	13 18	– 3,1		Spica		
Mi	10.	1 47	7 20	12 44	14 06	– 7,3		Jungfrau		
Do	11.	2 52	8 05	13 10	14 53	–11,1		Waage	Größte Nordbreite	
Fr	12.	3 55	8 50	13 40	15 41	–14,3		Waage		
Sa	13.	4 55	9 36	14 13	16 29	–16,9		Schlangenträger		
So	14.	5 53	10 23	14 51	17 18	–18,8		Schlangenträger		
Mo	15.	6 46	11 11	15 36	18 08	–19,8		Schütze	Erdferne 406/29′,4	3^h
Di	16.	7 33	11 59	16 26	18 58	–20,0		Schütze, Nunki		
Mi	17.	8 15	12 47	17 22	19 49	–19,3		Schütze	**Neumond Nr. 1176**	**$3^h 17^m$**
Do	18.	8 51	13 34	18 22	20 39	–17,8		Steinbock	Absteigender Knoten	
Fr	19.	9 23	14 20	19 25	21 28	–15,4		Steinbock		
Sa	20.	9 51	15 06	20 30	22 17	–12,4	*	Wassermann		
So	21.	10 16	15 51	21 36	23 04	– 8,7		Wassermann		
Mo	22.	10 40	16 37	22 44	23 52	– 4,7	*	Wassermann		
Di	23.	11 04	17 23	23 53	0 40	– 0,4		Walfisch	Libration Ost	
Mi	24.	11 29	18 10	–	1 29	+ 4,1		Fische	**Erstes Viertel**	**$23^h 20^m$**
Do	25.	11 57	19 01	1 05	2 20	+ 8,4	*	Walfisch	Größte Südbreite	
Fr	26.	12 29	19 55	2 18	3 13	+12,5	*	Widder		
Sa	27.	13 07	20 52	3 32	4 10	+15,9	*	Stier, Hyaden		
So	28.	13 55	21 53	4 46	5 10	+18,5		Stier		
Mo	29.	14 53	22 55	5 54	6 12	+19,9		Alhena		
Di	30.	16 02	23 58	6 55	7 16	+19,9		Zwillinge	Erdnähe 359/33′,3	11^h
Mi	31.	17 18	–	7 45	8 20	+18,4		Krebs, Krippe	**Vollmond** Aufsteigender Knoten	**$14^h 27^m$**

Der Mond nähert sich den Hyaden

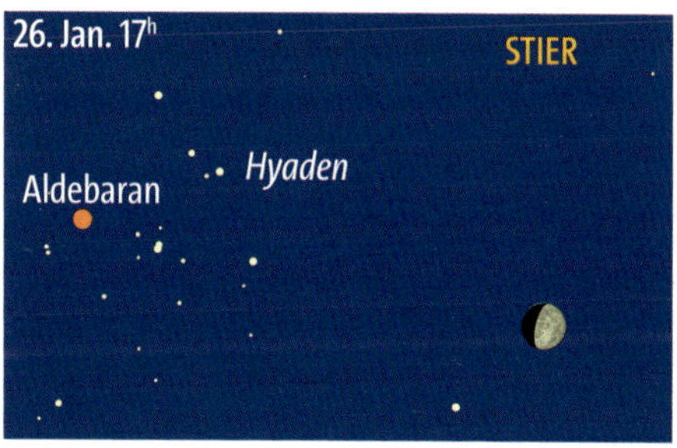

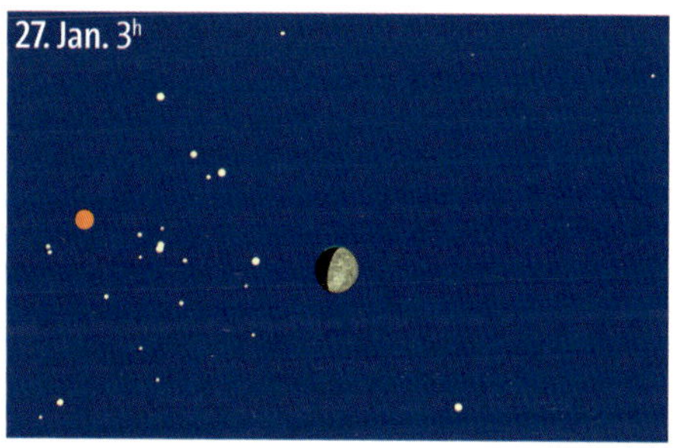

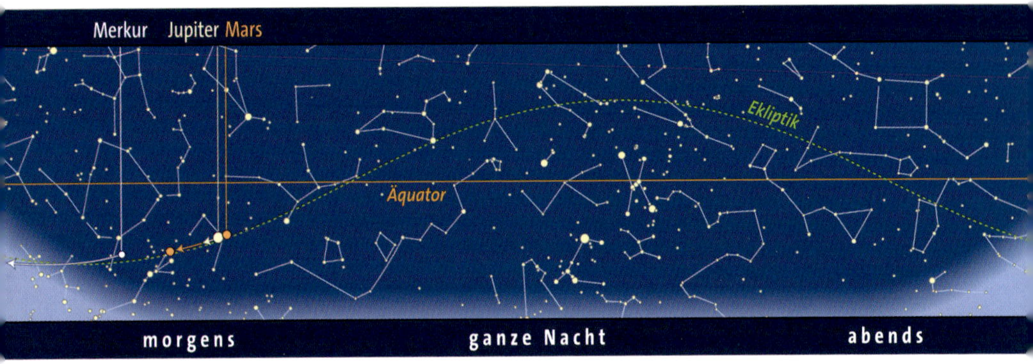

Merkur erreicht gleich am 1. seine größte westliche Elongation, wobei sein Winkelabstand von der Sonne 22°40′ beträgt. Unter guten Sichtbedingungen kann man den sonnennahen Planeten in der Morgendämmerung zu Jahresbeginn tief im Südosten ausmachen.

Am 1. geht der $-0^m,3$ helle Merkur um 6^h30^m auf. Etwa 20^m später hat er die ärgsten Dunstschichten am Horizont überwunden und wird sichtbar. Bald nach 7^h30^m verblasst er in der zunehmenden Morgenhelle. Bis 10. verspäten sich die Aufgänge auf 6^h51^m. Nach dem 10. wird man vergeblich nach dem Benjamin der Planeten Ausschau halten (siehe Abb. 1.5 und 1.6 auf Seite 36).

1.2 Heliozentrischer Anblick des Planetensystems im ersten Jahresviertel 2018. Eingetragen sind links die Positionen der inneren Planeten für den 1. Januar (1), 1. Februar (2) sowie 1. März (3) und 1. April (4). Der rechte Teil zeigt das äußere Planetensystem und einige Planetoiden zu Anfang und Ende des ersten Quartals. Die Pfeile deuten die Richtungen zu den ferneren Planeten und zum Frühlingspunkt an.

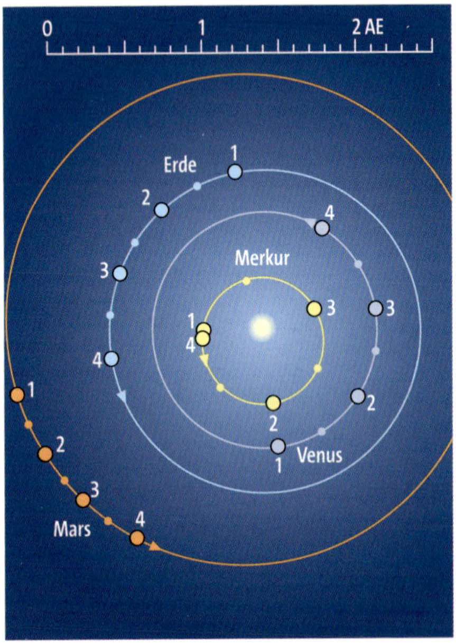

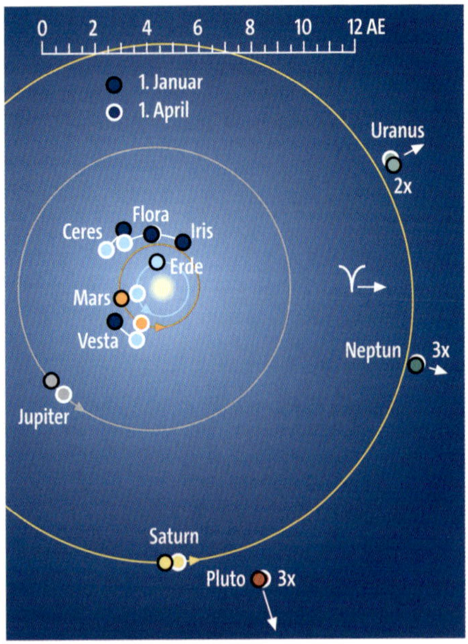

Im Teleskop erscheint das Merkurscheibchen am Jahresanfang zu 64 Prozent beleuchtet, bei einem Scheibchendurchmesser von knapp 7″. Der Beleuchtungsgrad nimmt in den nächsten Tagen zu, Merkur wird rundlicher. Letztmals wird man Merkur am 10. erspähen können.

Am 11. zieht Merkur 0°,5 nördlich am Winterpunkt vorbei. Zwei Tage später kommt es zu einer Begegnung mit Saturn, wobei Merkur 0°,6 südlich an Saturn vorbeiläuft (siehe Abb. 1.9 auf Seite 37). Um diese Konjunktion zu verfolgen, ist ein Fernglas nötig.

Am 25. passiert Merkur das Aphel (sonnenfernster Punkt) seiner stark elliptischen Bahn, wobei ihn 69,8 Millionen Kilometer (= 0,467 AE) von der Sonne trennen.

Venus hält sich zu Jahresbeginn am Taghimmel auf. Am 9. morgens steht sie in oberer Konjunktion mit der Sonne. An diesem Tag beträgt ihre Entfernung

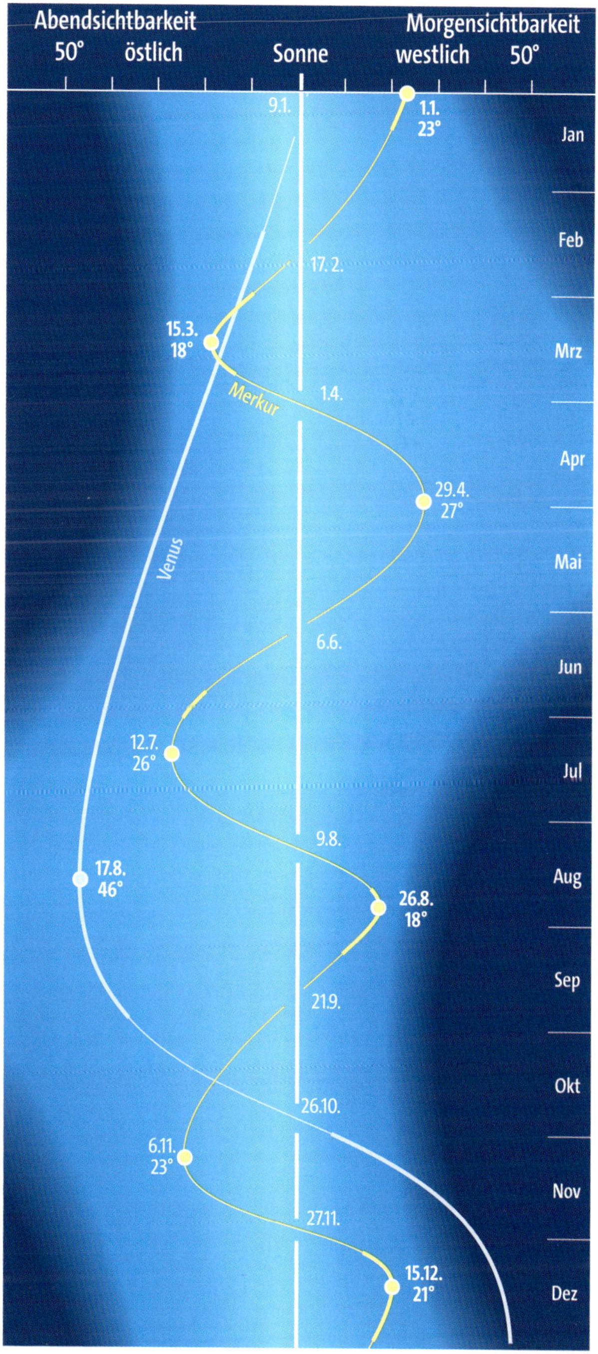

1.3 Winkelabstand zur Sonne von Merkur und Venus:
Elongationen und Konjunktionen der inneren Planeten Merkur und Venus von bzw. mit der Sonne im Jahre 2018. Die Datumsangaben beziehen sich jeweils auf die größten Elongationen sowie die Konjunktionen. Fettgedrucktes Datum bedeutet: in Mitteleuropa mit freiem Auge sichtbar. Unterbrochener Sonnenbalken weist auf eine untere Konjunktion hin, unterbrochene Planetenlinie auf eine obere Konjunktion.

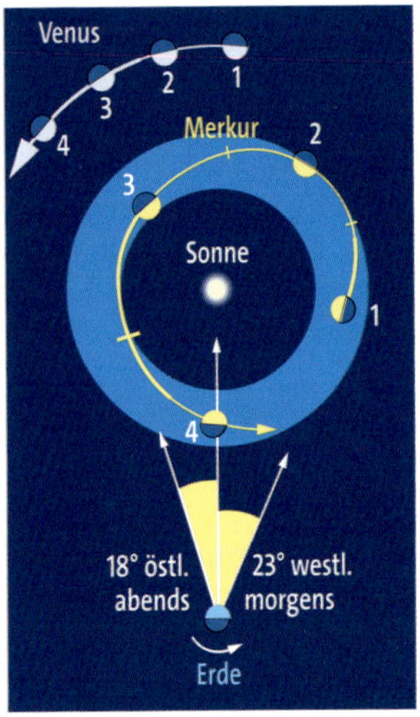

1.4 Bahnen von Merkur und Venus:
Heliozentrische Bewegungen von Merkur und Venus *relativ* zur Erde. In den dicker ausgezogenen Bahnteilen sind die Planeten beobachtbar. Die Zahlen markieren die Positionen jeweils zum Monatsersten. Östlicher Winkelabstand bedeutet Abendsichtbarkeit, westliche Elongation: Planet steht am Morgenhimmel.

von der Erde 256 Millionen Kilometer, dies entspricht 1,71 Astronomischen Einheiten (AE).

Am 23. passiert Venus das Aphel (sonnenfernster Punkt) ihrer fast kreisförmigen Bahn. An diesem Tag trennen sie 109 Millionen Kilometer (= 0,729 AE) von der Sonne. Dies entspricht einer Lichtlaufzeit von sechs Minuten und drei Sekunden.

Bis Ende Januar erreicht die östliche Elongation der Venus $5\overset{\circ}{,}6$. Dies reicht bei weitem nicht, um Venus am Abendhimmel nach Sonnenuntergang zu sehen. Venus bleibt im Januar unbeobachtbar.

Mars kann am Morgenhimmel gesehen werden. Er wandert durch das Sternbild Waage und wechselt am Monatsende in den Skorpion. Die Marshelligkeit nimmt merkbar um $0\overset{m}{,}3$ zu und erreicht Ende Januar $1\overset{m}{,}2$. Damit macht Mars den Sternen 1. Größe Konkurrenz. Antares in seiner Nähe ist ein Stern 1. Größe (er ist veränderlich: $0\overset{m}{,}9$ bis $1\overset{m}{,}1$).

Zu Monatsanfang geht Mars um $3^{h}37^{m}$ auf, zu Monatsende eine Viertelstunde früher. Am 7. kommt es zu einer engen Begegnung mit Jupiter. Der rote Planet wandert nur $0\overset{\circ}{,}2$ südlich am Riesenplaneten vorbei (siehe Abb. 1.8 auf Seite 37). Am 11. gesellt sich die Sichel des abnehmenden Mondes zu dem Planetenduo. Das Dreigestirn Mond – Mars – Jupiter ist gegen 7 Uhr morgens tief am Südhimmel zu

1.5 Merkur am Morgenhimmel:
Stellung von Merkur über dem Südosthorizont zu den angegebenen Daten jeweils eine Stunde vor Sonnenaufgang. Die Pfeile geben die Bewegungen von Merkur und Sonne in der folgenden halben Stunde an.

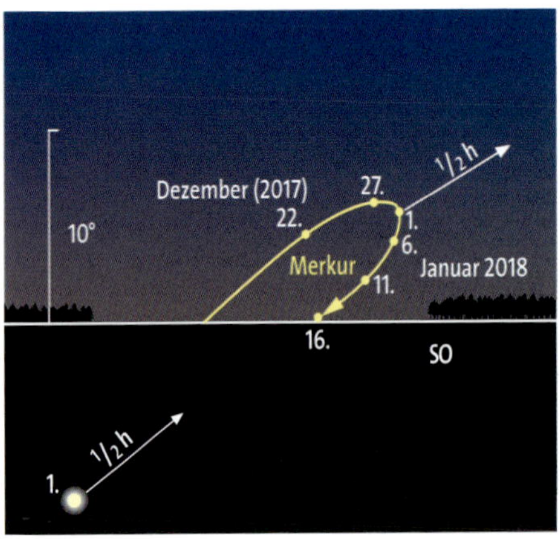

1.6 Sichtbarkeitsdiagramm für Merkur:
Es gilt genau für 50° nördlicher Breite und 10° östlicher Länge. Angaben zur Sichtbarkeit von Merkur finden sich am oberen Rand der Abbildung.

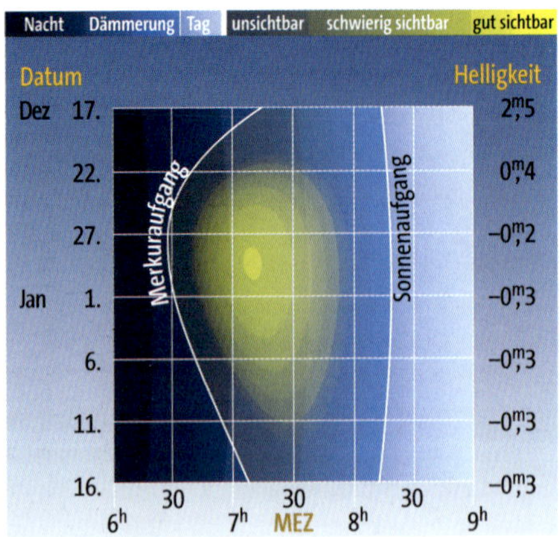

1.7 Bahn von Merkur:
Konjunktionsschleife von Merkur im Gebiet der Sternbilder Skorpion und Schlangenträger. Die Zahlen geben die Merkurposition zum jeweiligen Monatsersten an (1 = 1. Januar).

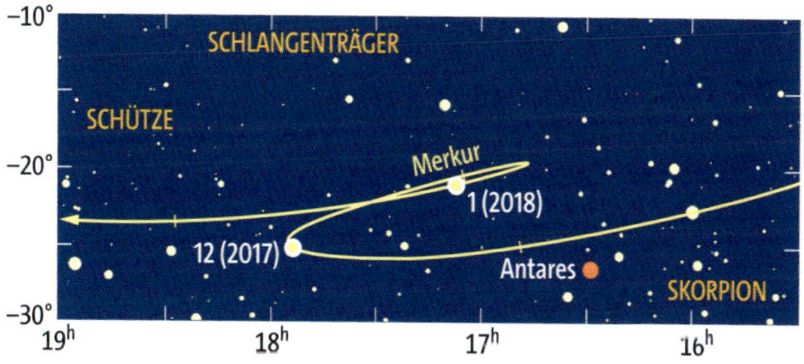

sehen (siehe Abb. 1.1 auf Seite 30).

Jupiter, rechtläufig in der Waage, ist am Morgenhimmel über dem Südosthorizont zu sehen. Der gelbliche Riesenplanet verfrüht seine Aufgänge von 3^h52^m zu Jahresbeginn auf 2^h17^m Ende Januar. Die Jupiterhelligkeit nimmt um $0^m,2$ während des Monats auf $-2^m,0$ zu. Damit ist Jupiter hellstes Gestirn am Nachthimmel – vom Mond abgesehen natürlich. Und Venus hält sich am Taghimmel auf.

Am 7. wird der Riesenplanet von Mars überholt, der 0°13′ südlich an ihm vorbeiwandert (siehe Abb. 1.8 unten). Zu den beiden nahe beieinander stehenden Planeten gesellt sich am 11. die Sichel des abnehmenden Mondes. Das Dreigestirn Mars – Jupiter – Mond ist gegen 7^h tief am Südhimmel zu sehen (siehe Abb. 1.1 auf Seite 30).

1.8 Mars bei Jupiter:
Mars wandert vom 5. bis 9. Januar an Jupiter vorbei. Fernglasanblick gegen 5^h MEZ bei 5° Gesichtsfelddurchmesser.

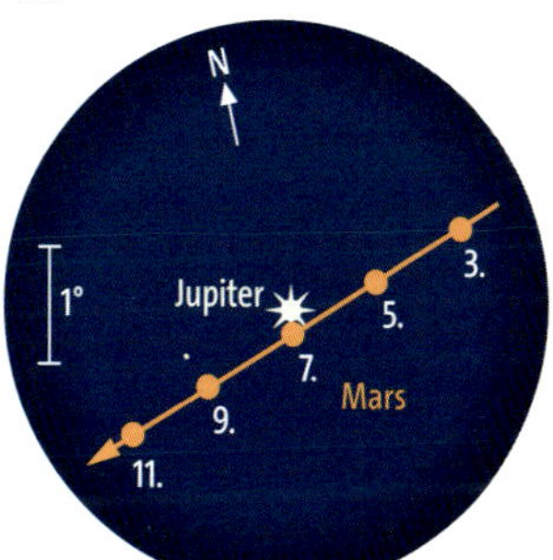

Saturn, rechtläufig im Sternbild Schütze, stand Ende des letzten Jahres in Konjunktion mit der Sonne. Bis Monatsende wächst sein westlicher Winkelabstand von der Sonne auf 37° an. Dies ermöglicht, den Ringplaneten am Morgenhimmel aufzustöbern.

Der $0^m,6$ helle Saturn geht am 25. um 6^h14^m auf. Eine Viertelstunde später kann man mit Aussicht auf Erfolg nach dem gelblichen, blassen Planet Ausschau halten. Bis 31. verfrühen sich die Saturnaufgänge auf 5^h53^m. Die scheinbare Bahn des Saturn im Jahre 2018 ersieht man aus der Abbildung 6.8 auf Seite 142.

Am 13. eilt Merkur 0°39′ südlich am Ringplaneten vorbei (siehe Abb. 1.9 rechts). Diese Konjunktion ist nur mit lichtstarker Optik in der Morgendämmerung zu verfolgen. Den bloßen Augen bleibt sie verborgen.

Uranus kommt am 2. im Sternbild Fische zum Stillstand. Damit beendet der grünliche Planet seine vorjährige Oppositionsperiode. Anschließend bewegt er sich wieder rechtläufig durch die Fische, wenn auch zunächst recht zögerlich (siehe Abb. 10.5 auf Seite 219).

Uranus verlagert seine Untergänge in die Zeit um Mitternacht. Geht er am 1. noch um 1^h56^m und am 15. um 1^h02^m unter, so erfolgt der Untergang des nur $5^m,8$ hellen Planeten am Monatsende um 0^h00^m. Seine Kulminationen verschiebt Uranus von 19^h06^m zu Monatsbeginn

1.9 Merkur bei Saturn:
Merkur begegnet Saturn am 13. Januar. Fernglasanblick gegen 7^h30^m MEZ bei 5° Gesichtsfelddurchmesser.

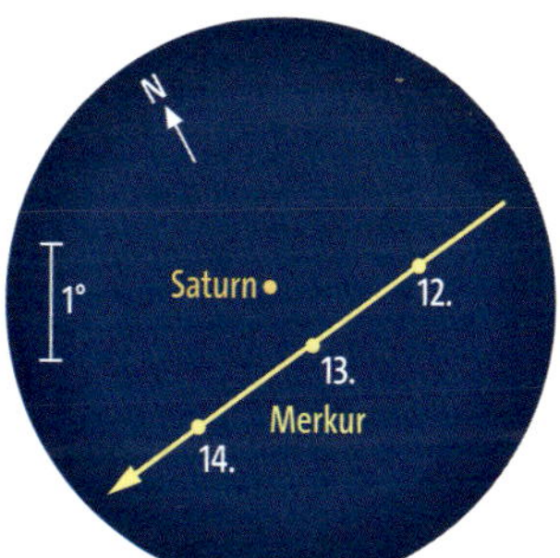

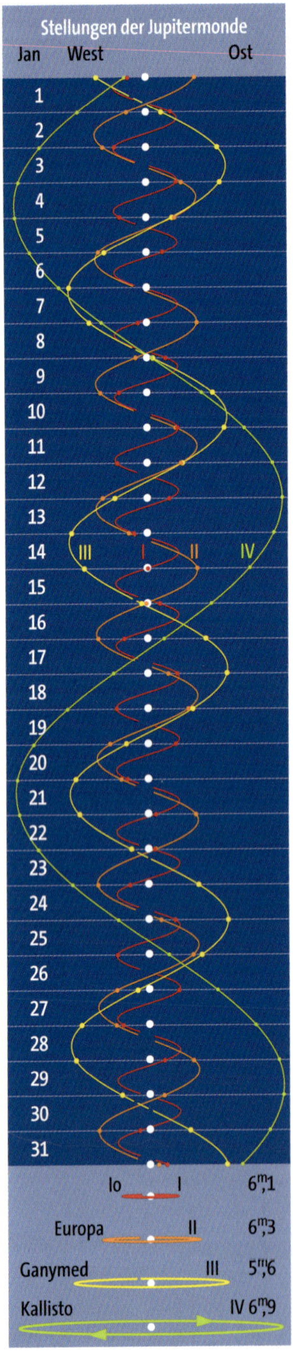

Jupitermonde

Tag	MEZ	Vorgang	
	h m		
4.	6 50	I	SA
5.	4 37	III	SE
	5 36	II	DA
	5 49	II	SE
	7 01	III	DA
	7 15	I	BE
12.	5 57	I	VA
	6 07	II	SA
	6 45	III	SA
13.	5 21	I	SE
	6 27	I	DE
14.	5 20	II	BE
20.	5 05	I	SA
	6 15	I	DA
	7 15	I	SE
21.	5 37	I	BE
	5 40	II	VE
	5 47	II	BA
23.	5 45	III	BA
	7 21	III	BE
27.	6 59	I	SA
28.	5 58	II	VA
29.	4 48	I	DE
30.	4 49	III	VA
	5 05	II	DE
	6 39	III	VE

auf $17^{h}10^{m}$ Ende Januar. Zu Jahresbeginn trennen uns 2938 Millionen Kilometer (= 19,64 AE) vom siebenten Planeten – gezählt in der Reihenfolge ihres Sonnenabstandes.

Neptun kann noch mit lichtstarker Optik in der ersten Januarhälfte am frühen Abendhimmel aufgesucht werden. Mit bloßen Augen ist der lichtschwache Planet 8. Größenklasse nicht zu sehen. Neptun wandert rechtläufig durch das Sternbild Wasserman und entfernt sich dabei von λ Aquarii ($3^{\mathrm{m}},7$), wobei er am 1. ein halbes Grad südlich von ihm steht. λ Aqr fungiert gewissermaßen als Startmarke für Neptun ins Jahr 2018 (siehe Abb. 9.5 auf Seite 198). Neptun geht am 1. um $21^{h}54^{m}$ unter, am 15. um $21^{h}01^{m}$ und am 31. schon um $20^{h}01^{m}$. Die Neptunhelligkeit geht leicht von $7^{\mathrm{m}},9$ auf $8^{\mathrm{m}},0$ zurück.

Pluto, prominenter Zwergplanet mit der Planetoiden-Nummer 134340, steht am 9. im Sternbild Schütze in Konjunktion mit der Sonne. Zur Konjunktion ist Pluto 5155 Millionen Kilometer (= 34,46 AE) von der Ende entfernt. Seine Opposition erreicht der sonnenferne Zwergplanet am 12. Juli im Schützen. In der Rubrik „Planetenlauf“ ist er in den Monaten April, Juli, September und Oktober erwähnt. Die Aufsuchkarte Abb. 7.5 für Pluto findet sich auf Seite 162.

Planetoiden

Ceres – Planetoid Nr. 1 – kommt am 31. in **Opposition** zur Sonne. Sie eilt rasch rückläufig durch den Löwen und wechselt am 19. in den Krebs (siehe Abb. 1.11 auf Seite 39). Zu Monatsbeginn noch $7^{\mathrm{m}},4$ hell, nimmt sie bis zur Opposition Ende Januar um eine halbe Größenklasse auf $6^{\mathrm{m}},9$ zu.

Ceres kulminiert am 1. um $3^{h}11^{m}$, am 15. um $2^{h}09^{m}$ und am Oppositionstag bereits um $0^{h}53^{m}$. Zur Opposition ist Ceres 240 Mio. Kilometer (= 1,60 AE) von der Erde entfernt. Ihre Sonnendistanz misst dann 385 Mio. Kilometer (= 2,57 AE).

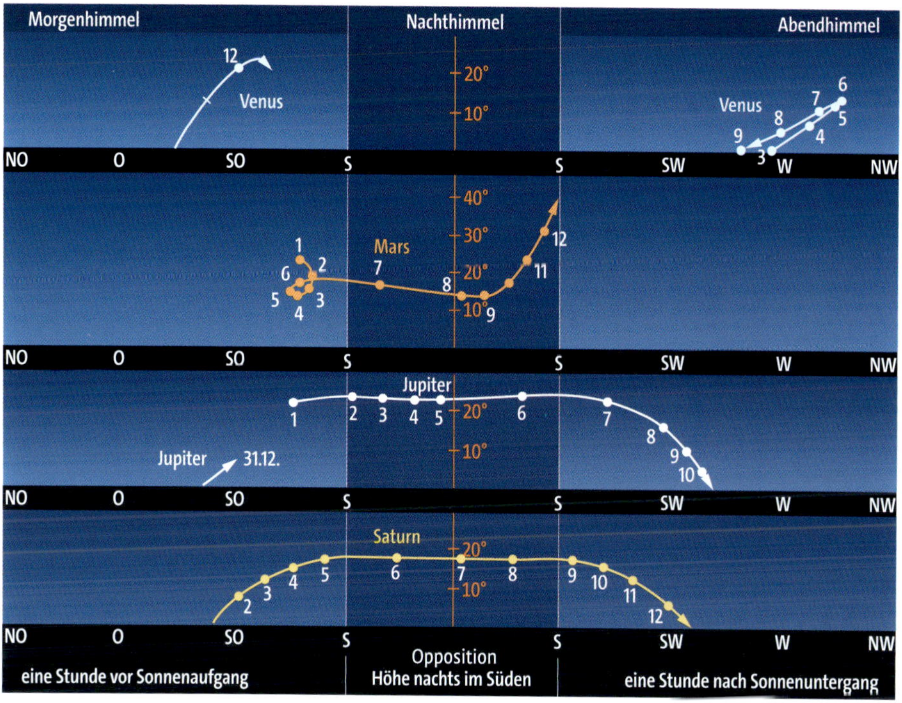

1.10 Sichtbarkeit der Planeten: Stellungen der Planeten Venus, Mars, Jupiter und Saturn im Jahr 2018. Im linken Teil sind die Positionen am Morgenhimmel jeweils eine Stunde vor Sonnenaufgang eingetragen, im rechten Teil die Positionen am Abendhimmel jeweils eine Stunde nach Sonnenuntergang. Im Mittelteil sind die Stellungen zur Kulminationszeit sowie die Kulminationshöhe angegeben.

Iris – Planetoid Nr. 7 – eilt rechtläufig durch den Widder und mag noch in der ersten Monatshälfte von Kleinplanetenjägern aufgespürt werden. Ihre Helligkeit sinkt von $8^{m}{,}5$ auf $9^{m}{,}2$ während des Monats ab.

Die Aufsuchkarte Abb. 1.12 auf Seite 40 soll das Auffinden des

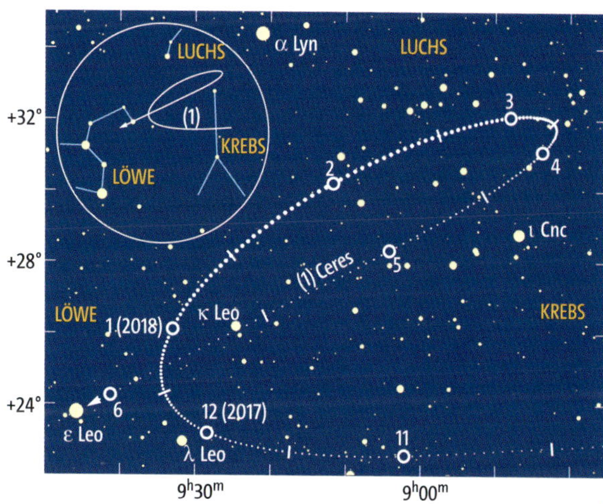

1.11 Bahn von Ceres: Scheinbare Bahn des Kleinplaneten (1) Ceres im Gebiet der Sternbilder Krebs und Löwe von Anfang November 2017 bis Juni 2018.

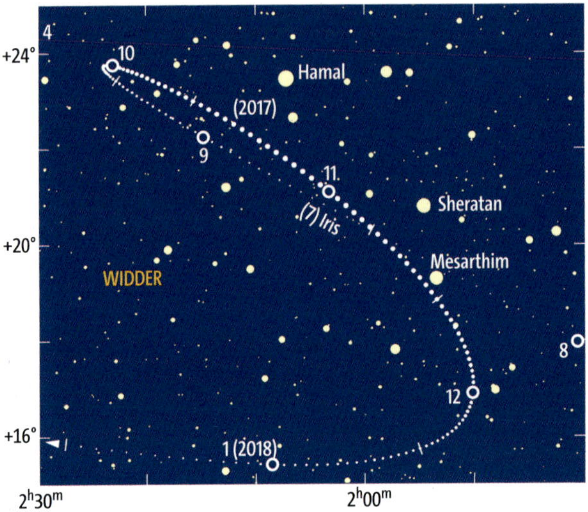

1.12 Bahn von Iris: Scheinbare Bahn des Kleinplaneten (7) Iris im Sternbild Widder von September 2017 bis Jahresbeginn 2018.

Konstellationen und Ereignisse

Datum	MEZ	Ereignis
1.	21^h	Merkur in größter westlicher Elongation (23°)
2.	22	Uranus im Stillstand, anschließend rechtläufig
3.	7	Erde im Perihel (Sonnennähe), Abstand Erde – Sonne 149,097 Millionen Kilometer
7.	5	**Mars bei Jupiter**, Mars $0\overset{\circ}{,}2$ südlich, **Abstand $0\overset{\circ}{,}2$ um 5^h**
9.	8	Venus in oberer Konjunktion
9.	11	Pluto in Konjunktion mit der Sonne
11.	7	**Mond bei Jupiter**, Mond $4\overset{\circ}{,}3$ nördlich, **Abstand $3\overset{\circ}{,}5$ um 7^h**
11.	11	**Mond bei Mars**, Mond $4\overset{\circ}{,}6$ nördlich, **Abstand $4\overset{\circ}{,}6$ um 7^h**
13.	8	**Merkur bei Saturn**, Merkur $0\overset{\circ}{,}6$ südlich, **Abstand $0\overset{\circ}{,}6$ um 7^h30^m (Fernglas!)**
15.	3	Mond bei Saturn, Mond $2\overset{\circ}{,}6$ nördlich
15.	8	Mond bei Merkur, Mond $3\overset{\circ}{,}4$ nördlich
17.	9	Mond bei Venus, Mond $2\overset{\circ}{,}5$ nördlich
20.	21	Mond bei Neptun, Mond $1\overset{\circ}{,}6$ südlich
23.	15	Venus im Aphel
24.	2	Mond bei Uranus, Mond $4\overset{\circ}{,}7$ südlich
25.	12	Merkur im Aphel
31.	14	Totale Mondfinsternis (siehe Seite 22)

siebten Planetoiden ermöglichen.

Iris kulminiert am 1. um 19^h45^m, am 15. um 19^h08^m und am 31. bereits um 18^h30^m. Ihre Untergangszeiten verfrühen sich von 3^h08^m zu Monatsbeginn auf 2^h00^m Ende Januar.

Flora – Planetoid Nr. 8 – sei diesmal erwähnt, da sie am 2. um 19^h in **Opposition** zur Sonne kommt. Mit $8\overset{m}{,}2$ bleibt ihre Oppositionshelligkeit recht schwach. Bis Ende Januar nimmt sie sogar um eine ganze Größenklasse auf $9\overset{m}{,}2$ ab. Erleichert wird das Auffinden von Flora, weil sie mit +21° Deklination zur Opposition um die Kulminationszeit recht hoch am Firmament steht. Flora eilt rasch rückläufig durch die Zwillinge (siehe Abb. 1.13 auf Seite 41).

Zur Opposition kulminiert Flora um 0^h28^m. Am 15. erfolgt ihr Meridiandurchgang um 23^h17^m und am 31. bereits um 22^h03^m.

Zur Opposition ist Flora 155 Millionen Kilometer (= 1,036 AE) von der Erde entfernt. Von der Sonne trennen sie am Oppositionstag 302 Millionen Kilometer (= 2,019 AE). Wegen der stark elliptischen Bahn von Flora erreichte sie ihre kürzeste Distanz von der Erde bereits am 27. Dezember 2017 um 7^h morgens, dies sind 154 Millionen Kilometer (= 1,029 AE).

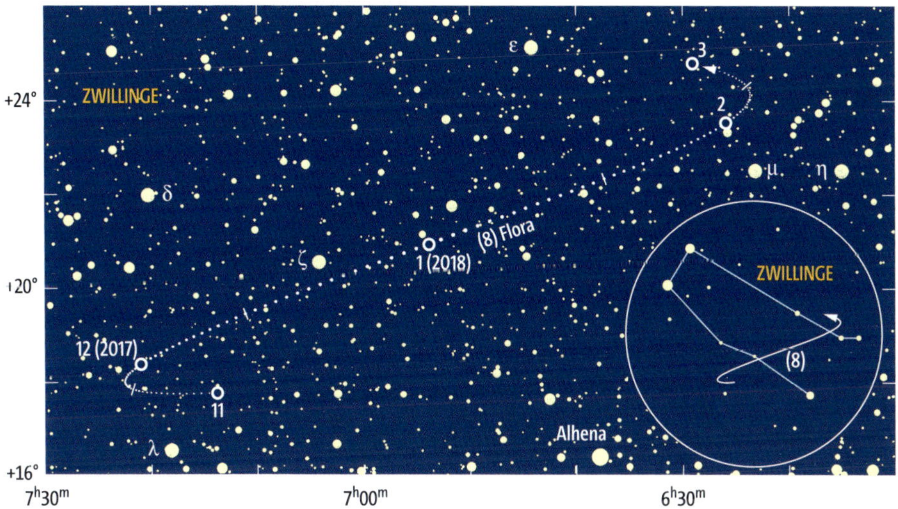

Periodische Sternschnuppenströme

Gleich zu Jahresbeginn sind die **Quadrantiden** (scheinbarer Ausstrahlungspunkt oder Radiant im Sternbild Bootes) zu erwarten. Vom 1. bis 10. Januar flammen sie in der zweiten Nachthälfte auf. Erst nach Mitternacht erreicht der Radiant eine größere Höhe, weshalb es sich lohnt, in den Morgenstunden nach den Quadrantiden Ausschau zu halten.

In der Nacht vom 3. auf 4. Januar tritt gegen Mitternacht das spitze Maximum mit rund hundert Objekten pro Stunde auf. In manchen Jahren wurden sogar über zweihundert pro Stunde beobachtet. Helle Sternschnuppen kommen dabei nur selten vor. Ein Erzeugerkomet ist nicht sicher bekannt, doch gilt der Komet 96P/Machholz als Hauptverdächtiger. Auch zum Planetoiden 2003 EH1 scheint dieser Strom eine Affinität zu besitzen.

Die einzelnen Meteoroide haben mittlere Eintrittsgeschwindigkeiten in die Erdatmosphäre von rund 40 Kilometer pro Sekunde. Da der Radiant im Sternbild Bootes liegt, wird dieser Strom auch **Bootiden** genannt.

1.13 Bahn von Flora: **Scheinbare Bahn des Kleinplaneten (8) Flora im Sternbild Zwillinge von November 2017 bis März 2018.**

Ein wenig bekannter Strom sind die **Delta-Cancriden**. Sie erscheinen zwischen dem 1. und 24. Januar. Das Maximum fällt auf den 17. Januar. Die Meteore entströmen dem Sternbild Krebs. Es handelt sich um langsame Sternschnuppen mit Geschwindigkeiten um 30 Kilometer pro Sekunde. Pro Stunde ist lediglich mit etwa vier Meteoren zu rechnen.

Veränderliche Sterne im Januar

Algol-Minima	1. 17^h16^m	13. 4^h33^m	16. 1^h23^m	18. 22^h12^m	21. 19^h01^m	
β-Lyrae-Minima	2. 18^hH	9. 6^hN	15. 17^hH	22. 5^hN	28. 17^hH	
δ-Cepheï-Maxima	1. 21^h	7. 6^h	12. 14^h	17. 23^h	23. 8^h	28. 17^h
Mira-Helligkeit	1. 5^m	10. 4^m	20. 3^m	31. 3^m		

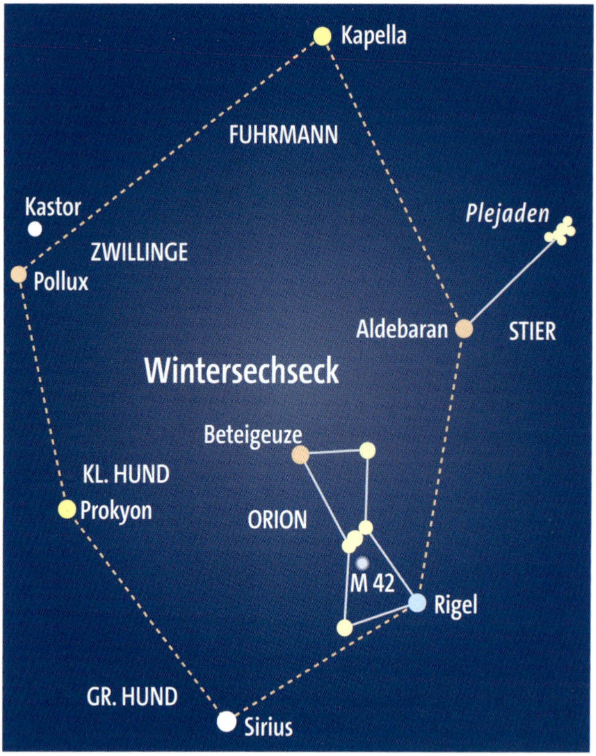

1.14 Das Wintersechseck:
Es setzt sich aus den sechs hellen Sternen Kapella im Fuhrmann, Aldebaran im Stier, Rigel im Orion, Sirius im Großen Hund, Prokyon im Kleinen Hund und Pollux in den Zwillingen zusammen.

In keiner anderen Jahreszeit ist das abendliche Sternenzelt so reich mit hellen Sternen bestückt wie im Winter. Blickt man fast senkrecht nach oben, so entdeckt man einen gelblichen Stern erster Größe. Er wird Kapella genannt und ist der hellste Stern im Fuhrmann. Der Fuhrmann ist leicht zu erkennen: Ein Fünfeck mit Kapella an der Spitze. Häufig sieht man jedoch ein Sechseck – so werden auch die Linien in vielen Sternkarten gezeichnet. Auch in unserer Monatssternkarte bilden die Skelettlinien ein Sechseck, das den Fuhrmann markiert. Der Stern gegenüber der Kapella gehört jedoch schon zum Stier und firmiert unter β Tauri. Mit Eigennamen heißt er Alnath und deutet die eine Hornspitze des Stierkopfes an. Die scheinbare Sonnenbahn, die Ekliptik, geht knapp südlich an Alnath vorbei. Der Stier nimmt jetzt hoch im Süden seinen Platz ein. Auffällig leuchtet sein hellster Stern, der rötliche Aldebaran.

Aldebaran selbst steht mitten im eindrucksvollen Sternhaufen der Hyaden. Allerdings ist er nicht Mitglied dieses Sternhaufens. Mit 66 Lichtjahren Entfernung ist Aldebaran nur halb so weit weg wie die Hyadensterne. Er steht somit im Vordergrund der Hyaden.

Ein weiterer, sehr einprägsamer offener Sternhaufen ist im Stier zu sehen, die Plejaden oder das Siebengestirn. Besonders im Fernglas machen die blau-weißen Plejadensterne einen nachhaltigen Eindruck.

Das bekannteste Wintersternbild, der Himmelsjäger Orion, fällt halbhoch im Süden jedem auf, der jetzt zum Sternenhimmel blickt. Die beiden hellsten Sterne im Orion sind der rötliche Schulterstern Beteigeuze und der bläulich-weiße Fußstern Rigel. Dazwischen markieren drei Sterne zweiter Größe in einer Linie den Gürtel. Ganz allgemein spricht man daher von den drei Gürtelsternen des Orion.

Im Südosten strahlt Sirius als hellster Stern des Himmels und Hauptstern im Großen Hund. Ein wenig höher leuchtet Prokyon im Kleinen Hund. Prokyon ist die griechische Bezeichnung für „Vorhund", denn Prokyon geht in unseren Breiten vor Sirius auf. Sirius und Prokyon sind relativ nahe Sterne, sie zählen zu den Nachbarsternen unserer Sonne. Sirius ist knapp neun und Prokyon etwas mehr als elf Lichtjahre von unserem Sonnensystem

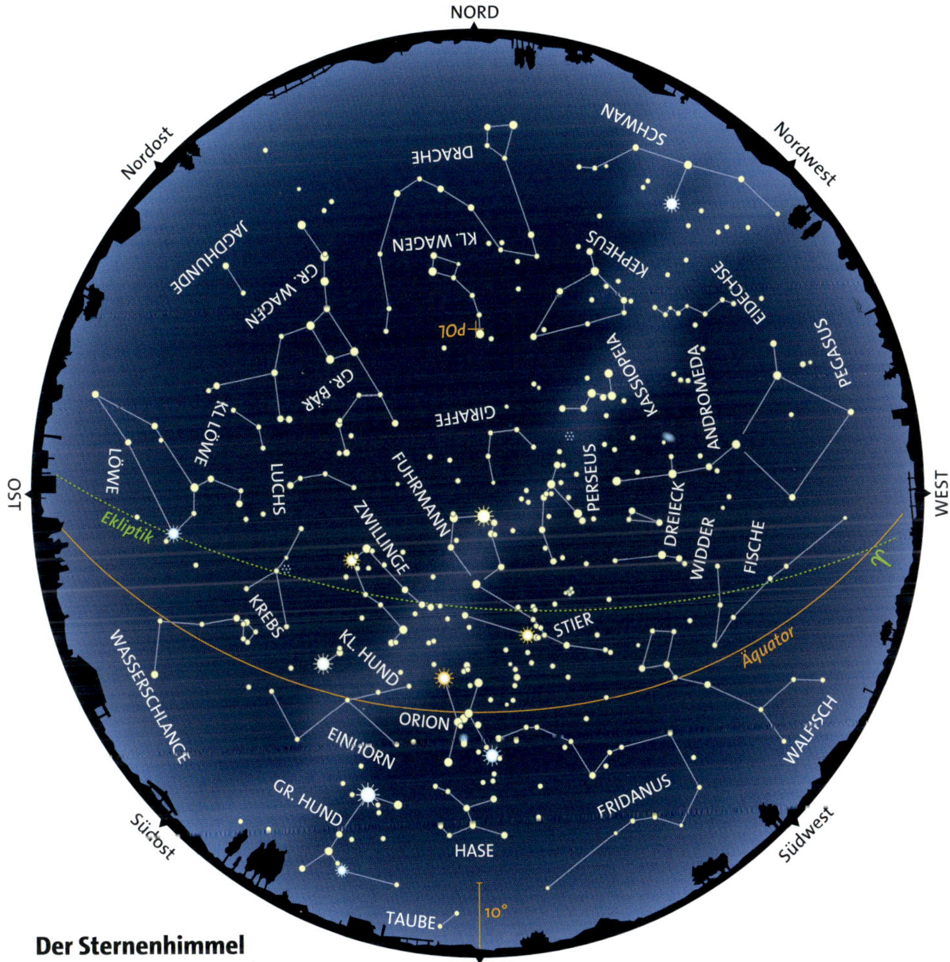

Der Sternenhimmel am 15. Januar um 22^h MEZ

Die Sternkarte ist auch gültig für:

	MEZ	MESZ
1.10.	5^h	6^h
15.10.	4	5
1.11.	3	
15.11.	2	
1.12.	1	
15.12.	0	
1. 1.	**23**	
15. 1.	**22**	
31. 1.	**21**	
15. 2.	20	

entfernt. Beide Hundssterne besitzen je einen Weißen Zwerg als Begleiter.

Hoch im Osten haben sich die beiden Sternenketten der Zwillinge eingefunden. Ihre beiden hellsten Sterne heißen Kastor und Pollux. Das Sternenpolygon, das aus Kapella im Fuhrmann, Aldebaran im Stier, Rigel im Orion, Sirius im Großen Hund, Prokyon im Kleinen Hund und Pollux in den Zwillingen gebildet wird, nennt man Wintersechseck (siehe Abb. 1.14 auf Seite 42).

Vorboten der kommenden Jahreszeit

Der Blick nach Osten lässt den kommenden Frühling erahnen. Knapp über dem Osthorizont ist der mächtige Löwe erschienen. Der Löwe ist das Leitsternbild

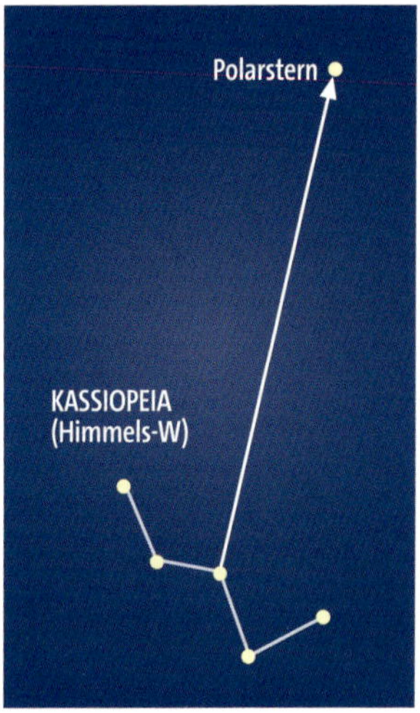

1.15 Das Himmels-W:
Das Sternbild Kassiopeia (auch als Himmels-W bekannt) dient als Polweiser.

des Frühlingshimmels. Im April geht der Löwe zur Standardbeobachtungszeit (= 22^h MEZ) gerade durch den Meridian. Der Löwe ist Mitglied im Tierkreis. Zu den Tierkreisbildern zählen jene dreizehn Sternbilder, durch die die scheinbare Sonnenbahn zieht. In den Tierkreisbildern findet man daher auch den Mond und die Planeten.

Hoch im Nordwesten zeigt sich die Kassiopeia, ein Sternbild, das recht leicht zu erkennen ist. Es sieht aus wie ein großes „W", weshalb man auch vom Himmels-W spricht. Die mittlere Spitze des Himmels-Ws deutet ungefähr auf den Polarstern, der am Deichselende des Kleinen Wagens steht. Der Kleine Wagen ist nicht ganz einfach zu erkennen, denn außer drei Sternen sind die übrigen recht lichtschwach. Es müssen gute Sichtbedingungen herrschen, um den Kleinen Wagen zu erkennen. Viel leichter findet man den Großen Wagen. Nimmt man den Polarstern als Zentrum, dann stehen Himmels-W und Großer Wagen einander diametral gegenüber. Da beide Sternbilder bei uns zirkumpolar sind, kann man sie in jeder klaren Nacht des Jahres sehen. An ihnen kann man auch sehr schön die Drehung des himmlischen Uhrwerks im Laufe der Nacht verfolgen. Die Stellungen von Großem Wagen und Himmels-W über dem Nordhorizont zum jeweiligen Monatsbeginn um 22^h MEZ findet man in einer kleinen Gra-

1.16 Sternhaufen im Stier:
Der offene Sternhaufen der Hyaden mit Aldebaran als Vordergrundstern. Aufnahme von Martin Gertz/Sternwarte Welzheim

fik stets auf der ersten Seite eines neuen Monatsabschnittes (z. B. für Januar auf Seite 30).

Von den Herbstbildern hält sich noch Perseus fast im Zenitbereich auf, während Andromeda und Pegasus sowie die Tierkreisbilder Widder und Fische den Westhimmel bevölkern.

Tief im Nordwesten ist noch Deneb im Schwan auszumachen. Im Südwesten findet man nur lichtschwache Sternbilder wie den Walfisch und den Fluss Eridanus. Die lateinische Bezeichnung für den Walfisch lautet „Cetus". Der Cetus ist jedoch weder ein Wal noch ein Fisch, sondern schlicht ein Fabelwesen, nämlich das Meeresungeheuer, das die an einen Felsen geschmiedete unschuldige Prinzessin Andromeda verschlingen will.

Fernab irdischer Lichtquellen kann man jetzt das schimmernde Band der winterlichen Milchstraße bewundern. Vom Südosten steigt es empor, zieht vorbei an Sirius durch die Zwillinge, Fuhrmann, Perseus und Kassiopeia und sinkt zum Nordwesthorizont hinab. Doch nur wenige Menschen finden heute noch Gelegenheit, einmal die Milchstraße mit eigenen Augen am Himmel zu sehen. Fast nirgendwo mehr in unseren Gegenden ist der Nachthimmel dunkel genug, um die Milchstraße wirklich beeindruckend zu erleben.

1.17 Himmelsjäger: Der Orion gilt als Leitsternbild des Winterhimmels.

Der allernächste Stern und sein Planet

ESO/M. Kornmesser

1.18 Die Zwergsonne Proxima Centauri von ihrem Planeten Proxima b aus gesehen (künstlerische Darstellung).

Die Erde und mit ihr sieben weitere Planeten umkreisen einen Stern, den wir Sonne nennen. Sie leuchtet als grelle Scheibe am irdischen Himmel. Nur etwas mehr als acht Minuten braucht das Sonnenlicht, um die 150 Millionen Kilometer zur Erde zurückzulegen. Die anderen Sterne sehen wir nur als Lichtpunkte am Nachthimmel. Diese uns punktförmig erscheinenden Sterne sind so weit entfernt, dass ihr Licht nicht Minuten, sondern Jahre, Jahrhunderte oder Jahrtausende durch das dunkle Weltall eilt, bis es uns erreicht. Man gibt daher die Entfernung der Sterne in Lichtjahren an. Ein Lichtjahr ist keine Zeiteinheit, sondern die Strecke, die das Licht im Vakuum in einem Jahr zurücklegt. Da ein Lichtstrahl pro Sekunde eine Distanz von rund 300 000 Kilometer überbrückt, entspricht ein Lichtjahr einer Strecke von fast zehn Billionen ($9{,}46 \times 10^{12}$) Kilometer – eine unvorstellbar große Entfernung.

Entfernungsmessung im All

Erstmals konnte die Entfernung eines Sterns im Jahr 1838 bestimmt werden. Friedrich Wilhelm Bessel maß auf der Sternwarte Königsberg (heute Kaliningrad) die Parallaxe des Sterns Nr. 61 im Schwan. Unter Parallaxe versteht man den Winkel, unter dem die mittlere Strecke Erde – Sonne erscheint. Sie ist ein Maß für die Entfernung der Sterne. Von 61 Cygni erscheint die mittlere Entfernung Erde – Sonne (= 1 Astronomische Einheit) unter einem Winkel von 0,3 Bogensekunden (Eine Bogensekunde ist der 3600. Teil eines Grades; Sonne und Mond erscheinen uns am Firmament unter einem halben Grad = 1800″). Daraus folgt: 61 Cyg ist elf Lichtjahre entfernt.

Nur zwei Monate, nachdem Bessel die Parallaxe von 61 Cygni ermittelte hatte, maß Thomas

Henderson auf der Kapsternwarte in Südafrika die Parallaxe des hellen Sterns α Centauri, auch Toliman oder Rigil Kentaurus (Fuß des Zentauren) genannt, zu einer Bogensekunde (1″). Der Wert ist allerdings etwas zu groß. Neuere Messungen ergaben für die Parallaxe von α Cen nur 0,″75. Von diesem Stern aus gesehen erscheint der Erdbahnradius unter einem Winkel von einer dreiviertel Bogensekunde. Dies entspricht einer Entfernung von 4,3 Lichtjahren oder 41 Billionen Kilometer. Damit ist α Cen 274 000-mal weiter von der Erde entfernt als unsere Sonne.

Nachbarstern der Sonne

Toliman oder α Cen gehört mit 0^m zu den scheinbar hellsten Sternen am Nachthimmel. Allerdings ist er mit einer Deklination von −61° von unseren Breiten aus nie zu sehen. Erst südlich von 29° geografischer Breite kann man ihn beobachten. Noch bevor man seine Entfernung messen konnte, erkannte man, dass Toliman eine Doppelsonne ist. Ein sonnenähnlicher Stern (Spektraltyp G2 V) und ein oranger Stern (K1 V) umkreisen einander in 80 Jahren.

Lange galt Toliman als sonnennächster Stern, bis Robert Thorburn Innes im Jahre 1915 im Sternbild Zentaur ein lichtschwaches Sternchen 11. Größe entdeckte, das unserem Sonnensystem noch ein wenig näher steht als Toliman.

Innes zählt zu den profiliertesten Doppelsternbeobachtern. Er entdeckte 1628 Doppelsterne – vor allem am Südhimmel – und erstellte einen umfangreichen Doppelsternkatalog. Geboren wurde Robert Innes am 10. November 1861 im schottischen Edinburgh als erstes von zwölf Kindern des Ehepaares John Innes und Elizabeth, geborene Ayton. Bereits mit zwölf Jahren verließ er die Schule und absolvierte ein kaufmännisches Praktikum. 1884 heiratete er Anna Elizabeth Fennel, die ihm drei Söhne schenkt. Kurz nach der Hochzeit zieht das Paar nach Sydney, wo Innes sich als erfolgreicher Weinhändler etabliert. In der ausnehmend klaren Luft findet Innes Gefallen am Sternenhimmel. Bald betätigt er sich intensiv als Amateurastronom, was der

1.19 Der Doppelsternforscher Robert Thorburn Innes (1861 – 1933).

Fachwelt nicht verborgen bleibt. 1896 nimmt er eine Stelle als Sekretär am Royal Observatory am Kap der Guten Hoffnung an. An der Astronomie leidenschaftlich begeistert nimmt er in Kauf, nunmehr geringere Einkünfte zu erzielen als mit seinem Weinhandel. 1903 wird er zum Direktor des Union Observatory in Johannesburg berufen, das ursprünglich als eine rein meteorologische Beobachtungsstation gegründet wurde. Durch die Initiative von Innes wird die Station zu einem astronomischen Observatorium.

1915 findet Innes ein lichtschwaches, rötliches Sternchen nur knapp zwei Grad westlich von Toliman entfernt, das eine fast gleich große Eigenbewegung (3,″8 pro Jahr) zeigt wie Toliman. Er bestimmt die Parallaxe zu 0,″762.

Damit ist dieses Sternchen unserem Sonnensystem noch 0,065 Lichtjahre oder 615 Milliarden Kilometer näher als Toliman. Man taufte es daher Proxima Centauri, was „der allernächste (Stern) im Zentauren" bedeutet. Die moderne Parallaxenmessung ergibt eine Entfernung von 4,22 Lichtjahren.

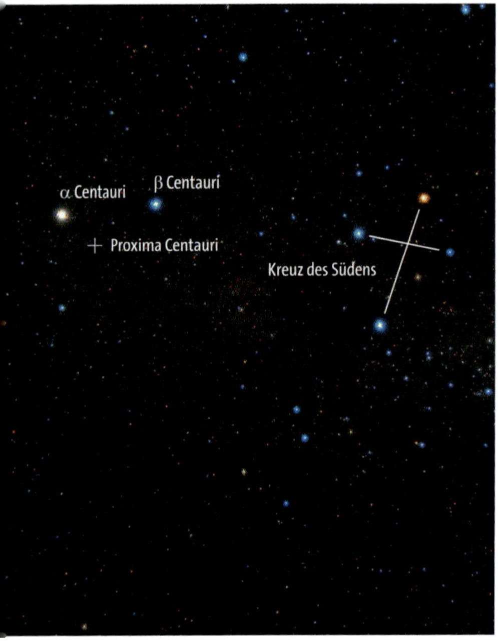

1.20 Das Kreuz des Südens sowie α und β Centauri und die Position von Proxima Centauri.

Die Universität Leiden verlieh Innes 1923 die Ehrendoktorwürde. Obwohl er nie professionellen Mathematikunterricht erhielt, zeigte er sich als hervorragender Mathematiker, der Algorithmen zur Berechnung der Bahnelemente von Doppelsternen entwickelte.

Am 13. März 1933 stirbt Innes plötzlich und unerwartet in Surbiton (Surrey, England) ohne vorher krank gewesen zu sein.

Zwergstern mit Ausbrüchen

Proxima Centauri ist eine rote Zwergsonne vom Spektraltyp M6e V mit einer Oberflächentemperatur von 2775 °C. Mit 4,85 Milliarden Jahren ist Proxima nur wenig älter als unsere Sonne. Mit nur 200 000 Kilometer Durchmesser, das sind vierzehn Prozent des Sonnendurchmessers, und einer Masse von zwölf Prozent der Sonnenmasse, dies entspricht 129 Jupitermassen, ist Proxima ein wahrer Zwergstern. Im sichtbaren Licht leuchtet er 20 000-mal schwächer als unsere Sonne. Stünde er an ihrer Stelle, so erschiene er uns nur 27-mal heller als der Vollmond. Allerdings strahlt Proxima die meiste Energie im infraroten Spektralbereich ab. Seine Gesamtleuchtkraft (bolometrische Helligkeit) entspricht somit 0,17 Prozent der Sonnenleuchtkraft.

Mit knapp 57 Gramm pro Kubikzentimeter weist Proxima eine mittlere Dichte auf, die 40-mal höher ist als die unserer Sonne. Mit 1585 Meter pro Sekundenquadrat ist die Schwerebeschleunigung auf seiner Oberfläche 162-mal größer als die auf der Erdoberfläche. Die Schwerkraft würde jeden Menschen unweigerlich zerquetschen.

Proxima rotiert recht langsam, eine Umdrehung dauert gut 83 Tage. Im Vergleich dazu rotiert unsere Sonne einmal in 25,4 Tagen.

Proxima Centauri ist ein sogenannter „flare star", ein Veränderlicher vom Typ UV Ceti. Wie die Bezeichnung „flare" (engl., flackern, lodern) andeutet, flammt Proxima innerhalb von wenigen Minuten auf. Der plötzliche Helligkeitsausbruch von ein bis zwei Größenklassen endet meist nach einigen Minuten. Die meiste Energie wird dabei im Ultravioletten und im Röntgenbereich emittiert, begleitet von einem heftigen Sternwind, eigentlich einem Sturm elektrisch geladener Partikel, vornehmlich Protonen, Elektronen und Alpha-Teilchen.

Zurzeit nähert sich Proxima unserem Sonnensystem. In 26 700 Jahren wird er mit 3,11 Lichtjahren seine minimale Entfernung von uns erreichen.

Neuesten Untersuchungen nach ist Proxima Centauri gravitativ an den Doppelstern α Centauri gebunden. Die rote Zwergsonne umrundet das Paar α Cen A+B in 591 000 Jahren auf einer Bahn mit einer großen Halbachse von 1361 Milliarden Kilometer (= 9100 AE) und einer numerischen Exzentrizität von e = 0,42, was einen Periastronabstand von 788 Milliarden Kilometer (= 5270 AE) ergibt. Im Apastron trennen Proxima 1929 Milliarden (= 12 900 AE), also fast zwei Billionen Kilometer von α Cen A+B.

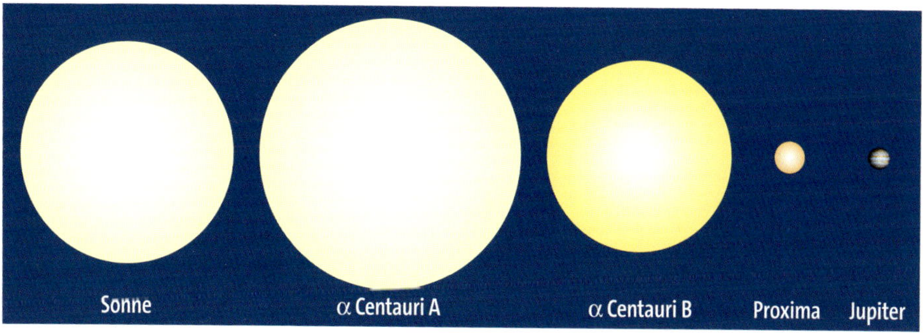

1.21 Die Größenverhältnisse von Sonne, α Centauri A und B sowie Proxima und Jupiter.

Planeten bei fernen Sonnen

Im Jahre 2016 geriet Proxima Centauri erneut in den Fokus der Astronomen, als ein Planet entdeckt wurde, der in nur elf Tagen um diese rote Zwergsonne kreist. Er wird als Proxima Centauri b bezeichnet.

Seit 1995 mit 51 Pegasi b der erste Planet um eine fremde Sonne entdeckt wurde, sind inzwischen über 3000 Exoplaneten aufgespürt worden. Exoplaneten nennt man Planeten außerhalb unseres Sonnensystems, die fremde Sonnen umrunden. Mit der Raummission Kepler wurde speziell nach Exoplaneten gesucht, die an Größe und Masse der Erde ähnlich kommen. Man suchte und sucht immer noch nach einer „zweiten Erde" (siehe auch *Kosmos Himmelsjahr 2013*, Seite 142 „Wo ist die zweite Erde?").

Es gibt verschiedene Methoden, Planeten anderer Sonnen zu detektieren. Manchmal liegt die Bahnebene fast oder genau parallel zur Sichtlinie, weshalb von Zeit zu Zeit der Planet vor seinem Mutterstern vorbeizieht. Dies macht sich als minimale Lichtabschwächung des Sternes bemerkbar (Transitmethode). Erforderlich sind hierbei also hochpräzise Helligkeitsmessungen.

Ein anderes Verfahren nennt sich Doppler-Wobble. Die Gravitation des Planeten bewirkt, dass der Stern ebenfalls eine, wenn auch kleine Kepler-Bahn um den gemeinsamen Schwerpunkt Planet – Stern vollführt. Dies macht sich als minimale, periodische Variation der Radialgeschwindigkeit des Sterns von einigen Metern pro Sekunde bemerkbar. Sie kann mit Hilfe des Doppler-Effektes gemessen werden. Der Doppler-Effekt bewirkt eine Verschiebung der Spektrallinien. Entfernt sich ein Stern, so werden die Spektrallinien nach dem roten Ende des Spektrums verschoben, denn die Wellenlänge wird gedehnt.

Nähert sich der Stern dem Beobachter, so erfolgt die Doppler-Verschiebung nach dem kurzwelligen Bereich des elektromagnetischen Spektrums, die Linien werden nach blau verschoben.

Überraschung bei Proxima Centauri

Schon vor einigen Jahren deuteten Beobachtungen an, dass Proxima Centauri vermutlich von einem Planeten umkreist wird, doch die Daten waren noch nicht überzeugend. Der Durchbruch gelang erst einer Forschergruppe, die vom 19. Januar bis 31. März 2016 mit dem 3,6-Meter-Spiegelteleskop der Europäischen Südsternwarte auf La Silla (Chile) Proxima Centauri beobachtete. Sie benutzten dabei einen speziellen Spektrografen namens HARPS (**H**igh **A**ccuracy **R**adial Velocity **P**lanet **S**earcher). Mit ihm ist es möglich, Radialgeschwindigkeiten äußerst genau, nämlich auf wenige Meter pro Sekunde zu messen. Nach Auswertung aller Daten war man sich sicher: Um den sonnennächsten Stern kurvt mindestens ein Planet, eben Proxima b. Seine mittlere Entfernung von seiner Muttersonne beträgt nur 7 260 000 Kilometer oder 0,0485 AE. Damit ist dieser Planet nur zwölf Prozent so weit ent-

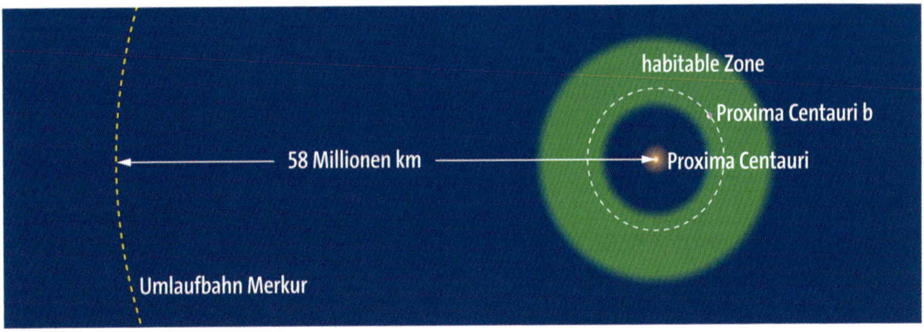

1.22 Bahnen von Proxima b und Merkur um ihre Zentralsonne. Proxima b befindet sich in der habitablen (bewohnbaren) Zone um Proxima Centauri.

fernt wie Merkur von unserer Sonne. In nur elf Tagen und viereinhalb Stunden umrundet Proxima b seine rote Zwergsonne, wobei die Bahnexzentrizität kleiner als 0,35 sein muss. Zu einem Vorübergang oder Transit vor der Zwergsonne kommt es allerdings nicht.

Mit einer Mindestmasse von 1,27 Erdmassen (= $7{,}59 \times 10^{24}$ kg) ist er der Erde an Größe ähnlich. Außerdem läuft er in der Ökosphäre (bewohnbarer Bereich) um seine Muttersonne.

Eine Ökosphäre oder habitable Zone ist der Bereich um einen Stern, also um eine selbstleuchtende Sonne, in der ein Planet weder zu heiß noch zu kalt für Leben ist. Die habitable Zone unseres Planetensystems liegt etwa zwischen der Venus- und der Marsbahn. Umrundet ein Planet seine Muttersonne zu nahe, so wird seine Oberflächentemperatur viel zu hoch sein, um Leben zu ermöglichen. Komplexere Moleküle werden zerstört.

Jenseits der Ökosphäre ist es schlicht zu kalt, der Planet bleibt zu eisig für Leben. Flüssiges Wasser kommt nicht vor, alles bleibt tiefgefroren. Die Ökosphäre von Proxima Centauri liegt in einem Gebiet von 0,0423 bis 0,0816 AE, also zwischen 6,3 Millionen und 12,2 Millionen Kilometer Abstand. Dies ergibt Umlaufzeiten für Planeten in der bewohnbaren Zone von 9,1 Tagen bis 24,4 Tagen.

Schwierige Verhältnisse für Leben

Wegen der geringen Distanz, in der Proxima b seinen Stern umkreist, vermutet man, dass ihn die Gezeitenkräfte in eine gebundene Rotation gezwungen haben, seine Rotationszeit somit seiner Umlaufzeit entspricht. Damit würde er seinem Zentralstern stets die gleiche Seite zukehren, ähnlich wie unser Mond der Erde stets dieselbe Hemisphäre zeigt.

Unter der Annahme einer hinreichend dichten Atmosphäre ergeben Modellrechnungen eine Oberflächentemperatur von +30 °C auf der Tagseite und auf der Nachtseite von −30 °C. Damit könnte flüssiges Wasser auf diesem Planeten vorkommen. Ohne Atmosphäre würde Wasser sofort ins Vakuum verdampfen. Damit waren Spekulationen über Leben auf Proxima b Tür und Tor geöffnet. Ist der Planet die vielleicht lange gesuchte zweite Erde?

Doch kann Proxima b überhaupt eine Atmosphäre halten? Vermutlich nicht, denn die geringe Distanz von Proxima b und der starke Sternwind der roten Zwergsonne, vor allem aber die heftigen Strahlungsbrüche fegen eine Atmosphäre schnell hinweg. Andererseits könnte ein aktiver Vulkanismus für Nachschub an Atmosphärengasen sorgen. Auch das Schutzschild eines Magnetfeldes könnte die kosmische Strahlung weitgehend abbremsen.

Möglicherweise rotiert Proxima b atmosphärenlos in einer 3 : 2-Resonanz um seinen Mutterstern. Zwei Umläufe entsprächen dann der Rotationsperiode. Eine Umdrehung von Proxima b würde dann siebeneinhalb Tage dauern. In diesem Fall wäre Proxima b ein toter kalter Planet mit einer mittleren Oberflächentemperatur von –40 °C.

Man hofft, mit dem JWST (James Webb Space Telescope) – einem Weltraumteleskop von 6,5 m Meter freier Öffnung, siehe Monatsthema Februar auf Seite 64 – entscheiden zu können, ob Proxima b von einer Gashülle umgeben wird.

Und das im Bau befindliche Riesenteleskop E-ELT (siehe *Kosmos Himmelsjahr 2011*, Scite 108: „Ein ehrgeiziges Projekt“) soll dann die Bestandteile der Atmosphäre analysieren. Vorkommen von freiem Sauerstoff und Methan würden auf die Existenz von mindestens Mikroorganismen hindeuten. Auch die Frage, ob noch weitere Planeten Proxima Centauri umkreisen, wird man in Kürze beantworten können.

Die zwölf Sterne in unmittelbarer Nachbarschaft unserer Sonne sind bis auf Toliman, Sirius und Prokyon alle rote Zwerge. Sie wird man ebenfalls in den nächsten Jahren nach Exoplaneten absuchen.

Proxima Centauri in Zahlen

Bezeichnungen:	Proxima Centauri/α Cen C/V645 Centauri
Katalog-Nummern:	HIP 70890/GL 551
Äquatoriale Koordinaten:	α δ
(J2000.0)	$14^{h}29^{m}43^{s}$ $-62°40'46''$
Scheinbare Helligkeit:	$V_{vis} = 11\overset{m}{,}13$
(variabel, UV Ceti/flare star)	
Farbindices:	$B - V = +1\overset{m}{,}82$ / $U - B = +1\overset{m}{,}26$
Maximum (Epoche)	JD 2456813
Spektraltyp (variabel):	M6e V
Trigonometrische Parallaxc:	$\pi = 0\overset{''}{,}76813 \pm 0\overset{''}{,}00104$
Entfernung:	1,295 Parsec ≙ 4,22 Lichtjahre
Eigenbewegung pro Jahr:	$\mu_{\alpha} - -3\overset{''}{,}775$
	$\mu_{\delta} = +0\overset{''}{,}765$
Radialgeschwindigkeit:	RG = –22,40 km/s
Absolute Helligkeit:	$15\overset{M}{,}56$
Leuchtkraft bolometrisch:	0,0017 Sonnenleuchtkräfte
visuell:	0,00005 Sonnenleuchtkräfte
Masse:	0,12 Sonnenmassen ≙ 129 Jupitermassen
Durchmesser:	0,14 Sonnendurchmesser ≙ 200 000 km
Mittlere Dichte:	$\rho = 56{,}8\ g/cm^3$
Oberflächentemperatur (variabel):	2775 °C
Schwerebeschleunigung	$1585\ m/s^2$
Rotationsdauer:	83 Tage
Alter:	4,85 Milliarden Jahre
Ökosphäre:	0,0423 bis 0,0816 AE ≙ 5,9 bis 12,2 Millionen km
Umlaufzeiten:	9,1 bis 24,5 Tage
Planet: Proxima Centauri b	
Große Halbachse:	0,0485 ± 0,005 AE ≙ 7,26 Millionen km
Umlaufzeit:	U = 11,186 Tage
Numerische Exzentrizität:	$e < 0{,}35$
Minimale Masse:	1,27 Erdmassen ≙ $7{,}59 \times 10^{24}$ kg

Februar 2018

- Venus taucht Mitte Februar am Abendhimmel auf.
- Jupiter ist Planet der zweiten Nachthälfte.
- Mars ist am Morgenhimmel zu sehen, ebenso der Ringplanet Saturn

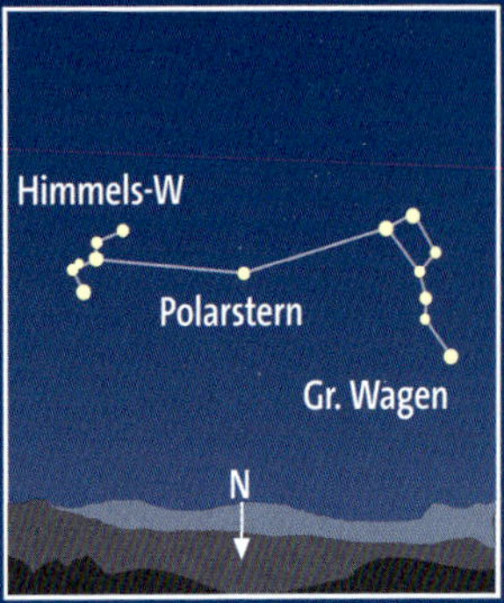

Großer Wagen und Himmels-W Anfang Februar um 22 Uhr

2.1 Anblick des morgendlichen Südhimmels am 8. Februar gegen 6h MEZ. Die Planeten Jupiter und Mars sind in Horizontnähe zu sehen sowie der abnehmende Halbmond.

1 Do	
2 Fr	
3 Sa	
4 So	
5 Mo	
6 Di	
7 Mi	Mond im letzten Viertel
8 Do	Mond bei Jupiter (Morgenhimmel)
9 Fr	Mond bei Mars (Morgenhimmel)
10 Sa	
11 So	Mond bei Saturn (Morgenhimmel)
12 Mo	
13 Di	
14 Mi	Aschermittwoch
15 Do	Neumond
16 Fr	
17 Sa	
18 So	
19 Mo	
20 Di	
21 Mi	
22 Do	
23 Fr	Mond im ersten Viertel
24 Sa	
25 So	
26 Mo	
27 Di	
28 Mi	

Sonne – Sternbilder

16. 2. 13^h:
Sonne tritt in das Sternbild Wassermann
18. 2. 19^h:
Sonne tritt in das Tierkreiszeichen Fische
Julianisches Datum am
1. Februar, 1^h MEZ: 2 458 150,5

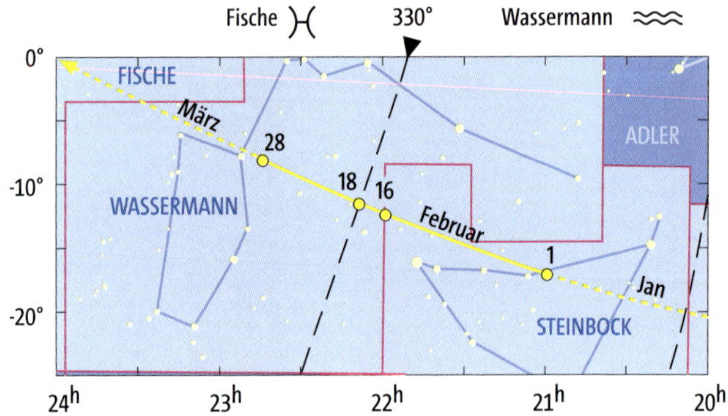

Tabelle Sonnenlauf

Tag	Dämmerg. Anfang	Aufgang MEZ	Kulmination	Untergang MEZ	Dämmerg. Ende	Mittagshöhe	Zeitgleichg.	Rektaszension	Deklination
	h m	h m	h m	h m	h m	o	m	h m	o
1.	6 40	7 54	12 34	17 14	18 28	23,0	−14	20 57	−17,2
5.	6 35	7 48	12 34	17 21	18 34	24,1	−14	21 13	−16,1
10.	6 28	7 40	12 34	17 29	18 42	25,7	−14	21 33	−14,5
15.	6 20	7 31	12 34	17 38	18 49	27,4	−14	21 53	−12,9
20.	6 11	7 22	12 34	17 47	18 57	29,2	−14	22 12	−11,1
25.	6 02	7 12	12 33	17 55	19 05	31,0	−13	22 31	− 9,3
28.	5 56	7 06	12 32	18 00	19 10	32,1	−12	22 43	− 8,2

Tages- und Nachtstunden

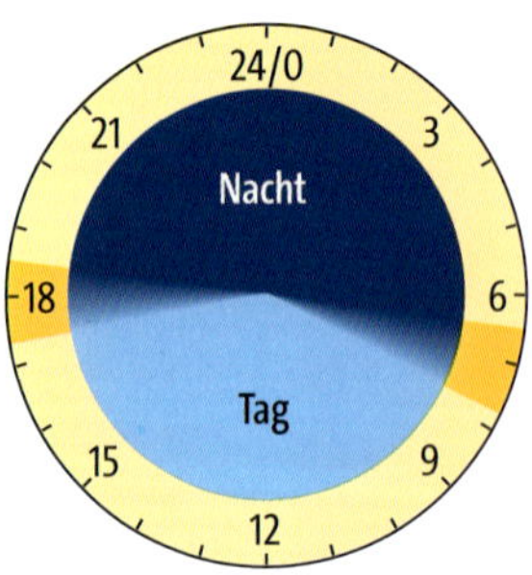

5. Februar

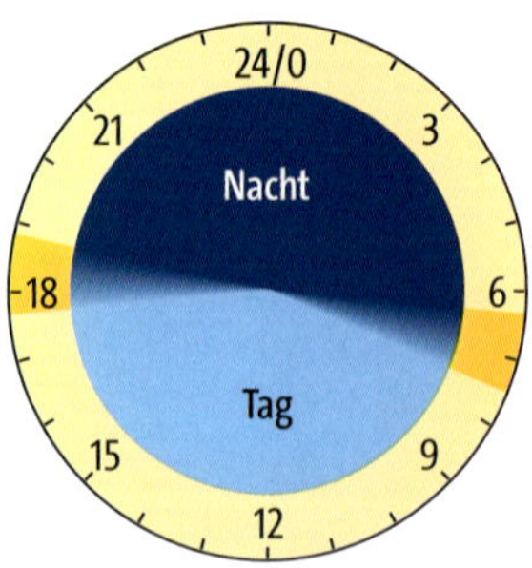

15. Februar

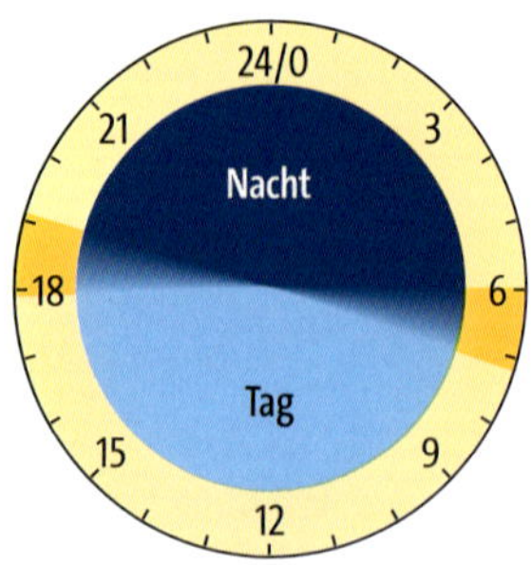

25. Februar

Tabelle Mondlauf

Datum		Aufg. MEZ	Kulmination	Unterg. MEZ	Rektaszension	Deklination	Sterne und Sternbilder	Phase	MEZ
		h m	h m	h m	h m	°			
Do	1.	18 36	0 58	8 27	9 22	+15,7	Löwe		
Fr	2.	19 54	1 55	9 01	10 21	+12,1	Löwe, Regulus		
Sa	3.	21 10	2 49	9 31	11 17	+ 7,7	Löwe		
So	4.	22 22	3 40	9 57	12 10	+ 3,1	Jungfrau		
Mo	5.	23 32	4 28	10 22	13 01	− 1,5	Jungfrau	Libration West	
Di	6.	–	5 14	10 47	13 50	− 5,9	Spica		
Mi	7.	0 39	6 00	11 13	14 38	− 9,9	Waage	**Letztes Viertel**	**$16^h 54^m$**
								Größte Nordbreite	
Do	8.	1 44	6 46	11 41	15 27	−13,4	* Waage		
Fr	9.	2 46	7 32	12 13	16 15	−16,2	Skorpion		
Sa	10.	3 45	8 19	12 50	17 04	−18,3	Schlangenträger		
So	11.	4 40	9 07	13 32	17 54	−19,6	Schütze	Erdferne 406/29′,5	15^h
Mo	12.	5 29	9 55	14 20	18 44	−20,0	* Schütze, Nunki		
Di	13.	6 13	10 42	15 14	19 35	−19,6	Schütze		
Mi	14.	6 52	11 30	16 13	20 25	−18,3	Steinbock	Absteigender Knoten	
Do	15.	7 25	12 17	17 16	21 15	−16,1	Steinbock	**Neumond Nr. 1177**	**$22^h 05^m$**
Fr	16.	7 54	13 04	18 21	22 04	−13,2	Wassermann		
Sa	17.	8 21	13 49	19 28	22 52	− 9,7	Wassermann		
So	18.	8 45	14 35	20 36	23 41	− 5,7	* Wassermann		
Mo	19.	9 09	15 21	21 45	0 29	− 1,4	* Walfisch		
Di	20.	9 34	16 08	22 55	1 18	+ 3,1	Fische	Libration Ost	
Mi	21.	10 00	16 57	–	2 08	+ 7,5	* Walfisch	Größte Südbreite	
Do	22.	10 30	17 49	0 07	3 00	+11,6	* Widder		
Fr	23.	11 05	18 43	1 19	3 54	+15,1	* Stier	**Erstes Viertel**	**$9^h 09^m$**
Sa	24.	11 47	19 40	2 31	4 51	+17,9	* Aldebaran		
So	25.	12 39	20 40	3 39	5 51	+19,6	Orion		
Mo	26.	13 41	21 40	4 41	6 52	+20,1	Alhena		
Di	27.	14 51	22 40	5 34	7 54	+19,2	Zwillinge	Erdnähe 364/32′,8	16^h
Mi	28.	16 07	23 38	6 19	8 56	+17,1	* Krebs, Krippe	Aufsteigender Knoten	

Mond bedeckt Aldebaran, siehe auch Seite 288

Merkur eilt der Sonne rechtläufig nach und holt sie am 17. ein. An diesem Tag steht er in oberer Konjunktion mit der Sonne. Von der Erde trennen ihn zur Konjunktion 207 Millionen Kilometer (= 1,38 AE). Wegen seiner elliptischen Bahn erreicht er seine größte Erdentfernung mit 210 Millionen Kilometer (= 1,40 AE) schon am 10. Februar.

Merkur hält sich somit am Taghimmel auf und bleibt nachts unbeobachtbar unter dem Horizont. Bis Monatsende nimmt der östliche Winkelabstand auf knapp 10° zu. Dies reicht noch nicht für eine Abendsichtbarkeit.

Die Begegnung mit Neptun am 25. bleibt unbeobachtbar. Der sonnennächste Planet wandert 29′ südlich am sonnenfernsten Planeten vorbei.

Venus stand am 9. des Vormonats in oberer Konjunktion mit der Sonne. Sie gewinnt nur langsam an östlichem Abstand von der Sonne. Nach der Monatsmitte taucht sie allmählich am Abendhimmel auf. Am 15. geht die $-3^{m}9$ helle Venus um $18^{h}22^{m}$ unter, am 28. erst um $19^{h}02^{m}$. Etwa eine halbe Stunde lang kann man Venus in der Abenddämmerung sehen, allerdings ist sie längst noch kein auffälliges Himmelsobjekt. Am 21. zieht Venus 0°35′ südlich an Neptun vorbei, der wegen seiner Lichtschwäche aber nicht zu sehen ist.

Im Teleskop zeigt sich das nur 10″ große Venusscheibchen fast voll beleuchtet.

Mars baut seine Stellung am Morgenhimmel weiter aus. Die Marsaufgänge verfrühen sich von $3^{h}21^{m}$ zu Monatsbeginn auf $2^{h}59^{m}$ am Monatsende. Die Marshelligkeit nimmt um $0^{m}4$ im Laufe des Monats auf $0^{m}8$ zu. Damit ist Mars nun heller als Antares.

Der rote Planet wandert rechtläufig durch den Skorpion und passiert am 1. Acrab (β Scorpii) in 0,°4 südlichem Abstand. Am 10. wandert er rund 5° nördlich

Konstellationen und Ereignisse

Datum	MEZ	Ereignis
7.	21^{h}	**Mond bei Jupiter**, Mond 4° nördlich, **Abstand 4,°4 um 3^{h} am 8.**
9.	6	**Mond bei Mars**, Mond 4,°4 nördlich, **Abstand 3,°6 um 6^{h}**
11.	16	**Mond bei Saturn**, Mond 2,°5 nördlich, **Abstand 4,°2 um 7^{h}**
15.	22	Partielle Sonnenfinsternis (siehe Seite 23)
16.	17	Mond bei Venus, Mond 0,°6 südlich
16.	20	Mond bei Merkur, Mond 1,°1 nördlich
17.	4	Mond bei Neptun, Mond 1,°7 südlich
17.	13	Merkur in oberer Konjunktion mit der Sonne
20.	9	Mond bei Uranus, Mond 4,°7 südlich
21.	15	Venus bei Neptun, Venus 0,°5 südlich
25.	11	Merkur bei Neptun, Merkur 0,°5 südlich

an Antares (α Scorpii) vorbei. Antares, der Hauptstern des Skorpions, leuchtet ebenfalls rötlich und steht im Tierkreis; deshalb wird er gelegentlich mit Mars verwechselt. Antares bedeutet auch so viel wie „marsähnlicher Stern“. Am 8. Februar wechselt Mars in den Schlangenträger (siehe Abb. 2.3 unten).

Auf dem 6″ großen Marsscheibchen ist im Teleskop nur wenig auszumachen. Allerdings fällt auf, dass es nicht exakt kreisrund erscheint, sondern eine leichte Phase zeigt: knapp 90 % sind beleuchtet.

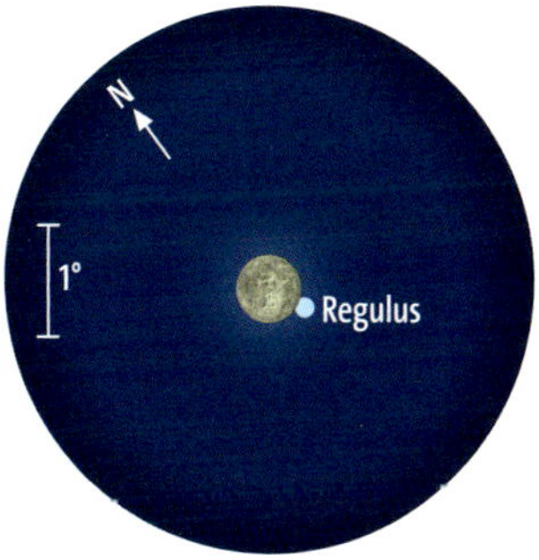

2.2 Mond bei Regulus: **Der fast volle Mond zieht knapp an Regulus im Löwen vorbei. Fernglasanblick am 1. Februar gegen 19^h MEZ bei 5° Gesichtsfelddurchmesser.**

Jupiter verlagert seine Aufgänge in die Zeit kurz vor Mitternacht. Steigt der Riesenplanet am 1. um 2^h13^m und am 15. um 1^h25^m über die südöstliche Horizontlinie, so erfolgt sein Aufgang am 28. schon um 0^h37^m. Die Jupiterhelligkeit nimmt abermals um $0^m{,}2$ auf $-2^m{,}2$ zu. Jupiter bremst seine rechtläufige Wanderung durch das Sternbild Waage merklich ab. Anfang des nächsten Monats wird der Riesenplanet stationär (siehe Abb. 5.4 auf Seite 117).

Am 7. zieht der abnehmende Halbmond 4° nördlich an Jupiter vorbei. Es ergibt sich somit am 8. gegen 7^h morgens ein netter Himmelsanblick in südlicher Richtung, woran auch Mars beteiligt ist (siehe Abb. 2.1 auf Seite 52).

Der scheinbare Äquatordurchmesser von Jupiter wächst von 36″ auf gut 39″ an. Die Entfernung von der Erde nimmt von 822 Millionen Kilometer (= 5,49 AE) auf 755 Millionen Kilometer (= 5,05 AE) während des Monats ab.

Saturn, rechtläufig im Schützen, kann am Morgenhimmel erspäht werden. Am 1. geht der Ringplanet um 5^h49^m auf. Zu Monatsende erfolgt der Aufgang des $0^m{,}5$ hellen Saturn bereits um 4^h13^m, was ihm gut zwei Stunden Sichtbarkeit am morgendlichen Südosthimmel beschert. Die Planetenparade Jupiter – Mars – Saturn, zu der sich vom 8. bis 11. die immer dünner werdende Mondsichel gesellt, ist gegen 6^h morgens über dem Südosthorizont zu sehen (siehe Abb. 2.1 auf Seite 52).

Im Teleskop zeigt Saturn einen relativ weit geöffneten Ring ($25{,}^\circ8$). Der scheinbare Längsdurchmesser des Ringes misst $36''{,}0$, der Äquatordurchmesser des Saturnscheibchens dagegen nur $15''{,}9$.

2.3 Bahn von Mars: **Scheinbare Bahn des Planeten Mars im Gebiet der Sternbilder Waage, Skorpion und Schütze von Jahresbeginn bis Anfang April. Die Zahlen geben die Marsposition zum jeweiligen Monatsbeginn an (2 = 1. Februar).**

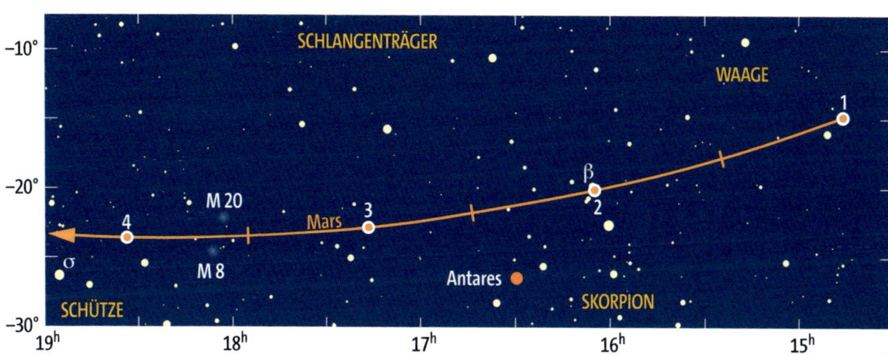

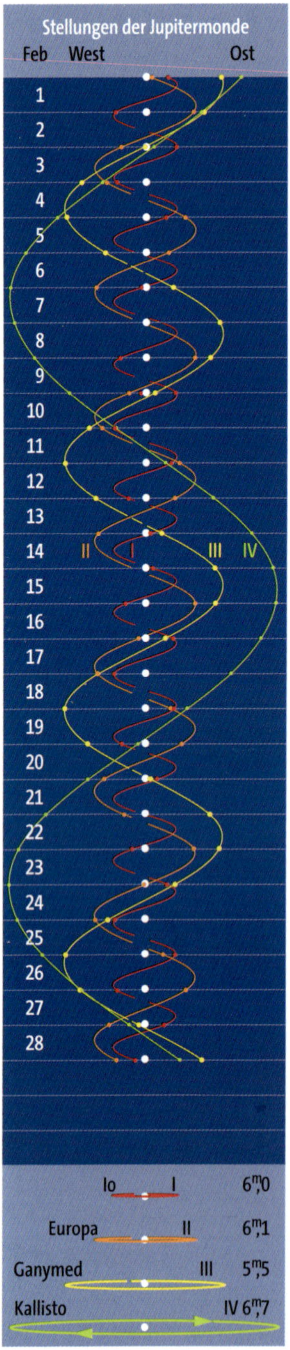

Jupitermonde

Tag	MEZ	Vorgang	
	h m		
4.	6 04	I	VA
5.	4 34	I	DA
	5 30	I	SE
	6 43	I	DE
6.	3 54	I	BE
	5 16	II	SE
	5 29	II	DA
10.	3 47	III	DA
	5 11	III	DE
12.	5 14	I	SA
	6 28	I	DA
13.	5 35	II	SA
	5 47	I	BE
14.	3 05	I	DE
15.	3 01	II	BA
	5 13	II	BE
17.	2 33	III	SA
	4 20	III	SE
20.	4 17	I	VA
21.	2 49	I	DA
	3 45	I	SE
	4 57	I	DE
22.	3 02	II	VA
	5 19	II	VE
	5 34	II	BA
24.	6 31	III	SA
27.	6 10	I	VA
28.	1 43	III	BA
	3 01	III	BE
	3 29	I	SA
	4 41	I	DA
	5 38	I	SE

Uranus kann noch am frühen Abendhimmel aufgesucht werden. Seine Sichtbarkeitsdauer verkürzt sich allerdings erheblich. Der grünliche Planet beschleunigt seine rechtläufige Wanderung durch das Sternbild Fische, nachdem er zu Jahresanfang stationär war (siehe Abb. 10.5 auf Seite 219).

Am 1. geht Uranus um 23^h53^m unter, am 15. um 23^h00^m und am 31. schon um 22^h12^m. Jeweils eine Stunde vor Untergang wird der nur $5^m{,}9$ helle Planet in den horizontnahen Luft- und Dunstschichten unbeobachtbar. In der letzten Februarwoche stört Mondlicht das Aufsuchen von Uranus.

Neptun hat sich vom Abendhimmel zurückgezogen und kann nicht mehr aufgefunden werden. Er nähert sich seiner Konjunktion mit der Sonne, die er Anfang nächsten Monats erreicht. Auch die Begegnungen mit Venus am 21. und mit Merkur am 25. bleiben unbeobachtbar.

Der $8^m{,}0$ helle Neptun geht am 1. um 19^h57^m unter. Spätestens eineinhalb Stunden vor seinem Untergang steht er schon so horizontnah, dass man ihn kaum finden kann. Zu diesem Zeitpunkt ist die nautische Dämmerung gerade erst zu Ende.

Planetoiden

Ceres (1) stand am letzten Tag des Vormonats in Opposition zur Sonne. Sie eilt rückläufig durch den Krebs knapp südlich am Sternbild Luchs vorbei (siehe Abb. 1.11 auf Seite 39). Ihre Helligkeit sinkt im Laufe des Monats von $6^m{,}9$ auf $7^m{,}3$ merkbar ab. Die Cereskulminationen verfrühen sich von 0^h48^m zu Monatsbeginn auf 23^h35^m am 15. und auf 22^h34^m Ende Februar.

Juno – Planetoid Nr. 3 – steht am 14. in Konjunktion mit der Sonne. Von der Erde trennen sie 526 Millionen Kilometer (= 3,52

AE), ihre Sonnenentfernung beträgt 378 Millionen Kilometer (= 2,53 AE).

Vesta – Planetoid Nr. 4 – eilt rechtläufig durch den Schlangenträger. Ihre Helligkeit nimmt leicht von $7\overset{m}{,}7$ auf $7\overset{m}{,}5$ zu. Sie kulminiert am 1. um 8^h03^m, am 15. um 7^h33^m und am 28. um 7^h03^m.

Periodische Sternschnuppenströme

Der Februar zeigt die geringste Sternschnuppenaktivität aller Monate. Dies hat mitunter auch den Vorteil, eventuell neue, noch unbekannte Meteorströme aufspüren zu können.

Die **Alpha-Aurigiden** wurden bis Ende der 1980er Jahre zwischen dem 6. und 9. Februar beobachtet. Ihr Maximum war nicht sehr ausgeprägt. Der Ausstrahlungspunkt lag in der Nähe von Kapella. Nur wenige, aber helle und langsame Meteore tauchten auf. Offensichtlich ist dieser Strom in den letzten Jahren versiegt. Dennoch lohnt es sich, nach den Aurigiden Ausschau zu halten. Vielleicht werden sie wieder aktiv.

Die **Delta-Leoniden** erreichen ihr Maximum um den 25. Februar. Sie sind ein schwacher Strom, der sich zwischen dem 15. Februar und dem 10. März bemerkbar macht, wobei es sich um langsame Objekte handelt (um 23 Kilometer pro Sekunde).

Zum Monatsende erscheinen die ersten **Virginiden** am Morgenhimmel.

Auch wenn periodische Sternschnuppenströme im Februar weitgehend ausbleiben, so ist dennoch mit Überraschungen zu rechnen. Helle Boliden oder Feuerkugeln wurden schon öfters im Februar registriert. So auch der Fall des Superboliden vom 15. Februar 2013 über der russischen Stadt Tscheljabinsk.

Im Vergleich zum Vormonat hat sich der Anblick des abendlichen Sternenhimmels nur wenig verändert. Die gesamte Sternbilderszenerie ist allerdings deutlich nach Westen gerückt. Zur Standardbeobachtungszeit, gegen 23^h zu Monatsbeginn beziehungsweise 22^h zur Monatsmitte, hat der Himmelsjäger Orion den Meridian bereits überschritten. Sirius zieht im Süden die Blicke auf sich.

Das Himmels-W sinkt langsam im Nordwesten herunter, während sich der Große Wagen im Nordosten immer höher schiebt. Im Westen erinnern noch Perseus und tiefer Andromeda an vergangene Herbsttage. Die übrigen Herbstbilder sind unter dem Horizont verschwunden oder gerade im Untergang begriffen wie Pegasus, Fische und Walfisch.

Im Südosten ist der Löwe auf der Himmelsbühne erschienen. Er kündigt den kommenden Frühling an. Sein hellster Stern wurde von Nikolaus Kopernikus „Regulus" getauft, was so viel wie „Kleiner König" heißt. Doch schon die alten Babylonier sahen im Löwenhauptstern einen König.

Hoch im Süden wandern gerade die Zwillinge durch den Meridian. Sie werden durch zwei Sternenketten dargestellt, die das ungleiche Brüderpaar Kastor und Pollux darstellen sollen. So heißen auch die beiden hellsten und östlichsten Sterne der Ketten. Der griechischen Mythologie nach war Pollux unsterblich, Kastor wurde als Sterblicher jedoch einst im Kampf getötet. Da die nördlichsten Abschnitte der Ekliptik durch die Zwillinge verlaufen, so gehören sie wie Krebs und Löwe zum Tierkreis.

Zwei blasse Sternbilder

Zwischen den Zwillingen im Meridian und dem Löwen hoch über dem Osthorizont liegt der Krebs. Da sich keine hellen Sterne im Krebs befinden, fällt er kaum auf. Dem Namen nach ist er gut bekannt, da er ebenfalls ein Tierkreissternbild ist. Am Firmament aber sieht man ihn nur unter sehr guten Sichtbedingungen, nicht aber durch die licht- und schmutzverseuchten Dunstglocken über unseren Städten und Siedlungen.

Der offene Sternhaufen Praesepe (lat., Krippe) liegt im Krebs und ist ein wunderschönes Fernglasobjekt. Die Katalogbezeichnung der Krippe lautet: M 44. Das M steht für Messier, den französischen Kometenjäger, der die auffälligsten Sternhaufen und Nebel in einem Katalog zusammengefasst hat.

Wer die helleren Sterne und die markanten Bilder schon gut kennt und schnell am Nachthimmel entdeckt, sollte ab und zu auch einmal nach lichtschwächeren und darum weniger bekannten Bildern Ausschau halten. Als geeignetes Übungsobjekt empfiehlt sich die Wasserschlange, deren Kopf ein wenig südlich vom Krebs liegt und die sich nach Südosten hinunterschlängelt. Hydra ist die lateinische Bezeichnung für die Weibliche Wasserschlange. Tief am Südhimmel, nahe dem Himmelssüdpol, gibt es das Sternbild Hydrus, die Männliche oder Kleine Wasserschlange. Sie ist in unseren Breiten nicht zu sehen.

Vergleichsweise auffallend ist der Hauptstern der Wasserschlange, Alphard oder α Hydrae genannt. Alphard steht in einer sonst an helleren Sternen armen Gegend und ist deshalb leicht zu identifizieren. Er markiert das Herz der Wasserschlange und ist $2\overset{m}{,}0$ hell. Die Wasserschlange ist das ausgedehnteste Sternbild am Himmel. Es zieht sich rund sieben Rektaszensionsstunden in Äquatornähe am

Veränderliche Sterne im Februar

Algol-Minima	5. 3^h08^m	7. 23^h57^m	10. 20^h47^m	13. 17^h36^m	28. 1^h43^m
β-Lyrae-Minima	4. 5^hN	10. 16^hH	17. 4^hN	23. 16^hH	
δ-Cepheï-Maxima	3. 1^h	8. 10^h	13. 19^h	19. 4^h	24. 13^h
Mira-Helligkeit	1. 3^m	10. 3^m	20. 4^m	28. 4^m	

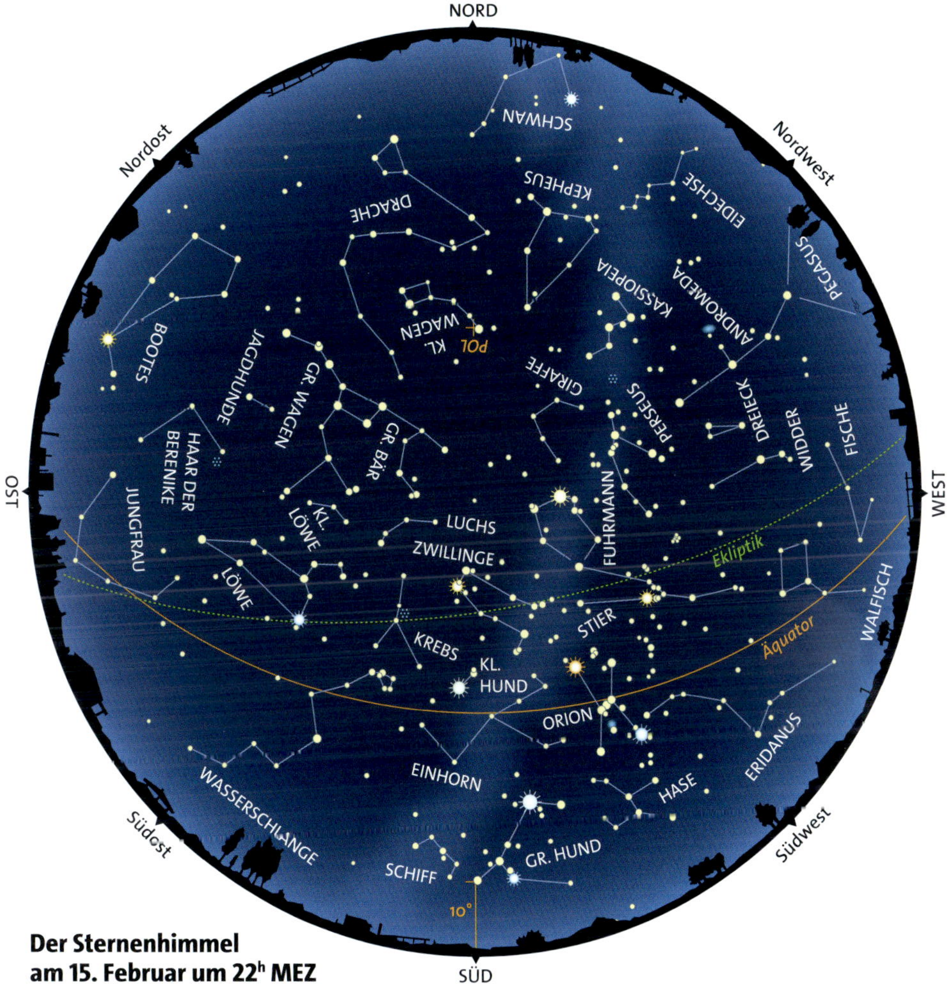

Der Sternenhimmel am 15. Februar um 22ʰ MEZ

Die Sternkarte ist auch gültig für:		
	MEZ	MESZ
1.11.	5ʰ	
15.11.	4	
1.12.	3	
15.12.	2	
1. 1.	1	
15. 1.	0	
1. 2.	**23**	
15. 2.	**22**	
28. 2.	**21**	
15. 3.	20	

Firmament entlang. Der Kopf der Wasserschlange liegt ein wenig nördlich des Himmelsäquators und westlich von Regulus im Löwen. Außer Alphard sind alle übrigen Sterne der Wasserschlange schwächer als 3. Größenklasse. Südlich von Alphard knickt die Wasserschlange in Richtung Südosten ab und zieht sich südlich von Becher, Rabe und Jungfrau bis zu ihrem Schwanz, der zwischen den Sternbildern Waage und Centaurus liegt.

Objekte für Feldstecher und Fernrohr

Die Zwillinge stehen nun abends hoch am Firmament. In ihnen ist ein schöner, leicht zu findender, offener Sternhaufen zu entdecken. Er trägt die Katalogbezeichnung M 35 und steht am

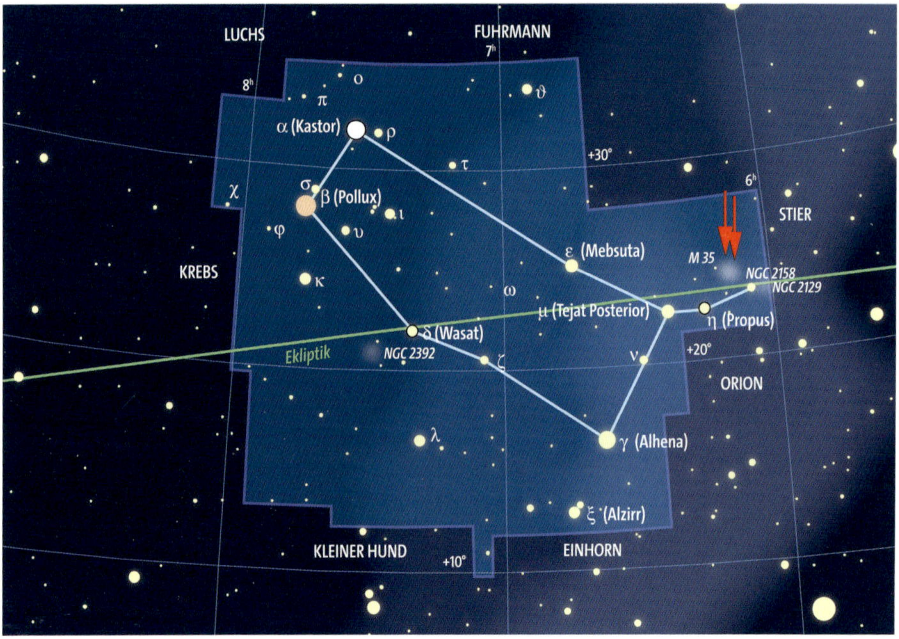

2.4 Das Sternbild Zwillinge: **Markiert sind der offene Sternhaufen M 35 nahe dem Stern Propus und die Position des offenen Sternhaufens NGC 2158.**

Nordwestende der Zwillinge beim Stern Propus (η Geminorum), dem Fußstern von Kastor. Man schwenke sein Fernglas oder Teleskop ein wenig nordwestlich von Propus weg. Dann trifft man auf eine Ansammlung funkelnder, blau-weißer Sterne. Die Gesamthelligkeit von M 35 beträgt $5^{m}{,}1$, seine Entfernung 2800 Lichtjahre.

Mitten im Haufen steht der Doppelstern OΣ 134 (OΣ steht für Otto Struve), er ist im Fernglas auflösbar: Ein $7^{m}{,}4$ heller, gelber Stern hat in 31″ Entfernung einen bläulichen Begleiter mit $9^{m}{,}1$ Helligkeit.

Etwa 15′ (Bogenminuten) südwestlich von M 35 stößt man auf den ebenfalls offenen Sternhaufen NGC 2158. Ihn zu finden ist nicht ganz leicht. Mit 14 000 Lichtjahren ist er erheblich weiter als M 35 entfernt und darum auch entsprechend lichtschwächer. Er nimmt ein Areal von 5′ Durchmesser ein und erscheint als schwaches Nebelfleckchen. Erst bei starker Vergrößerung erkennt man die rund tausend einzelnen Sterne.

Zu den traditionellen Himmelsobjekten, die im Fernglas einen grandiosen Eindruck hervorrufen und auch Besucher einer Sternwarte immer wieder begeistern, gehören die beiden offenen Sternhaufen Hyaden und Plejaden im Stier. Die Plejaden (M 45) erscheinen dichter gedrängt. Mit rund 400 Lichtjahren sind sie auch dreimal weiter entfernt als die Hyaden mit 140 Lichtjahren Distanz. Mitten in den Hyaden steht der orange Aldebaran (α Tauri). Er zählt aber nicht zu diesem Sternhaufen, sondern ist mit 66 Lichtjahren ein Vordergrundstern. Schon ein Fernglas trennt den Doppelstern $\theta_{1,2}$ Tauri in den Hyaden. Im Teleskop löst man den Zentralstern der Plejaden, die Alcyone, in vier einzelne Lichtpunkte auf.

Wesentlich unscheinbarer und beim aufgehellten Himmel kaum mit bloßen Augen zu erkennen ist der offene Sternhaufen M 44 im Sternbild Krebs. Im Fernrohr zeigt er bei geringer

Vergrößerung (etwa 30-fach) ein prächtiges Sternengewimmel. Aber schon im Fernglas macht die Krippe im Krebs, so der Eigenname von M 44, einen netten Eindruck.

Außer der Krippe im Krebs ist auch der Sternhaufen M 67 im Krebs ein beeindruckendes Objekt. M 67 liegt knapp 2° westlich von Acubens (α Cancri). In einem Teleskop ab 20 cm Öffnung sieht man mehr als 200 einzelne Sterne, die relativ dicht gedrängt stehen. Im Fernglas hat man daher den Eindruck eines Nebelfleckchens von etwa 20′ Ausdehnung. Im Fernrohr lässt sich dieser Haufen gut auflösen. Seine Entfernung wurde aus dem Farben-Helligkeits-Diagramm (FHD) zu rund 2500 Lichtjahre bestimmt. Neue Distanzmessungen lassen eher eine Entfernung von knapp 3000 Lichtjahren als zutreffend erscheinen. Mit einem Alter von rund vier Milliarden Jahren zählt M 67 zu den ältesten offenen Sternhaufen.

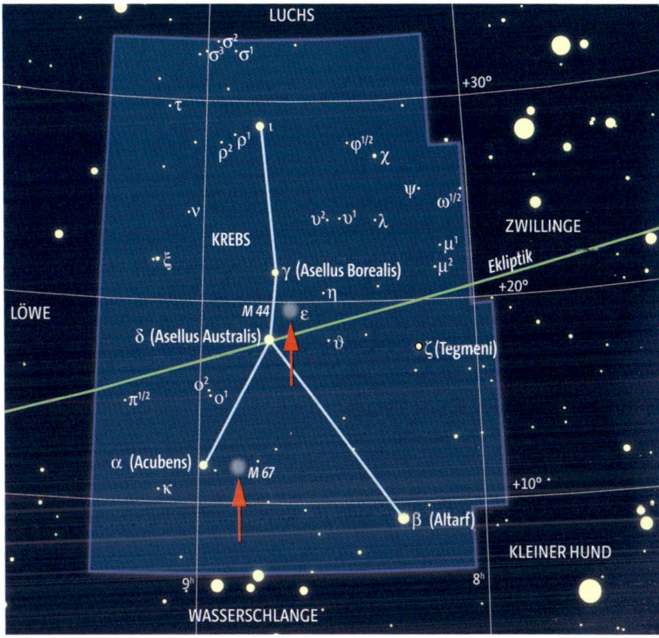

2.5 Sternhaufen im Krebs: Das Sternbild Krebs mit den Positionen der offenen Sternhaufen M 44 und M 67.

Ein weiterer offener Sternhaufen, der leicht im Fernglas zu entdecken ist, steht im Sternbild Einhorn (Monoceros) und trägt die Katalognummer M 50. Man findet diesen Sternhaufen etwa auf der Verbindungslinie zwischen Sirius und Prokyon in einer relativ sternarmen Gegend rund 10° nördlich von Sirius. Mit $6\overset{\mathrm{m}}{,}3$ scheinbarer Helligkeit ist M 50 mit bloßen Augen allerdings nicht zu erkennen. Seine Entfernung misst stolze 3500 Lichtjahre. Er zählt damit zu den fernsten offenen Sternhaufen, die wir in unserer Milchstraße im sichtbaren Licht beobachten. Der scheinbare Durchmesser von M 50 liegt bei etwa einem Drittel Vollmonddurchmesser (10′).

Auch den Polarstern sollte man einmal ins Visier nehmen. Er ist bekanntlich in jeder klaren Nacht stets an derselben Stelle am Firmament zu sehen. Neben dem $2\overset{\mathrm{m}}{,}0$ hellen Polaris, den man gut mit bloßen Augen selbst bei ungünstigen Sichtverhältnissen erkennt, bemerkt man in $18\overset{\prime\prime}{,}5$ Distanz einen schwachen Begleiter mit 9^{m} scheinbarer Helligkeit. Jeder Dreizöller (Objektiv mit 7,5 cm Durchmesser) schafft es spielend, α UMi zu trennen.

Im Fuhrmann findet sich der kleine, lichtschwache offene Sternhaufen NGC 2281 mit halbem Monddurchmesser. Dieser offene Haufen ist nicht leicht auszumachen und besitzt relativ wenige Sterne. Er liegt im Ostteil des Fuhrmanns nahe dem Sternbild Luchs (siehe Karte N6 im *Atlas für Himmelsbeobachter*). Mit 900 Millionen Jahren ist NGC 2281 vergleichsweise alt für einen offenen Sternhaufen. Seine Entfernung wurde zu 2000 Lichtjahren bestimmt.

Als letztes Objekt für Teleskopbeobachter sei die Galaxie NGC 3115 im Sternbild Sextant vorgeschlagen. Mit nur $9\overset{\mathrm{m}}{,}5$ Ge-

Martin Gertz/Sternwarte Welzheim

2.6 Die Praesepe: Der offene Sternhaufen Krippe (M 44) im Sternbild Krebs.

samthelligkeit ist sie kein leichtes Beobachtungsobjekt. Sie erscheint länglich mit linsenförmiger Gestalt (Ausdehnung: 5′), weshalb sie auch „Spindelgalaxie“ genannt wird. NGC 3115 ist eine elliptische Galaxie in 32 Millionen Lichtjahren Entfernung, der wir auf die Kante sehen. Am ehesten ist noch der helle zentrale Kern zu erkennen, der ein supermassereiches Schwarzes Loch von rund einer Milliarde Sonnenmassen verbirgt. Um NGC 3115 einzustellen, benutze man die Koordinaten $\alpha = 10^{h}05^{m}\!.2$ und $\delta = -7°43'$ (J2000.0).

Das James-Webb-Weltraumteleskop

Im Oktober 2018 soll es so weit sein: Das bisher größte und leistungsfähigste Weltraumteleskop wird seine Reise ins All antreten. Viele neue Erkenntnisse, vor allem über die Entstehung der allerersten Sterne und Milchstraßensysteme, erhoffen sich die Sternforscher auf der ganzen Welt.

Alle astronomischen Teleskope beobachten die Gestirne. Unter einem „Weltraumteleskop“ versteht man jedoch ein Teleskop, das sich im Weltall befindet, wo es außerhalb der störenden und absorbierenden Erdatmosphäre in die Tiefen des Universums spähen kann.

Weithin bekannt ist das Hubble-Weltraumteleskop, das seit 1990 in 550 Kilometer Höhe die Erde umkreist und seither nicht nur eine unglaubliche Fülle fantastischer und atemberaubender Bilder zur Erde funkte, sondern auch für eine große Zahl sensationeller astronomischer Entdeckungen sorgte. Zwar waren die ersten drei Jahre wegen eines recht ärgerlichen Fehlers in der Optik nicht sehr erfolgreich, aber der nachträgliche Einbau eines Korrekturgliedes verhalf ihm zu seiner vollen Leistungsfähigkeit. Mit einem Spiegelobjektiv von 2,40 Meter Durchmesser ist es im Vergleich zu den bodengebundenen Großteleskopen der heutigen Generation noch verhältnismäßig klein, doch die idealen Beobachtungsbedingungen im Weltraum machen die relativ bescheidene Öffnung bei weitem wett.

Nachfolger von Hubble

Noch bevor man das Hubble-Teleskop ins All schickte, gab es erste Überlegungen, ein Weltraumteleskop mit einem wesentlich größeren Objektiv zu bauen. 1996 wurden die Pläne dann konkreter. Man nannte das Projekt „**N**ext **G**eneration **S**pace **T**elescope (NGST), also Weltraumteleskop der nächsten Generation. Die Planungen sahen ein Teleskop von 6,5 Meter freier Öffnung vor. Ursprünglich war man sogar von acht Meter Apertur ausgegangen, was aus Kostengründen wieder verworfen wurde.

Ein gravierendes Problem musste beim NGST gelöst werden: Es gibt bis heute keine Rakete, die einen Spiegel von 6,5 m Durchmesser ins Weltall transportieren kann. Also musste man sich etwas einfallen lassen. Die Lösung: Das Objektiv setzt sich aus einzelnen kleineren Spiegelelementen zusammen, die zusammengeklappt in den Weltraum transportiert werden und sich dort angekommen vollautomatisch entfalten und zu einem Objektiv von 6,5 m zusammenfügen.

Viele weitere ernste technische Probleme traten auf, die den Kostenrahmen mehrfach sprengten und die geplanten Starts immer wieder verzögerten. Im Jahre 2011 schließlich zog die amerikanische Weltraumbehörde NASA auf Druck der Regierung die Reißleine. Das Projekt sollte abgebrochen werden, was in letzter Minute verhindert werden konnte. Man holte die Europäer mit ins Boot. Auch die kanadische Weltraumagentur CSA (Canadian Space Agency) beteiligte sich schließlich an diesem ehrgeizigen Projekt. So stellt die ESA (**E**uropean **S**pace **A**gency) die Transportrakete Ariane 5 zur Verfügung, mit der vom europäischen Weltraumbahnhof nahe Kourou in Französisch-Guyana das Weltraumteleskop der neuen Generation ins All geschossen werden soll.

NASA

2.7 Das James-Webb-Weltraumteleskop während seiner Montage im Reinraum.

Berühmter Namensgeber

Um das Projekt der Öffentlichkeit schmackhaft zu machen und damit auch den Steuerzahlern, benannte die NASA 2002 das NGST in „**J**ames **W**ebb **S**pace **T**elescope (JWST)“ um. James Edwin Webb (1906–1992) war der populäre zweite Administrator der NASA, also der Chef des riesigen Apparats der zivilen amerikanischen Weltraumagentur in den Jahren 1961 bis 1968. Er war es, der das amerikanische Apollo-Programm managte bis kurz vor der Landung der ersten Menschen auf dem Mond. Aber auch eine Reihe erfolgreicher Planetenmissionen wie Pioneer 10 und 11 sowie Voyager 1 und 2 setzte er gegenüber den Finanzbehörden durch. Auch sorgte er für die Einrichtung des Zentrums für bemannte Raumfahrt (Manned Spacecraft Center) in Houston (Texas). Dabei kamen ihm seine umfangreichen Erfahrungen als Regierungsbeamter und Manager großer Firmen zugute. Unter Präsident Lyndon B. Johnson war er Staatssekretär in der US-Regierung und Finanzbeamter des amerikanischen Präsidenten bis ihn schließlich John F.

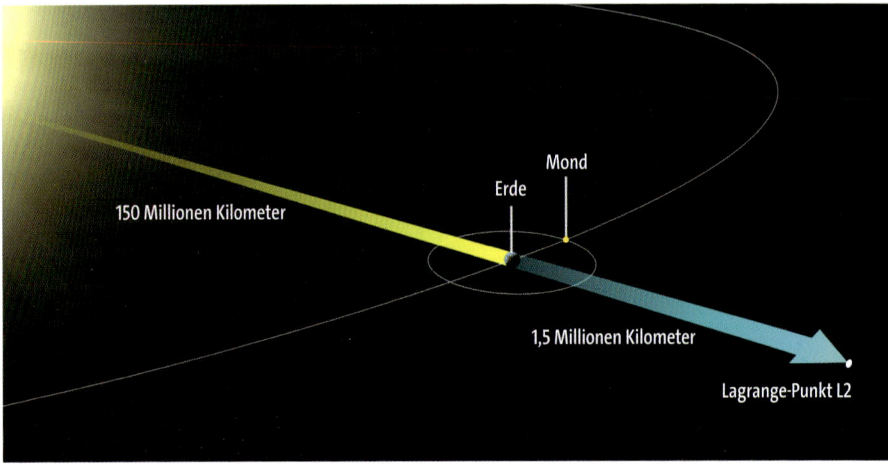

2.8 Position des JWST (James Webb Space Telescope) im Lagrange-Librationspunkt L2.

Kennedy zum NASA-Chef berief. Webb hatte stets beste Kontakte zu einflussreichen Kreisen in Washington, D.C.

Technische Meisterleistung

Eine große Herausforderung der JWST-Mission besteht darin, das gewaltige Teleskop samt umfangreichem Schutzschild in zusammengelegtem Zustand im Frachtraum der Ariane 5 zu verstauen und nach geglücktem Start sich im Weltall vollautomatisch entfalten zu lassen. Wenn dieses Manöver nicht einwandfrei funktioniert, so ist die Mission gescheitert.

Das JWST soll hauptsächlich im infraroten Spektralbereich beobachten. Dazu ist es erforderlich, das Teleskop und die Empfangsapparate tiefzukühlen – auf –220 °C, also nur 53° über dem absoluten Nullpunkt. Eine Kamera muss sogar auf –258 °C abgekühlt werden. Ein riesiges Hitzeschutzschild von 14 m × 20 m sorgt für die Abschattung der Sonnenstrahlen, damit sich Teleskop, Kameras, Spektrograf und Elektronik nicht aufheizen. Es setzt sich aus fünf getrennten Lagen Kapton-Folie zusammen. Auf der zur Sonne gerichteten Seite ist die Folie mit Aluminium beschichtet. Immerhin heizt sich das JWST an der Front auf über 80 °C auf.

Das Objektiv des JWST setzt sich aus 18 sechseckigen Berylliumplatten zusammen, die mit einer dünnen Goldschicht von nur einem Zehntel Mikrometer bedampft sind. Fünfzig Gramm Gold reichten aus, um die optisch wirksame Gesamtfläche von 25 Quadratmetern zu beschichten. Gold reflektiert besonders gut infrarote Strahlung. Stellglieder oder Aktuatoren an der Rückseite der Platten sorgen für die korrekte Krümmung, damit nicht 18 Einzelbilder eines Sternes entstehen, sondern ein einziges Fokalbild. Die 18 Spiegelsegmente mit je 73 cm Kantenlänge ergeben ein Objektiv von 6,5 m freier Öffnung mit 131 m effektiver Brennweite. Damit erzielt man eine optisch wirksame Gesamtfläche von 25 Quadratmeter im Vergleich zum Hubble Space Telescope mit nur 4,5 Quadratmetern.

Das optische System wird als Drei-Spiegel-Anastigmat bezeichnet oder auch nach seinem Entwickler Korsch-Teleskop genannt. Das vom NASA-Mitarbeiter Dietrich G. Korsch patentierte Teleskop ist im Prinzip ein erweitertes Cassegrain-System mit drei asphärischen Spiegeln, wobei je nach Ausführung noch ein oder zwei plane Umlenkspiegel hinzukommen. Der Hauptspiegel ist Teil eines Ellipsoids, der Sekundärspiegel ist hyperbolisch geformt und der Tertiärspiegel hat wiederum eine ellipsoidische Oberfläche. Der Vorteil gegenüber einem klassischen Cassegrain-Teleskop liegt in der flachen Fokalebene, einem größeren nutzbaren Bildfeld und geringerem Streulicht im Fokus. Allerdings erfordert die Fertigung eines Korsch-Teleskops einen relativ hohen Aufwand, der aber bei einem so komplexen Unternehmen wie dem JWST gerechtfertigt ist.

Vom 18-teiligen Objektiv trifft das infrarote Licht auf den justierbaren Sekundärspiegel, der es auf den Tertiärspiegel lenkt. Dieser wiederum wirft das Licht auf einen vierten Spiegel, der in einem Bereich von Bruchteilen einer Bogensekunde eine Feinjustierung vornimmt, um kleine Schwankungen und Vibrationen auszugleichen (siehe Abb. 2.11 auf Seite 69). Das gesamte System ist äußerst empfindlich gegenüber kleinen Abweichungen in der Justierung.

2.9 Vergleich der Spiegelfläche des Hubble-Weltraumteleskops mit dem JWST und dem geplanten HDST (High Definition Space Telescope).

Weit entfernt von der Erde

Um störende Einflüsse durch die Wärmestrahlung von Erde und Mond sowie Kollisionen mit Weltraumschrott im erdnahen Weltraum zu vermeiden, wird das JWST nicht von einem erdnahen Orbit aus beobachten. Vielmehr wird es im Lagrange-Punkt Nr. 2 platziert, etwa 1,5 Millionen Kilometer von der Erde entfernt in Opposition zur Sonne. Dabei wird es mit gleicher Winkelgeschwindigkeit wie die Erde in einem Jahr die Sonne umrunden. Da sich ein Körper im L2 in einem metastabilen Gleichgewicht befindet, wird das JWST eine mehr oder minder komplizierte Schleifenbahn um den Lagrange-Punkt Nr. 2 vollführen. Auch wird das JWST nicht exakt in der Ekliptik um die Sonne laufen, damit es nicht zu Abschattungen der Sonne durch Erde und Mond kommt, was thermische Instabilitäten zur Folge hätte.

Der Aufenthalt nahe dem L2 hat auch den Vorteil, dass das Teleskop längere Zeit auf das gleiche Himmelsareal gerichtet werden kann, um mehrere Stunden zu belichten. Im Erdorbit gehen die Objekte ständig auf und unter.

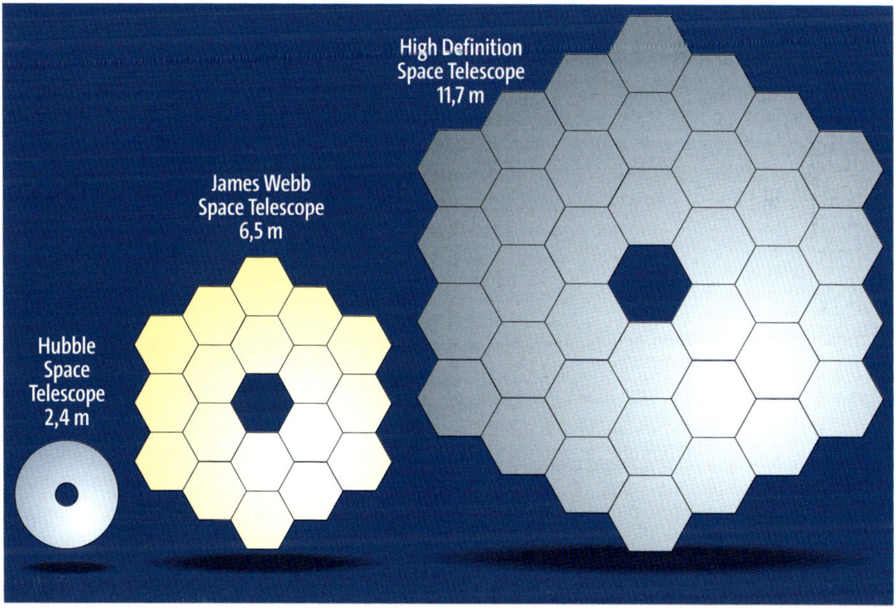

2.10 Der NASA-Manager James Edwin Webb (1906–1992), nach dem das neue Weltraumteleskop benannt wurde.

Optimiert für Infrarotlicht

Vier Instrumente werden die Strahlen aus dem All empfangen. Eine Kamera für das nahe Infrarot (NIR Cam) ist für Wellenlängen von 0,6 bis 5 Mikrometer empfindlich (1 Mikrometer = 1 Tausendstel Millimeter). Bei 0,6 μm sehen unsere Augen noch recht gut tiefrotes Licht. Der Bereich beginnt gewissermaßen am langwelligen Ende des sichtbaren elektromagnetischen Spektrums. Das Gesichtsfeld beträgt 2,′3 × 2,′3 (Bogenminuten). Die Auflösung erreicht 0,″034 bei 0,6 μm Wellenlänge. Das Strahlenbündel wird außerdem geteilt. Der zweite Teil fällt auf ein gleich großes Feld von 2,′3 × 2,′3, wobei der Empfängerchip für den Wellenlängenbereich von 2,5 μm bis 5 μm empfindlich ist. Bei einer Wellenlänge von 2,5 μm wird eine Auflösung von 0,″068 erzielt.

Der Infrarot-Spektrograf arbeitet in denselben Wellenlängenbereichen. Er kann Spektren von Galaxien und Sternen in drei verschiedenen Auflösungsmodi gewinnen, wo bei stundenlanger Belichtung und beim geringsten Auflösungsmodus sogar Spektren fernster Galaxien fast am Rande des beobachtbaren Universums gewonnen werden können. Dies ermöglicht, die Rotverschiebung ($z = \Delta\lambda/\lambda$) der Galaxien zu messen und damit deren Entfernung und Alter zu bestimmen.

MIRI heißt ein Kombigerät aus Kamera und Spektrometer, das für das mittlere Infrarot (5 μm bis 7 μm) empfänglich ist. Der Kamerachip umfasst 1024 × 1024 Pixel, die Auflösung beträgt 0,″19. MIRI steht für **M**id **I**nfra **R**ed **I**nstrument.

Das vierte Instrument, NIRISS (**N**ear **I**nfra **R**ed **I**mager and **S**litless **S**pektrograph) arbeitet schließlich im Bereich von 0,8 μm bis 5 μm Wellenlänge. Es enthält ein Spektrometer (spaltloser Spektrograf) und Detektoren, die in einem Gesichtsfeld von 2,′2 × 2,′2 Aufnahmen hoch rot verschobener Galaxien gewinnen sollen. NIRISS ist kombiniert mit dem **F**ine **G**uidance **S**ensor (FGS) zur exakten Einstellung und Nachführung des Teleskops.

Antworten auf offen Fragen

Eine der Hauptaufgaben des JWST ist die Beobachtung jüngster Galaxien, die nur wenige hundert Millionen Jahre nach dem Urknall entstanden sind. Ein Blick in die Ferne ist stets auch ein Blick in die Vergangenheit. Diese Galaxien aus der Frühphase des Universums sind nicht nur wegen ihren großen Distanzen äußerst lichtschwach, sondern auch stark rotverschoben infolge ihrer hohen Fluchtgeschwindigkeiten aufgrund der Expansion des Universums. Somit kann man sie nur im Infraroten detektieren.

Wie und wann entstanden die ersten Sterne und Galaxien nach Ende der dunklen Ära des Universums, als die Wasserstoffwolken unter dem Einfluss der Dunklen Materie zu klumpen begannen? Damals flammten die jüngsten Sterne auf, gewaltige Sonnen, hunderttausend Mal heller als unsere Sonne – allerdings sehr kurzlebig. Schon nach wenigen Millionen Jahren endete ihr Dasein in gewaltigen Supernova-Detonationen.

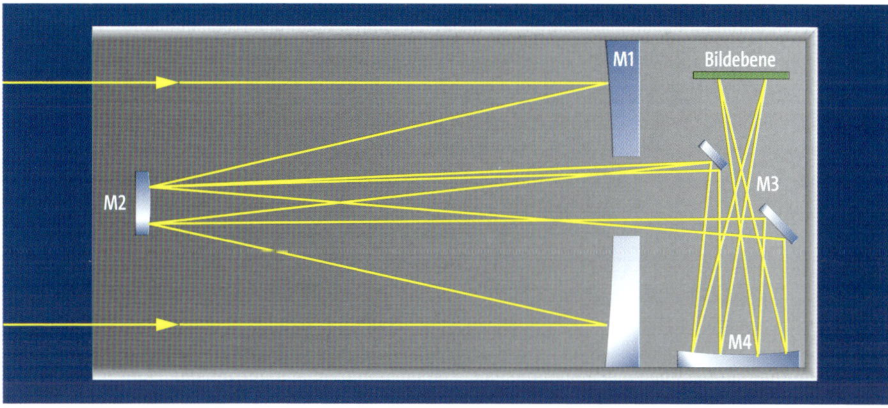

2.11 Strahlengang eines Korsch-Spiegelteleskops. M1: Durchbohrter, ellipsoidischer Hauptspiegel. M2: Hyperbolischer Fangspiegel. M3: Durchbohrter, planer Umlenkspiegel. M4: Ellipsoidischer Tertiärspiegel. M1 und M2 werden auch als Primär- bzw. Sekundärspiegel bezeichnet.

Aber auch im „nahen" Kosmos soll sich das James-Webb-Weltraumteleskop umsehen. Es soll in die Wiege der Sterne blicken und erforschen, wie sich heute noch neue Sterne bilden. Es soll hineinblicken in die Akkretionsscheiben werdender Sterne und die Entstehung neuer Planetensysteme erforschen. Schließlich will man mit seiner Hilfe die Atmosphären von Planeten fremder Sonnen, sogenannten Exoplaneten, analysieren. Vielleicht findet man Methan und freien Sauerstoff in den Atmosphären erdähnlicher Planeten. Dies wäre ein Hinweis auf Leben im All!

Zehn Jahre lang soll das James-Webb-Weltraumteleskop beobachten. Wer weiß, was die Astronomen mit ihm noch alles entdecken werden, von dem wir heute noch nicht im Entferntesten etwas ahnen!

2.12 Das James-Webb-Weltraumteleskop im All – nach einer Illustration der NASA.

NASA

März 2018

- Die Sonne wechselt am 20. um 17^h15^m MEZ auf die Nordhalbkugel des Firmaments, der astronomische Frühling beginnt.
- Merkur bietet eine respektable Abendsichtbarkeit.
- Venus baut ihre Rolle als Abendstern aus.
- Mars wird neben Jupiter und Saturn zu einem auffälligen Gestirn am Morgenhimmel.

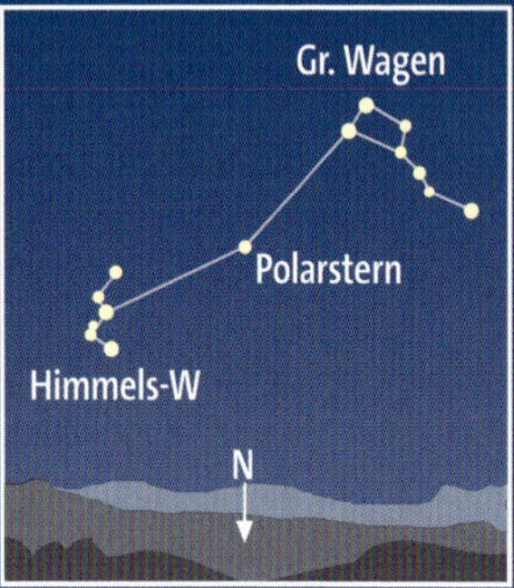

Großer Wagen und Himmels-W Anfang März um 22 Uhr

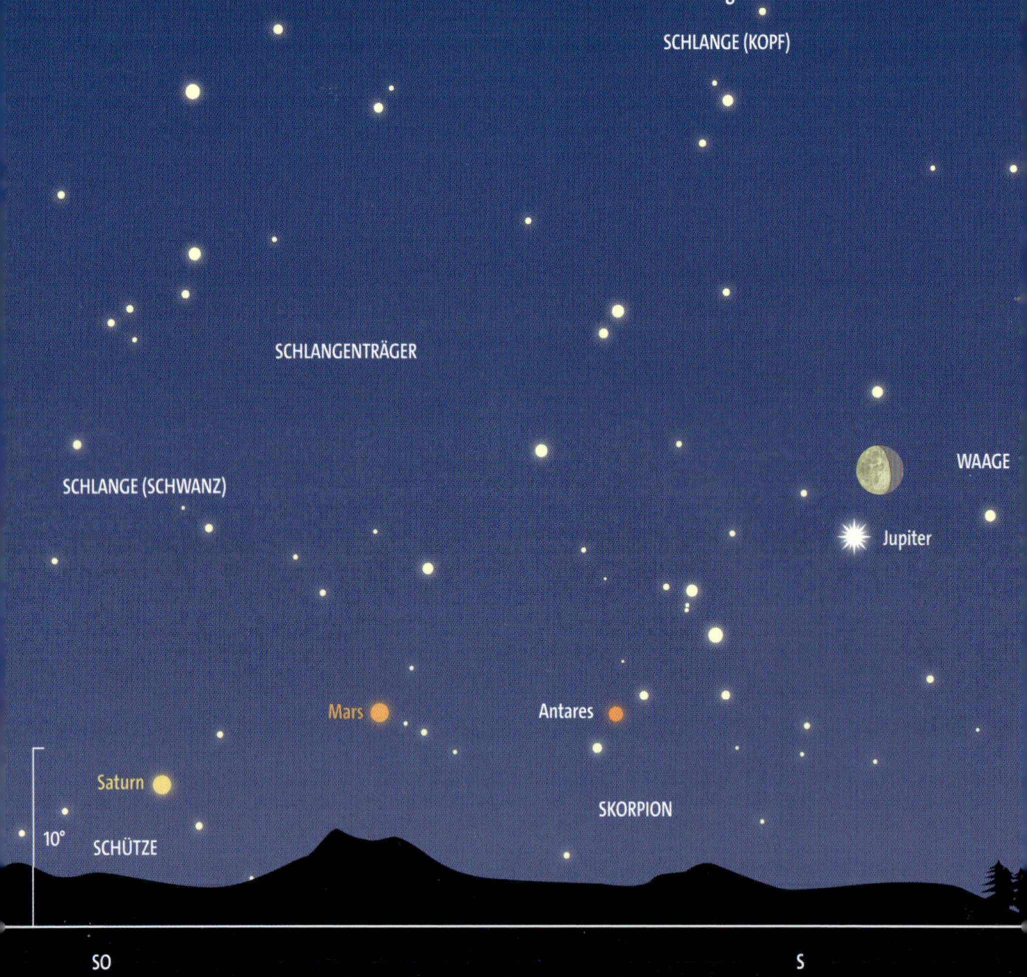

3.1 Planetenparade am Morgenhimmel: Jupiter, Mars und Saturn sind am 7. März gegen 5^h MEZ tief am Südhimmel in einer Linie aufgereiht. Knapp nördlich von Jupiter steht der abnehmende Mond.

1 Do	
2 Fr	**Vollmond**
3 Sa	
4 So	Merkur bei Venus (Abendhimmel)
5 Mo	
6 Di	
7 Mi	Mond bei Jupiter (Morgenhimmel)
8 Do	
9 Fr	Mond im letzten Viertel
10 Sa	Mond bei Mars (Morgenhimmel)
11 So	Mond bei Saturn (Morgenhimmel)
12 Mo	
13 Di	
14 Mi	Aschermittwoch
15 Do	Merkur in größter östlicher Elongation (Abendhimmel)
16 Fr	
17 Sa	**Neumond**
18 So	Mond bei Venus (Abendhimmel)
19 Mo	
20 Di	Frühlingsbeginn
21 Mi	
22 Do	
23 Fr	
24 Sa	Mond im ersten Viertel
25 So	Beginn der Sommerzeit
26 Mo	
27 Di	
28 Mi	
29 Do	
30 Fr	Karfreitag
31 Sa	Karsamstag, **Vollmond**

Sonne – Sternbilder

12. 3. 15^h:
Sonne tritt in das Sternbild Fische
20. 3. 17^{h}15^m:
Sonne tritt in das Tierkreiszeichen Widder
Julianisches Datum am
1. März, 1^h MEZ: 2 458 178,5

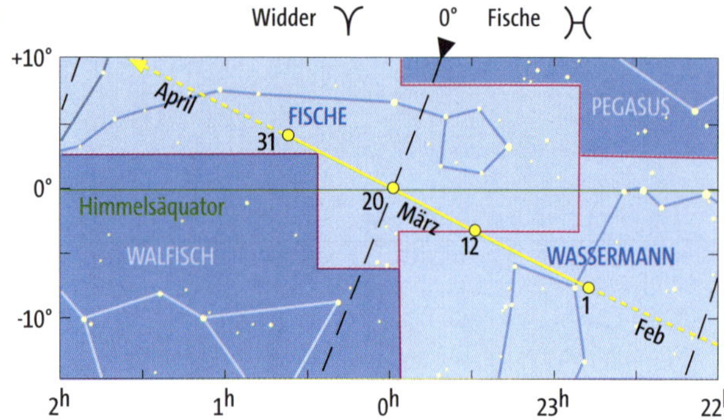

Tabelle Sonnenlauf

Tag	Dämmerg. Anfang	Aufgang MEZ	Kulmination	Untergang MEZ	Dämmerg. Ende	Mittagshöhe	Zeitgleichg.	Rektaszension	Deklination
	h m	h m	h m	h m	h m	o	m	h m	o
1.	5 54	7 04	12 32	18 02	19 12	32,5	−12	22 46	−7,8
5.	5 46	6 55	12 31	18 08	19 18	34,0	−11	23 01	−6,3
10.	5 35	6 45	12 30	18 17	19 26	36,0	−10	23 20	−4,3
15.	5 24	6 34	12 29	18 25	19 35	37,9	− 9	23 38	−2,3
20.	5 13	6 23	12 27	18 33	19 43	39,9	− 7	23 57	−0,4
25.	5 02	6 12	12 26	18 41	19 52	41,9	− 6	0 15	+1,6
31.	4 47	5 59	12 24	18 50	20 02	44,2	− 4	0 37	+3,9

Achtung: Ab Sonntag, 25. März 2018, gilt die Sommerzeit. Zu allen im Himmelsjahr angegebenen Zeiten eine Stunde addieren!

Tages- und Nachtstunden

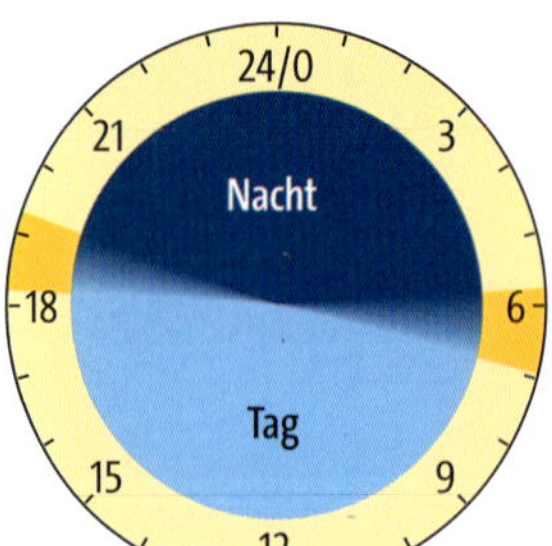

5. März

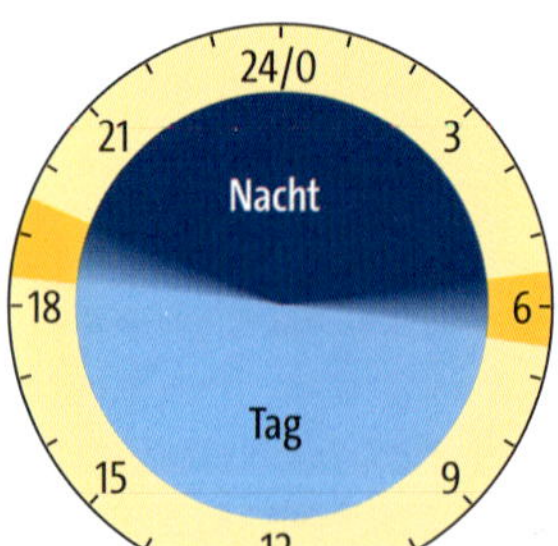

15. März

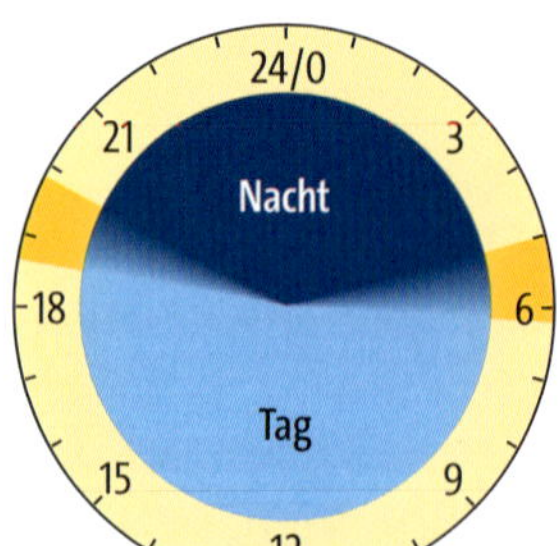

25. März

Tabelle Mondlauf

Datum		Aufg. MEZ	Kulmination	Unterg. MEZ	Rektaszension	Deklination	Sterne und Sternbilder	Phase	MEZ
		h m	h m	h m	h m	°			
Do	1.	17 25	–	6 56	9 55	+13,8	Löwe, Regulus		
Fr	2.	18 42	0 33	7 27	10 52	+ 9,7	Löwe	**Vollmond**	**$1^h 51^m$**
Sa	3.	19 58	1 25	7 55	11 47	+ 5,2	Jungfrau		
So	4.	21 11	2 16	8 21	12 39	+ 0,4	Jungfrau		
Mo	5.	22 21	3 04	8 47	13 30	– 4,2	Spica	Libration West	
Di	6.	23 29	3 51	9 13	14 20	– 8,5	Jungfrau	Größte Nordbreite	
Mi	7.	–	4 38	9 41	15 09	–12,3	Waage		
Do	8.	0 34	5 25	10 11	15 59	–15,4	Waage		
Fr	9.	1 35	6 13	10 46	16 48	–17,8	Schlangenträger	**Letztes Viertel**	**$12^h 20^m$**
Sa	10.	2 32	7 00	11 27	17 38	–19,4	Schlangenträger		
So	11.	3 24	7 48	12 13	18 29	–20,1	Schütze, Nunki	Erdferne 405/29,′5	10^h
Mo	12.	4 10	8 36	13 05	19 19	–19,9	Schütze, Nunki		
Di	13.	4 50	9 24	14 02	20 09	–18,8	Steinbock		
Mi	14.	5 25	10 11	15 03	20 59	–16,9	Steinbock	Absteigender Knoten	
Do	15.	5 56	10 58	16 08	21 48	–14,2	Steinbock		
Fr	16.	6 23	11 44	17 15	22 38	–10,8	Wassermann		
Sa	17.	6 48	12 31	18 23	23 26	– 6,9	Wassermann	**Neumond Nr. 1178**	**$14^h 12^m$**
So	18.	7 13	13 17	19 33	0 15	– 2,6	Fische	Libration Ost	
Mo	19.	7 37	14 05	20 45	1 05	+ 2,0	Walfisch		
Di	20.	8 03	14 54	21 58	1 55	+ 6,5	Fische		
Mi	21.	8 32	15 45	23 11	2 48	+10,8	Widder	Größte Südbreite	
Do	22.	9 05	16 39	–	3 42	+14,5	* Stier		
Fr	23.	9 45	17 35	0 23	4 38	+17,5	* Aldebaran		
Sa	24.	10 33	18 33	1 32	5 37	+19,5	* Stier	**Erstes Viertel**	**$16^h 35^m$**
So	25.	11 30	19 32	2 35	6 37	+20,2	Alhena		
Mo	26.	12 36	20 30	3 30	7 37	+19,7	Zwillinge	Erdnähe 369/32,′4	18^h
Di	27.	13 48	21 27	4 16	8 37	+18,0	Krebs, Krippe	Aufsteigender Knoten	
Mi	28.	15 03	22 21	4 54	9 35	+15,1	Löwe		
Do	29.	16 19	23 14	5 26	10 31	+11,3	Löwe, Regulus		
Fr	30.	17 34	–	5 55	11 26	+ 7,0	Löwe		
Sa	31.	18 48	0 04	6 21	12 18	+ 2,3	Jungfrau	**Vollmond**	**$13^h 37^m$**

Mond wandert durch die Hyaden, Aldebaranbedeckung (S. 288)

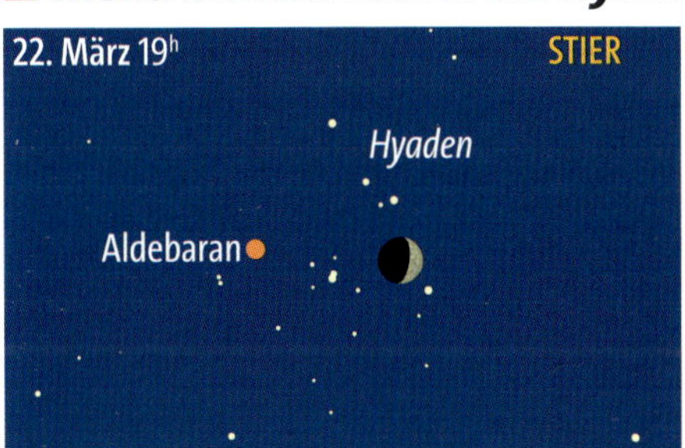

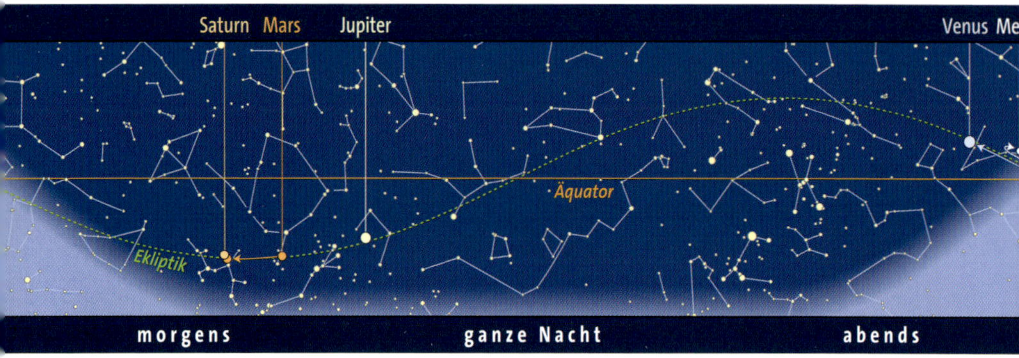

Merkur bietet um die Monatsmitte die einzige günstige Abendsichtbarkeit des gesamten Jahres. Mitte des Vormonats stand Merkur in oberer Konjunktion mit der Sonne. Er gewinnt langsam östlichen Vorsprung vor ihr. Beide Gestirne laufen rechtläufig durch den Tierkreis. Am 15. erreicht Merkur mit 18°24′ Winkelabstand seine größte östliche Elongation von der Sonne.

Die größte östliche Elongation fällt diesmal so klein aus, da Merkur fünf Tage vorher durch sein Perihel (sonnennächster Bahnpunkt) eilt. An diesem Tag trennen ihn nur 46,0 Millionen Kilometer (= 0,307 AE) von der Sonne. Dies entspricht einer Lichtlaufzeit von zwei Minuten und 33 Sekunden. Ab dem 5. kann man mit Aussicht auf Erfolg nach Merkur Ausschau halten.

Gegen $18^{\mathrm{h}}30^{\mathrm{m}}$ wird Merkur in der zunehmenden Dunkelheit knapp über dem Westhorizont erkennbar. Um $19^{\mathrm{h}}24^{\mathrm{m}}$ geht der $-1{,}^{\mathrm{m}}1$ helle Planet unter. Etwa 20 Minuten vorher wird er in den horizontnahen Dunstschichten

3.2 Merkur am Abendhimmel:
Stellung von Merkur über dem Westhorizont zu den angegebenen Daten jeweils ein Stunde nach Sonnenuntergang. Die Pfeile geben die Bewegungen von Merkur und Sonne während der letzten halben Stunde an.

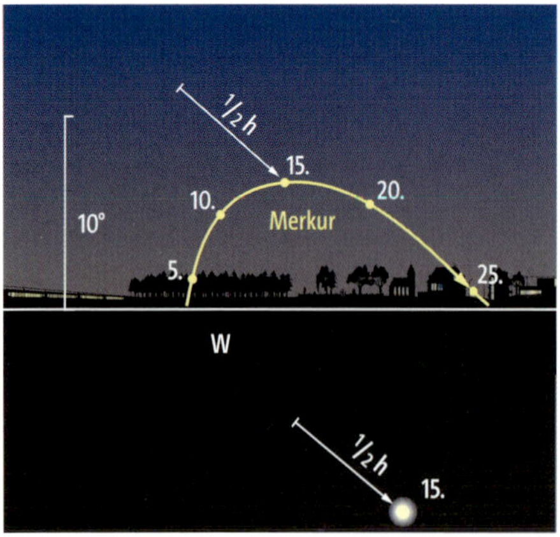

3.3 Sichtbarkeitsdiagramm für Merkur:
Es gilt genau für 50° nördlicher Breite und 10° östlicher Länge. Dunkelgelbe Fläche: Unter günstigen Sichtbedingungen kann man Merkur mit bloßen Augen erkennen, hellgelbe Fläche: Merkur ist leicht zu sehen.

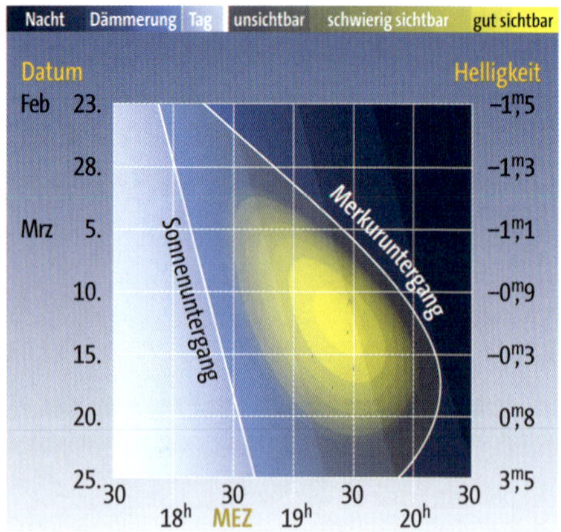

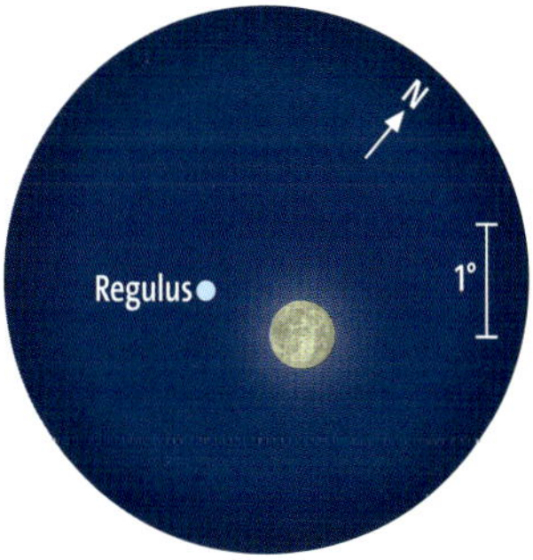

3.4 Mond bei Regulus:
Der fast volle Mond begegnet Regulus im Löwen. Fernglasanblick am 1. März gegen 6^h MEZ bei 5° Gesichtsfelddurchmesser.

unsichtbar (siehe auch Abb. 3.2 und 3.3 auf Seite 74).

Vom 8. bis 17. ist der flinke Planet relativ leicht zu erspähen. Bis 17. geht die Merkurhelligkeit auf $0\overset{m}{,}0$ zurück, die Merkuruntergänge verspäten sich allerdings erheblich auf 20^h14^m am 17. Letztmals wird man Merkur am 20. erwischen können. An diesem Tag sinkt der nur mehr $0\overset{m}{,}8$ helle Merkur um 20^h12^m unter den Horizont. Allerdings geht auch die Sonne immer später unter, weshalb sich die Sichtbarkeitsdauer auf etwa eine halbe Stunde verkürzt.

Zweimal kommt es zu einer Begegnung mit Venus. Am 5. zieht der flinke Planet 1°24′ nördlich an Venus vorbei und am 18. dann 3°53′ nördlich (siehe Abb. 3.5 oben).

Im Teleskop zeigt sich das $7\overset{\prime\prime}{,}1$ große Merkurscheibchen am 14. halb beleuchtet, die Dichotomie tritt ein. Danach zeigt Merkur eine Sichel, die immer größer wird. Am 22. wird Merkur stationär und eilt anschließend auf die Sonne zu, mit der er Anfang April zusammentrifft. Merkur überholt dann die Erde auf der Innenbahn.

Venus setzt sich langsam als Abendstern durch. Am 6. passiert sie $1\overset{\circ}{,}3$ südlich den Frühlingspunkt im Sternbild Fische. Die $-3\overset{m}{,}9$ helle Venus verlagert ihre Untergänge von 19^h05^m am 1. auf 19^h48^m am 15. und auf 20^h37^m (= 21^h37^m Sommerzeit) am Monatsletzten. Da auch die Sonne immer später untergeht, gewinnt Venus nur wenig an Sichtbarkeitsdauer.

Am 5. begegnet Merkur unserem inneren Nachbarplaneten. Er zieht dabei 1°24′ nördlich an Venus vorbei. Am 18. kommt es zu einem zweiten Treffen, wobei der Abstand Venus – Merkur dann 3°53′ beträgt, Merkur wandert wiederum nördlich von Venus vorbei (siehe Abb. 3.5 oben). Eine enge Begegnung mit Uranus folgt am 29., wobei Venus nur vier Bogenminuten (4′) südlich am grünlichen Planeten vorbeizieht.

Am Monatsende ist das nur knapp 11″ große Venusscheibchen noch zu 94% beleuchtet.

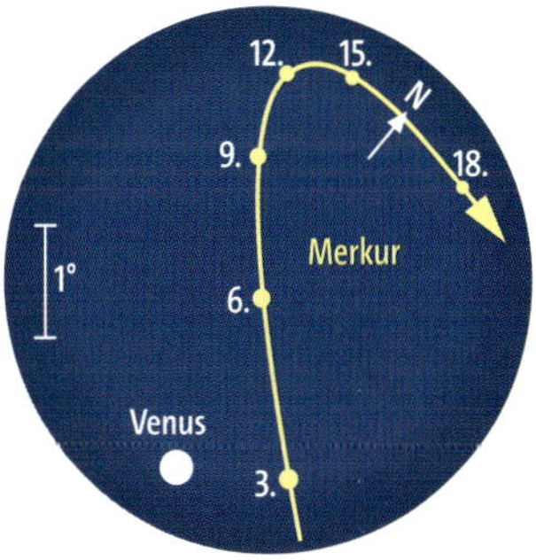

3.5 Merkur bei Venus:
Merkur zieht vom 3. bis 18. nahe Venus eine Schleife. Fernglasanblick gegen 19^h MEZ bei 5° Gesichtsfelddurchmesser.

Im Teleskop erscheint Venus deshalb immer noch kreisrund.

Mars wird neben Jupiter und Saturn zu einem auffälligen Gestirn am Morgenhimmel. Der rote Planet steigert seine Helligkeit um eine halbe Größenklasse. Mit $0\overset{m}{,}3$ leuchtet er Ende März heller als Saturn und wird

3.6 Venus am Abendhimmel:
Stellung von Venus über dem Westhorizont jeweils eine Stunde nach Sonnenuntergang. Die Zahlen geben die Venusposition zum jeweiligen Monatsersten an (6 = 1. Juni).

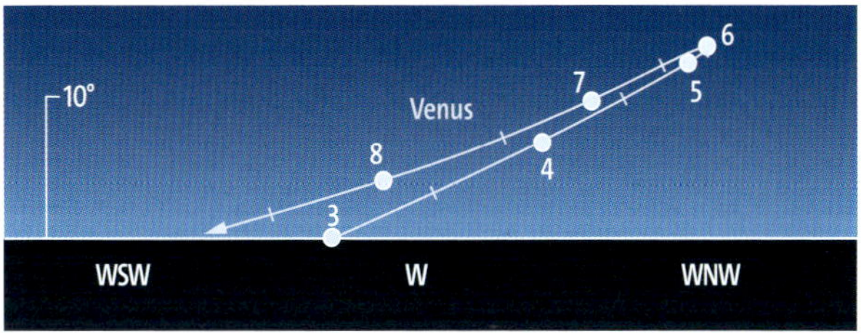

nur noch von Jupiter an Glanz übertroffen. Venus ist am Morgenhimmel nicht vertreten.

Am 11. verlässt Mars den Schlangenträger und tritt in das Sternbild Schütze. Am 17. passiert er nur 0°,02 südlich den Winterpunkt. Zwei Tage später läuft er zwischen dem Trifidnebel (M 20) und dem Lagunennebel (M 8) hindurch (siehe Abb. 2.3 auf Seite 57).

Am 1. erfolgt der Aufgang des roten Planeten um 2^h58^m, am 15. um 2^h43^m und am 31. bereits um 2^h20^m (= 3^h20^m Sommerzeit).

Mars kreuzt am 16. die scheinbare Sonnenbahn in südlicher Richtung. Er passiert seinen absteigenden Knoten der um 1°,857 zur Ekliptik geneigten Marsbahn.

Jupiter in der Waage wird am 9. stationär und setzt zu seiner Oppositionsschleife an (siehe Abb. 5.4 auf Seite 117). Der Riesenplanet steigert seine Helligkeit auf $-2^m{,}4$ und verlagert seine Aufgänge in die späten Abendstunden. Am 1. geht Jupiter noch um 0^h33^m auf und am 15. um 23^h34^m. Schon um 22^h27^m (= 23^h27^m Sommerzeit) steigt der Riesenplanet am 31. über die südöstliche Horizontlinie.

Konstellationen und Ereignisse

Datum	MEZ	Ereignis
4.	15^h	Neptun in Konjunktion mit der Sonne
5.	19	**Merkur bei Venus**, Merkur 1°,4 nördlich, **Abstand 1°,1 um 19ʰ am 4.**
7.	8	**Mond bei Jupiter**, Mond 4°,1 nördlich, **Abstand 3°,7 um 6ʰ**
9.	11	Jupiter im Stillstand, anschließend rückläufig
10.	2	**Mond bei Mars**, Mond 3°,8 nördlich, **Abstand 3°,3 um 4ʰ**
10.	12	Merkur im Perihel
11.	3	**Mond bei Saturn**, Mond 2°,2 nördlich, **Abstand 1°,7 um 4ʰ**
15.	16	**Merkur in größter östlicher Elongation** (18°)
16.	13	Mond bei Neptun, Mond 1°,8 südlich
18.	2	**Merkur bei Venus**, Merkur 3°,9 nördlich, **Abstand 3°,8 um 19ʰ am 19.**
18.	19	Mond bei Merkur, Mond 7°,7 südlich
18.	20	**Mond bei Venus**, Mond 3°,7 südlich, **Abstand 4°,8 um 19ʰ**
19.	17	Mond bei Uranus, Mond 4°,6 südlich
20.	17^h15^m	**Sonne im Frühlingspunkt, Tagundnachtgleiche**
22.	18	Merkur im Stillstand, anschließend rückläufig
29.	1	Venus bei Uranus, Venus 0°04′ südlich

Wenn Jupiter im Südosten auftaucht, dominiert er mit seinem Glanz den Nachthimmel. Venus ist dann schon untergegangen.

Der Äquatordurchmesser des Jupiterscheibchens nimmt von 39″ auf knapp 43″ zu.

Der Mond passiert bei seiner monatlichen Runde den Riesenplaneten am 7. rund 4° nördlich. Der abnehmende Mond im dritten Viertel steht um 6^h morgens 3°,7 nördlich von Jupiter (siehe Abb. 3.1 auf Seite 70).

Saturn baut seine Morgensichtbarkeit deutlich aus. Geht der Ringplanet am 1. um 4^h09^m und am 15. um 3^h18^m auf, so steigt der $0^m{,}5$ helle Saturn am 31. schon um 2^h17^m (= 3^h17^m Sommerzeit) über die südöstliche Horizontlinie.

Der Ringplanet verlangsamt seine rechtläufige Wanderung durch das Sternbild Schütze – sein Stillstand ist nicht mehr fern (siehe Abb. 6.8 auf Seite 142).

Uranus, rechtläufig in den Fischen, nähert sich seiner Konjunktion mit der Sonne und verabschiedet sich vom Abendhimmel. Der $5^m{,}9$ helle, grünliche Planet geht am 1. um 22^h08^m unter, am 15. um 21^h17^m und am 31. bereits um 20^h19^m (= 21^h19^m Sommerzeit), dies ist nur eine Viertelstunde nach Ende der nautischen Dämmerung.

Am 29. kommt es zu einer extrem engen Planetenkonjunktion. Venus zieht in nur vier Bogenminuten (0°04′) südlichem Abstand an Uranus vorbei. Er-

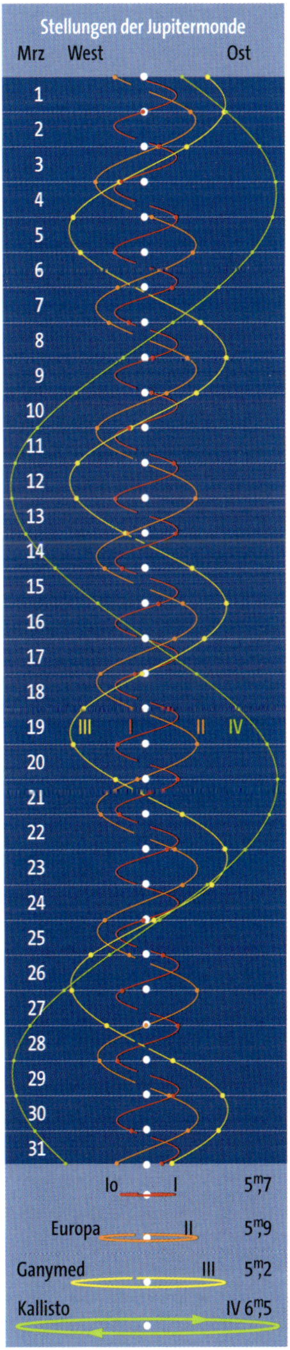

Jupitermonde

Tag	MEZ		Vorgang	
	h	m		
1.	3	58	I	BE
	5	38	II	VA
3.	2	12	II	SE
	2	18	II	DA
	4	27	II	DE
7.	2	23	III	VE
	5	22	I	SA
	5	30	III	BA
8.	2	31	I	VA
	5	48	I	BE
9.	0	59	I	DA
	2	00	I	SE
	3	07	I	DE
10.	2	30	II	SA
	4	45	II	SE
	4	45	II	DA
12.	1	58	II	BE
14.	4	33	III	VA
15.	4	24	I	VA
16.	1	44	I	SA
	2	48	I	DA
	3	54	I	SE
	4	56	I	DE
17.	2	04	I	BE
	5	03	II	SA
18.	0	01	III	DE
19.	0	07	II	VA
	4	23	II	BE
23.	3	38	I	SA
	4	36	I	DA
24.	0	46	I	VA
	3	51	I	BE
25.	0	07	III	SE
	0	15	I	SE
	1	10	I	DE
	2	29	III	DA
	3	33	III	DE
26.	2	42	II	VA
27.	23	09	II	SE
28.	0	51	II	DE
31.	2	39	I	VA
	23	59	I	SA

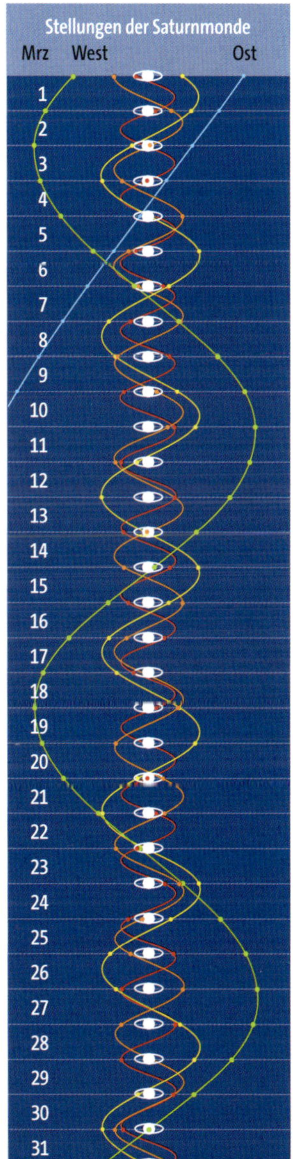

Japetus	
5.	11m,3
10.	11m,1
15.	10m,9
20.	10m,8
25.	10m,8
30.	10m,8

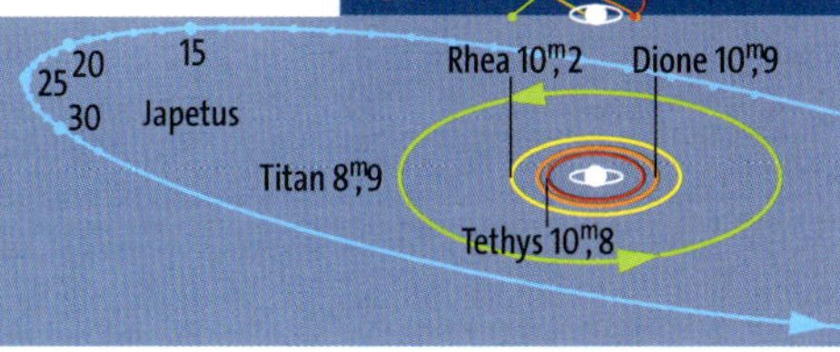

fahrene Planetenjäger, ausgestattet mit lichtstarker Optik, mögen diese spannende Konjunktion am Vorabend noch verfolgen können.

Neptun, rechtläufig im Sternbild Wasserman, kommt am 4. frühnachmittags in Konjunktion mit der Sonne. Der sonnenfernste Planet hält sich somit am Taghimmel auf und bleibt nachts unter dem Horizont. Am Tag der Konjunktion erreicht er mit 4628 Millionen Kilometer (= 30,94 AE) seine größte Entfernung von der Erde in diesem Jahr. Von der Sonne trennen ihn am 4. immerhin 4479 Millionen Kilometer (= 29,94 AE).

Planetoiden

Ceres (1) bremst ihre rückläufige Bewegung im Sternbild Krebs stark ab und wird am 20. stationär (siehe Abb. 1.11 auf Seite 39). Damit endet ihre Oppositionsperiode, was auch an der weiter sinkenden Helligkeit deutlich wird.

Die Cereshelligkeit geht von $7^{m}_{,}3$ im Laufe des Monats auf $7^{m}_{,}9$ zurück. Am 1. passiert Ceres um 22^h30^m den Meridian, am 15. um 21^h30^m und am Monatsletzten schon um 20^h28^m (= 21^h28^m Sommerzeit).

Vesta (4) läuft durch den Schlangenträger von West nach Ost und wechselt am 19. in den Nordteil des Schützen (siehe Abb. 6.8 auf Seite 142). Ihre Helligkeit nimmt um eine halbe Größenklasse zu und erreicht zum Monatsende $7^{m}_{,}0$. Damit kann man sie bereits in einem Fernglas erkennen.

Am 1. kulminiert Vesta um 7^h01^m, am 15. um 6^h27^m und am Monatsletzten um 5^h44^m (= 6^h44^m Sommerzeit). Ihr Aufgang erfolgt am 31. um 1^h09^m (= 2^h09^m Sommerzeit).

Periodische Sternschnuppenströme

Im März sind nicht allzu viele Sternschnuppen zu sehen.

Die **Virginiden** sind während des ganzen Monats in der Zeit um Mitternacht zu beobachten. Ihr Radiant oder Ausstrahlungspunkt liegt in der Jungfrau. Die Häufigkeit der Virginiden ist gering. Pro Stunde sind kaum mehr als fünf Meteore zu erwarten.

Ein schwacher Strom sind die **Hydraïden**, die zwischen Mitte März und Anfang April auftauchen. Ihr Maximum ist wenig ausgeprägt – es sind nur einige wenige Sternschnuppen pro Stunde zu erwarten, die außerdem noch recht langsam sind. Der Radiant liegt im Sternbild Wasserschlange. Vermutlich sind die Hydraïden ein Zweigstrom der Virginiden.

Gegen Ende des Monats tauchen die ersten Exemplare der **Sigma-Leoniden** auf, ein schwacher, breit gestreuter Strom, dessen Radiant im Löwen liegt.

Der Erd-Apex, also der Zielpunkt des Erdumlaufes um die Sonne, erreicht um 6^h morgens seine höchste Position im Süden. Man bewegt sich gewissermaßen mit dem Gesicht nach vorne durchs Weltall. Daher ist mit Kollisionen von meteoritischem Material morgens häufiger als abends zu rechnen. Allerdings ist die Kulminationshöhe des Erdapex im März recht niedrig, da die südlichsten Partien der Ekliptik durch den Meridian wandern.

Veränderliche Sterne im März

Algol-Minima	2. 22^h32^m	5. 19^h22^m	17. 6^h39^m	23. 0^h17^m	25. 21^h07^m	28. 17^h56^m
β-Lyrae-Minima	2. 3^hN	8. 15^hH	15. 3^hN	21. 14^hH	28. 2^hN	
δ-Cepheï-Maxima	1. 21^h	7. 6^h	12. 15^h	17. 24^h	23. 9^h	28. 17^h
Mira-Helligkeit	1. 4^m	10. 4^m	20. 4^m	31. 5^m		

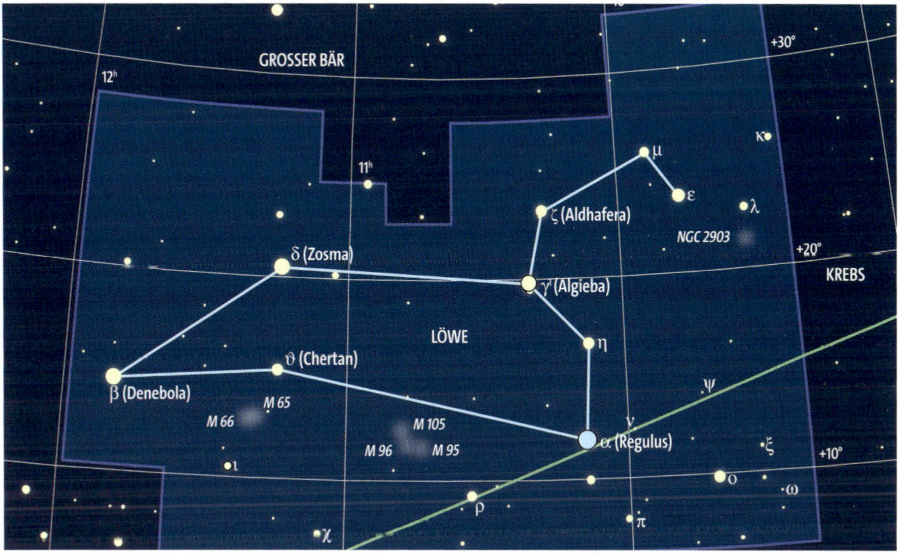

3.7 Sternbild Löwe:
Der Löwe gilt als Leitsternbild des Frühlingshimmels.

Noch ziehen die hellen und auffälligen Winterbilder die Blicke auf sich. Sie sind aber allesamt schon weit in die westliche Himmelshälfte gerückt. Der Himmelsjäger Orion neigt sich zum Westhorizont und ist kaum zu übersehen. Sirius funkelt noch im Südwesten. Ein wenig höher leuchtet Prokyon, hellster Stern im Bild des Kleinen Hundes. Im Westen strebt der Stier dem Untergang entgegen. Sein roter Augenstern Aldebaran steht schon recht tief. Höher als der Stier sieht man die Zwillinge mit Kastor und Pollux sowie den Fuhrmann mit der hellen, gelblichen Kapella.

Zur Standardbeobachtungszeit geht der Himmelsmeridian genau zwischen dem lichtschwachen Krebs und dem markanten Bild des Löwen hindurch. Der Krebs ist die unscheinbarste Figur des gesamten Tierkreises. In unserer Zeit wandert die Sonne vom 21. Juli bis zum 11. August bereits am absteigenden Ast ihrer Bahn durch den Krebs. In vergangenen Jahrhunderten lag einst das Sommersolstitium (Sommerpunkt) im Krebs. Noch heute spricht man deshalb vom „Wendekreis des Krebses".

Die Kassiopeia, das Himmels-W, ist zum Nordwesthorizont herabgesunken, während hoch im Nordosten, fast schon im Zenit, der Große Wagen hilft, den Polarstern zu finden.

Der Löwe steht kurz vor seinem Meridiandurchgang. Er ist das Leitsternbild des Frühlingshimmels. Ein großes Sternentrapez markiert den Rumpf dieses königlichen Tieres. Ein kleines, aufgesetztes Trapez bildet den Kopf des Löwen. Die Figur, die sich aus dem kleinen Löwentrapez sowie dem Halsstern Algieba (γ Leonis), dem Bruststern η Leonis und dem Herzstern Regulus (α Leonis) zusammensetzt, wird gelegentlich auch als „Sichel" bezeichnet.

Im Südosten ist bereits die Jungfrau aufgegangen. Ihr Hauptstern, die bläuliche Spica, ist aber noch so horizontnah, dass man ihn kaum erkennen kann.

Tief im Osten leuchtet auffällig ein heller, orange-rötlicher Stern, nämlich Arktur im Bild des Rinderhirten (Bootes). Damit ist im Südosten das komplette Frühlingsdreieck vertreten. Das Frühlingsdreieck setzt sich aus Regulus im Löwen, Spica in der Jungfrau und Arktur im Bootes zusammen (siehe Abb. 4.6 auf Seite 101).

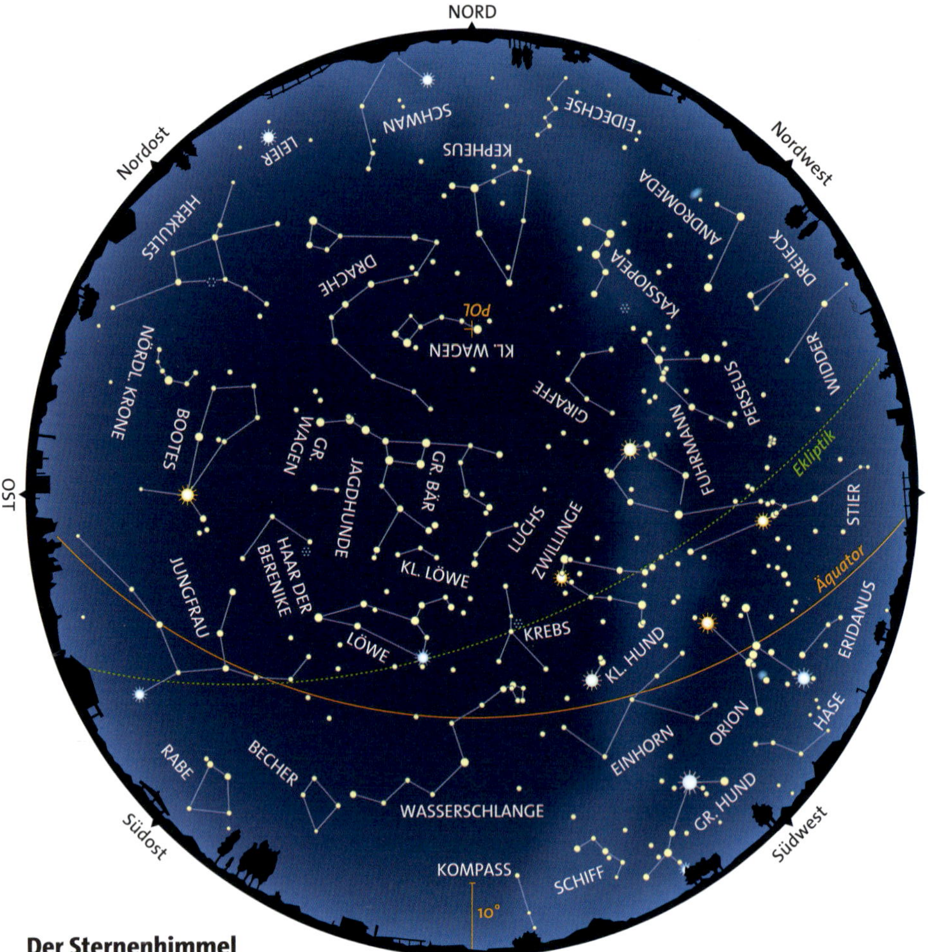

Der Sternenhimmel am 15. März um 22h MEZ

Die Sternkarte ist auch gültig für:		
	MEZ	MESZ
15.11.	6h	
1.12.	5	
15.12.	4	
1. 1.	3	
15. 1.	2	
1. 2.	1	
15. 2.	0	
1. 3.	**23**	
15. 3.	**22**	
31. 3.	**21**	**22h**

Im Westen ist noch das Winterdreieck zu sehen. Es setzt sich aus den Sternen Beteigeuze im Orion, Sirius im Großen Hund und Prokyon im Kleinen Hund zusammen.

Bei uns ist der Begriff „Winterdreieck“ weniger bekannt, im angelsächsischen Sprachraum hingegen ist es jedem Sternfreund als „Winter Triangle“ geläufig.

Das Sternbild Einhorn (Monoceros)

Zwischen Großem und Kleinem Hund ist das Einhorn beheimatet, ein unauffälliges Sternbild, das nur bei sehr guten Sichtbedingungen zu erkennen ist. Es zählt zu den weniger bekannten und unauffälligen Sternbildern, denn das Einhorn setzt sich nur

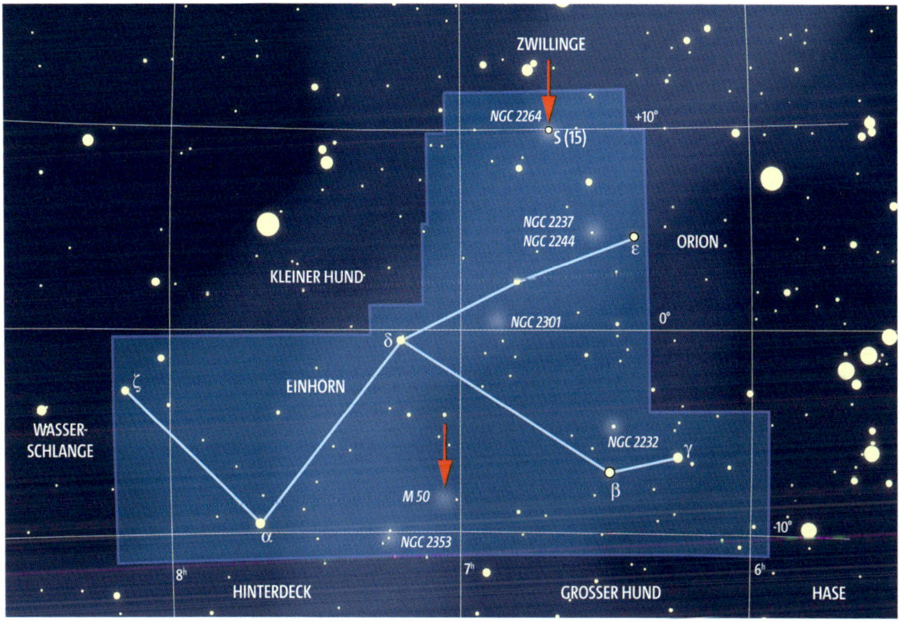

3.8 Sternbild Monoceros:
Das Sternbild Einhorn mit den Positionen der offenen Sternhaufen M 50 und NGC 2264 mit dem Kegelnebel, einer Dunkelwolke.

aus Sternen vierter Größenklasse und schwächer zusammen. Der Stern α Monocerotis, auch Lucida genannt, leuchtet mit nur $3^m,9$, während β Monocerotis mit $3^m,6$ geringfügig heller ist.

Das Einhorn liegt in einer sternreichen Gegend der winterlichen Milchstraße. Im Westen wird es durch den Orion begrenzt und im Osten vom Kopf der Wasserschlange. Nördlich des Einhorns liegen die Zwillinge und der Kleine Hund, im Süden stößt man auf die gemeinsame Grenze mit dem Großen Hund. Friedrich W. A. Argelander (1799–1875), bekannt durch seinen umfangreichen Sternkatalog *Bonner Durchmusterung*, gibt 66 mit bloßen Augen sichtbare Sterne an. Zu Argelanders Zeiten gab es nur eine spärliche Beleuchtung und keine Himmelsaufhellung durch Autoscheinwerfer und Leuchtreklame.

Im Altertum und Mittelalter war das Sternbild Monoceros unbekannt. Es wurde erst in der Neuzeit eingeführt und hat keinen mythologischen Hintergrund aus der griechisch-römischen Sagenwelt. Nachweislich erwähnt wird es erstmals im *Planisphaerium Stellatum*, einem Sternatlas, den Jakob Bartsch im Jahre 1624 publizierte. Wie damals üblich, nannte er sich lateinisiert Bartschius. In seinem Sternatlas bezeichnete er das Einhorn als „Unicornu".

Auf einem alten persischen Sternglobus fand Josef Justus Scaliger für diese Sternenanordnung die Darstellung eines Pferdes. Nach Richard A. Proctor (1837–1888), einem englischen Astronomen, wird dieses Bild Cervus (lat., Hirsch) genannt.

Der Himmelsäquator teilt das Einhorn. Der Kopf sieht zum Himmelsjäger Orion, der Schwanz deutet auf die Hydra (Weibliche Wasserschlange). Der Stern δ Monocerotis ($4^m,2$) sitzt fast genau auf dem Himmelsäquator, er steht nur knapp südlich von ihm.

Der Kopfstern S Monocerotis ($4^m,6$), auch bekannt unter der Flamsteed-Nummer 15 Mon, ist ein bekannter Veränderlicher. Als heißer, blauer Unterriese (Leuchtkraftklasse IV) übertrifft

3.9 Dunkelnebel im Einhorn:
Der Kegelnebel im Sternbild Monoceros. Aufnahme mit dem „Wide Field Imager" am 2,2-Meter-Teleskop der ESO auf La Silla, Chile.

er unsere Sonne an Leuchtkraft um das 8500-Fache. S Mon liegt mitten im offenen Sternhaufen NGC 2264, eingebettet in interstellare Gas- und Staubwolken. Er ist der hellste Stern in diesem Haufen. Seine Entfernung beträgt rund 2600 Lichtjahre. In den südlichen Partien dieser Wolken stößt man auf den Kegelnebel (engl.: Cone Nebula). Der Kegelnebel ist eine beeindruckende Dunkelwolke. Interstellare Staubmassen verdunkeln hier das Licht der dahinter stehenden Sterne und der dahinter liegenden leuchtenden Gasnebel.

Im Einhorn findet man auch den offenen Sternhaufen M 50 (= NGC 2323), der von Giovanni Domenico Cassini im Jahre 1711 entdeckt wurde. M 50 ist rund 3500 Lichtjahre von uns entfernt und setzt sich aus knapp hundert Sternen zusammen.

Der Rosettennebel (NGC 2237) liegt ebenfalls im Sternbild Einhorn. Er ist ein wunderschöner, leuchtender Gasnebel, der einem Ringnebel etwas ähnlich sieht. Zahlreiche junge, heiße Sterne sind im Rosettennebel eingebettet, die ihn zum Glühen bringen (Emissionsnebel).

Ähnlich wie der bekannte Orionnebel (M 42) ist der Rosettennebel eine Geburtsstätte neuer Sterne, wobei er noch deutlich jünger ist als M 42. Seine Entfernung wird auf etwa 5000 Lichtjahre geschätzt. Im Einhorn wurde sowohl einer der massereichsten als auch einer der masseärmsten Sterne gefunden, die die Astronomen kennen.

Bei Plasketts Stern (Katalognr. BD+6°1309 bzw. V640 Mon) handelt es sich um einen Doppelstern mit der gemeinsamen scheinbaren Helligkeit von $6\overset{m}{,}1$.

Beide Komponenten sind O-Sterne mit Oberflächentemperaturen von 28 000 °C. Im Vergleich dazu ist unsere Sonne mit knapp 6000 °C an ihrer Oberfläche kühl. Aus der Umlaufbewegung beider Sterne ergeben sich 40 beziehungsweise 50 Sonnenmassen für die einzelnen Komponenten.

Plasketts Stern ist rund 2100 Lichtjahre von uns entfernt. Beide Sterne kreisen in nur zwei Wochen umeinander. Sie sind einander so nahe, dass es zu einem Massenaustausch kommt. Ihr gegenseitiger Abstand beträgt nur 80 Millionen Kilometer (= 0,53 AE). Das ist weniger als die Distanz Sonne–Venus oder etwa die Hälfte der Strecke Sonne–Erde.

In das andere Massenextrem fällt das Sternenpaar Ross 614. Entdeckt wurde dieser bemerkenswerte Doppelstern von Frank Elmore Ross im Jahre 1927 am Yerkes-Observatorium in Williams Bay (nördlich von Chicago). Beide Komponenten sind tiefrote Zwergsonnen (Spektraltyp: M6e) in nur 13 Lichtjahren Entfernung. Aus ihrer scheinbaren Helligkeit von nur $11\overset{m}{,}1$ lässt sich auf ihre geringe Leuchtkraft schließen: Der eine Stern, Ross 614A, weist nur ein Zwei-

3.10 Geschmückte Sternkarte: **Figürliche Darstellung des Sternbildes Einhorn im Sternatlas von Johann Elert Bode aus dem Jahre 1782.**

tausendstel der Sonnenleuchtkraft auf, der andere Stern, Ross 614B, nicht einmal 1/60 000 der Helligkeit unserer Sonne. Ross 614B ist eher mit der Vollmondhelligkeit zu vergleichen. Mit nur 0,08 Sonnenmassen ist Ross 614B nur 80-mal schwerer als Jupiter. Sein Durchmesser ist auch nicht viel größer als der von Jupiter.

Wann beginnt der Frühling?

Alle Jahre wieder wird es Frühling. Doch wann ist das? Wenn es nach kaltem Winter wieder warm wird ... dies ist eine recht ungenaue Angabe. Die Meteorologen machen es sich ganz einfach. Für sie beginnt der Frühling am 1. März, auch wenn es noch so bitter kalt ist oder gar Schnee vom Himmel fällt. In der Wetterkunde ist der März der erste Frühlingsmonat. Die Astronomen sind drei Wochen später dran. Sie sagen, am 21. März beginnt der Frühling. Doch stimmt dies immer? Offensichtlich nicht, wie ein Blick in dieses Jahrbuch zeigt. Hier ist vermerkt: Frühlingsbeginn 20. März 2018 um 17^h15^m MEZ. Es trifft also nicht zu, wie manchmal geglaubt wird, dass der astronomische Frühling per definitionem stets am 21. März beginnt, ähnlich wie festgelegt ist, dass der 25. Dezember der erste Weihnachtsfeiertag ist und Silvester immer am 31. Dezember das Jahresende bestimmt.

Um den exakten Beginn des astronomischen Frühlings zu ermitteln, muss man wissen, wieso es überhaupt zu Jahreszeiten kommt. Warum gibt es kalte Winter und heiße Sommer? Weit verbreitet ist die Vorstellung: Die Erde beschreibt eine elliptische Bahn um die Sonne. Kommt sie in Sonnennähe, so haben wir warmen Sommer, läuft sie dagegen in Sonnenferne, so erleben wir kalten Winter. Doch dies ist nicht zutreffend. Wäre dem so, müsste in Sonnennähe auf der gesamten Erde gleichzeitig Sommer herrschen. Wenn wir aber in Europa Winter haben, so genießen die Bewohner von Australien, Südafrika und Südamerika Sommer. Und wenn wir in unseren Breiten Sommer habe, so ist es auf der Südhalbkugel der Erde Winter.

Die Entstehung der Jahreszeiten

Außerdem: Anfang Januar befindet sich die Erde mit 147 Millionen Kilometer Distanz in Sonnennähe, während sie Anfang Juli ihren sonnenfernsten Bahnpunkt passiert, wobei uns 152 Millionen Kilometer von der Sonne trennen. Daraus wird schnell klar: Die unterschiedlichen Entfernungen von der Sonne wirken sich auf die Temperaturverhältnisse auf der Erdoberfläche nur geringfügig aus und führen nicht zu den uns

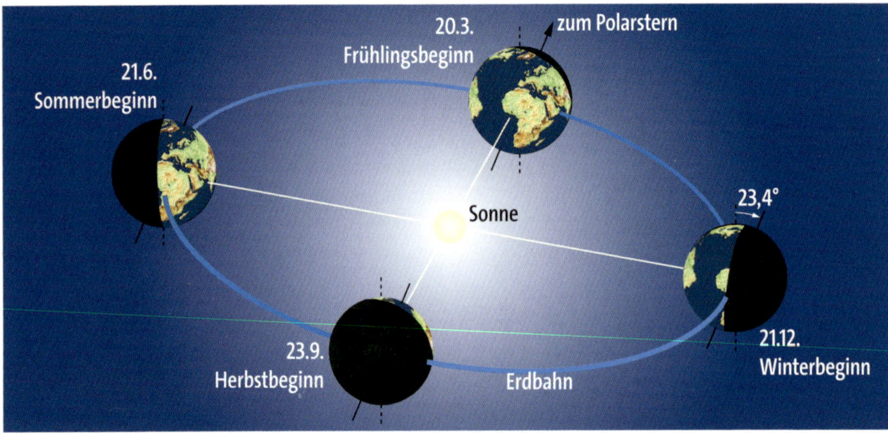

3.11 Der Erdglobus läuft um die Sonne. Die Rotationsachse der Erde ist zur Senkrechten auf der Umlaufsebene geneigt. Somit ist einmal die Nordhalbkugel, ein halbes Jahr später die Südhalbkugel der Sonne zugekehrt, was zu den wechselnden Jahreszeiten führt.

bekannten vier Jahreszeiten Frühling, Sommer, Herbst und Winter.

Die Jahreszeiten werden hervorgerufen, weil die Rotationsachse der Erde nicht senkrecht auf der Erdbahnebene steht, sondern schräg (s. Abb. 3.11). Dadurch ist einmal die Nordhalbkugel der Sonne zugekehrt, ein halbes Jahr später dann die Südhalbkugel. Ist die Nordhalbkugel der Sonne zugekehrt, fallen die Sonnenstrahlen auf die Nordhalbkugel der Erde steil ein, der Tagbogen der Sonne ist groß, die Tage sind in mittleren nördlichen Breiten zu Sommerbeginn 16 Stunden lang. Entsprechend kurz sind die Nächte, nämlich nur acht Stunden. Der Nordpol liegt im Sonnenlicht, die Sonne scheint 24 Stunden lang pro Tag, der Polartag dauert sechs Monate. Kurz, die Nordhalbkugel erwärmt sich. Ein halbes Jahr später ist die Nordhalbkugel von der Sonne abgekehrt. Die Sonnenstrahlen fallen flach ein, die Sonne erreicht zu Mittag nur eine geringe Höhe über dem Südpunkt am Horizont, die Tage sind zu Winterbeginn bei uns nur acht Stunden lang, die Nacht dauert 16 Stunden, der Nordpol liegt in der sechsmonatigen Polarnacht. Somit kühlt die Nordhalbkugel aus, wir haben Winter.

Die Tagundnachtgleichen

Um den gleichen Winkel, um den die Erdachse zur Erd*bahn*achse geneigt ist, ist auch der Himmelsäquator zur scheinbaren Sonnenbahn, der Ekliptik, geneigt. Man spricht daher von der „Schiefe der Ekliptik". Gegenwärtig misst dieser Winkel 23°26′.

Der Himmelsäquator teilt das Himmelsgewölbe in eine Nord- und eine Südhälfte. Die Ekliptik schneidet den Himmelsäquator in zwei Punkten, im Frühlings- und im Herbstpunkt. Passiert die Sonne den Frühlingspunkt, so wechselt sie von der Süd- auf die Nordhalbkugel, sie wandert am aufsteigenden Ast ihrer Jahresbahn. Der Zeitpunkt, zu dem die Sonne im Frühlingspunkt steht, gilt als Beginn des astronomischen Frühlings. Ein halbes Jahr später kreuzt sie abermals den Himmelsäquator, wobei sie dann von der Nord- auf die Südhalbkugel des Firmaments wechselt. Der Zeitpunkt des Wechsels von der Nord- auf die Südhemisphäre markiert den Herbstbeginn. Steht die Sonne zu Frühlings- und Herbstbeginn am Himmelsäquator (Deklination: 0°), so tritt die Tagundnachtgleiche ein. Tag und Nacht sind je zwölf Stunden lang. Deshalb nennt man Frühlings- und Herbstpunkt auch Äquinoktialpunkte. Genau genommen gilt dies für den geometrischen Mittelpunkt der Sonnenscheibe. Da aber Sonnenaufgänge- und -untergänge für den oberen Rand der Sonnenscheibe berechnet werden und außerdem die Refraktion (atmosphärische Strahlenbrechung) die Gestirne am Horizont höher erscheinen lassen, weicht die reale Tagundnachtgleiche um ein paar Tage von den Äquinoktialdaten ab.

Wendekreise der Sonnenbahn

Erreicht die Sonne mit 23°,4 maximaler Deklination am 21. Juni ihren Höchststand, so passiert sie den Sommerpunkt. Danach beginnt ihr Abstieg zum Himmelsäquator. Sie wendet also ihre Bewegung in Deklination, weshalb man von Sommersonnenwende spricht. Ihre Jahrestiefststellung nimmt sie mit −23°,4 Deklination am 21. Dezember ein. Der tiefste (südlichste) Punkt der Ekliptik heißt Winterpunkt. Nach Durchgang durch den Winterpunkt steigt die Sonne wieder zum Himmelsäquator empor. Zur Wintersonnenwende beginnt der astronomische Winter. Sommer- und Winterpunkt werden auch als Solstitien (Sonnenstillstände) bezeichnet. Denn in ihnen kommt die Bewegung der Sonne in Deklination für einen kurzen Moment zum Stillstand. Zur Zeit der chaldäischen Astronomen (etwa 600 v. Chr.), von denen wir den heute noch benutzten Tierkreis übernommen haben, lag der Sommerpunkt im Sternbild Krebs und der Winterpunkt im Sternbild Steinbock. Daher spricht man auch heute noch vom „Wendekreis des Krebses" beziehungsweise vom „Wendekreis des Steinbocks". Durch die Präzession der Erde ist der Sommerpunkt inzwischen in das Sternbild Stier und der Winterpunkt in das Sternbild Schütze gelangt.

Komplizierte Kalenderrechnung

Somit scheint klar: Wenn die Sonne am 21. März den Himmelsäquator von Süd nach Nord überschreitet, beginnt der Frühling. Nach einem Jahr, also nach 365 Tagen, passiert die Sonne wiederum den Frühlingspunkt, also wieder am 21. März. Doch so einfach liegen die Dinge nicht.

Schon im alten Ägypten erkannten die Priesterastronomen, dass ein Sonnenjahr länger ist als

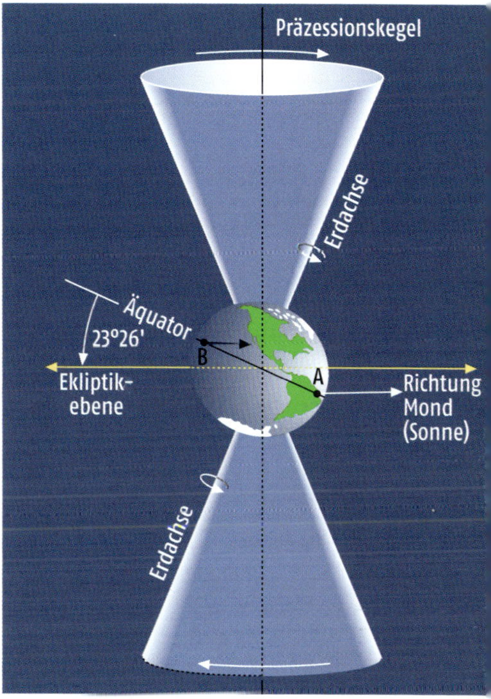

3.12 Die Erdachse beschreibt infolge der Präzessionsbewegung in knapp 26 000 Jahren einen doppelten Kegelmantel. Dadurch wandert im gleichen Zeitraum der Frühlingspunkt durch alle Sternbilder des Tierkreises.

365 Tage. Sie beobachteten aufmerksam den heliakischen Aufgang (Frühaufgang) des Sirius, hellster Fixstern am irdischen Firmament. Unter Frühaufgang versteht man das erstmalige Erscheinen eines Sternes am Morgenhimmel, wenn er allmählich vom Tag- an den Nachthimmel wechselt. Dabei fiel den Astronomen am Nil auf, dass der Frühaufgang des Sothis oder Sodpet (griech. bzw. ägyptisch für Sirius) sich allmählich verspätete. Sah man beispielsweise Sothis am 1. Thot (erster ägyptischer Monat) erstmals in der Morgendämmerung tief im Osten, so erschien er nach vier Jahren erst am 2. Thot, nach acht Jahren am 3. Thot, usw. Daraus schlossen sie, dass ein Sonnenjahr um einen Vierteltag län-

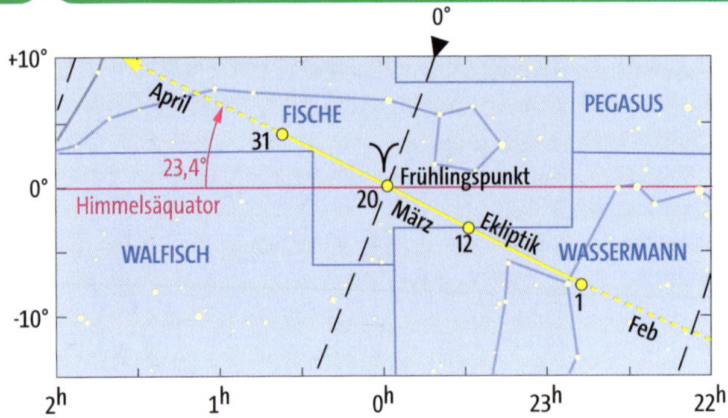

3.13 Die scheinbare Sonnenbahn (Ekliptik) ist zum Himmelsäquator um 23,°4 geneigt. Der Schnittpunkt der aufsteigenden Ekliptik mit dem Himmelsäquator heißt Frühlingspunkt. Passiert ihn die Sonne, so beginnt der astronomische Frühling.

ger ist als genau 365 Tage. Da etwa drei Wochen nach dem Auftauchen des Sothis am Morgenhimmel die Nilüberschwemmung eintrat, die das Land fruchtbar machte, wanderte der Zeitpunkt der Nilüberschwemmung und alle Jahreszeiten durch das zwölfmonatige ägyptische Kalenderjahr. Man spricht daher vom ägyptischen Wanderjahr.

König Ptolemaios III., Euergetes, wollte den Kalender reformieren und ordnete an, alle vier Jahre am Jahresende einen Tag anzuhängen. Damit hätte jedes vierte Jahr 366 Tage. Im Mittel käme man damit auf eine Jahreslänge von (3 × 365 + 366)/4 = 365,25 Tage. Dies bedeutet, dass die Nilüberschwemmung jedes Jahr um den 20. Thot stattfindet und nicht durch alle Monate wandert. Die Reform stieß auf erbitterten Widerstand der ägyptischen Priesterkaste, denn sie fürchtete um ihr Herrschaftswissen. Man wäre nicht mehr auf ihre Sothis-Beobachtungen angewiesen und damit auf ihre Ankündigung der bevorstehenden Nilüberschwemmung. Jeder Fellache hätte gewusst, um den 20. Thot kommt jährlich die Nilflut.

Beginn der Schalttage

Gaius Julius Caesar hat Kenntnis von dieser Reform erhalten, als er Kleopatra in Ägypten besuchte. Er nahm sich den alexandrinischen Astronomen und Mathematiker Sosigenes als Berater. Denn als Pontifex Maximus musste Caesar den arg in Unordnung geratenen römischen Kalender reformieren. Er ließ jedoch nicht zum Jahresende einen Tag anhängen, sondern fügte nach dem 24. Februar einen Tag ein (Dies bisextilis ante Kalendas Martias). Damit hat der nach ihm benannte Julianische Kalender eine mittlere Jahreslänge von 365,25 Tagen. Denn jedes vierte Jahr hat der Februar 29 statt 28 Tage und damit das Schaltjahr dann 366 Tage.

Doch ein Umlauf der Erde um die Sonne dauert etwas länger als 365,25 Tage, nämlich (im Mittel) 365,256363 Tage, das sind 365 Tage, 6 Stunden, 9 Minuten und 10 Sekunden. Nach dieser Zeitspanne passiert die Sonne wieder den gleichen Stern, beispielsweise Regulus im Löwen. Das siderische Sonnenjahr ist also gut neun Minuten *länger* als das Julianische Jahr von exakt 365 Tagen plus einem Vierteltag. Damit verspätet sich die Sonne bei ihrem scheinbaren Lauf durch den Tierkreis nach je einem Julianischen Jahr um 9^m10^s. Nach 157 Jahren zieht sie dann einen Kalendertag später am gleichen Stern vorbei und nach 4713 Jahren sogar einen Monat später.

Schwankende Erdachse

Daraus zu schließen, auch der Frühlingsbeginn würde sich jedes Jahr ein wenig verspäten, ist allerdings ein Fehlschluss. Denn die Erde vollführt außer Rotation und Revolution noch eine dritte Bewegung, sie präzidiert wie ein Brummkreisel. Die Erde ist ein abgeplattetes Rotationsellipsoid. Ihre Polachse ist 1/298 kürzer als der Äquatordurchmesser. Die Gravitationskräfte von Mond und Sonne üben auf die rotierende Erde ein Drehmoment aus, das die Erdachse aufzurichten, sie also in die Erdbahnachse hineinzuziehen versucht. Gemäß den Kreiselgesetzen weicht die

Erdachse jedoch rechtwinkelig aus, sie beschreibt somit einen (doppelten) Kegelmantel (siehe Abb. 3.12 auf Seite 85). Dadurch zeigt die Erdachse nicht immer auf die gleichen Punkte am Himmel. Die Polarsterne wechseln im Laufe der Zeit. Aber auch die Schnittpunkte der Ekliptik mit dem Himmelsäquator, also Frühlings- und Herbstpunkt verschieben sich dadurch gegenüber der Fixsternkulisse. Pro Jahr beträgt die Verschiebung $50\overset{''}{,}27$ (allgemeine Präzession, eine Kombination aus Lunisolar-Präzession, planetarer und geodätischer Präzession). Die Verschiebung erfolgt entgegengesetzt dem Sonnenlauf. Diese rückläufige Bewegung hat zur Folge, dass der Frühlingspunkt im Laufe von 360 × 3600/ 50,27 = 25 781 Jahren durch alle Tierkreissternbilder wandert. Im Jahre −70 (71 v. Chr.) wechselte er aus dem Sternbild Widder in das der Fische, in dem er sich auch heute noch befindet. Im Jahre 2610 wird er dann in das Sternbild Wassermann treten (siehe Abb. 3.14 auf Seite 88).

Die Präzessionsperiode von knapp 26 000 Jahren wird auch Platonisches Jahr genannt. Die rückläufige Wanderung des Frühlingspunktes durch den Tierkreis ist auch der Grund, weshalb die meisten Zeitgenossen nicht wissen, in welchem Sternbild die Sonne zu ihrer Geburt stand. Denn sie verwechseln Tierkreis*sternbilder* mit Tierkreis*sternzeichen*. Letztere sind 30° lange Abschnitte auf der Ekliptik. Sie beginnen mit dem Zeichen Widder, das fest an den Frühlingspunkt gekoppelt ist. Die Wanderung der Sonne durch die einzelnen Tierkreissternbilder und -zeichen ersieht man aus der monatlichen Rubrik „Sonnenlauf" in diesem Jahrbuch.

Die Wanderung des Frühlingpunktes

Der Frühlingspunkt kommt somit dem Sonnenlauf entgegen, weshalb die Zeitspanne zwischen zwei aufeinanderfolgenden Passagen der Sonne durch den Frühlingspunkt, also von Frühlingsbeginn bis zum nächsten Frühlingsbeginn, kürzer ist als ein Julianisches Jahr von 365,2500 Tagen. Ein solches Jahr heißt tropisches Jahr (von griech.: tropein – wenden; die Sonnenwenden bestimmen die Jahreszeiten).

Ein tropisches Jahr dauert 365,242190 Tage, das sind $365^d05^h48^m45^s$. Das tropische Jahr ist somit 11^m15^s *kürzer* als das Julianische Jahr. Um diesen Betrag passiert die Sonne von Jahr zu Jahr den Frühlingspunkt früher gegenüber dem julianischen Kalenderjahr. Nach 128 Jahren hat die Sonne einen Tag Vorsprung.

Zu Caesars Kalenderreform 46 v. Chr. passierte die Sonne den Frühlingspunkt am 24. März. Zum Konzil von Nicäa (Festlegung des Ostertermins) im Jahre 325 n. Chr. war am 21. März Frühlingsbeginn, im Jahre 1582 aber schon am 10. März. Wenn man nichts unternimmt, wird die Sonne eines Tages bereits zu Weihnachten im Frühlingspunkt stehen und das Sommerhalbjahr beginnt. So erklärte man es Papst Gregor XIII., der daraufhin die nach ihm benannte Kalenderreform veranlasste. Zunächst wurde der aufgelaufene Fehler korrigiert, auf den 4. Oktober folgte unmittelbar der 15. Oktober 1582. Dann wurde die Schaltregel ergänzt: Alle restlos durch 4 teilbaren Jahre sind Schaltjahre zu 366 Tagen. Die Säkularjahre (restlos durch 100 teilbar) jedoch sind im Unterschied zum Julianischen Kalender *keine* Schaltjahre, es sei denn, sie sind restlos durch 400 teilbar; dann sind sie Schaltjahre. Somit ist 1600 und 2400 ein Schaltjahr. Die Jahre 1700, 1800 und 1900 waren nach dem Gregorianischen Kalender keine Schaltjahre. Ebenso werden 2100, 2200 und 2300 keine Schaltjahre sein. Das Jahr 2400 wird wieder 366 Tage haben. Damit ergibt sich eine mittlere Länge des Gregorianischen Jahres zu (400 × 365 + 97)/400 = 365,2425 Tage. Damit ist das Gregorianische Jahr um 0,00031 Tage oder 27 Sekunden länger als das tropische Jahr. Pro Jahr gewinnt die Sonne einen Vorsprung von 27 Sekunden. Erst nach 3200 Jahren wird der Frühling im Gregorianischen Kalender einen Tag früher erfolgen.

Vorrücken des Frühlingsbeginns

Um den Frühlingsbeginn weiter auf dem 21. März zu halten, kann man dann das Jahr 5300 entgegen der Gregorianischen Schaltregel zu einem Schaltjahr erklären (5300 wird somit ein Schaltjahr sein). Das kann man sich noch überle-

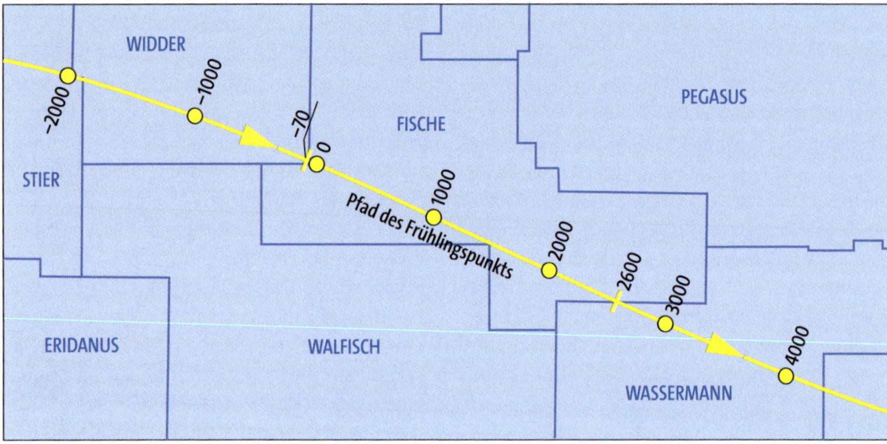

3.14 Infolge der Präzession wandert der Frühlingspunkt durch die Sternbilder des Tierkreises.

gen, denn bis 5300 bleibt noch genügend Zeit zum Nachdenken.

Nach jedem Gemeinjahr zu 365 Tagen erfolgt der Frühlingsbeginn im Mittel sechs Stunden früher als im Vorjahr. Im vierten Jahr wird der Vorsprung wieder ausgeglichen: Das Schaltjahr von 366 Tagen lässt den Frühlingsbeginn wieder zurückspringen, wie aus nachstehender Tabelle ersichtlich ist:

Frühlingsbeginn:

Datum	MEZ
2013 März 20.	12^h02^m
2014 März 20.	17^h57^m
2015 März 20.	23^h45^m
2016 März 20.	**5^h30^m** (Schaltjahr!)
2017 März 20.	11^h29^m
2018 März 20.	17^h15^m
2019 März 20.	22^h58^m
2020 März 20.	**4^h50^m** (Schaltjahr!)

Diese Korrektur erfolgt gemäß der Julianischen Schaltregel. Nicht berücksichtigt ist dabei, dass nicht sechs Stunden, sondern nur $5^h48^m45^s$ zu korrigieren sind. Dies wird durch die Säkularjahre-Regelung des Gregorianischen Kalenders ausgeglichen. Da aber das Jahr 2000 ein Schaltjahr war, haben sich die 11^m15^s inzwischen summiert, das heißt, die Sonne hat langsam einen Vorsprung angesammelt und wird ihn bis zum Jahr 2100 noch weiter vergrößern. In der ersten Hälfte des 20. Jahrhunderts (1901 bis 1950) begann der Frühling 39-mal am 21. März und elf Mal am 20. März.

In der zweiten Hälfte des 20. Jahrhunderts (1951–2000) begann der Frühling 20-mal am 21. März und 30-mal am 20. März. Im 21. Jahrhundert (2001 bis 2100) fiel der Frühlingsbeginn lediglich im Jahr 2003 und 2007 und nochmals nach MEZ 2011 auf den 21. März. Im Jahr 2048 wird die Sonne erstmals schon am 19. März den Frühlingspunkt passieren. Danach erfolgt der Frühlingsbeginn noch 18-mal am 19. März und 33-mal am 20. März (siehe Tabelle „Frühlingsbeginn im 20. und 21. Jahrhundert“ auf Seite 89). Im Jahr 2103 wird wieder einmal der Frühlingsbeginn auf den 21. März fallen.

Wer selbst nachrechnen möchte, muss berücksichtigen, dass die hier gegebene Darstellung der Verhältnisse stark vereinfacht ist. Längerfristig ist die säkulare Abnahme der Rotationsfrequenz der Erde (wachsende Differenz zwischen Dynamischer Zeitskala TT und UTC) sowie die Variation der Erdbahnelemente zu berücksichtigen, wobei letztere zu einer Änderung der Länge des tropischen Jahres führt.

Frühlingsbeginn im 20. und 21. Jahrhundert

Jahr	Tag	Jahr	Tag	Jahr	Tag	Jahr	Tag	Jahr	Tag
1901	März 21.	1921	März 21.	1941	März 21.	1961	März 20.	1981	März 20.
1902	März 21.	1922	März 21.	1942	März 21.	1962	März 21.	1982	März 20.
1903	März 21.	1923	März 21.	1943	März 21.	1963	März 21.	1983	März 21.
1904	März 21.	1924	März 20.	1944	März 20.	1964	März 20.	1984	März 20.
1905	März 21.	1925	März 21.	1945	März 20.	1965	März 20.	1985	März 20.
1906	März 21.	1926	März 21.	1946	März 21.	1966	März 21.	1986	März 20.
1907	März 21.	1927	März 21.	1947	März 21.	1967	März 21.	1987	März 21.
1908	März 21.	1928	März 20.	1948	März 20.	1968	März 20.	1988	März 20.
1909	März 21.	1929	März 21.	1949	März 20.	1969	März 20.	1989	März 20.
1910	März 21.	1930	März 21.	1950	März 21.	1970	März 21.	1990	März 20.
1911	März 21.	1931	März 21.	1951	März 21.	1971	März 21.	1991	März 21.
1912	März 21.*	1932	März 20.	1952	März 20.	1972	März 20.	1992	März 20.
1913	März 21.	1933	März 21.	1953	März 20.	1973	März 20.	1993	März 20.
1914	März 21.	1934	März 21.	1954	März 21.	1974	März 21.	1994	März 20.
1915	März 21.	1935	März 21.	1955	März 21.	1975	März 21.	1995	März 21.
1916	März 20.	1936	März 20.	1956	März 20.	1976	März 20.	1996	März 20.
1917	März 21.	1937	März 21.	1957	März 20.	1977	März 20.	1997	März 20.
1918	März 21.	1938	März 21.	1958	März 21.	1978	März 21.	1998	März 20.
1919	März 21.	1939	März 21.	1959	März 21.	1979	März 21.	1999	März 21.
1920	März 20.	1940	März 20.	1960	März 20.	1980	März 20.	2000	März 20.

Jahr	Tag	Jahr	Tag	Jahr	Tag	Jahr	Tag	Jahr	Tag
2001	März 20.	2021	März 20.	2041	März 20.	2061	März 20.	2081	März 19.
2002	März 20.	2022	März 20	2042	März 20	2062	März 20.	2082	März 20.
2003	März 21.	2023	März 20.	2043	März 20.	2063	März 20.	2083	März 20.
2004	März 20.	2024	März 20.	2044	März 20.*	2064	März 19.	2084	März 19.
2005	März 20.	2025	März 20.	2045	März 20.	2065	März 20.	2085	März 19.
2006	März 20.	2026	März 20.	2046	März 20.	2066	März 20.	2086	März 20.
2007	März 21.	2027	März 20.	2047	März 20.	2067	März 20.	2087	März 20.
2008	März 20.	2028	März 20.	2048	März 19.	2068	März 19.	2088	März 19.
2009	März 20.	2029	März 20.	2049	März 20.	2069	März 20.	2089	März 19.
2010	März 20.	2030	März 20.	2050	März 20.	2070	März 20.	2090	März 20.
2011	März 21.*	2031	März 20.	2051	März 20.	2071	März 20.	2091	März 20.
2012	März 20.	2032	März 20.	2052	März 19.	2072	März 19.	2092	März 19.
2013	März 20.	2033	März 20.	2053	März 20.	2073	März 20.	2093	März 19.
2014	März 20.	2034	März 20.	2054	März 20.	2074	März 20.	2094	März 20.
2015	März 20.	2035	März 20.	2055	März 20.	2075	März 20.	2095	März 20.
2016	März 20.	2036	März 20.	2056	März 19.	2076	März 19.	2096	März 19.
2017	März 20.	2037	März 20.	2057	März 20.	2077	März 20.*	2097	März 19.
2018	März 20.	2038	März 20.	2058	März 20.	2078	März 20.	2098	März 20.
2019	März 20.	2039	März 20.	2059	März 20.	2079	März 20.	2099	März 20.
2020	März 20.	2040	März 20.	2060	März 19.	2080	März 19.	2100	März 20.

* Die Angaben beziehen sich auf MEZ. Ein * bedeutet: Frühlingsbeginn in UTC am 20. statt 21. bzw. 19. statt 20.

April 2018

- Venus ist am Abendhimmel sichtbar.
- Mars kann in der zweiten Nachthälfte gesehen werden.
- Jupiter in der Waage wird zum Planeten der gesamten Nacht.
- Saturn ist nahe Mars am Morgenhimmel zu beobachten.

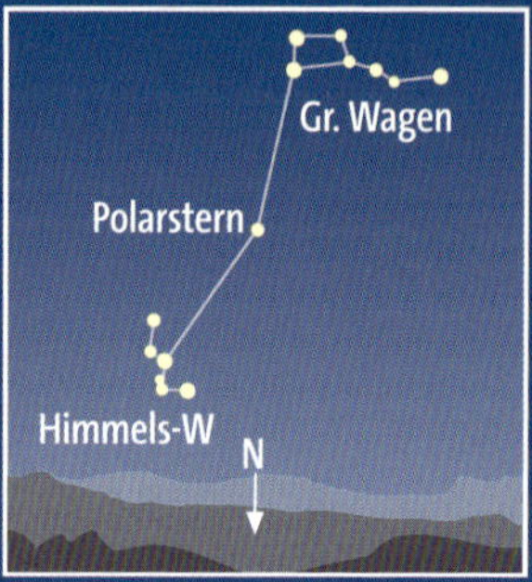

Großer Wagen und Himmels-W Anfang April um 22 Uhr

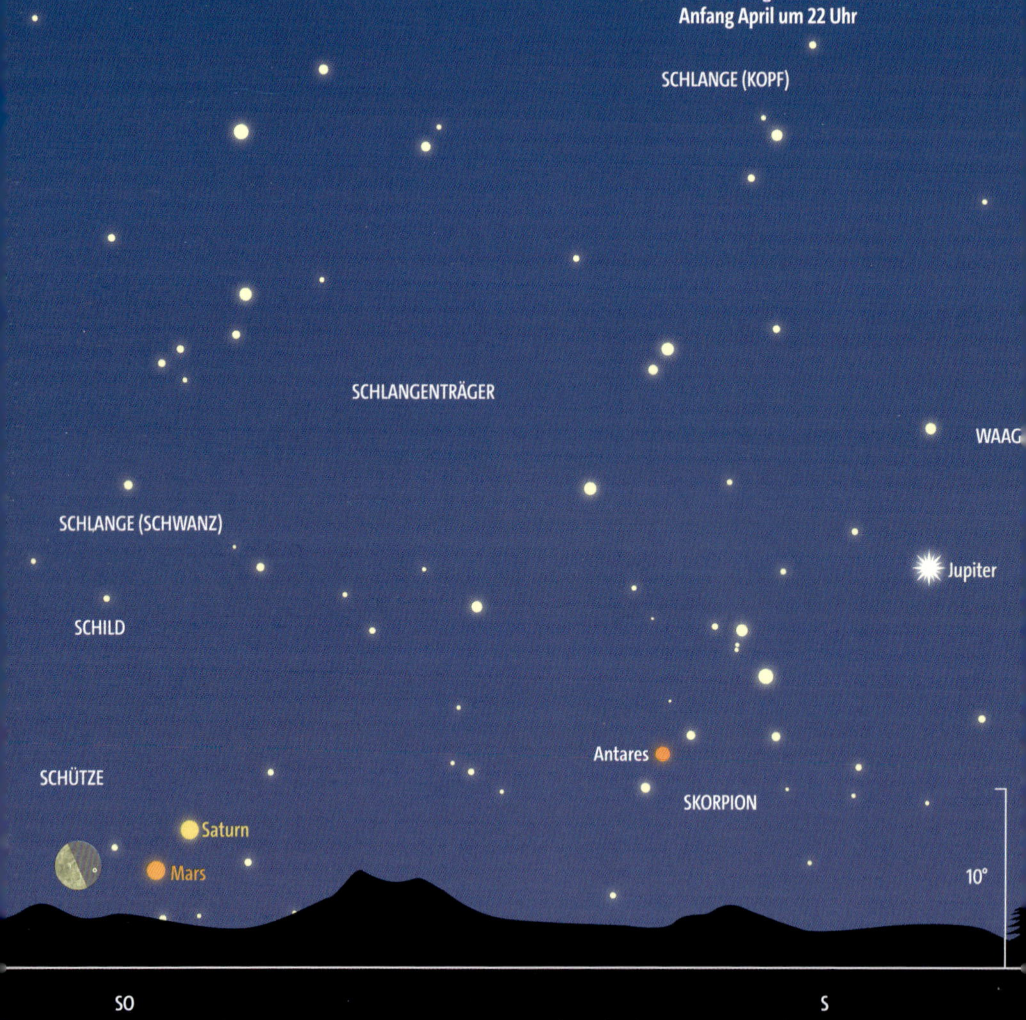

4.1 Himmelsanblick in südlicher Richtung am 8. April gegen 3^h MEZ (= 4^h MESZ). Relativ hoch steht Jupiter, tief im Südosten erkennt man Mars und Saturn, denen gerade der abnehmende Halbmond einen Besuch abstattet.

- **1 So** Ostersonntag
- **2 Mo** Ostermontag; Mars bei Saturn (Morgenhimmel)
- **3 Di** Mond bei Jupiter (Mitternacht)
- **4 Mi**
- **5 Do**
- **6 Fr**
- **7 Sa** Mond bei Saturn (Morgenhimmel)
- **8 So** Mond im letzten Viertel; Mond bei Mars (Morgenhimmel)
- **9 Mo**
- **10 Di**
- **11 Mi**
- **12 Do**
- **13 Fr**
- **14 Sa**
- **15 So**
- **16 Mo** **Neumond**
- **17 Di**
- **18 Mi**
- **19 Do**
- **20 Fr**
- **21 Sa**
- **22 So** Mond im ersten Viertel
- **23 Mo**
- **24 Di**
- **25 Mi**
- **26 Do**
- **27 Fr**
- **28 Sa**
- **29 So**
- **30 Mo** **Vollmond**; Mond bei Jupiter (Abendhimmel)

Sonne – Sternbilder

19.4. 2^h:
Sonne tritt in das Sternbild Widder
20.4. 4^h:
Sonne tritt in das Tierkreiszeichen Stier
Julianisches Datum am
1. April, 1^h MEZ: 2 458 209,5

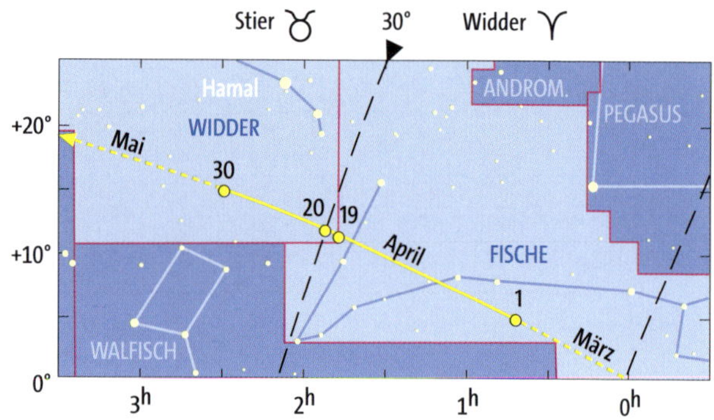

Tabelle Sonnenlauf

Tag	Dämmerg. Anfang	Aufgang MEZ	Kulmination	Untergang MEZ	Dämmerg. Ende	Mittagshöhe	Zeitgleichg.	Rektaszension	Deklination
	h m	h m	h m	h m	h m	°	m	h m	°
1.	4 45	5 57	12 24	18 52	20 04	44,6	−4	0 40	+ 4,3
5.	4 36	5 49	12 23	18 58	20 11	46,1	−3	0 55	+ 5,9
10.	4 24	5 38	12 21	19 06	20 20	48,0	−1	1 13	+ 7,7
15.	4 11	5 28	12 20	19 14	20 30	49,8	0	1 32	+ 9,6
20.	3 59	5 17	12 19	19 21	20 40	51,6	+1	1 50	+11,3
25.	3 48	5 08	12 18	19 29	20 50	53,3	+2	2 09	+13,0
30.	3 36	4 58	12 17	19 37	21 00	54,8	+3	2 28	+14,6

Tages- und Nachtstunden

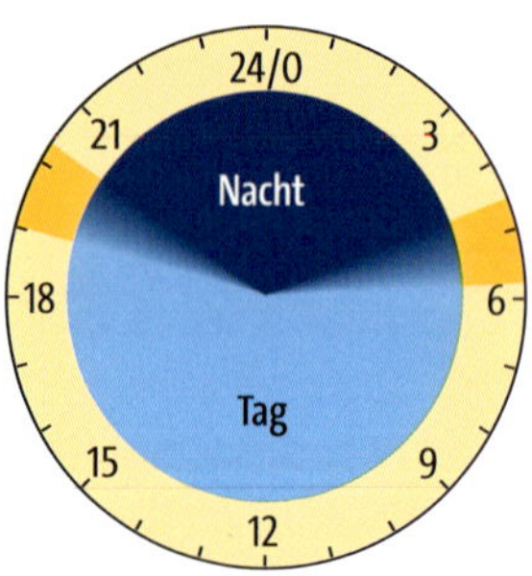

5. April

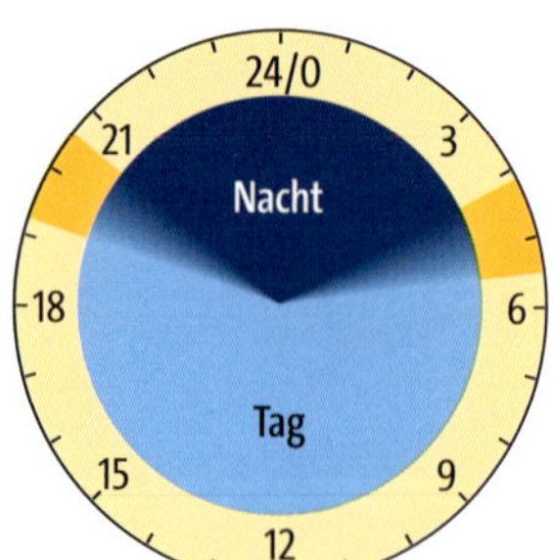

15. April

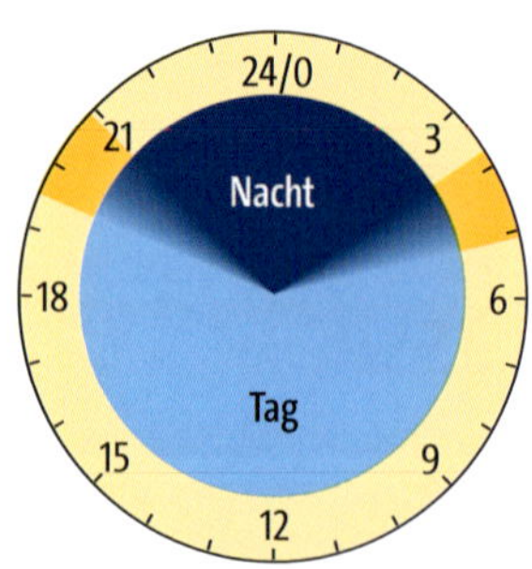

25. April

Tabelle Mondlauf

Datum	Aufg. MEZ	Kulmination	Unterg. MEZ	Rektaszension	Deklination	Sterne und Sternbilder	Phase	MEZ
	h m	h m	h m	h m	°			
So 1.	20 00	0 53	6 46	13 09	− 2,4	Jungfrau		
Mo 2.	21 10	1 41	7 12	14 00	− 6,9	Jungfrau	Größte Nordbreite Libration West	
Di 3.	22 18	2 29	7 39	14 50	−11,0	Waage		
Mi 4.	23 22	3 16	8 08	15 40	−14,5	Waage		
Do 5.	–	4 04	8 42	16 30	−17,2	Schlangenträger		
Fr 6.	0 22	4 53	9 20	17 21	−19,1	Schlangenträger		
Sa 7.	1 17	5 41	10 04	18 12	−20,2	Schütze		
So 8.	2 05	6 29	10 54	19 02	−20,3	* Schütze, Nunki	**Letztes Viertel** Erdferne 404/29,′6	**$8^h 18^m$** 7^h
Mo 9.	2 48	7 17	11 49	19 52	−19,5	Schütze		
Di 10.	3 24	8 04	12 49	20 42	−17,9	Steinbock	Absteigender Knoten	
Mi 11.	3 56	8 51	13 52	21 32	−15,4	Steinbock		
Do 12.	4 25	9 37	14 58	22 20	−12,2	Wassermann		
Fr 13.	4 50	10 23	16 06	23 09	− 8,4	Wassermann		
Sa 14.	5 15	11 10	17 16	23 58	− 4,2	Fische	Libration Ost	
So 15.	5 39	11 57	18 28	0 48	+ 0,4	Walfisch		
Mo 16.	6 05	12 47	19 42	1 38	+ 5,1	Fische	**Neumond Nr. 1179**	**$2^h 57^m$**
Di 17.	6 32	13 38	20 57	2 31	+ 9,6	Walfisch	Größte Südbreite	
Mi 18.	7 04	14 33	22 12	3 26	+13,7	Stier		
Do 19.	7 43	15 29	23 25	4 23	+17,0	Stier, Hyaden		
Fr 20.	8 29	16 28	–	5 23	+19,3	* Stier	Erdnähe 369/32,′4	16^h
Sa 21.	9 24	17 27	0 31	6 23	+20,4	Alhena		
So 22.	10 27	18 26	1 29	7 24	+20,2	Zwillinge	**Erstes Viertel**	**$22^h 46^m$**
Mo 23.	11 37	19 22	2 17	8 24	+18,7	Krebs, Krippe	Aufsteigender Knoten	
Di 24.	12 50	20 16	2 57	9 22	+16,1	Krebs		
Mi 25.	14 05	21 08	3 30	10 17	+12,6	Löwe, Regulus		
Do 26.	15 19	21 58	3 58	11 11	+ 8,4	Löwe		
Fr 27.	16 31	22 46	4 24	12 02	+ 3,8	Jungfrau		
Sa 28.	17 43	23 33	4 49	12 53	− 0,9	Jungfrau		
So 29.	18 53	–	5 13	13 43	− 5,5	Spica	Libration West	
Mo 30.	20 02	0 21	5 39	14 32	− 9,7	Waage	**Vollmond** Größte Nordbreite	**$1^h 58^m$**

Der Mond wandert knapp an Regulus vorbei

24. April 20^h

25. April 3^h

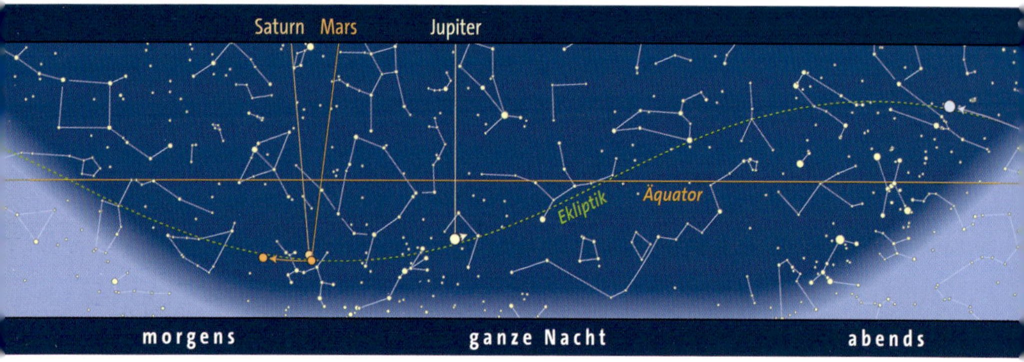

Merkur trifft am 1. mit der Sonne zusammen, der Fachmann spricht von unterer Konjunktion. Dabei überholt er die Erde auf der Innenbahn und erreicht mit 88 Millionen Kilometer (= 0,588 AE) seine geringste Entfernung von der Erde. Wegen der elliptischen Bahn von Merkur wird die geringste Distanz von uns erst vier Tage nach der unteren Konjunktion erreicht. Infolge der Neigung der Merkurbahn zur Ekliptik zieht Merkur ein wenig nördlich, nämlich 2,°8 an der Sonnenscheibe vorbei und ist nicht als dunkler Punkt vor der Sonne zu sehen.

Nur wenn er in unterer Konjunktion die Erdbahn kreuzt, also in oder nahe der Ekliptik steht, wandert er vor der grell

4.2 Heliozentrischer Anblick des Planetensystems im zweiten Jahresviertel 2018. Eingetragen sind links die Positionen der inneren Planeten für den 1. April (4), 1. Mai (5), 1. Juni (6) und 1. Juli (7). Der rechte Teil zeigt das äußere Planetensystem zu Anfang und Ende des zweiten Jahresviertels. Die Pfeile deuten die Richtungen zu den ferneren Planeten sowie zum Frühlingspunkt an.

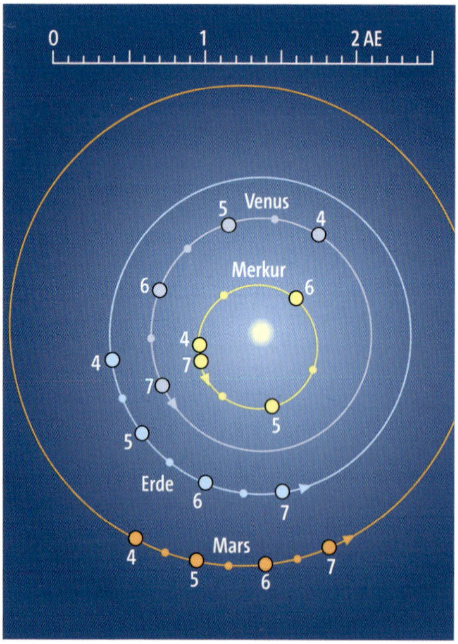

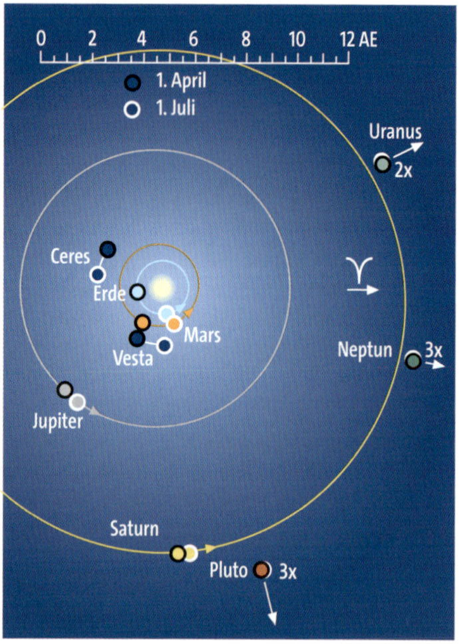

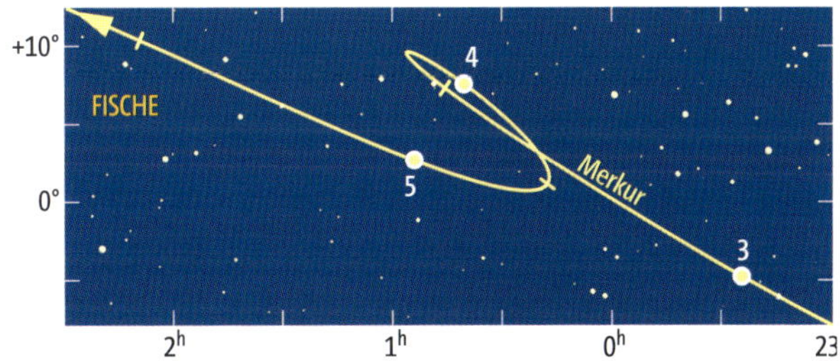

4.3 Bahn von Merkur: **Scheinbare Merkurschleife im Sternbild Widder. Die Zahlen geben die Merkurposition zum jeweiligen Monatsbeginn an (4 = 1. April).**

leuchtenden Sonne vorbei. In einem solchen Fall spricht man von einem Merkurdurchgang oder -transit. Der nächste Merkurtransit findet am 11. November 2019 am frühen Nachmittag statt.

Am 14. wird Merkur stationär und eilt anschließend wieder rechtläufig der Sonne nach. Seine Konjunktionsschleife zieht Merkur im Gebiet des Sternbildes Fische (siehe Abb. 4.3 rechts).

Mit 27°01′ Winkelabstand erreicht Merkur bereits am 29. seine größte westliche Elongation von der Sonne. Trotz des relativ großen Winkelabstands kommt es in unseren Breiten nicht zu einer Morgensichtbarkeit, denn die morgendliche Ekliptik verläuft recht flach zum Osthorizont. Fazit: Im April bleibt Merkur in Mitteleuropa unsichtbar.

Sein Aphel (sonnenfernster Bahnpunkt) passiert Merkur am 23., wobei ihn 69,8 Millionen Kilometer (= 0,467 AE) von der Sonne trennen.

Venus baut ihre Stellung als Abendstern allmählich aus. Zwar verspäten sich ihre Untergänge um eineinhalb Stunden, aber auch die Tageslänge nimmt zu, es wird immer später dunkel. So nimmt die Sichtbarkeitsdauer lediglich um etwa eine dreiviertel Stunde zu. Eine Stunde nach Sonnenuntergang steht Venus zu Monatsbeginn nur 6° über dem Westhorizont, zu Monatsende dann immerhin 12° hoch.

Die Venushelligkeit bleibt mit $-3^{m}{,}9$ konstant. Damit ist unser innerer Nachbarplanet nach Sonne und Mond das hellste Gestirn am irdischen Himmel.

Im Fernrohr erkennt man Ende April das knapp 12″ große Venusscheibchen mit einem leichten Beleuchtungsdefekt; der Beleuchtungsgrad beträgt dabei 89 %. Im Laufe der nächsten Wochen und Monate wird der scheinbare Venusdurchmesser immer größer, der Beleuchtungsgrad wird immer geringer, bis Venus schließlich eine große, schmale Sichel zeigt.

Venus wandert durch das Sternbild Widder und wechselt am 19. in das Sternbild Stier. Im letzten Monatsdrittel passiert sie etwa $3^{\circ}{,}5$ südlich den Sternhaufen der Plejaden im Stier.

Die Venusuntergänge erfolgen am 1. um $20^{h}41^{m}$, am 15. um $21^{h}24^{m}$ und am 30. erst um $22^{h}09^{m}$ (= $23^{h}09^{m}$ Sommerzeit).

Mars kann in der zweiten Nachthälfte gesehen werden. Am 1. geht der rote Planet um $2^{h}18^{m}$ (= $3^{h}18^{m}$ Sommerzeit) auf, am 15. um $1^{h}54^{m}$ und am 30. schon um $1^{h}24^{m}$. Seine Helligkeit nimmt kräftig um $0^{m}{,}7$ zu und erreicht Ende April $-0^{m}{,}4$.

Der rote Planet wandert durch das Sternbild Schütze und pas-

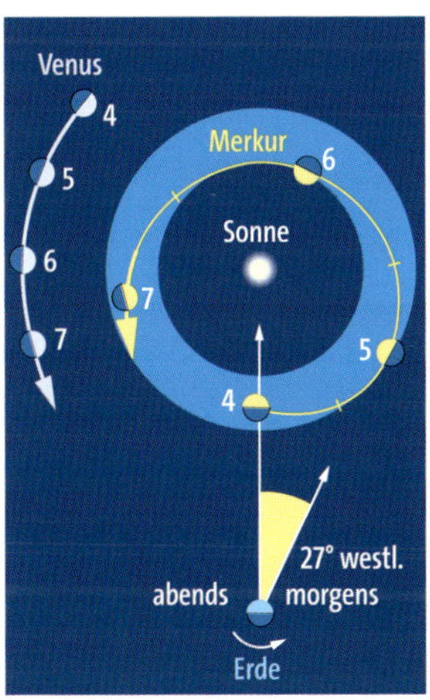

4.4 Merkur und Venus: **Heliozentrische Bewegungen von Merkur und Venus *relativ* zur Erde. In den dicker ausgezogenen Bahnteilen sind die Planeten beobachtbar. Die Zahlen markieren die Positionen jeweils zum Monatsersten. Östlicher Winkelabstand bedeutet Abendsichtbarkeit, westliche Elongation: Planet steht am Morgenhimmel.**

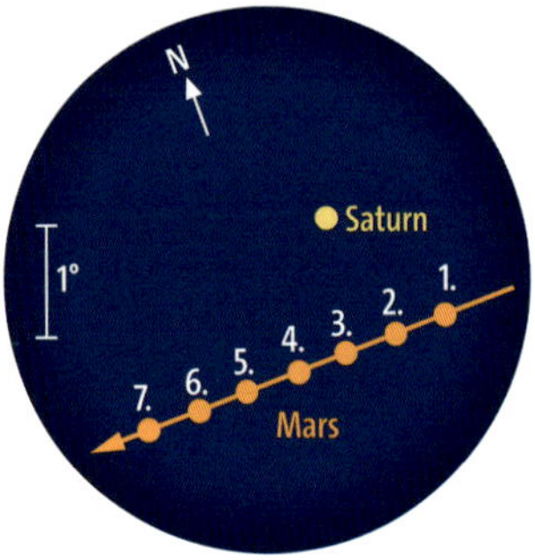

4.5 Mars bei Saturn:
Mars zieht Anfang April an Saturn vorbei. Fernglasanblick gegen 5^h MEZ (= 6^h MESZ) bei 5° Gesichtsfelddurchmesser.

siert am 1. den Kugelhaufen M 22 in 0°,4 nördlichem Abstand. Bereits einen Tag später wandert er am Ringplaneten 1°16′ südlich vorbei (siehe Abb. 4.5 links). An Nunki (σ Sagittarii) zieht Mars am 10. in 2°,9 nördlicher Distanz vorbei (siehe Abb. 6.4 auf Seite 139).

Ein netter Himmelsanblick ergibt sich am 8. morgens, wenn sich zu Mars und Saturn der abnehmende Halbmond gesellt. Das Dreigestirn ist gegen 3^h knapp über dem Südosthorizont zu sehen. Auch Jupiter ist mit von der Partie (siehe Abb. 4.1 auf Seite 90).

Konstellationen und Ereignisse

Datum	MEZ	Ereignis
1.	19^h	Merkur in unterer Konjunktion mit der Sonne
2.	13	**Mars bei Saturn**, Mars 1°,3 südlich, **Abstand 1°,3 um 5^h**
3.	15	**Mond bei Jupiter**, Mond 3°,9 nördlich, **Abstand 4°,9 um 23^h**
7.	14	**Mond bei Saturn**, Mond 1°,9 nördlich, **Abstand 4°,3 um 5^h**
7.	19	**Mond bei Mars**, Mond 3°,1 nördlich, **Abstand 4°,7 um 3^h am 8.**
13.	0	Mond bei Neptun, Mond 1°,9 südlich
14.	5	Merkur im Stillstand, anschließend rechtläufig
14.	10	Mond bei Merkur, Mond 3°,9 südlich
16.	4	Mond bei Uranus, Mond 4°,6 südlich
17.	12	Saturn im Aphel (Sonnendistanz 1505,8 Millionen Kilometer)
17.	20	Mond bei Venus, Mond 5°,4 südlich
18.	3	Saturn im Stillstand, anschließend rückläufig
18.	15	Uranus in Konjunktion mit der Sonne
23.	3	Pluto im Stillstand, anschließend rückläufig
23.	12	Merkur im Aphel
29.	19	Merkur in größter westlicher Elongation (27°)
30.	18	**Mond bei Jupiter**, Mond 3°,8 nördlich, **Abstand 3°,3 um 21^h**

Das Marsscheibchen nimmt von 8″,5 auf 11″,1 scheinbarem Durchmesser zu, wobei 88 % beleuchtet sind. Aufmerksame Fernrohrbeobachter erkennen durchaus diesen Phaseneffekt.

Jupiter, rückläufig in der Waage, nähert sich seiner Oppositionsstellung, die er im ersten Monatsdrittel Mai erreicht (siehe Abb. 5.4 auf Seite 117). Während die Sonne immer später untergeht, erscheint Jupiter immer früher am Südosthorizont. Zu Monatsende wird er zum Planeten fast der gesamten Nacht, wobei seine Helligkeit auf $-2^m,5$ zunimmt. Nach Untergang der Venus ist Jupiter das auffälligste Gestirn am Nachthimmel.

Jupiter geht am 1. um 22^h23^m auf, am 15. um 21^h21^m und am 30. schon um 20^h13^m (= 21^h13^m Sommerzeit), eine gute halbe Stunde nach Sonnenuntergang.

Saturn kann in der zweiten Nachthälfte gesehen werden. Am 1. geht der Ringplanet um 2^h14^m auf, am 15. um 1^h19^m und am Monatsende schon um 0^h20^m (= 1^h20^m Sommerzeit).

Saturn kommt kaum noch vom Fleck. Am 18. wird der Ringplanet stationär und setzt zu seiner Oppositionsschleife an (siehe Abb. 6.8 auf Seite 142). Die kommende Oppositionsstellung macht sich auch in der Zunahme der Saturnhelligkeit bemerkbar. Sie steigert sich von $0^m,5$ zu Monatsbeginn auf $0^m,3$ Ende April.

Mars wandert am 2. in 1°16′ südlichem Abstand an Saturn

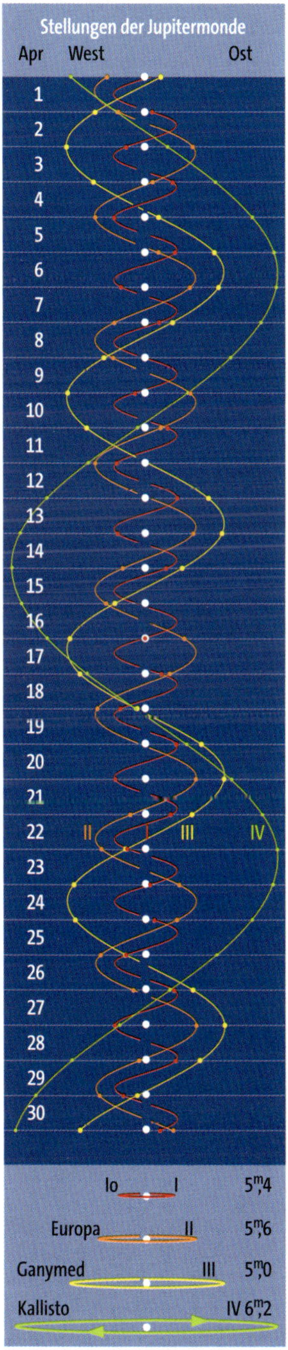

Jupitermonde

Tag	MEZ h m	Vorgang	
1.	0 49	I	DA
	2 09	I	SE
	2 19	III	SA
	2 57	I	DE
	4 04	III	SE
4.	1 03	II	DA
	1 43	II	SE
	3 11	II	DE
8.	1 53	I	SA
	2 35	I	DA
	4 03	I	SE
	23 00	I	VA
9.	1 50	I	BE
	23 09	I	DE
11.	2 01	II	SA
	3 21	II	DA
	4 17	II	SE
	23 15	III	BA
12.	0 20	III	BE
13.	0 35	II	BE
15.	3 46	I	SA
16.	0 54	I	VA
	3 35	I	BE
	22 15	I	SA
	22 46	I	DA
17.	0 25	I	SE
	0 54	I	DE
19.	0 22	III	VA
	2 08	III	VE
	2 35	III	BA
	3 41	III	BE
	23 45	II	VA
20.	2 51	II	BE
23.	2 48	I	VA
24.	0 08	I	SA
	0 30	I	DA
	2 18	I	SE
	2 39	I	DE
	23 45	I	BE
27.	2 20	II	VA
28.	22 43	II	SE
	23 09	II	DE

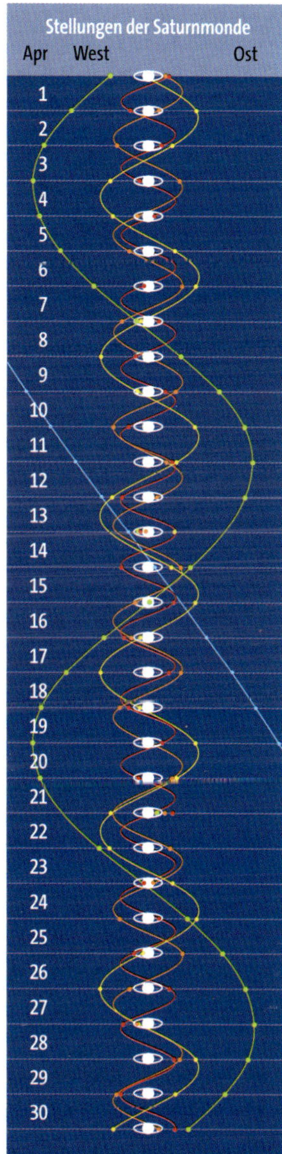

Japetus	
5.	$11^m,0$
10.	$11^m,2$
15.	$11^m,5$
20.	$11^m,8$
25.	$12^m,2$
30.	$12^m,5$

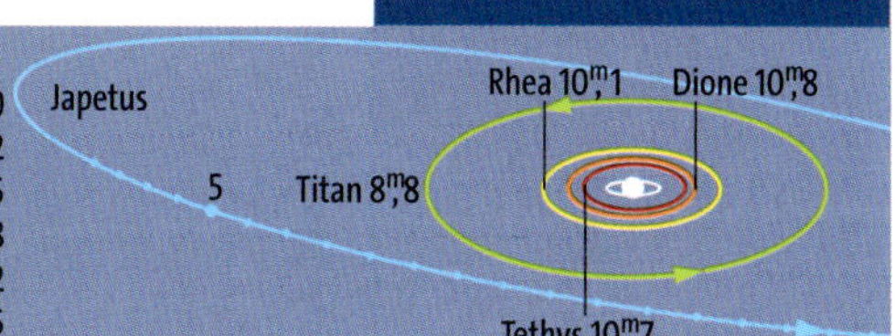

Sven Melchert

4.6 Der rotierende Riesenplanet: An der Positionsveränderung des Großen Roten Flecks innerhalb von 33 Minuten erkennt man die rasche Rotation von Jupiter.

vorbei (siehe Abb. 4.5 auf Seite 96). Dies ist die erste Begegnung des roten Planeten mit dem Ringplaneten seit dem 25. August 2016.

Am 17. geht Saturn durch das Aphel seiner leicht elliptischen Bahn um die Sonne. An diesem Tag trennen ihn 1505,8 Millionen Kilometer (= 10,07 AE) vom Zentralgestirn. Das Sonnenlicht ist somit eine Stunde und 24 Minuten zum Ringplaneten unterwegs.

Sein Perihel durchlief Saturn letztmals am 26. Juli 2003, wobei er 1351,0 Millionen Kilometer (= 9,03 AE) von der Sonne entfernt war.

Die nächste Perihelstellung wird der Ringplanet am 28. November 2032 einnehmen.

Uranus in den Fischen kommt am 18. in Konjunktion mit der Sonne. Der grünliche Planet hält sich mit ihr am Taghimmel auf und bleibt nachts unter dem Horizont. Am Tag der Konjunktion beträgt die Uranusentfernung von der Erde 3126 Millionen Kilometer (= 20,90 AE). Von der Sonne trennen ihn 2975 Millionen Kilometer (= 19,89 AE). Das Sonnenlicht ist somit zwei Stunden und 45 Minuten zu Uranus unterwegs.

Am 28. wechselt Uranus aus den Fischen in das Sternbild Widder.

Neptun, rechtläufig im Wassermann, stand Anfang des Vormonats in Konjunktion mit der Sonne. Der bläuliche Planet hat noch keinen ausreichenden westlichen Winkelvorsprung, um am Morgenhimmel gefunden zu werden. Neptun bleibt im April unbeobachtbar.

Pluto wird am 23. im Sternbild Schütze stationär und ist anschließend rückläufig. Am 23. geht Pluto um $1^{h}35^{m}$ auf und kulminiert um $5^{h}47^{m}$. In Opposition kommt der $14^{m}{,}2$ helle Pluto am 12. Juli.

Planetoiden

Ceres (1), wieder rechtläufig im Krebs, zieht im ersten Monatsdrittel rund 2° nördlich an ι Cancri ($3^{m}{,}9$) vorbei, wobei sie ihren Lauf deutlich beschleunigt (siehe Abb. 1.11 auf Seite 39). Die Ceres-Helligkeit geht weiter um eine halbe Größenklasse auf $8^{m}{,}4$ zurück.

Ihre Kulminationszeiten verfrühen sich von $20^{h}25^{m}$ (= $21^{h}25^{m}$ Sommerzeit) am 1. auf $19^{h}37^{m}$ am 15. und auf $18^{h}51^{m}$ Ende April. Am 30. April geht Ceres um $3^{h}38^{m}$ (= $4^{h}38^{m}$ Sommerzeit) unter.

Vesta (4) bremst ihre rechtläufige Wanderung durch den Schützen vor allem in der zweiten Monatshälfte stark ab und kommt Ende April fast zum Stillstand (siehe Abb. 6.8 auf Seite 142). Am 2. passiert sie $5{,}^{\circ}9$ nördlich den Winterpunkt (tiefster Punkt auf der Ekliptik).

Ihre Helligkeit nimmt abermals um eine halbe Größenklasse von $7^{m}{,}0$ auf $6^{m}{,}5$ zu. Damit wird sie zu einem leichten Fernglasobjekt.

Vesta geht am 1. um $1^{h}06^{m}$ (= $2^{h}06^{m}$ Sommerzeit) auf und passiert um $5^{h}41^{m}$ den Meridian. Ihre Meridianpassagen verfrühen sich bis 15. auf $4^{h}49^{m}$ und auf $4^{h}07^{m}$ am Monatsletzten. Der Vesta-Aufgang erfolgt am 30. um $23^{h}29^{m}$.

Periodische Sternschnuppenströme

In der Zeit vom 16. bis 25. April werden die **Lyriden** aktiv. Ihr Ausstrahlungspunkt liegt in der Leier, etwa 7° südwestlich von Wega. Die Lyriden sind schnelle Objekte. Im Mittel liegen ihre Geschwindigkeiten um 50 Kilometer pro Sekunde. Günstigste Beobachtungszeit: 22^{h} bis 4^{h}.

Das Maximum am 22. April ist nicht sehr ausgeprägt. Rund zehn bis zwanzig Meteore, darunter einige helle Exemplare, leuchten dann pro Stunde auf.

Ursprungskomet der Lyriden ist der Komet C/1861 G1 (Thatcher), der für eine Sonnenumrundung im Mittel 415 Jahre benötigt.

Um den 16. April erreichen die **Sigma-Leoniden** ihr Maximum. Vereinzelte Objekte dieses schwachen Stromes sind noch bis Mitte Mai nachweisbar. Bei ihnen fehlen Beobachtungen in den letzten Jahren. Eventuell ist dieser Strom versiegt.

Wenig bekannt sind die **Pi-Puppiden**, deren Radiant im Sternbild Hinterdeck des Schiffes Argo (lat.: Puppis) liegt. Der Strom ist nur in südlichen Gegenden einigermaßen gut zu verfolgen. Das Maximum tritt am 23. April ein mit unterschiedlich hohen Raten. Die Meteore sind südlich von 30° nördlicher Breite am Abendhimmel zu verfolgen. Ursprungskomet ist 26P/Grigg-Skjellerup.

Die Puppiden sind mit nur 15 Kilometer pro Sekunde ausgesprochen langsame Sternschnuppen.

Der Fixsternhimmel

Zur abendlichen Stunde (Standardbeobachtungszeit am 1. um 23^h MEZ = 24^h Sommerzeit und am 15. um 22^h MEZ = 23^h Sommerzeit) steht der Große Wagen mit seinen sieben Sternen direkt über unseren Köpfen. Er ist nur ein Teil der viel größeren Sternenfigur des Großen Bären (Ursa Maior). Zurzeit ist die Gelegenheit günstig, den Großen Bären als Sternbild in seiner Gesamtheit zu erfassen. Sein Kopf und seine Tatzen werden von relativ lichtschwachen Sternen markiert, während der Wagenkasten den Schinken des Bären bildet und die Deichsel seinen zoologisch gesehen viel zu langen Schwanz.

Durch den Meridian marschiert gerade der Löwe. Er hat nun seine Gipfelposition erreicht und ist auch für Anfänger leicht auszumachen. Ein großes Sternentrapez deutet den Rumpf an, ein kleines, an der Nordwestecke aufgesetztes Trapez den Kopf dieses königlichen Tieres. Der Löwe ist Mitglied im ausgewählten Zirkel der Tierkreisbilder. Sein Hauptstern Regulus liegt fast genau auf der Ekliptik. Regulus (α Leonis) wird deshalb von Zeit zu Zeit vom Mond bedeckt, gelegentlich sogar auch von einem Planeten. Die Entfernung von Regulus misst nach neuesten Beobachtungen 77 Lichtjahre.

Nördlich des Löwen und südlich der Tatzen des Großen Bären liegt das unscheinbare Sternbild Kleiner Löwe (lat.: Leo Minor). Nur drei Sterne des Kleinen Löwen sind heller als $4^{m}{,}5$.

Im Westen versinken die Wintersternbilder. Sirius im Großen Hund ist bereits untergegangen. Orion befindet sich gerade im Untergang, ebenso der Stier mit dem roten Aldebaran. Hoch im Westen sind die Zwillinge zu sehen. Zwischen den Zwillingen und dem Löwen liegt der unscheinbare Krebs.

Im Südwesten fällt Prokyon im Kleinen Hund auf. Halbhoch im Nordwesten strahlt die gelbe Kapella im Sternenpolygon des

Veränderliche Sterne im April

Algol-Minima	9.	5^h12^m	14.	22^h53^m	17.	19^h41^m	29.	6^h58^m				
β-Lyrae-Minima	3.	14^hH	10.	1^hN	16.	13^hH	23.	1^hN	29.	12^hH		
δ-Cepheï-Maxima	3.	2^h	8.	11^h	13.	20^h	19.	5^h	24.	13^h	29.	22^h

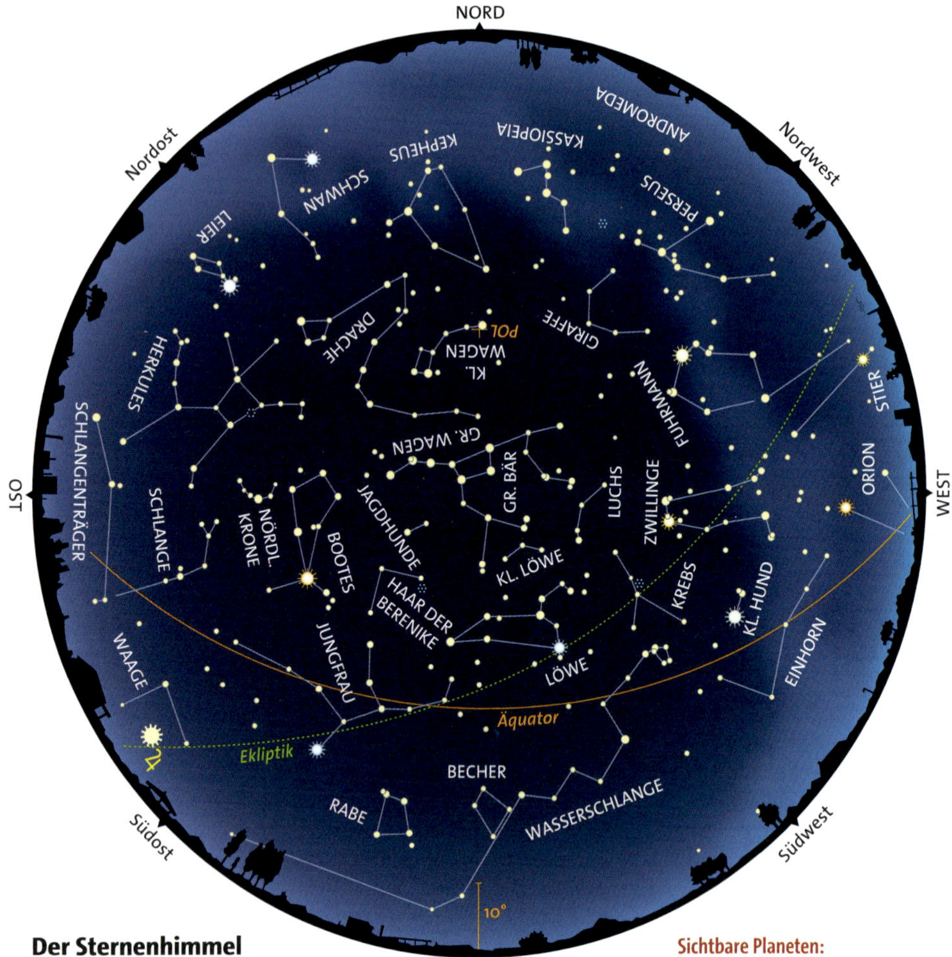

Der Sternenhimmel am 15. April um 22h MEZ

Sichtbare Planeten:
Jupiter (♃)

Die Sternkarte ist auch gültig für:

	MEZ	MESZ
15.12.	6h	
1. 1.	5	
15. 1.	4	
1. 2.	3	
15. 2.	2	
1. 3.	1	
15. 3.	0	
1. 4.	**23**	**24h**
15. 4.	**22**	**23**
30. 4.	**21**	**22**

Fuhrmanns. Die Kassiopeia, das Himmels-W, bereitet sich auf die untere Kulmination vor. Der Kepheus geht gerade zwischen Himmelsnordpol und Nordpunkt am Horizont durch den Meridian. Diese Stellung bezeichnet man als „untere Kulmination". Nur Sterne, die zirkumpolar sind, können auch in unterer Kulmination beobachtet werden. Alle anderen Sterne bleiben in unterer Kulmination unter dem Horizont und sind daher unbeobachtbar.

Der Rinderhirte und seine Hunde

Ein intensiv orangerot strahlender Stern fällt hoch im Südosten auf. Es handelt sich um Arktur, den Hauptstern im Sternbild Bootes; in Sternkarten ist er als α Bootis vermerkt. Mit $0^{m}{,}0$

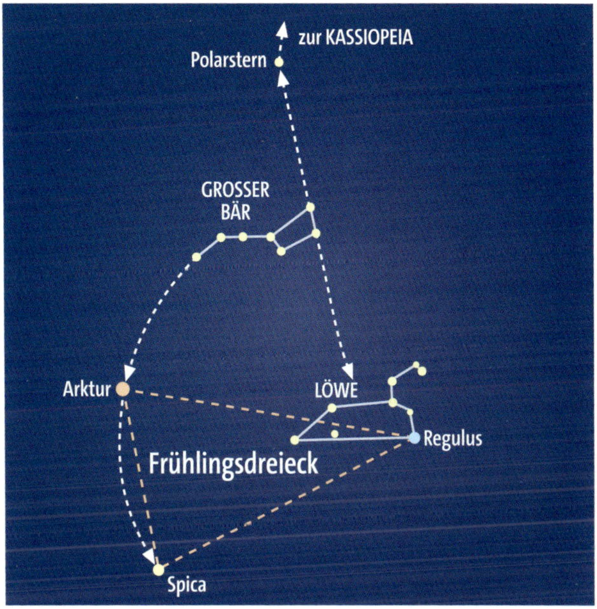

4.7 Das Frühlingsdreieck: **Es setzt sich aus den drei hellen Sternen Arktur im Bootes, Regulus im Löwen und Spica in der Jungfrau zusammen.**

scheinbarer Helligkeit gehört Arktur zu den fünf hellsten Fixsternen am irdischen Firmament, der Stern ist 37 Lichtjahre von uns entfernt. Arktur heißt so viel wie Bärenhüter. Im täglichen Himmelsumschwung folgt Arktur permanent dem Großen Bären. Er treibt damit offensichtlich den Bären um den Polarstern herum.

Der Bootes sieht aus wie ein großer Papierdrachen, den Kinder im Wind fliegen lassen. Bootes bedeutet so viel wie Rinderhirt, denn die alten Römer sahen in den sieben Wagensternen sieben Dreschochsen, die um den Polarstern als Göpel herumwandern. Und Bootes, der fleißige Rinderhirt, treibt sie an, in dem er ihnen ständig folgt.

Südlich der Deichsel des Großen Wagens sowie dem Kleinen Löwen im Osten benachbart stößt man auf das kleine und unscheinbare Sternbild der Jagdhunde (lat.: Canes Venatici, abgekürzt: CVn). Die Jagdhunde sind ein neuzeitliches Sternbild, es war daher im Altertum und Mittelalter noch unbekannt. Eingeführt hat es der Danziger Ratsherr und aktive Amateurastronom mit eigener Sternwarte Johannes Hevelius im Jahre 1687. Es erschien in seinem Sternatlas *Prodromus Astronomiae*. Die Jagdhunde werden vom Bootes an zwei Leinen festgehalten. Der Hauptstern (α CVn) heißt Cor Caroli (lat., Herz Karls; nach König Charles I. von England benannt) und ist ein Doppelstern in 110 Lichtjahren Entfernung. Die weiß leuchtende Hauptkomponente ist $2\overset{m}{,}9$ hell und hat in 18″ einen $5\overset{m}{,}5$ hellen, gelblichen Begleiter.

Die hellere Komponente ist der Prototyp einer ganzen Klasse von magnetisch-veränderlichen Sternen (α_2-Canum-Venaticorum-Sterne, inzwischen als Ap-Sterne bezeichnet).

Weiter nach Osten

Den Platz im Südosten nimmt die Jungfrau (lat.: Virgo) ein. Ihr hellster Stern (α Virginis) heißt Spica mit Eigennamen. Spica ist lateinisch und bedeutet „Kornähre". Sie ist ein Symbol für die Fruchtbarkeit der Jungfrau. Im Gegensatz zum rötlichen Arktur leuchtet Spica in bläulicher Farbe. Spica ist auch mit ziemlich genau 1^{m} um eine ganze Größenklasse lichtschwächer als Arktur. Dies betrifft allerdings nur ihre scheinbare Helligkeit. Im Gegensatz zu Arktur, der nur knapp 37 Lichtjahre entfernt ist, braucht das Licht 260 Jahre, um von Spica zur Erde zu gelangen. Dass wir sie trotz dieser relativ großen Distanz noch als Stern erster Größe am irdischen Himmel sehen, liegt an ihrer gewaltigen Leuchtkraft. Spica strahlt so hell wie 2200 unserer Sonnen zusammengenommen. Stünde Spica in gleicher Distanz wie Arktur, so erschiene sie uns fast so hell wie die Venus!

Die drei hellen Sterne Arktur im Bootes, Regulus im Löwen

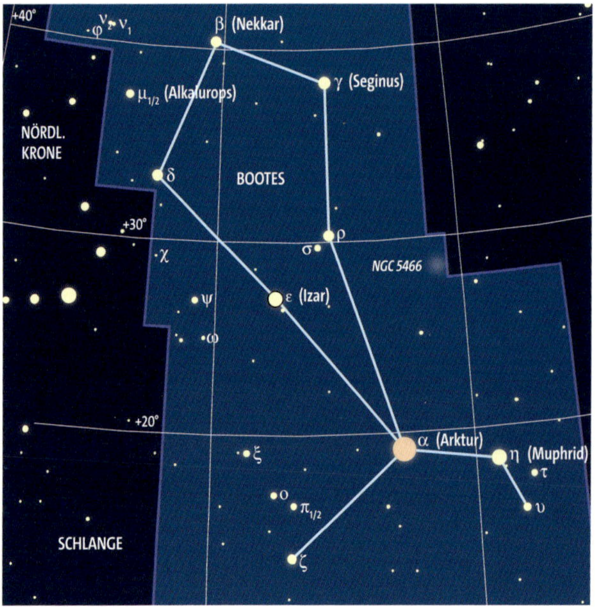

4.8 Der Rinderhirte:
Das Sternbild Bootes ähnelt seiner Form nach einem Papierdrachen. Die Amerikaner meinen, hier eine Tüte Eis zu erkennen.

und Spica in der Jungfrau bilden ein großes Dreieck, das als Frühlingsdreieck bekannt ist, gewissermaßen als Gegenstück zum Sommerdreieck, Herbstviereck und Wintersechseck. Südlich der Jungfrau sind das Sternenviereck des Raben (lat.: Corvus) und der Becher (lat.: Crater) auszumachen.

Während der Rabe relativ leicht zu erkennen ist, so ist der lichtschwache Becher ein schwieriges Sternbild, das man nur unter sehr guten Sichtbedingungen wahrnehmen kann.

Im Nordosten ist bereits der Herkules über den Horizont gestiegen, ein recht ausgedehntes Sternbild ohne hellere Sterne. Halbhoch im Osten, nahe dem Bootes, springt der Sternenhalbkreis der Nördlichen Krone förmlich ins Auge. Er ist zwar nicht besonders hell, aber in seiner Anordnung recht auffällig.

Am Nordosthorizont künden Wega in der Leier und Deneb im Schwan den kommenden Sommer an.

Kein Öl auf dem Mond?

Ein Blick zum Mond lohnt immer, vor allem durch ein Fernglas oder Teleskop. Besucher einer Sternwarte sind stets begeistert, wenn sie die plastisch wirkenden Mondformationen im Fernrohr sehen. Vor allem an der Lichtgrenze, dem Terminator, werfen die Gebirge, Ringwälle und Krater pechschwarze Schatten mit messerscharfen Konturen. Ein Blick auf den Vollmond ist dagegen nicht so faszinierend, weil die Sonnenstrahlen senkrecht einfallen und kein Schattenwurf entsteht. Denn die Lichtgrenze fällt bei Vollmond mit dem Mondrand zusammen und bleibt unbeobachtbar.

Schnell werden Fragen laut: Wie sieht es auf dem Mond aus? Warum flogen Menschen zum Mond hinauf? Dabei ist der Mond weder oben noch unten, wie schon Nikolaus Kopernikus richtig erkannte. Für einen Astronauten, der auf dem Mond steht, scheint die Erde „oben" am Mondhimmel zu schweben.

Woraus besteht der Mond? Eine oft gestellte Frage bei einer Sternführung. Da der Vollmond so hell glänzt, vermutete man einst, er sei aus Eis. Der gelbliche Mond bestehe aus Käse, damit die Mondmaus etwas zum Fressen habe, so wird im Märchen für Kinder erzählt. Doch ernst gemeint ist die manchmal geäußerte Frage: Gibt es auf dem Mond Öl? Gemeint ist Erdöl, nicht Salatöl. Erst seit die Apollo-Astronauten kiloweise Material vom Mond mitbrachten, kennt man die Zusammensetzung des Mondgesteins. Bis dahin war es ein langer Weg – die Erforschung des Mondes war ein Jahrhunderte langer Prozess.

Vom Glauben zur Forschung

Im Altertum sah man im Mond eine Gottheit. Bei den Babyloniern hieß die Mondgöttin Sin, bei den Chinesen Change. Selene (ἡ σεληʹνη) nannten die Griechen die Mondgöttin, die Römer wiederum Luna. Auch Cynthia, die Göttin der Jagd, wurde durch den Mond repräsentiert. In seinem milden Schein erkannten die Jäger ihre Beutetiere.

Im Islam ist der Mond keine Gottheit, sondern wurde von Allah geschaffen, um „die Zeit zu zählen". Deshalb ist der islamische Kalender ein reiner Mondkalender. Gemäß dem Koran ist es den Gläubigen verboten, Schaltmonate einzufügen. Ein neuer Monat beginnt, wenn zwei Zeugen das Neulicht des Mondes (arab.: Hizal) sichten.

Mit freien Augen sieht man auf der hell glänzenden Vollmondscheibe dunkle Flecken. Das regt die Fantasie an. Viele erkennen ein Gesicht im Antlitz des Mondes. Außer dem berühmten Mondgesicht meinen manche, eine Frau im Mond zu sehen, andere einen Hasen oder einen Mann im Mond (Gleichberechtigung muss sein).

Die eigentliche Mondforschung begann Anfang des 17. Jahrhunderts mit der Erfindung des Fernrohrs im Jahre 1609 durch den Holländer Lippershey, obwohl schon in der Antike Erkenntnisse über den Mond gewonnen wurden. Demokrit von Abdera (470–380 v. Chr.) vermutete, der Mond sei eine Kugel (πίλα) und keine Gottheit und es gäbe auf ihm Berge und Täler. Aristarch von Samos (320–250 v. Chr.) wiederum stellte fest, die Sonne sei 19-mal weiter entfernt als der Mond. Daraus schloss er, dass der Mond auch 19-mal kleiner sei als die Sonne, denn schließlich erscheinen uns beide am irdischen Firmament gleich groß. Auch schätzte er, dass der Mond nur ein Drittel so groß wie die Erde ist. Tatsächlich ist der Mond rund vierhundert Mal kleiner als die Sonne, die auch vierhundert Mal weiter entfernt ist als er. Im Mittel ist der Mond 384 400 Kilometer von der Erde entfernt, die Sonne hingegen fast 150 Millionen Kilometer.

Martin Gertz/Sternwarte Welzheim

4.9 Zunehmender Halbmond: An der Lichtgrenze (Terminator) sind die Oberflächenstrukturen besonders deutlich erkennbar.

Erste Teleskopbeobachtungen

Galileo Galilei und Thomas Harriot waren die ersten Fernrohrbeobachter, die Zeichnungen von der Mondoberfläche anfertigten. In seinem *Sidereus Nuncius* (Sternenbote) findet sich ein Bild des Kraters Albategnius, das Galilei 1610 gezeichnet hat. Nach den ersten Zeichnungen von Galilei und Harriot fertigten Michael von Langren (Langrenus) 1645, Johann Hevel (Hevelius) 1647 sowie Giovanni Riccioli gemeinsam mit Francesco Grimaldi 1651 mehr oder minder ge-

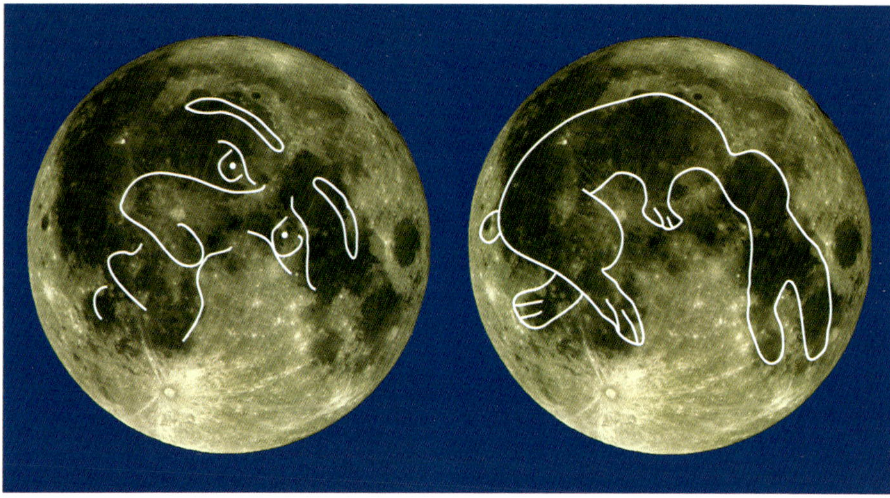

4.10 Die Fantasie lässt bei freiäugiger Betrachtung des Vollmondes ein Gesicht, eine Frau oder einen Hasen im Mond erkennen.

naue Mondkarten an. Dabei wurden auch die ersten Bezeichnungen für die Mondformationen vergeben. Hevelius benannte die Gebirge auf dem Mond nach irdischen wie Alpen, Apenninen, Karpaten und Kaukasus. Die gesichteten Krater und Ringwälle erhielten Namen von Philosophen und Wissenschaftlern aus der Antike wie Archimedes, Aristarch, Aristoteles, Eratosthenes, Plato oder Ptolemäus. Später wurden auch zeitgenössische Astronomen mit einem Mondkrater bedacht wie Kepler, Kopernikus, Tycho usw. Manche Bezeichnungen hielten sich nur kurz, andere bis zum heutigen Tag.

Weitere erfolgreiche Mondbeobachter waren der holländische Astronom und Physiker Christian Huygens (1629–1695) sowie sein Zeitgenosse, der Italiener Giovanni Cassini (1625–1712), erster Direktor der Pariser Sternwarte. Cassini fertigte eine riesige Mondkarte mit vier Meter Durchmesser an. Sie war seinerzeit die detailreichste und genaueste Mondkarte. Cassini leitete auch die nach ihm benannten drei Rotationsgesetze des Mondes ab[1].

Meister der Selenografie

Die hellen Gebiete wurden schnell als Kraterlandschaften ausgemacht. Man sah in ihnen Kontinente (lat.: terrae), während man die dunklen, flachen Gebiete als Meere ansah (lat.: maria, Singular: mare). Schon Kepler bemerkte: „... maculas esse maria, lucides esse terrae". (Die Flecken sind Meere, die hellen <Gebiete> Landschaften.)

Damals war man der Meinung, der Mond beeinflusse das irdische Wetter und auch die Gemütslage der Menschen. Das Wort „Laune" leitet sich vom lateinischen „luna" für Mond ab und das englische „lunatic" bedeutet schlicht „verrückt". Entsprechend benannte man die vermeintlichen Mondmeere wie Mare Imbrium (Regenmeer), Oceanus Procellarum (Ozean der Stürme), Mare Nubium (Wolkenmeer), Mare Serenitatis (Meer der Heiterkeit), Mare Tranquillitatis (Meer der Ruhe), Mare Frigoris (Meer der Kälte), Mare Crisium (Meer der Gefahren), Mare Foecunditatis (Meer der Fruchtbarkeit), Mare Nectaris (Honigmeer), Mare Cognitum (Meer der Erkenntnis), um nur einige zu nennen.

1 siehe H.-U. Keller, *Kompendium der Astronomie*, 5. Auflage 2016, Seite 122

Kleinere dunkle Flächen hielt man für Gewässer: Lacus Gaudii (See des Vergnügens), Lacus Odii (See des Hasses), Lacus Felicitatis (See der Glückseligkeit) und Lacus Somniorum (See der Träume). Sinus Iridum, die Regenbogenbucht, liegt am Rande des Mare Imbrium, begrenzt von Kap Heraklit und Kap Laplace, wobei die lateinische Bezeichnung für Kap „Promontorium" heißt.

Als Nestor der wissenschaftlichen Mondkartografie (auch Selenografie) gilt Tobias Mayer (1723–1762). Man nennt ihn auch Vermesser des Himmels, der Erde und der Meere. Er fertigte zwei Mondkarten in orthografischer Projektion an, wobei er mit einem achromatischen Refraktor samt Fadenmikrometer alle Oberflächendetails akkurat vermaß. Als Ursprung seiner Koordinatenmessung wählte er den Krater Manilius. Später, im 19. Jahrhundert, übte diese Funktion der Krater Mösting A aus. Inzwischen wurden die Mondkoordinaten neu definiert, wobei Mösting A nun die selenografischen Koordinaten 5,°24 westliche Länge und 3,°23 südliche Breite aufweist.

Mayer gilt auch als Gründer der „Deutschen Schule der Selenografie", wie der Planetenforscher Zdeněk Kopal meint („He was the founder of the German school of selenography"). Zu ihr gehören Namen wie Schröter, Lohrmann, Mädler, Schmidt und Fauth.

Johann Hieronymus Schröter (1745–1816) fertigte auf seiner Privatsternwarte in Lilienthal bei Bremen 75 detailreiche Mondzeichnungen an, um daraus eine 118 cm große Mondkarte zu erstellen. Leider gingen die meisten seiner Originalarbeiten in den Wirren der Napoleonischen Kriege verloren. Schröter zeichnete nicht nur die Oberflächendetails höchst akribisch in seine Karten ein, sondern maß auch aus ihrer Schattenlänge die Höhe der Mondberge, die sich einige tausend Meter über ihre Umgebung erheben. Die Bezeichnung rimae (lat., Rillen) für Furchen und lange Grabenbrüche wurde von Schröter eingeführt.

Selbst bedeutende Wissenschaftler wie Johann Hevelius, Wilhelm Herschel oder Isaac Newton waren überzeugt, der Mond sei bewohnt. Man

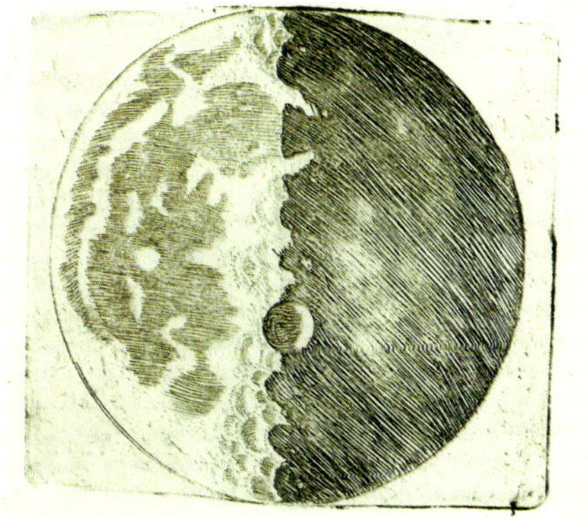

4.11 Zeichnung des Mondkraters Albategnius von Galileo Galilei (*Sidereus Nuncius*, 1610).

nannte die Mondbewohner „Seleniten". Sie sollten ein insektenartiges Aussehen haben. Der leidenschaftlichste Vertreter des bewohnten Mondes war sicher Franz von Paula Gruithuisen (1774–1852), ein glühender Verehrer von Schröter. Er orderte mehrere Linsenteleskope zur Mondbeobachtung und meinte, in den Rillen Pfade der intelligenten Seleniten zu erkennen. Sie sollten zu den unterirdischen Städten der Mondbewohner führen. Noch Mitte des 20. Jahrhunderts vermutete Valdemar Axel Firsoff (1912–1981) in seinem Buch *Strange World of the Moon*, das 1959 im Verlag Hutchinson (London) erschien, möglicherweise gediehen besonders resistente Pflanzen auf dem Mondboden.

Wilhelm Gotthelf Lohrmann (1796–1840), der mit einem achromatischen 5-Zoll-Refraktor von Fraunhofer beobachtete, lieferte mit die besten Mondkarten des 19. Jahrhunderts. Sein Buch *Mondcharte in 25 Sectionen* erschien allerdings erst 38 Jahre nach seinem Tod. Es wurde von Johann Schmidt (1825–1884) im Jahre 1878 herausgegeben.

Die wohl prominentesten Mondkartografen des 19. Jahrhunderts waren Wilhelm Beer (1797–1850) und Johann Heinrich von Mädler (1794–1874). Schon mit zwölf Jahren zeigte Mädler sein Talent und seine Wissbegier, als er das Friedrich-

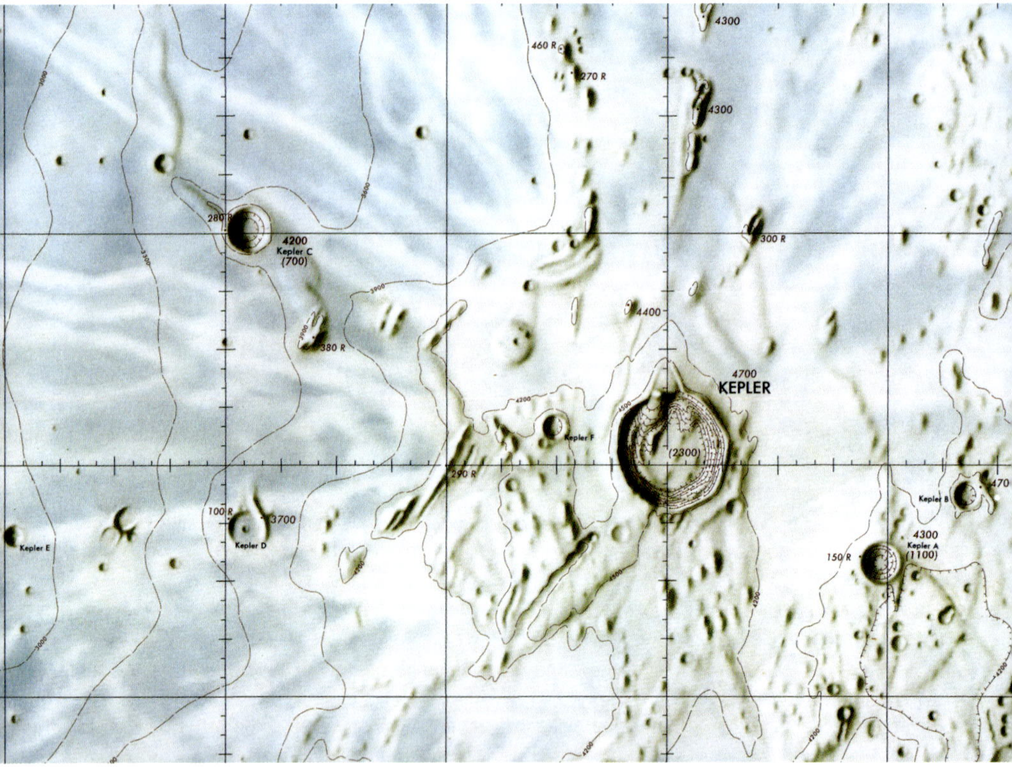

4.12 Ausschnitt aus der *Lunar Chart* Nr. 57 der NASA von 1962. Die Sekundärkrater des Hauptkraters Kepler sind mit Buchstaben versehen.

Werder-Gymnasium in Bremen besuchte. Mädlers Eltern erkrankten an Thyphus und starben früh. Mädler musste sich nach ihrem Tod um seine vier jüngeren Geschwister kümmern. Er wurde Grundschullehrer, besuchte aber auch Vorlesungen an der Berliner Universität.

Beer war ein wohlhabender Bankier, der 1829 ein privates Observatorium errichtete. Er heuerte Mädler als Assistenten an, womit eine lange und intensive Zusammenarbeit begann. Ausgestattet mit einem 4-Zoll-Fraunhofer-Refraktor kartografierten beide in 600 Nächten die Mondoberfläche, wobei sie Referenzpunkte mit einem Mikrometer vermaßen.

Das Ergebnis erschien 1836 als *Mappa Selenographica* mit einem Monddurchmesser von einem Meter. Außerdem benannten sie 140 weitere Krater und Ringwälle. Der Direktor der Berliner Sternwarte, Johann Encke, stellte Mädler im gleichen Jahr als Observator an. Nur zwei Jahre später, 1840, wurde Mädler zum Direktor des Observatoriums in Tartu (Estland) berufen, wo er mit dem großen Fraunhofer-Refraktor Planeten und Doppelsterne beobachtete.

Leben auf dem Mond?

Mädler kritisierte heftig die Vorstellung der früheren Mondbeobachter, der Mond gleiche der Erde. Der Mond sei vielmehr ein toter, unbewohnter, luftloser Himmelskörper ohne Wasser und Wetter. Somit gäbe es auch keine Erosion. Die Mondlandschaften seien für immer unveränderlich. Die dunklen Tiefebenen seien mit erstarrter Lava gefüllt und keinesfalls Wasserflächen, die doch gelegentlich im Sonnenlicht aufblitzen müssten. Bedeckt der Mond einen Stern, so verschwindet dieser schlagartig am Mondrand. Keine Atmosphäre schwächt vorher das Sonnenlicht ab.

Diese Erkenntnis Mitte des 19. Jahrhunderts wurde in der Folge stets aufs Neue bestätigt und erweitert. Am Tag erhitzt sich die Mondoberfläche in der Sonnenglut über 100 °C, in der 14-tägigen Mondnacht kühlt sie sich auf unter −100 °C ab. Flüssiges Wasser kann es somit auf dem Mond nicht geben. Selbst bei niedrigeren Temperaturen würde Wasser sofort sieden und als Dampf ins Weltall diffundieren. Denn auf dem Mond gibt es keine Atmosphäre, der Luftdruck ist praktisch null. Lediglich Spuren von Eis wurden in Kraterböden am Nord- und Südpol des Mondes entdeckt, wohin nie ein Sonnenstrahl fällt.

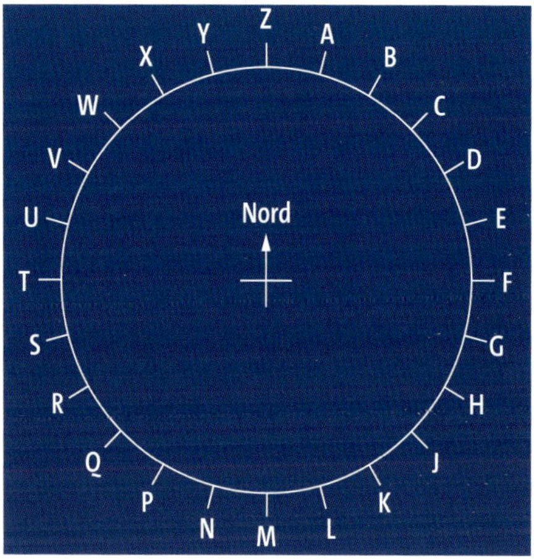

4.13 Vergabe der Buchstabenbezeichnungen für Sekundärkrater.

Systematische Mondkartierung

Mit Einführung der Fotografie machte die Mondkartografie gewaltige Fortschritte. Es entstanden zahlreiche Atlanten, die nicht mehr gezeichnete, sondern detailgetreue Ablichtungen der Mondformationen enthalten. Auch bei noch so talentierten Zeichnern kann eine subjektive Interpretation nie ausgeschlossen werden. Die persönliche Sichtweise lässt sich nicht ausschalten und Details können nie 1:1 erfasst und dokumentiert werden.

Das erste fotografische Mondbild wurde 1839 von Louis Daguerre in Paris gewonnen. Freilich zeigt es ein recht verschwommenes Mondantlitz, das den gezeichneten Mondkarten nicht annähernd nahe kommt.

Doch der 1888 von Edward S. Holden mit dem 36-Zoll-Refraktor des Lick-Observatoriums auf dem Mt. Hamilton (Kalifornien) fotografisch erstellte *Atlas of the Moon* machte Details sichtbar, die nie zuvor gesehen wurden. Schon 1903 folgte der *Atlas de la Lune* des Pariser Observatorium mit Aufnahmen, die mit dem 23,6-Zoll-Coudé-Refraktor gewonnen wurden. William Henry Pickering präsentierte 1910 den fotografischen Mondatlas des Harvard College Observatory. Einer der besten Atlanten ist der 1960 erschienene *Photographic Atlas of the Moon*, auch schlicht *Lunar Atlas* genannt.

Im Oktober 1959 gelang es erstmals, mit der Mondsonde Lunik 3 die von der Erde nie einsehbare Rückseite des Mondes aufzunehmen. Im beginnenden Zeitalter der Raumfahrt wurden zahlreiche unbemannte Sonden in Umlaufbahnen um den Erdtrabanten gehievt. Diese Mondsonden lieferten und liefern heute noch hochaufgelöste Bilder von der Mondoberfläche. Mit 30 cm Auflösung pro Bildpunkt konnten nicht nur die Unterstufen der Mondlander, sondern selbst die Fußspuren der Apollo-Astronauten erkannt werden.

Auf der Rückseite des Mondes wurden von der Planetary Nomenclature Working Group der IAU (Arbeitsgruppe zur Benennung von Objekten und Oberflächenstrukturen im Sonnensystem) 670 Mondformationen benannt. Eine dunkle Fläche erhielt die Bezeichnung Mare Moscoviense (Moskauer Meer). Ansonsten gibt es im Gegensatz zur Vorderseite keine größeren Maria auf der Mondrückseite.

4.14 Die kraterübersäte Mondrückseite. Auffallend ist das Fehlen großer lavagefüllter Tiefebenen (Maria). Das größte „Mondmeer" ist das Mare Moscoviense (Moskauer Meer).

Auf der Vorderseite sind 895 Krater und Ringwälle benannt. Da dies bei weitem nicht ausreicht, die mehr als zehntausend Krater zu bezeichnen, haben bereits Beer und Mädler in der erwähnten *Mappa Selenographica* die kleineren Krater in der Umgebung eines größeren, namentlich gekennzeichneten Kraters mit Buchstaben versehen. So gibt es einen Krater Kopernikus A, Timocharis B oder Kepler F. Meist wurden rund sechs Buchstaben pro Krater mit Eigennamen vergeben, teilweise aber auch deutlich mehr. Bei Plato gibt es zum Beispiel 23 solcher Sekundärkrater. Beim Krater Abulfeda sind es alle möglichen 24 (die Buchstaben I und V wurden nicht vergeben). Manchmal wurden auch Doppelbuchstaben eingesetzt wie Abulfeda BA oder Plato KA, ein nahe beieinander liegender Doppelkrater. Ursprünglich wurden die Buchstaben mehr oder weniger willkürlich vergeben. Inzwischen hat man festgelegt, dass 24 Buchstaben (ohne I und O) im

Uhrzeigersinn zu verteilen sind. Mit A ist bei 1 Uhr zu beginnen, M steht bei 6 Uhr und Z bei 12 Uhr (siehe Abb. 4.13 auf Seite 107). Somit sind inzwischen 6328 Krater und Ringwälle auf der Vorderseite des Mondes eindeutig bezeichnet. Dieses Buchstabensystem wird sonst nirgends bei anderen Krateroberflächen im Sonnensystem verwendet.

Im Zeitalter der Raumfahrt wurden 1972 zahlreiche Sekundärkrater mit Buchstabenkennung neu benannt. So wurde aus Ptolemäus A der Krater Ammonius. Im Jahre 2000 wurde auf Vorschlag des populären britischen Astronomen Patrick Moore der Krater Plato A in Bliss umgetauft. Nathaniel Bliss (1700–1764) wurde als Nachfolger von Edmund Halley im Jahre 1742 zum 4. Astronomer Royal (königlicher Astronom) der britischen Krone berufen.

Das Rätsel der Mondkrater

Zu einem jahrhundertelangen Streit geriet die Frage nach der Entstehung der Krater und Ringwälle auf dem Mond. Teilweise wurden die Auseinandersetzungen emotional, ja erbittert geführt. Sind die Mondkrater vulkanischen Ursprungs oder die Folge von Einschlägen mehr oder minder großer Meteoroide, Planetoiden und Kometenkerne?

Die Mondkrater haben keine Ähnlichkeit mit irdischen Vulkanen, die kegelförmige Berge mit kleinem Kraterschlot sowie Calderen sind. Die Mondkrater sind hingegen teller- oder schüsselförmig, oft mit einem Zentralberg ausgestattet. Die Außenwände der Ringwälle sind sanft ansteigend, an der Innenseite fallen sie jedoch steil ab. Manche haben doppelte Ringwälle. Kleine Krater besitzen keinen Zentralberg, kleinste Krater sind schlicht Löcher in der Oberfläche. Die Kraterböden liegen tiefer als ihre Umgebung. Der Massendefekt durch die Absenkung der Böden entspricht der Masse der jeweiligen Ringwälle. Eine Ausnahme bildet lediglich der Krater Wargentin.

James Nasmyth (1808–1890) und James Carpenter (1840–1899) entwickelten im 19. Jahrhundert das „Springbrunnen-Modell“. Der innere Druck des in der Frühphase noch feurig-flüssigen Mondes soll gewaltige Aufwölbungen bewirkt haben. Schließlich platzten diese Blasen. Das ausgeschleuderte Material bildete die nahezu kreisförmigen Ringwälle, wobei die zurückschwappende Lava Zentralberge erzeugte, die stets niedriger sind als die Ringwälle. Die Größe der Ringwälle sei durch die geringe Oberflächenschwerkraft zu erklären. Die Schwerebeschleunigung auf der Mondoberfläche beträgt nur ein Sechstel des irdischen Wertes ($g_{Mond} = 1{,}63\ m/s^2$).

Der Streit, ob Vulkanismus oder Impaktereignisse die Ringwälle formten, hielt bis 1960 an. Ein Argument lautete: Da fast alle Krater und Ringwälle nahezu kreisförmig sind, müssten alle Einschläge senkrecht zur Mondoberfläche erfolgt sein. Dies ist aber völlig unwahrscheinlich. Die kollidierenden Meteoroide trafen und treffen die Oberfläche aus allen beliebigen Richtungen und nicht nur von senkrecht oben. Doch dieses Argument ließ sich experimentell widerlegen.

Ballistische Experimente am Ames Research Center der NASA zeigten: Selbst bei relativ flachem Einfall entstehen kreisförmige Gebilde. Auch sind durchaus nicht alle Ringwälle exakt kreisförmig. So ist das Mare Crisium in Ost-West-Richtung um etwa hundert Kilometer breiter als in Richtung Nord-Süd. Der Eindruck im Fernglas, das Mare Crisium sei in N-S-Richtung langgestreckt, wird durch die perspektivische Verkürzung hervorgerufen, da es sich am westlichen Mondrand befindet. Auch der Ringwall Proclus ist ein wenig oval. Spuren von flachen Einschlagspfaden finden sich ebenfalls. So wurden die knapp nebeneinander liegenden Krater Messier und Messier A von einem einzigen Impaktkörper erzeugt, der fast parallel zur Mondoberfläche flog und zweimal aufschlug, ähnlich einem flach auf eine Wasseroberfläche geworfenen Stein. Von Messier A ziehen zwei Strahlen westwärts, Spuren des Auswurfmaterials. Überhaupt liefern Strahlenkrater wie die beiden auffälligsten Tycho und Kopernikus klare Hinweise auf Impaktereignisse, bei denen Material weit über die Mondoberfläche geschleudert wurde. Für die Kraterbildung sind zwei Größen maßgebend:

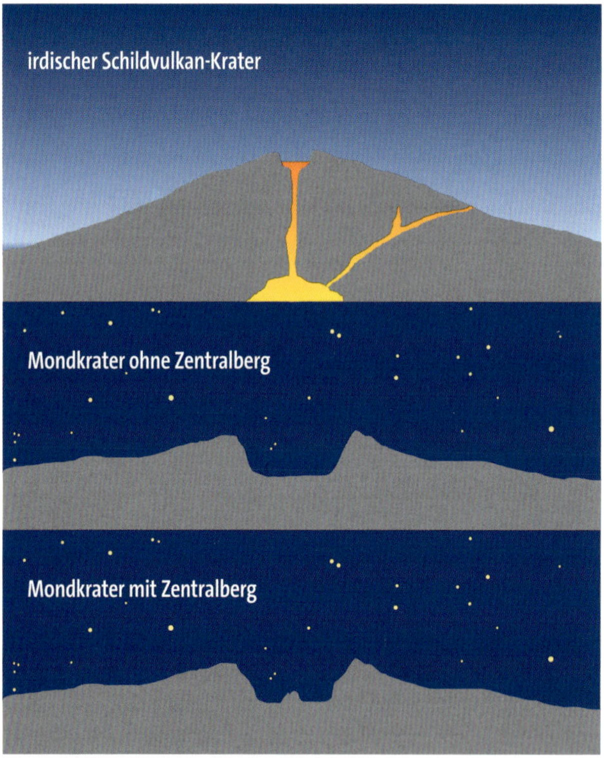

4.15 Irdischer Vulkankegel im Vergleich mit Mondkratern.

Masse und Geschwindigkeit des Einschlagkörpers.

Heute zweifelt niemand mehr daran, dass alle Krater von winzigen Einschlaglöchern bis zu Ringwällen mit über hundert Kilometer Durchmesser die stummen Zeugen eines fast fünf Milliarden Jahre dauernden kosmischen Bombardements sind. Ohne Wind, Wetter und Wasser gibt es auf dem Mond keine Erosion, weshalb die Spuren der Treffer aus dem All bis heute erhalten bleiben.

Spätestens nach den sechs bemannten Mondlandungen in den Jahren 1969 bis 1972, von denen die Apollo-Astronauten kiloweise Mondgestein mitbrachten, kennt man recht genau die Zusammensetzung des Mondmaterials. Insgesamt wurden 68 verschiedene Mineralien gefunden. Die hellen Hochländer mit ihren Kratern und Ringwällen bestehen aus aluminiumreichem Gestein, sogenanntem Anorthosit mit geringem Eisengehalt. Anorthosit bildet sich, wenn geschmolzenes Gestein langsam erstarrt und kristallisiert. Dies ist ein Hinweis auf die Frühphase des Mondes, als die Mondoberfläche fast vollkommen von geschmolzener Lava bedeckt war. In manchen Hochlandbereichen finden sich Spuren von Titan und Thorium.

Die Maria wurden nach gewaltigen Impakten aus basaltischem Material gebildet, nachdem die bereits erkaltete Oberfläche an den Einschlagsorten erneut aufgeschmolzen wurde und Material aus der Tiefe empor quoll. Dies lässt auch der deutlich erhöhte Eisengehalt erkennen. Das Vorkommen von Titan schwankt erheblich von Ort zu Ort.

Der Mond ist staubtrocken. Wasser kann dort nicht existieren. Ebenso wenig wurden wasserhaltige Mineralien gefunden. Lediglich in den Polarregionen entdeckte man Spuren von Eis in den Kratersohlen, die in der Dunkelheit liegen, da sie kein Sonnenstrahl erreicht. Eingeschleppt wurde das Eis von Kometenkernen, die auf den Mond stürzten. Von organischen Substanzen konnten nicht einmal Spuren entdeckt werden.

Ohne schützende Atmosphäre ist die Mondoberfläche der harten kosmischen Strahlung ausgesetzt. Ohne flüssiges Wasser und infolge extremer Temperaturunterschiede zwischen Mondtag und -nacht kann keine Form von Leben auf unserem Nachbarn im Weltall existieren. Der Mond ist eine tote Gesteinswüste. Und deshalb gibt es auf dem Mond auch kein Öl!

Perry Rhodan
Das größte Science-Fiction-Abenteuer aller Zeiten
© Pabel-Moewig Verlag KG, Illustration: Arndt Drechsle
Perry Rhodan
Die größte Science-Fiction-Serie
Nr. 2910
Uwe Anton
Im Reich der Soprassiden
Es ist ein junger Sternenstaat – unter der Obhut des Gondunats
Als Romanheft am Kiosk,
als Hörbuch und als E-Book auf
allen digitalen Endgeräten.
Weitere Informationen unter:
www.perry-rhodan.net
www.perry-rhodan.net/facebook
Kostenloses Infopaket inklusive Probeheft anfordern bei:
PERRY RHODAN-Kommunikation | Stichwort »Himmelsjahr 2018«
Postfach 2352 | D-76413 Rastatt
Perry Rhodan
Kurs 3000

Mai 2018

- Jupiter steht am 9. im Sternbild Waage in Opposition zur Sonne und beherrscht mit seinem Glanz die gesamte Nacht.
- Venus strahlt auffällig am Abendhimmel.
- Mars beherrscht die zweite Nachthälfte.
- Saturn ist Planet der zweiten Nachthälfte.

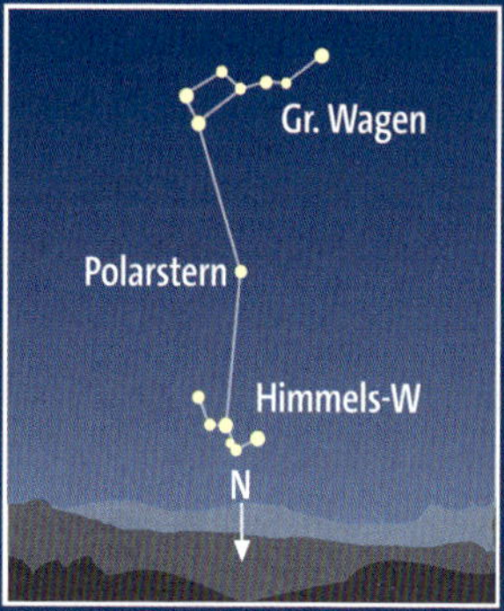

Großer Wagen und Himmels-W Anfang Mai um 22 Uhr

5.1 Anblick des Abendhimmels in westlicher Richtung am 17. Mai gegen 22h MEZ (= 23h MESZ). Knapp über dem Nordwesthorizont strahlt Venus, zu der sich die schmale Sichel des zunehmenden Mondes gesellt.

1 Di	Maifeiertag
2 Mi	
3 Do	
4 Fr	Mond bei Saturn (Mitternacht)
5 Sa	
6 So	Mond bei Mars (Morgenhimmel)
7 Mo	
8 Di	Mond im letzten Viertel
9 Mi	Jupiter in Opposition (ganze Nacht)
10 Do	Christi Himmelfahrt
11 Fr	
12 Sa	
13 So	
14 Mo	
15 Di	**Neumond**
16 Mi	
17 Do	Mond bei Venus (Abendhimmel)
18 Fr	
19 Sa	
20 So	Pfingstsonntag
21 Mo	Pfingstmontag
22 Di	Mond im ersten Viertel
23 Mi	
24 Do	
25 Fr	
26 Sa	
27 So	Mond bei Jupiter (Abendhimmel)
28 Mo	
29 Di	**Vollmond**
30 Mi	
31 Do	Fronleichnam

Sonne – Sternbilder

14. 5. 14h:
Sonne tritt in das Sternbild Stier

21. 5. 3h:
Sonne tritt in das Tierkreiszeichen Zwillinge

Julianisches Datum am
1. Mai, 1h MEZ: 2 458 239,5

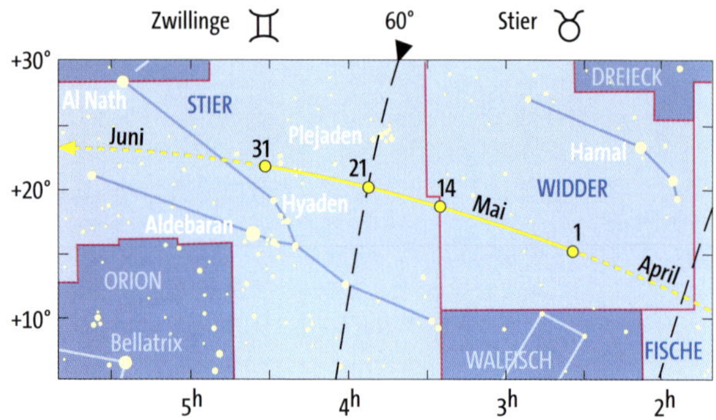

Tabelle Sonnenlauf

Tag	Dämmerg. Anfang	Aufgang MEZ	Kulmination	Untergang MEZ	Dämmerg. Ende	Mittagshöhe	Zeitgleichg.	Rektaszension	Deklination
	h m	h m	h m	h m	h m	°	m	h m	°
1.	3 33	4 57	12 17	19 38	21 02	55,1	+3	2 32	+14,9
5.	3 24	4 50	12 17	19 45	21 11	56,3	+3	2 47	+16,1
10.	3 13	4 42	12 16	19 52	21 21	57,7	+4	3 06	+17,5
15.	3 03	4 34	12 16	19 59	21 32	58,9	+4	3 26	+18,7
20.	2 53	4 28	12 16	20 06	21 42	60,0	+4	3 46	+19,9
25.	2 44	4 22	12 17	20 12	21 52	61,0	+3	4 06	+20,9
31.	2 34	4 17	12 18	20 19	22 02	61,9	+2	4 30	+21,8

Tages- und Nachtstunden

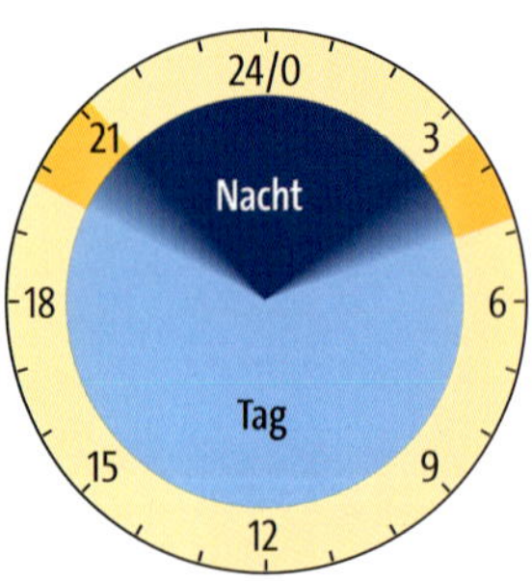

5. Mai

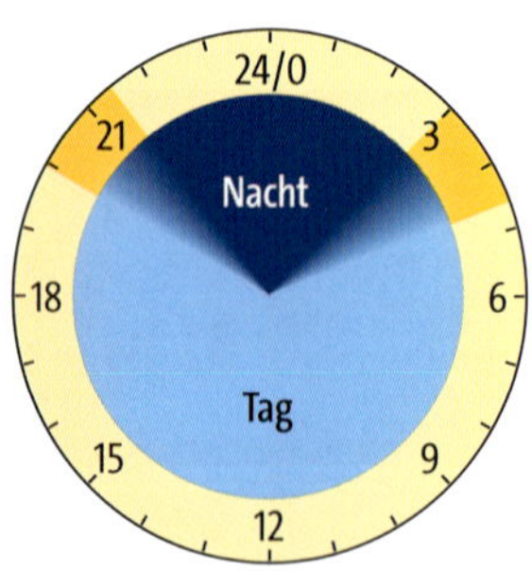

15. Mai

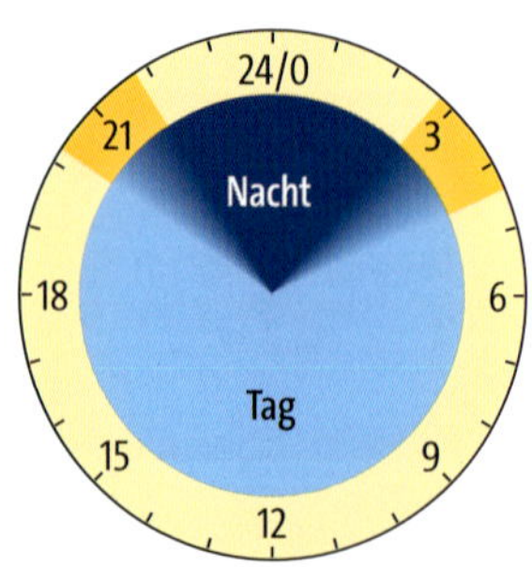

25. Mai

Tabelle Mondlauf

Datum		Aufg. MEZ	Kulmination	Unterg. MEZ	Rektaszension	Deklination	Sterne und Sternbilder	Phase	MEZ
		h m	h m	h m	h m	°			
Di	1.	21 08	1 08	6 07	15 22	−13,4	Waage		
Mi	2.	22 11	1 56	6 38	16 13	−16,5	Skorpion		
Do	3.	23 08	2 44	7 14	17 03	−18,8	Schlangenträger		
Fr	4.	–	3 33	7 56	17 54	−20,1	Schütze		
Sa	5.	0 00	4 22	8 44	18 45	−20,6	Schütze, Nunki		
So	6.	0 45	5 10	9 37	19 36	−20,1	Schütze	Erdferne 404/29′,5	2^h
Mo	7.	1 24	5 57	10 35	20 26	−18,8	Steinbock	Absteigender Knoten	
Di	8.	1 57	6 44	11 36	21 15	−16,6	* Steinbock	**Letztes Viertel**	**$3^h 09^m$**
Mi	9.	2 27	7 29	12 40	22 04	−13,7	Wassermann		
Do	10.	2 53	8 15	13 46	22 52	−10,1	Wassermann		
Fr	11.	3 17	9 00	14 55	23 40	− 6,0	Wassermann		
Sa	12.	3 41	9 47	16 06	0 28	− 1,5	Walfisch	Libration Ost	
So	13.	4 05	10 35	17 19	1 18	+ 3,2	Fische		
Mo	14.	4 31	11 26	18 35	2 10	+ 7,8	Walfisch	Größte Südbreite	
Di	15.	5 01	12 20	19 52	3 05	+12,2	Widder	**Neumond Nr. 1180**	**$12^h 48^m$**
Mi	16.	5 37	13 17	21 08	4 02	+16,0	Stier, Hyaden		
Do	17.	6 21	14 17	22 20	5 03	+18,8	Aldebaran	Erdnähe 364/32′,9	22^h
Fr	18.	7 13	15 18	23 23	6 05	+20,4	Orion		
Sa	19.	8 16	16 19	–	7 07	+20,6	Zwillinge		
So	20.	9 26	17 18	0 16	8 09	+19,4	* Krebs, Krippe	Aufsteigender Knoten	
Mo	21.	10 40	18 13	0 59	9 09	+17,0	Krebs, Krippe		
Di	22.	11 55	19 06	1 35	10 05	+13,6	Löwe, Regulus	**Erstes Viertel**	**$4^h 49^m$**
Mi	23.	13 08	19 56	2 04	10 59	+ 9,6	Löwe		
Do	24.	14 21	20 44	2 30	11 51	+ 5,1	Jungfrau		
Fr	25.	15 32	21 30	2 54	12 41	+ 0,4	Jungfrau	Libration West	
Sa	26.	16 41	22 17	3 18	13 30	− 4,2	Spica		
So	27.	17 49	23 03	3 42	14 19	− 8,5	Jungfrau	Größte Nordbreite	
Mo	28.	18 56	23 50	4 09	15 08	−12,4	Waage		
Di	29.	20 00	–	4 38	15 57	−15,7	Waage	**Vollmond**	**$15^h 20^m$**
Mi	30.	21 00	0 38	5 12	16 48	−18,2	Schlangenträger		
Do	31.	21 55	1 27	5 51	17 39	−19,9	Schlangenträger		

Der Mond nähert sich Regulus

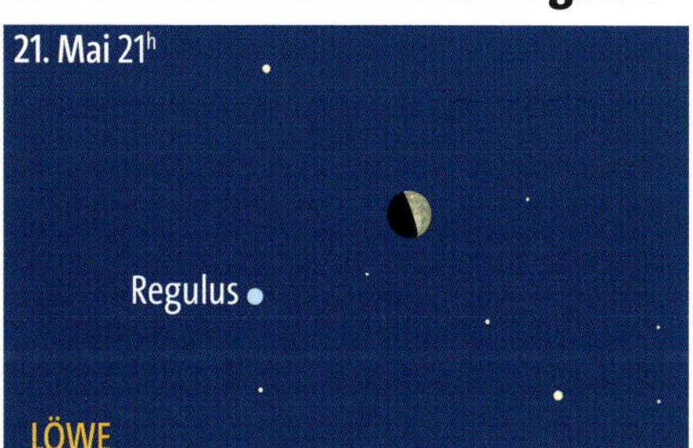

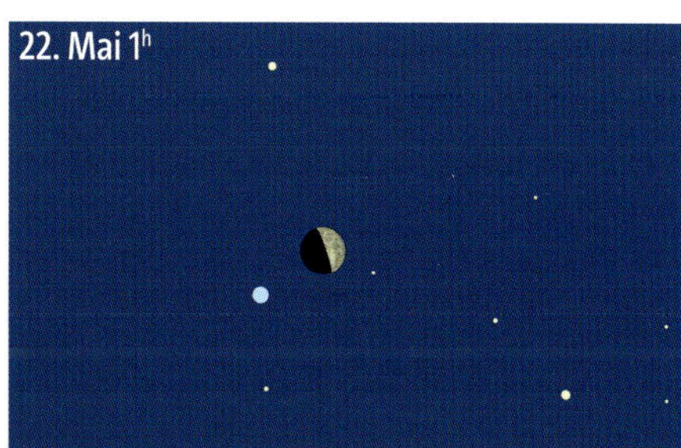

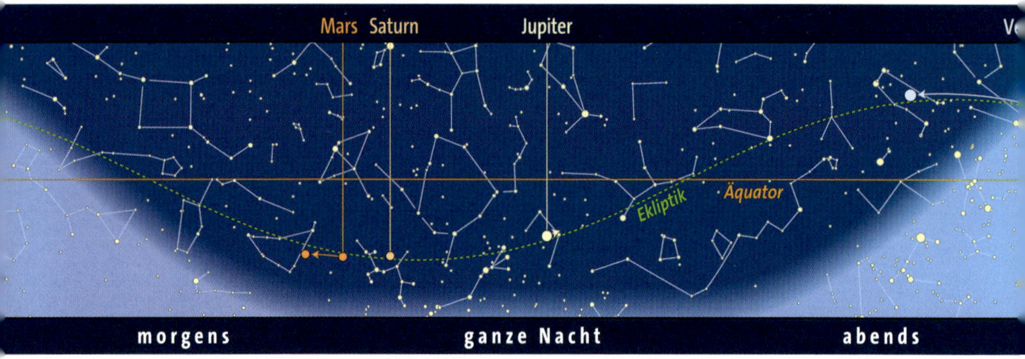

Merkur erreichte Ende April seine größte westliche Elongation. In unseren Breiten zeigt er sich nicht am Morgenhimmel, in den Tropen und auf der Südhalbkugel der Erde kann man ihn in der Morgendämmerung knapp über dem Osthorizont erspähen. Am 3. tritt die Dichotomie ein, das 7,″5 große Merkurscheibchen zeigt sich halb beleuchtet.

Merkur eilt der Sonne nach, holt sie allerdings erst Anfang Juni ein. Bis Ende Mai nimmt die westliche Elongation auf 6° ab. Merkur bleibt im Mai vor unseren Augen verborgen. Auch die Begegnung mit Uranus am 12. bleibt unbeobachtbar.

Venus wird zu einem auffälligen Gestirn am Abendhimmel. Sie wandert durch das Sternbild Stier und wechselt am 19. in die Zwillinge. Am 3. passiert sie 7° nördlich Aldebaran (α Tauri) und zehn Tage später Alnath (β Tauri). Am 19. erreicht Venus ihre höchste Position im Tierkreis, wobei sie sich 1,°6 nördlich des Sommerpunktes aufhält, der im Stier an der Grenze zu den Zwillingen liegt (siehe Abb. 5.2 unten). Die schmale Sichel des zunehmenden Mondes zieht am 17. rund 5° südlich an Venus vorbei – ein netter Anblick am Abendhimmel (siehe Abb. 5.1 auf Seite 112). Die Venushelligkeit nimmt im Laufe des Monats leicht auf –4,m0 zu. Venus geht am 1. um 22^h12^m (= 23^h12^m Sommerzeit) unter, am 15. um 22^h45^m und am 31. erst um 23^h04^m. Nach Sommerzeit geht unser innerer Nachbarplanet damit erst nach Mitternacht unter. Das Perihel ihrer kreisähnlichen Bahn durchläuft Venus in der Nacht vom 15. auf 16., wobei ihr Sonnenabstand 107,5 Millionen Kilometer (= 0,718 AE) beträgt.

Mars verlegt seine Aufgänge in die Zeit um Mitternacht, er beherrscht damit die zweite Nachthälfte. Er wandert durch das Sternbild Schütze und wechselt zur Monatsmitte, am 15., in das

5.2 Bahn von Venus: Scheinbare Bahn des Planeten Venus durch die nördlichen Bezirke des Tierkreises von März bis Anfang Juli 2018. Ende April, Anfang Mai passiert Venus das Goldene Tor der Ekliptik.

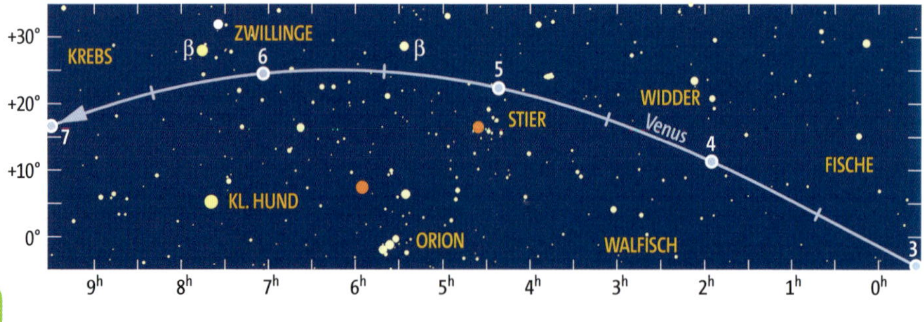

Sternbild Steinbock (siehe Abb. 6.4 auf Seite 139). Seine rechtläufige Wanderung wird deutlich langsamer, die Erde beginnt den roten Planeten auf der Innenbahn einzuholen, die Opposition ist nicht mehr fern.

Die Marshelligkeit steigert sich abermals kräftig um $0\overset{m}{,}8$ auf $-1\overset{m}{,}2$. Nur Jupiter übertrifft noch den roten Planeten an Glanz. Das Marsscheibchen wächst auf 15″ scheinbaren Durchmesser an. Die Beleuchtungsphase liegt bei 90 %.

Geht der rote Planet am 1. noch um 1^h22^m (= 2^h22^m Sommerzeit) auf, so erfolgt der Marsaufgang am 15. um 0^h49^m und am 31. bereits um 0^h08^m.

Am 22. tritt auf Mars das Äquinoktium ein, auf seiner Nordhalbkugel beginnt der Herbst.

Jupiter, rückläufig in der Waage, steht am 9. in **Opposition** zur Sonne. Damit ist seine günstigste Beobachtungsperiode erreicht: Sichtbarkeit die ganze Nacht über, geringste Entfernung von der Erde und somit maximale Helligkeit und größter scheinbarer Durchmesser des Planetenscheibchens (siehe auch Abb. 5.4 rechts).

Am Tag der Opposition geht der $-2\overset{m}{,}5$ helle Jupiter um 19^h31^m (= 20^h31^m Sommerzeit) auf, passiert um 0^h18^m den Meridian und geht am Morgen zu Ende der Oppositionsnacht um 5^h01^m unter. Bis Monatsende verfrühen sich die Jupiteruntergänge auf 3^h28^m (= 4^h28^m Sommerzeit).

Seine geringste Distanz von der Erde erreicht Jupiter am 10. um 11^h mit 658 Millionen Kilometer (= 4,40 AE). Er ist somit 4,4-mal weiter von uns entfernt als die Sonne. Das Licht und Funksignale einer Raumsonde benötigen 37 Minuten, um von Jupiter zur Erde zu gelangen. Von der Sonne trennen Jupiter zur Opposition 809 Millionen Kilometer (= 5,41 AE).

Im Teleskop erkennt man einwandfrei die Abplattung des Jupiterglobus infolge seiner raschen Rotation. Das ovale Planetenscheibchen weist einen scheinbaren Äquatordurchmesser von $44\overset{''}{,}8$ auf, während der Poldurchmesser mit $41\overset{''}{,}9$ kleiner ausfällt.

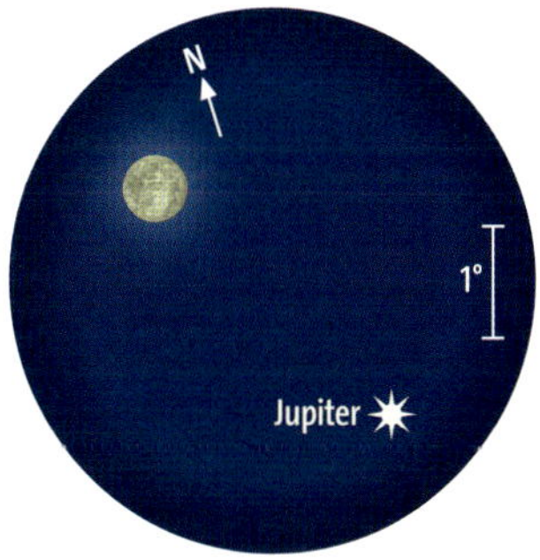

5.3 Mond bei Jupiter:
Rendezvous des fast vollen Mondes mit dem Riesenplaneten Jupiter am 27. Mai. Fernglasanblick gegen 21^h MEZ (= 22^h MESZ).

Saturn, rückläufig im Schützen, verlagert seine Aufgänge in die Zeit weit vor Mitternacht. Seine Helligkeit nimmt geringfügig um $0\overset{m}{,}1$ auf $0\overset{m}{,}2$ zu. Nach Jupiter und Mars ist er damit der dritthellste Planet in der zweiten Nachthälfte. Am 1. geht der Ringplanet um 0^h16^m (= 1^h16^m Sommerzeit), am 15. um 23^h15^m und am 31. schon um 22^h09^m (= 23^h09^m Sommerzeit) auf.

Uranus, rechtläufig im Sternbild Widder, stand Mitte des Vor-

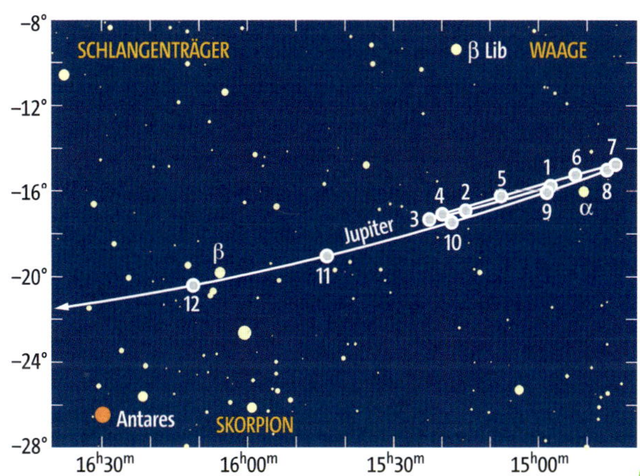

5.4 Bahn von Jupiter:
Scheinbare Bahn des Planeten Jupiter von Januar bis Dezember 2018 im Sternbild Waage. Die Zahlen geben die Jupiterposition zum jeweiligen Monatsersten an (3 = 1. März).

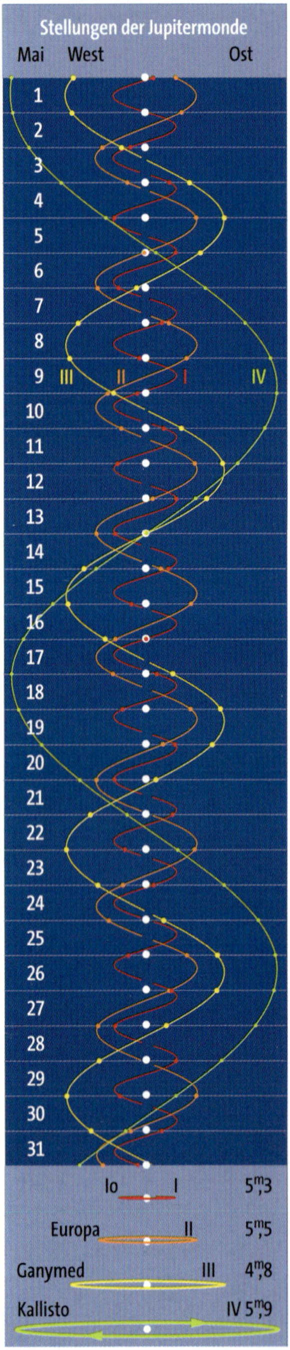

Jupitermonde

Tag	MEZ h m	Vorgang	
1.	2 02	I	SA
	2 14	I	DA
	23 10	I	VA
2.	1 29	I	BE
	20 40	I	DA
	22 41	I	SE
	22 49	I	DE
5.	23 03	II	SA
	23 15	II	DA
6.	1 19	II	SE
	1 24	II	DE
	22 09	III	SA
	22 39	III	DA
	23 49	III	DE
	23 53	III	SE
9.	1 04	I	VA
	3 14	I	VE
	22 24	I	DA
	22 25	I	SA
10.	0 32	I	DE
	0 35	I	SE
	21 43	I	VE
13.	1 29	II	DA
	1 38	II	SA
14.	1 53	III	DA
	2 07	III	SA
	3 07	III	DE
	23 04	II	VE
16.	2 48	I	BA
17.	0 08	I	DA
	0 19	I	SA
	2 16	I	DE
	2 29	I	SE
	21 14	I	BA
	23 37	I	VE
18.	20 42	I	DE
	20 57	I	SE
21.	22 48	II	BA
22.	1 39	II	VE
24.	1 52	I	DA
	2 13	I	SA
	21 59	III	VE

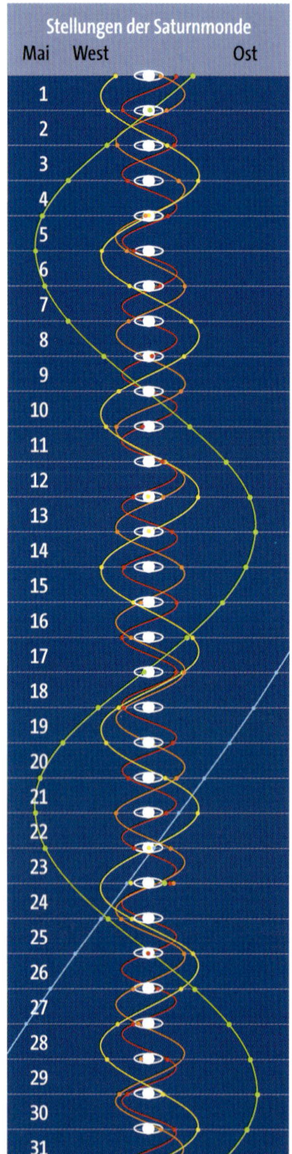

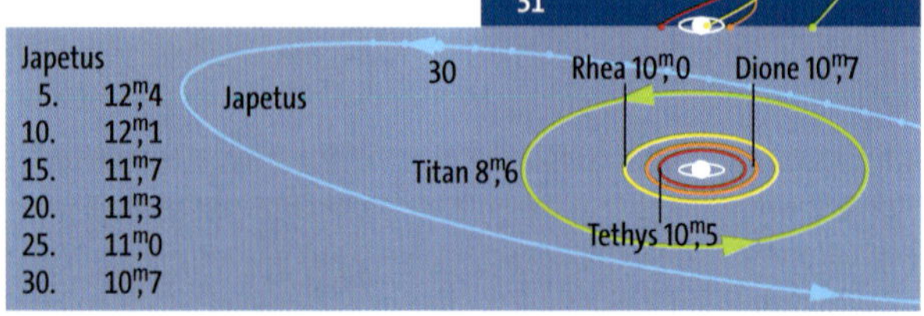

Tag	MEZ	Vorgang	
	h m		
24.	22 59	I	BA
25.	1 31	I	VE
	20 42	I	SA
	22 27	I	DE
	22 51	I	SE
29.	1 03	II	BA
30.	21 20	II	DE
	22 24	II	SE
31.	22 11	III	BA
	23 39	III	BE

monats in Konjunktion mit der Sonne. Der grünliche Planet kann sich noch nicht aus den Strahlen der Sonne befreien und bleibt unbeobachtbar. Auch die Begegnung mit Merkur am 12. entzieht sich einer Beobachtung.

Neptun, rechtläufig im Wassermann, ist noch kein Beobachtungsobjekt. Der $7\overset{m}{,}9$ lichtschwache Planet geht am 1. um 3^h21^m (= 4^h21^m Sommerzeit) auf und am 31. um 1^h24^m. Bis er sich genügend hoch über dem Horizont befindet, hat die Dämmerung schon begonnen.

Planetoiden

Ceres (1) beschleunigt erheblich ihre rechtläufige Wanderung durch den Krebs. Zur Monatsmitte, genauer am 17., wechselt sie wieder in den Löwen und passiert am folgenden Tag knapp südlich κ Leonis ($4\overset{m}{,}5$), der direkt an der Grenze beider Sternbilder liegt (siehe Abb. 1.11 auf Seite 39). Die Cereshelligkeit geht weiter von $8\overset{m}{,}4$ auf $8\overset{m}{,}7$ zurück.

Die Meridianpassagen von Ceres erfolgen am 1. um 18^h48^m, am 15. um 18^h08^m und Ende Mai schon um 17^h25^m (= 18^h25^m Sommerzeit).

Ceres geht am 1. um 3^h34^m unter und am 31. um 1^h42^m (= 2^h42^m Sommerzeit).

Vesta (4) wird im Schützen am 8. um 11^h stationär und bewegt sich anschließend, zunächst noch langsam, rückläufig durch die Sternenwelt. Damit beginnt ihre Oppositionsperiode (siehe Abb. 6.8 auf Seite 142). Die bevorstehende Oppositionsstellung macht sich auch an der deutlichen Helligkeitssteigerung von $0\overset{m}{,}7$ auf $5\overset{m}{,}8$ bemerkbar. Damit wird Vesta zu einem leichten Fernglasobjekt.

Ihre Kulminationen verfrühen sich von 4^h04^m am 1. auf 3^h09^m am 15. und auf 1^h58^m (= 2^h58^m Sommerzeit) am 31. Der Vestaaufgang erfolgt am 1. um 23^h25^m und am Monatsletzten um 21^h25^m (= 22^h25^m Sommerzeit).

Periodische Sternschnuppenströme

Die **Eta-Aquariden**, auch **Mai-Aquariden** genannt, flammen von Monatsbeginn bis etwa 28. Mai auf. Die ersten Exemplare dieses Stromes erscheinen bereits Ende April. Der Radiant liegt bei η Aquarii. Das ausgeprägte Maximum wird am 6. Mai erreicht. Im Durchschnitt sind etwa 20 Sternschnuppen pro Stunde zu registrieren, um die Zeit des Maximums sogar bis zu 60. Wegen des horizontnah liegenden Radianten sind die Mai-Aquariden in unseren Breiten kaum zu beobachten. Aber in südlichen Gegenden sind sie ein auffälliger Strom. Es

Konstellationen und Ereignisse

Datum	MEZ	Ereignis
4.	21^h	**Mond bei Saturn**, Mond $1\overset{\circ}{,}7$ nördlich, **Abstand $2\overset{\circ}{,}4$ um 1^h am 5.**
6.	8	**Mond bei Mars**, Mond $2\overset{\circ}{,}7$ nördlich, **Abstand $2\overset{\circ}{,}5$ um 4^h**
9.	2	**Jupiter in Opposition** zur Sonne
10.	10	Mond bei Neptun, Mond $2\overset{\circ}{,}2$ südlich
12.	22	Merkur bei Uranus, Merkur $2\overset{\circ}{,}4$ südlich
13.	16	Mond bei Uranus, Mond $4\overset{\circ}{,}7$ südlich
13.	18	Mond bei Merkur, Mond $2\overset{\circ}{,}4$ südlich
16.	0	Venus im Perihel
17.	19	**Mond bei Venus**, Mond $4\overset{\circ}{,}8$ südlich, **Abstand $5\overset{\circ}{,}5$ um 21^h**
27.	19	**Mond bei Jupiter**, Mond $3\overset{\circ}{,}9$ nördlich, **Abstand $3\overset{\circ}{,}1$ um 21^h**

handelt sich bei diesem Meteorstrom um schnelle Objekte. Sie tauchen mit Geschwindigkeiten um 65 Kilometer pro Sekunde in die Erdatmosphäre ein, wobei sie auffallend lange Leuchtspuren hinterlassen. Die beste Beobachtungszeit ist ab etwa 3^h am Morgenhimmel in den Tropen. Die Mai-Aquariden führen ihren Ursprung auf den Kometen 1P/Halley zurück.

Die **Eta-Lyriden** erscheinen zwischen 3. und 14. Mai. Dieser wenig auffallende Strom erreicht am 8. sein schwaches Maximum mit etwa fünf Meteoren pro Stunde.

Der Radiant liegt zwischen Wega und δ Cygni. Somit sind die η-Lyriden die gesamte Nacht über zu beobachten. Ursprungsobjekt ist der Komet C/1983 H1 (IRAS-Araki-Alcock).

Ferner sind noch die **Scorpius-Sagittarius**-Meteore zu erwarten, die von Mitternacht bis 4^h morgens günstig zu beobachten sind.

Ihr Ausstrahlungspunkt liegt rund 1° nördlich von β Scorpii. Das erste Maximum dieses Stromes wird um den 20. erwartet. Es handelt sich um mittelschnelle Sternschnuppen (um 30 Kilometer pro Sekunde).

Der Fixsternhimmel

Blickt man abends senkrecht nach oben, dann erkennt man den Himmelswagen. Folgt man mit den Augen dem Schwung der Wagendeichsel, so trifft man hoch im Süden auf den orangeroten Arktur, den Hauptstern des Bootes. Das Sternbild Bootes ist recht markant und lässt sich leicht einprägen. Von den Winterbildern sind nur noch die Zwillinge und der Kleine Hund tief im Westen zu finden.

Der Löwe hat seinen Meridiandurchgang schon hinter sich. Das große Löwentrapez neigt sich leicht zum Horizont. Zwischen dem Löwen und dem großen Bären liegt das weniger bekannte Bild des Kleinen Löwen. Der unscheinbare Krebs steht noch im Westen, eingerahmt von Zwillingen und Löwe.

In der Osthälfte des Himmelsgewölbes fällt neben dem Bootes ein markanter Sternenhalbkreis ins Auge. Er deutet die Nördliche Krone, lateinisch Corona Borealis (CrB) an. Der etwas hellere Stern im Halbkreis, α Coronae Borealis, heißt Gemma, was aus dem Lateinischen kommt und „Edelstein" bedeutet. Weniger bekannt ist der arabische Name Alphecca für α CrB.

Im Nordosten strahlen Wega in der Leier und Deneb im Schwan, zwei Eckpunkte des Sommerdreiecks. Der dritte im Bunde, Atair im Adler, ist zur Standardbeobachtungszeit noch nicht erschienen. Auf der Verbindungslinie Arktur – Wega liegt ein wenig östlich des Sternenhalbkreises der Nördlichen Krone das lichtschwache, aber ausgedehnte Sternbild Herkules. In ihm ist der berühmte Kugelsternhaufen M 13 zu finden.

Im Süden schreitet die Jungfrau mit ihrem hellen, bläulichen Hauptstern Spica eben durch die Mittagslinie. Südwestlich von Spica fällt das markante Sternentrapez des Raben auf, der seine Meridianpassage gerade hinter sich hat. Der Jungfrau folgt im Tierkreis das nicht besonders auffällige Sternbild Waage. In ihr strahlt in diesem Jahr der Riesenplanet Jupiter und wertet sie gewissermaßen auf.

Tief im Nordwesten funkelt Kapella im Fuhrmann. Sie ist der hellste Stern, der bei uns zirkumpolar ist.

Der Skorpion schickt sich erst an aufzugehen. Sein heller Hauptstern Antares überschreitet gerade die Horizontlinie.

Im Osten steigt der Schlangenträger (lat.: Ophiuchus) mit der Schlange (lat.: Serpens) empor. Von der Schlange, deren Kopf bis an die Nördliche Krone heranreicht, ist allerdings nur der Vorderteil (lat.: Serpens Caput) schon über dem Horizont. Zieht man von Denebola (β Leonis), dem Schwanzstern im Löwen, zu Arktur eine Linie, so tangiert sie das Sternbild Haar der Berenike (lat.: Coma Berenices, meist nur

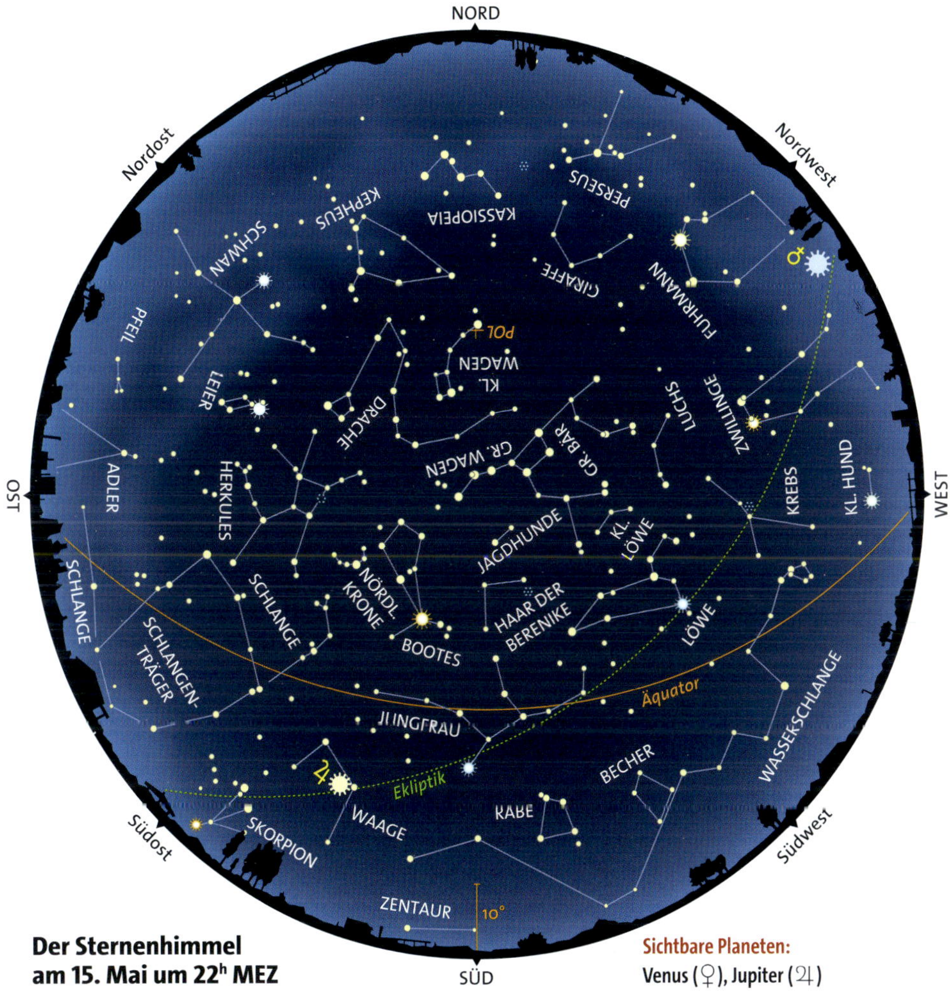

Der Sternenhimmel am 15. Mai um 22^h MEZ

Sichtbare Planeten:
Venus (♀), Jupiter (♃)

Die Sternkarte ist auch gültig für:		
	MEZ	MESZ
15. 1.	6^h	
1. 2.	5	
15. 2.	4	
1. 3.	3	
15. 3.	2	
1. 4.	1	2^h
15. 4.	0	1
1. 5.	**23**	**24**
15. 5.	**22**	**23**
31. 5.	**21**	**22**

Coma genannt). Das Haar der Berenike hat jetzt seine Höchststellung erreicht. Es gehört zu den lichtschwächsten und darum unauffälligen Sternbildern. Es setzt sich nur aus Sternen vierter Größe und schwächer zusammen. In sehr dunkler, mondloser und klarer Nacht mit guter Durchsicht bemerkt man wohl eine etwas höhere Konzentration an schwächeren Sternen zwischen Löwe und Bootes. Im Norden wird das Haar der Berenike von den Jagdhunden und im Süden von der Jungfrau begrenzt. Etwas Fantasie vorausgesetzt, kann man sich unter dieser Ansammlung von schwächeren Sternen das vom Wind zerzauste Haupthaar einer Frau vorstellen. Im Sternbild Haar findet sich auch der berühmte Coma-Galaxienhaufen.

Objekte für Feldstecher und Fernrohr

Der Löwe ist als prominentes Frühlingssternbild leicht zu erkennen. Manche sehen im vorderen Teil die Form einer Sichel, gebildet von den Sternen α, η, γ, ζ, μ und ε Leonis. Andere sehen hier ein seitenverkehrtes Fragezeichen. Diese Region ist für Fernglas- und Fernrohrbeobachter durchaus interessant. So zählt der Hauptstern im Löwen (α Leonis) zu den weniger bekannten Doppelsternen. Der bläulich-weiß funkelnde Regulus (Spektralklasse: B7 V) hat in der recht großen Distanz von 176″, das sind fast drei Bogenminuten, einen orangen Begleiter. Allerdings ist die Helligkeitsdifferenz enorm. Während Regulus A mit $1^m,4$ zu den hellsten Sternen zählt, hat sein Begleiter α Leo B nur $7^m,9$ scheinbare Helligkeit und ist mit freien Augen nicht zu erkennen. Am besten benutzt man ein gutes Fernglas mit mindestens 6 cm Öffnung bei 15- bis 25-facher Vergrößerung, um den orangen Begleiter (Spektraltyp K1 V) zu sehen. Um sicher zu gehen, auch den richtigen Begleitstern zu identifizieren, sei der Positionswinkel genannt: P = 308°. Der Positionswinkel wird von Nord (0°) über Ost (90°), Süd (180°) und West (270°) gezählt. Man beachte: Im Fernglas ist Norden oben und Westen rechts (in unseren geografischen Breiten). Im umkehrenden Teleskop ist jedoch Norden unten, Westen links, Osten rechts und Süden oben.

Von Regulus ausgehend lasse man den Blick nach Norden gleiten. Dann trifft man zunächst auf η Leonis, den Bruststern des Löwen. Ein wenig höher in nordöstlicher Richtung steht γ Leonis, auch unter dem Namen Algieba bekannt. Er markiert den Hals des Löwen und ist ein Paradedoppelstern, der auch gerne bei Sternführungen dem Publikum gezeigt wird. Die tiefgelbe (K0), $2^m,3$ helle Hauptkomponente hat in $4'',6$ Distanz einen

5.5 Sternbild Löwe:
Der westliche Teil des Sternbildes Löwe sieht aus wie eine Sichel. Markiert sind die Positionen der im Text erwähnten Sterne sowie die Balkenspiralgalaxie NGC 2903.

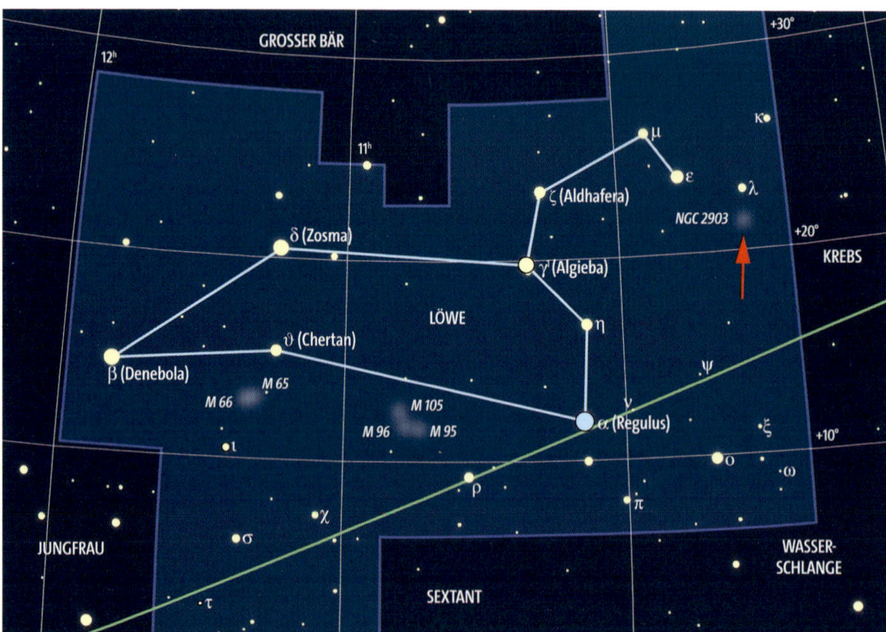

5.6 Kugelsternhaufen im Herkules: Aufnahme des kugelförmigen Sternhaufens M 13 im Herkules, gewonnen von Martin Gertz auf der Sternwarte Welzheim.

$3\overset{\mathrm{m}}{,}5$ hellen Begleiter gleicher Farbe. Knapp südlich (22′) von Algieba trifft man auf 40 Leo, einen $4\overset{\mathrm{m}}{,}8$ hellen Stern, den man schon mit bloßen Augen erkennen sollte. Im Fernglas ist er auf alle Fälle zu sehen. Weiter geht der Blick nach Norden, wo ζ Leonis ($3\overset{\mathrm{m}}{,}4$) steht. Er heißt mit Eigennamen Adhafera. Etwa $5\overset{\prime}{,}5$ über ζ Leo befindet sich 35 Leonis ($5\overset{\mathrm{m}}{,}9$). Die beiden bilden ein optisches Paar mit der Bezeichnung Σ I 18 im Doppelsternkatalog von Friedrich Wilhelm Struve.

Rund eine halbe Vollmondbreite südlich von Adhafera hält sich 39 Leonis ($5\overset{\mathrm{m}}{,}8$) auf, ebenfalls ein optischer Doppelstern. Sein Begleiter steht $7\overset{\prime}{,}8$ nordwestlich von 39 Leo und ist mit nur $11\overset{\mathrm{m}}{,}4$ recht lichtschwach.

Man schwenke sein Teleskop oder Fernglas zunächst nach Nordwest bis zu μ Leonis ($3\overset{\mathrm{m}}{,}9$), dann nach Südwest zu ε Leonis ($3\overset{\mathrm{m}}{,}0$) und weiter nach Westen zu λ Leonis ($4\overset{\mathrm{m}}{,}3$). Von hier gehe man etwa ein Grad (zwei Vollmonddurchmesser) nach Süden, dann trifft man auf die schöne Balkenspirale (Hubble-Typ SBc) mit der Katalognummer NGC 2903. Sie ist nur 9^{m} hell und erscheint im Zehnzöller (25 cm Objektivdurchmesser) als längliches Lichtfleckchen von $6\overset{\prime}{,}0 \times 12\overset{\prime}{,}6$, das sich etwa in Nord-Süd-Richtung ausdehnt. Man sieht diese Galaxie als schwaches

Veränderliche Sterne im Mai

Algol-Minima	2.	$3^{h}46^{m}$	7.	$21^{h}24^{m}$	22.	$5^{h}29^{m}$	25.	$2^{h}18^{m}$	30.	$19^{h}57^{m}$
β-Lyrae-Minima	6.	0^{h}N	12.	12^{h}H	18.	23^{h}N	25.	11^{h}H	31.	23^{h}N
δ-Cepheï-Maxima	5.	7^{h}	10.	16^{h}	16.	1^{h}	21.	9^{h}	26.	18^{h}

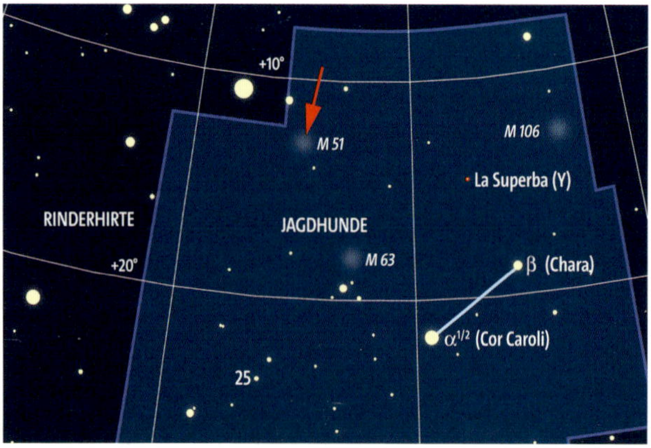

5.7 Galaxie in den Jagdhunden: Die Position der Strudelgalaxie M 51 im Sternbild Jagdhunde.

Lichtfleckchen mit einer zentralen Aufhellung. Die Entfernung liegt bei 30 Millionen Lichtjahren. Für Benutzer von GoTo-Teleskopen seien die Koordinaten von NGC 2903 genannt: $\alpha = 9^h32^m\!.2$ und $\delta = +21°30'$ (J2000.0).

Um die genannten Objekte im Löwen zu finden, benutze man die Sternkarte E11 im *Atlas für Himmelsbeobachter* von Erich Karkoschka.

Als prominenter Kugelhaufen sei M 13 genannt. Er steht im Herkules und ist unter günstigen Sichtbedingungen schon mit bloßen Augen zu erkennen. Im Fernglas sieht man auf alle Fälle ein rundes Nebelfleckchen. Richtig prächtig wirkt er in einem größeren Teleskop bei niedriger Vergrößerung. Entdeckt wurde M 13 bereits 1714 von Edmond Halley. M 13 ist der größte (15′ Durchmesser) und hellste (6^m) Kugelhaufen des nördlichen Sternenhimmels. Man blickt hier auf eine alte Sternengesellschaft von über zehn Milliarden Jahren, wobei sich rund eine Million Sonnen auf einem Raum von 160 Lichtjahren Durchmesser drängen.

Zu guter Letzt sei noch eine Paradegalaxie empfohlen. Sie steht im Sternbild der Jagdhunde und trägt die Messier-Nummer 51. Man sieht fast senkrecht auf diese Spiralgalaxie, die Lord Rosse als Whirlpool Galaxy (engl., Strudelgalaxie) getauft hat. M 51 war das erste Milchstraßensystem, bei dem man eine Spiralform erkannt hat. Die Entfernung von M 51 beträgt rund 22 Millionen Lichtjahre. Viele an der Astronomie Interessierte kennen M 51 von prächtigen Fotos. Im Amateurteleskop entpuppt sich M 51 allerdings nur als ein mattes Lichtfleckchen. Erst in größeren Instrumenten zeigen sich deutlich die Spiralarme. M 51 gehört zu den schönsten Spiralnebeln am Firmament. Die Strudelgalaxie ist leicht zu finden, wenn man vom letzten Deichselstern im Großen Wagen (Benetnasch oder η UMa) ausgeht.

5.8 Galaxie in den Jagdhunden: Aufnahme der Strudelgalaxie M 51 von M. Gertz/Sternwarte Welzheim.

Jupiter und Juno

Hubble Space Telescope/NASA, ESA, STScI

5.9 Der Riesenplanet Jupiter mit seinen Wolkenstreifen und dem Großen Roten Fleck (GRF). Aufnahme des Hubble-Weltraumteleskops vom April 2017.

Abgesehen von Mond und Sonne gehört Jupiter zu den beliebtesten Beobachtungsobjekten für Sternfreundinnen und Sternfreunde. Schon in kleinen Fernrohren und bei mäßiger Vergrößerung erkennt man helle Streifen und dunkle Bänder auf dem Jupiterscheibchen. Reizvoll ist es auch, den Tanz der vier hellen, großen Jupitermonde um den Mutterplaneten zu verfolgen. Dazu reicht schon ein gutes Fernglas. Die vier hellen Jupitermonde werden auch „Galileische Monde" genannt, obwohl sie nicht nur von Galileo Galilei, sondern auch von Thomas Harriot und Simon Marius unabhängig voneinander entdeckt wurden. Auf Vorschlag von Johannes Kepler wurden sie Io, Europa, Ganymed und Kallisto getauft.

Nach Venus ist Jupiter der bei weitem hellste Planet am irdischen Nachthimmel. Nur in seltenen Fällen wird er für ein paar Wochen von Mars an Glanz übertroffen. Das ist in diesem Jahr der Fall, wenn Mars am 31. Juli in extreme Erdnähe kommt. Vom 6. Juli bis 7. September 2018 ist Mars etwas heller als Jupiter.

Größter Planet im Sonnensystem

Jupiter ist fünfmal weiter als die Erde und dreimal weiter als Mars von der Sonne entfernt. Für eine Sonnenumrundung benötigt Jupiter elf Jahre und 315 Tage. Ein Jupiterjahr dauert somit knapp zwölf irdische Jahre. Die Jupiterbahn weicht nur geringfügig von der Kreisbahn ab. Im Perihel trennen Jupiter 740 Millionen Kilometer, im Aphel 815 Millionen Kilometer von der Sonne.

Mit elffachem Erddurchmesser und 318-facher Erdmasse ist Jupiter der größte und schwerste Planet unseres Sonnensystems. Jupiter vereinigt 70 Prozent der gesamten Masse aller Planeten in

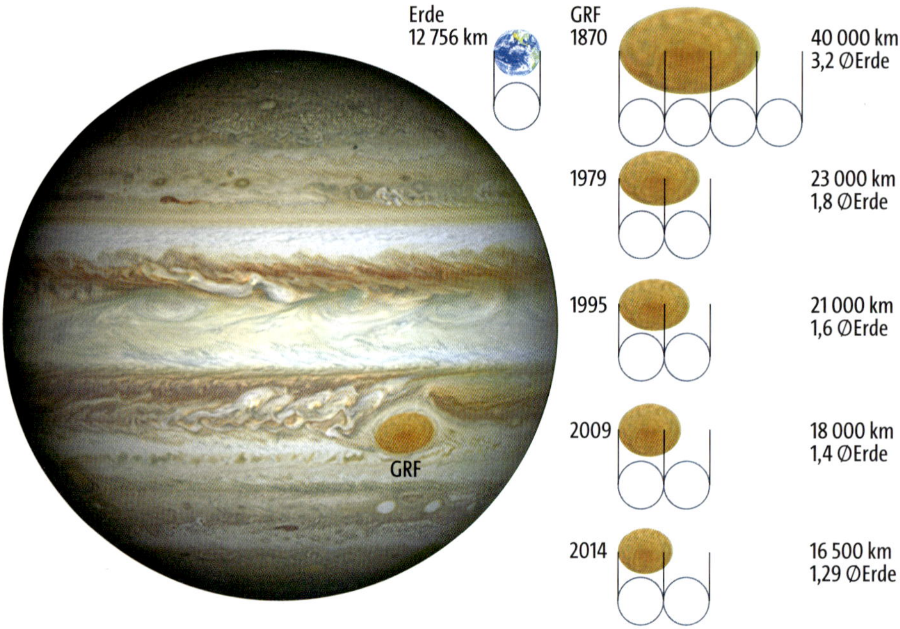

5.10 Im Laufe der Zeit ist der Große Rote Fleck kleiner und rundlicher geworden.

unserem Sonnensystem in seinem riesigen Gasleib, dessen Volumen 1300 Erdgloben entspricht. Wegen seiner schieren Größe nennt man ihn auch Riesenplanet.

Die synodische Umlaufzeit des Riesenplaneten beträgt knapp 400 Tage. Alle dreizehn Monate kommt Jupiter in Opposition zur Sonne. Die Jupiterbahn ist nur um 1,°3 zur Ekliptik geneigt. Damit hat sie nach der Uranusbahn die geringste Neigung zur Erdbahnebene. Seine Bahn durchläuft der Riesenplanet mit einer mittleren Geschwindigkeit von 13 Kilometer pro Sekunde, das ist weniger als die Hälfte der Erdgeschwindigkeit.

Wer zum ersten Mal Jupiter in einem Teleskop betrachtet, dem fallen zunächst zwei Dinge auf: Der Riesenplanet erscheint gestreift wie ein bemaltes Osterei. Außerdem hat man den Eindruck, dass das Planetenscheibchen nicht kreisrund, sondern oval ist. Jupiter ist abgeplattet. Der Poldurchmesser ist 1/16 kürzer als der Äquatordurchmesser. Durch seine schnelle Rotation entspricht die Form des Jupiterglobus einem Rotationsellipsoid. In knapp zehn Stunden dreht sich der Riesenplanet einmal um seine Achse, die fast senkrecht auf seiner Bahnebene steht. Die Achsenneigung beträgt nur 3° zur Senkrechten.

Wolken, Wirbel und Monde

Schon die ersten Fernrohrbeobachter erkannten bald, dass Jupiter von einer dichten Wolkenhülle umgeben wird. Man sieht auf dunkle Wolkenbänder und helle Zonen parallel zum Jupiteräquator. Außerdem fällt ein großer Fleck auf, der schon im 17. Jahrhundert von Giovanni Domenico Cassini und Robert Hooke entdeckt wurde. Sie berichteten 1665 in den *Philosophical Transactions of the Royal Society* von einem „dauerhaften Fleck auf der Jupiterscheibe" („... a permanent Spot in the Disque of Jupiter"), mit dessen Hilfe sie die Rotationsdauer des Riesenplaneten zu neun Stunden und 56 Minuten bestimmt hatten – ein erstaunlich genaues Ergebnis. Allerdings gaben sie weder Größe, Ort noch Farbe des von ihnen entdeckten Flecks an.

Erst spätere Beobachter beschrieben ihn als oval und von roter Farbe. Seitdem bezeichnet man ihn als „Großer Roter Fleck", abgekürzt GRF. Viele Jahre lang wurde dieser GRF nur sporadisch beobachtet. Erst mit William Rutter Dawes (1799–1868) begann gegen Ende des 19. Jahrhunderts die systematische Erforschung und regelmäßige Beobachtung des Phänomens, von dem man heute weiß, dass es sich beim GRF um einen gewaltigen Wirbelsturm handelt.

Dawes, hauptberuflich als Geistlicher tätig, ist heute noch gut bekannt für seine empirische Formel zum Auflösungsvermögen eines Teleskopes (Das Dawes-Kriterium findet man im *Kompendium der Astronomie*, 5. Auflage, Seite 17). Er widmete sich vor allem der Doppelsternbeobachtung und entdeckte dank seiner guten Augen zahlreiche Doppelsterne, was ihm auch den Spitznamen „Adlerauge" einbrachte. Daneben war er ein eifriger Planetenbeobachter, der zahlreiche Zeichnungen von Mars und Jupiter mit unglaublicher Detailfülle anfertigte. Berühmt geworden sind zwei Jupiterzeichnungen von ihm, die er unter Einsatz seines 7-Zoll-Dollond-Refraktors (Öffnung: 17,5 cm) erstellte. Die beiden Zeichnungen zeigen Jupiter ohne einen einzigen seiner vier hellen Monde. Am 28. September 1843 sah man Jupiter für 35 Minuten ohne Monde. Io, Kallisto und Ganymed befanden sich im Transit und Europa war hinter Jupiter verschwunden. Dawes zeichnete die drei Monde vor der Jupiterscheibe sowie den Schatten von Io als kleine dunkle Kreisscheibe auf der Jupiteroberfläche.

Am 21. August 1867 wiederholte sich dieses Schauspiel. Diesmal beobachtete er mit einem 8-Zoll-Clark-Refraktor (Öffnung: 20 cm) bei 412-facher Vergrößerung. Wieder befand sich Europa unsichtbar hinter dem Jupiterglobus. Neben Io, Ganymed und Kallisto vor der Jupiterscheibe zeichnete Dawes auch die Schattenbilder von Ganymed und Kallisto auf den Jupiterwolken.

Während 1867 mehrere Beobachter den „mondlosen" Jupiter sahen, war Dawes offensichtlich der einzige Beobachter der gleichen Erscheinung von 1843. Der Direktor des Observatoriums Greenwich und Astronomer Royal, George Biddell Airy, bat ihn daher um Überlassung seiner Jupiterzeichnung vom 28. September 1843. Für seine exzellenten Beobachtungen erhielt Dawes die Goldmedaille der Royal Astronomical Society (RAS). Die zweite Zeichnung mit Jupiter ohne Monde fertigte Dawes knapp sechs Monate vor seinem Tod am 15. Februar 1868 an.

Veränderungen im Großen Roten Fleck

Auch der GRF erscheint auf den Zeichnungen von Dawes. Vor ihm gab es keine detailreichen Zeichnungen dieses Phänomens. Er beobachtete auch das Auftauchen heller, runder Flecken mit Durchmessern von einer bis drei Bogensekunden in den südlichen Wolkenbändern um den GRF.

Ab 1870 begann die regelmäßige Beobachtung des GRF. Er wurde als auffällig und ziemlich rot beschrieben. Man vermaß ihn mikrometrisch und bestimmte seine Ausdehnung in Ost-West-Richtung zu 34° in jovigrafischen Längengraden. Dies entspricht einer linearen Ausdehnung von 40 000 Kilometer, so viel wie der Erdumfang. Die Messungen waren damals noch recht ungenau, aber bereits 1890 wurde ein Trend ersichtlich.

Der GRF schrumpft, die Längsausdehnung nimmt etwa um 0,°14 pro Jahr ab. Auch seine Farbe schien zu wechseln. Manchmal zeigte sich der GRF in einem fahlen, gelblichen Licht und war nicht mehr auffällig.

Der GRF ist eingebettet in die südliche tropische Zone auf Jupiter. Am Nordrand herrscht eine heftige Westströmung, am Südrand eine ebenso starke Ostströmung. Beide Strömungen werden durch den rotierenden GRF abgelenkt. Die Windgeschwindigkeiten erreichen dabei bis zu 500 Kilometer pro Stunde. Moderne Beobachtungen haben unser Bild von den komplizierten Strömungen in der Jupiteratmosphäre allgemein und der Zyklone des GRF insbesondere erheblich erweitert.

NASA

5.11 Die Raumsonde der Jupitermission Juno

Über zwanzig Jahre hat das Hubble-Weltraumteleskop Jupiter ins Visier genommen. Vor allem aber irdische Späher, die den Riesenplaneten besuchten, haben eine Fülle von Erkenntnissen gebracht. Als erste Raumsonde besuchte Pioneer 10 Anfang Dezember 1973 den Riesenplaneten. Genau ein Jahr später folgte Pioneer 11. Im März 1979 flog Voyager 1 an Jupiter vorbei, gefolgt von Voyager 2 im Juli 1979. Vor allem aus den Aufnahmen von Voyager 2 ließen sich Filme zusammenstellen, die zahlreiche Wirbel und Zyklone in der Jupiteratmosphäre zeigen, von denen der GRF eindeutig der größte ist. Die Dynamik des GRF ist frappierend. Auch die Raumsonde Cassini begegnete im Dezember 2000 auf ihrem Weg zu Saturn dem Riesenplaneten. Ebenso passierte die Plutosonde New Horizons am 28. Februar 2007 den Riesenplaneten. Während diese Sonden lediglich an Jupiter vorbeiflogen, schwenkte die Raumsonde Galileo im Dezember 1995 in eine Umlaufbahn um Jupiter ein – der erste künstliche Jupitertrabant. Zuvor hatte Galileo eine Tochtersonde abgetrennt, die am 7. Dezember 1995 in die Jupiteratmosphäre eindrang und ihre chemische Zusammensetzung analysierte. Bei einem Atmosphärendruck von 22 000 Hektopascal, dies sind 22 bar, entsprechend einem Wasserdruck in 210 Meter Meerestiefe, und einer Temperatur von 152 °C stellte die Sonde den Funkkontakt ein und verstummte.

Von 1998 bis 2000 wurden unter anderem drei kleine, weiße Wirbelstürme beobachtet, die allmählich miteinander verschmolzen und einen größeren Zyklon bildeten, der bis 2005 eine rote Farbe annahm. Damit war in der Nachbarschaft des GRF ein kleiner roter Fleck (KRF) entstanden. 2008 wurde kurzfristig ein dritter roter Fleck gesichtet. Zahlreiche kleinere, weiße Flecke, wie sie schon Dawes beobachtete, tauchten in den schnell strömenden Wolkenbändern auf. Manchmal werden sie in den Wirbel des GRF hineingezogen und verändern dabei seine Farbe, was man auch gut als Amateurastronom mit handelsüblichen Fernrohren verfolgen kann. So erschien 1995 der GRF recht blass und fahl, wobei seine Ränder kaum zu erkennen waren. Bis 2015 wurde er wieder deutlich röter, als kaum mehr kleine, weiße Wirbel in den südlichen Bändern und Zonen mitgeschleppt wurden.

Deutlich wurde jedoch das Schrumpfen des GRF in den letzten drei Jahrzehnten registriert. Die Abnahme seiner Längsausdehnung nahm auf 0,°19 pro Jahr zu. Inzwischen beträgt der Längsdurchmesser nur noch 14°. Auch die Breite ging deutlich zurück. Der GRF erscheint nicht mehr so länglich wie einst, sondern inzwischen mehr kreisrund.

Eine neue Planetensonde

Bisheriger Höhepunkt der Jupiterforschung ist zweifellos die Mission Juno. Sie wurde nach der Gemahlin des römischen Göttervaters Jupiter benannt. In der Astronomie war der Name „Juno" allerdings schon lange vergeben: Juno heißt der dritte Planetoid, der am 1. September 1804 von Karl Ludwig Harding auf der Sternwarte Lilienthal bei Bremen entdeckt wurde.

Juno wurde aber auch die amerikanische Raumsonde getauft, die am 5. August 2011 von der NASA auf den Weg zu Jupiter geschickt wurde, wo sie am 4. Juli 2016 in einen Orbit um den Riesenplaneten einschwenkte. Im Unterschied zum Jupiterorbiter Galileo läuft der künstliche Jupitertrabant Juno auf einer sehr exzentrischen Bahn um den Riesenplaneten, die über die beiden Jupiterpole führt.

5.12 Die Bahn der Raumsonde Juno von der Erde zum Jupiter.

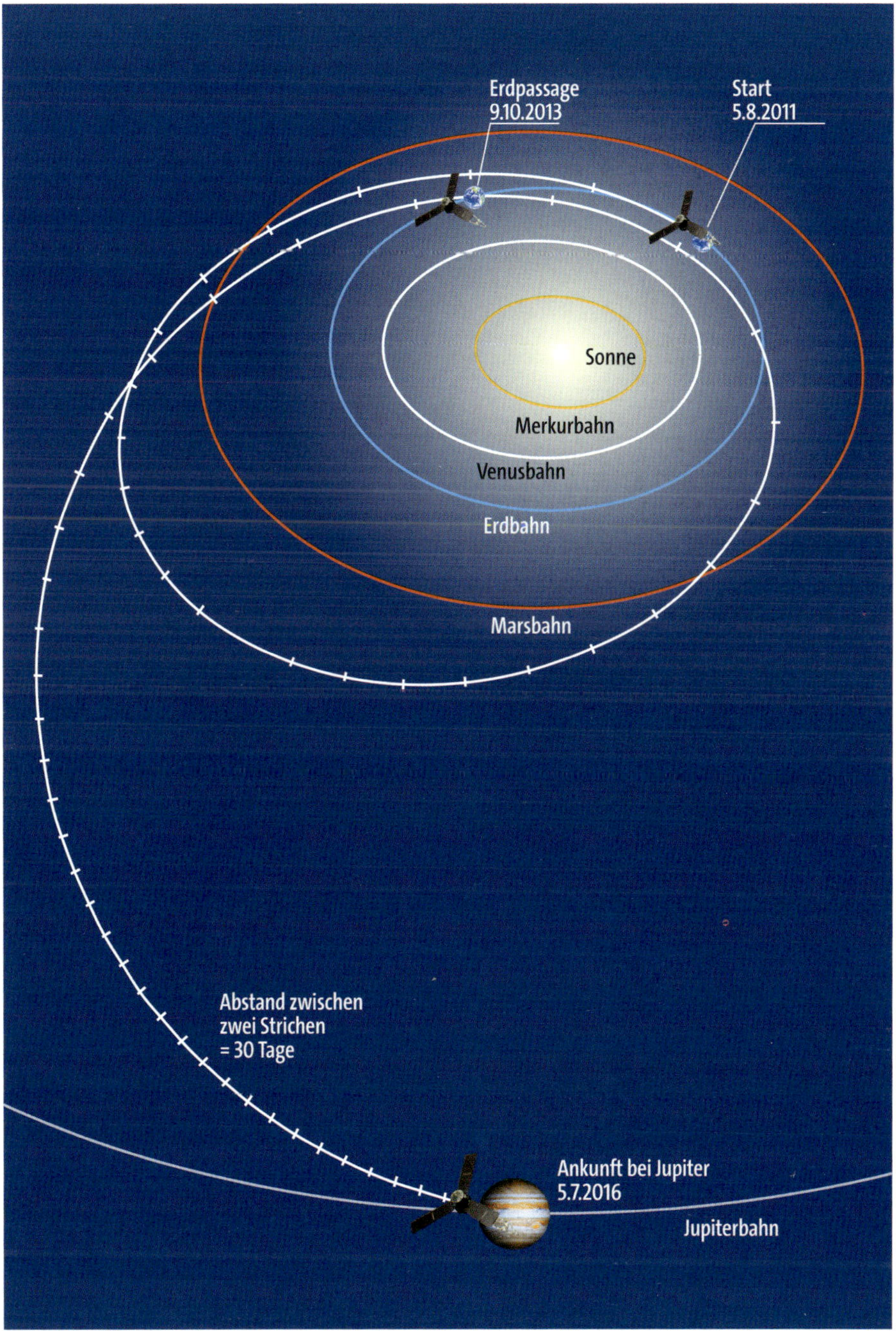
Erdpassage
9.10.2013
Start
5.8.2011
Sonne
Merkurbahn
Venusbahn
Erdbahn
Marsbahn
Abstand zwischen
zwei Strichen
= 30 Tage
Ankunft bei Jupiter
5.7.2016
Jupiterbahn

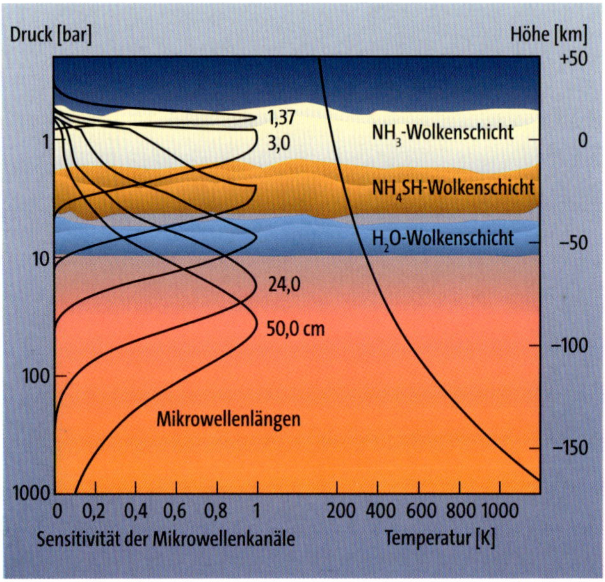

5.13 Aufbau der Atmosphäre des Jupiter

Es war für die Planetenforscher nicht leicht, die für die Finanzen verantwortlichen Manager der NASA zu überzeugen, dass man nach der erfolgreichen Galileo-Mission einen weiteren Jupiterorbiter benötigt. Auslöser für weitere Missionen zum Riesenplaneten waren die teils überraschenden Entdeckungen von Galileo. So hat die Tochtersonde von Galileo, die am 7. Dezember 1995 in die Jupiteratmosphäre eindrang und in 140 Kilometer Tiefe (unter 1-bar-Nullniveau) ihre Funksignale einstellte, für Verwunderung gesorgt.

Die Sonde passierte drei Wolkenschichten, die oberste aus Ammoniaktröpfchen und -kristallen (NH_3), die mittlere aus Ammoniumhydrosulfid (NH_4SH) und die unterste aus Wasserdampf (H_2O). Während Druck, Temperatur und Windgeschwindigkeit in etwa den Erwartungen entsprachen, waren zur großen Überraschung der Jupiterforscher kaum Wolken zu sehen. Vor allem in der untersten Schicht fehlten die Wasserwolken. War die Sonde durch ein Wolkenloch gefallen? Wie sieht es mit dem Wasservorkommen auf Jupiter aus? Außerdem wollte man wissen, ob die allgemein verbreitete Vorstellung eines festen, felsigen Kerns im Zentrum von Jupiter auch wirklich zutrifft.

Durchleuchtung aus der Ferne

So plante man eine weitere Sonde, die erneut in die Jupiteratmosphäre eindringen sollte. Doch deren Messungen hätten wiederum nur ein punktuelles, örtlich begrenztes Ergebnis gebracht. Der NASA-Manager Scott Bolton und seine Mitarbeiter hatten eine bessere Idee: Ein Orbiter mit einem Mikrowellen-Empfänger sollte in sechs Kanälen die Wolkenschichten global abtasten. Im Tiefflug knapp über der obersten Wolkenschicht in 4000 Kilometer Höhe kann man vor allem das Wasservorkommen registrieren. Gesagt, getan. Die Mission Juno wurde so geplant und konzipiert mit einem Flug über die Pole von Jupiter unter anderem auch, um die vornehmlich im Ultravioletten permanent vorhandenen Polarlichter zu beobachten.

Die polare Umlaufbahn ist auch notwendig, um der hochenergetischen Korpuskelstrahlung des Sonnenwindes zu entgehen. Die von dem enorm starken Magnetfeld Jupiters eingefangenen Alpha-Teilchen, Protonen und Elektronen führen zu Spannungen bis zu einer Million Volt. Juno taucht auf ihrer Umlaufbahn unter dem äquatorialen Strahlungsgürtel hindurch.

Um die Elektronik der Sonde zu schützen, wurde sie in einem Behälter mit zentimeterdicken Wänden aus Titan untergebracht. Ein Mensch würde ohne besondere Schutzmaßnahmen einen Flug durch Jupiters Strahlungsgürtel kaum überleben.

In tieferen Schichten von Jupiter ist der Druck so enorm groß, dass der Wasserstoff in einen Zu-

5.14 Befindet sich im Zentrum von Jupiter ein Felsenkern?

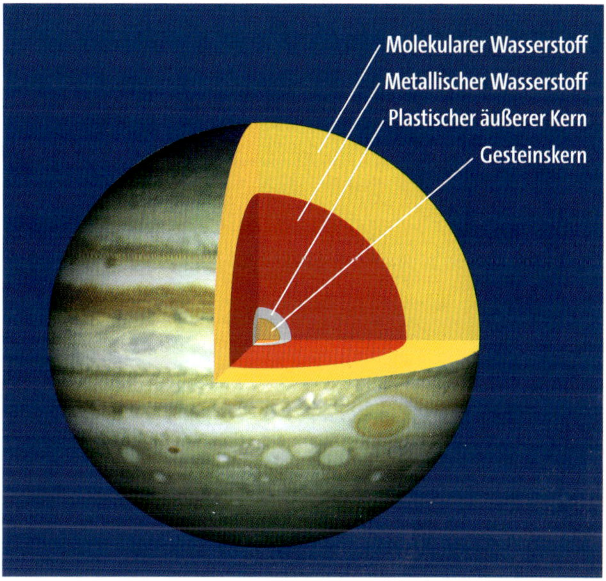

stand gerät, den man „metallisch“ nennt. Metallischer Wasserstoff ist elektrisch leitend und hat eine hohe Wärmeleitfähigkeit. Aus Junos Bahn lässt sich das Gravitationsfeld von Jupiter und damit auch die Massenverteilung in seinem Inneren bestimmen. Wahrscheinlich hat Jupiter keinen festen Felsenkern, sondern im Zentrum sind bei einem ultrahohen Druck von 500 Millionen Atmosphären und einer Temperatur von 20 000 °C die schweren Elemente mit dem metallischen Wasserstoff vermengt. Die Dichte entspricht dabei exakt der von Blei. Je näher Juno die Jupiteroberfläche überfliegt, desto exakter lässt sich das Gravitationsfeld vermessen.

Die im sichtbaren Licht hell erscheinenden Zonen werden von Wolken aus Ammoniak-Tröpfchen gebildet, während die dunkleren Bänder komplexe Schwefelverbindungen mit Ammoniumhydrosulfid enthalten. Im Infraroten erscheinen die Zonen jedoch ebenfalls dunkel.

Je größer die Wellenlänge der Mikrowellenstrahlung ist, desto tiefere Schichten der Jupiteratmosphäre werden erfasst. Auf diese Weise kann man in eine Tiefe von etwa 500 bis 600 Kilometer vordringen, wobei der Druck dort schon tausend Atmosphären erreicht.

Den ersten Hinweis auf die gewaltige Magnetosphäre von Jupiter erhielt man 1954, als erstmals Strahlungsausbrüche im Radiofrequenzbereich von Jupiter registriert wurden, sogenannte Radiobursts. Pioneer 10 und Pioneer 11 ließen dann die enorme Ausdehnung seiner Magnetosphäre erkennen.

Weitere Jupitersonden führten zu der Erkenntnis, dass die Vulkanausbrüche auf Jupitermond Io pro Sekunde eine Tonne Schwefeldioxid (SO_2) in die Jupitermagnetosphäre ausstoßen. Diese neutralen Moleküle werden schnell dissoziiert und die Atome ionisiert, die dann vom Magnetfeld des Jupiter eingefangen werden. Dort kollidieren sie heftig mit den in der Magnetosphäre eingekesselten Elektronen. Dies führt zu einer außerordentlich intensiven UV-Strahlung mit Energien im Terawatt (10^{12} W)-Bereich. Das Plasma in der Magnetosphäre koppelt mit der raschen Rotation der Jupiteratmosphäre, was starke elektrische Ströme erzeugt. Die hochenergetischen Elektronen knallen auf die Wasserstoffmoleküle in der Ionosphäre, was zu permanenten, intensiven Polarlichtern führt, die in allen Frequenzen auftreten – von Röntgenstrahlen über UV bis hin zu Radiowellen. Die im ultravioletten Licht aufleuchtenden Polarlichter wurden auch vom Hubble-Weltraumteleskop beobachtet.

Nach ihrem Start am 5. August 2011 holte sich die Raumsonde Juno bei ihrem Vorbeiflug am 9. Oktober 2013 an der Erde in knapp 600 Kilometer Höhe über der Erdoberfläche nochmals Schwung. Bei Ankunft am Riesenplaneten am

NASA/JPL-Caltech/SwRI/MSSS/Betsy Asher Hall/Gervasio Robles

5.15 Der Südpol des Jupiter mit seinen Wolkenwirbeln, aufgenommen von der Raumsonde Juno.

4. Juli 2016 wurde das Haupttriebwerk gezündet und lieferte eine halbe Stunde lang einen Schub von 400 kg · m/s², wodurch Juno mit einer Umlaufperiode von 53 Tagen in einen ersten Jupiterorbit eintrat. Das Apojovium (jupiterfenster Bahnpunkt) lag bei 8,1 Millionen Kilometer. Nach zwei Umläufen, also nach 106 Tagen, sollte das Triebwerk erneut gezündet und damit ein kleinerer Orbit erreicht werden, wobei die Umlaufzeit auf zwei Wochen verkürzt und ein Apojovium von 2,7 Millionen Kilometer das Ziel war. Im Perijovium sollte Juno dann die oberste Wolkenschicht in einer Höhe von 4200 Kilometer überfliegen. Doch wegen Problemen mit dem Haupttriebwerk verzichtete man auf das geplante Bahnmanöver. Da Jupiter stark abgeplattet ist, übt der Äquatorwulst auf die Junobahn ein Drehmoment aus. Sie beginnt zu präzedieren, wobei die Bahnneigung pro Umlauf um etwa 1° abnimmt. Früher oder später wird Juno in den äquatorialen Strahlungsgürtel geraten. Dabei wird voraussichtlich die Bordelektronik lahmgelegt. Geplant sind 35 Umläufe und danach ein gezielter Absturz in die Jupiteratmosphäre. Der angepeilte Termin liegt im Februar 2018. Sollte Juno das permanente Strahlungsbad in der Jupitermagnetosphäre gut überstehen, so ist eine Verlängerung der Mission nicht ausgeschlossen.

Abgesehen von den hochgesteckten und bisher sehr erfolgreichen Programmen zur Erforschung des Jupiter bleibt der König der Planeten ein beliebtes und lohnenswertes Beobachtungsziel für uns irdische Naturbeobachter.

NASA/JPL-Caltech/SwRI/MSSS/Gerald Eichstädt/Seán Doran

5.16 Nach ihrem sechsten nahen Vorbeiflug an Jupiter nahm die Raumsonde Juno den Riesenplaneten am 19. Mai 2017 aus einer Entfernung von 46 900 km auf. Junos Bilddaten sind unter www.missionjuno.swri.edu für jedermann zugänglich. Diese Aufnahme wurde von Gerald Eichstädt und Seán Doran bearbeitet.

Juni 2018

- Die Sonne erreicht am 21. um 11^h07^m MEZ den Gipfel ihrer Jahresbahn – der astronomische Sommer beginnt.
- Der Ringplanet Saturn kommt am 27. im Sternbild Schütze in Opposition zur Sonne und ist die gesamte Nacht am Sternenhimmel vertreten.
- Venus strahlt am westlichen Abendhimmel.
- Mars wird zu einem auffälligen Gestirn.
- Jupiter zieht sich vom Morgenhimmel zurück.

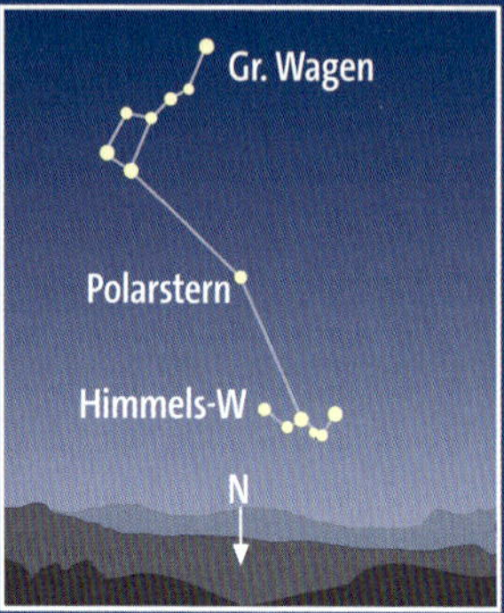

Großer Wagen und Himmels-W Anfang Juni um 22 Uhr

6.1 Anblick des Westhimmels am 16. Juni gegen 22^h MEZ (= 23^h MESZ). Knapp über dem Horizont stehen Venus und die Sichel des zunehmenden Mondes.

1	Fr	Mond bei Saturn (Morgenhimmel)
2	Sa	
3	So	Mond bei Mars (Morgenhimmel)
4	Mo	
5	Di	
6	Mi	Mond im letzten Viertel
7	Do	
8	Fr	
9	Sa	
10	So	
11	Mo	
12	Di	
13	Mi	**Neumond**
14	Do	
15	Fr	
16	Sa	Mond bei Venus (Abendhimmel)
17	So	
18	Mo	
19	Di	
20	Mi	Mond im ersten Viertel
21	Do	Sommerbeginn
22	Fr	
23	Sa	Mond bei Jupiter (Abendhimmel)
24	So	
25	Mo	
26	Di	
27	Mi	Saturn in Opposition (ganze Nacht)
28	Do	**Vollmond** Mond bei Saturn (Morgenhimmel)
29	Fr	
30	Sa	

Sonne – Sternbilder

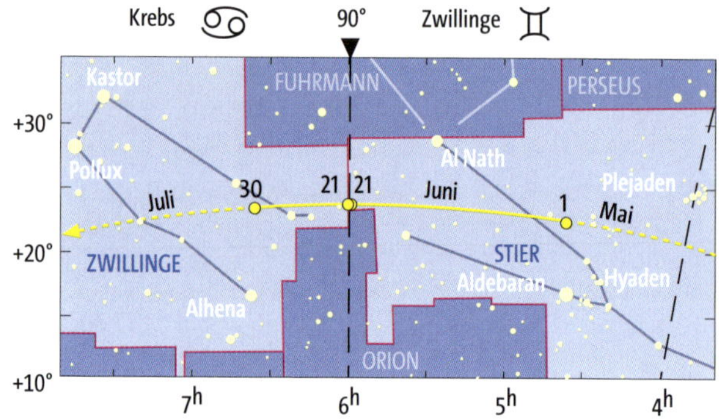

21.6. 11h07m:
Sonne tritt in das Tierkreiszeichen Krebs
21.6. 21h:
Sonne tritt in das Sternbild Zwillinge
Julianisches Datum am
1. Juni, 1h MEZ: 2 458 270,5

Tabelle Sonnenlauf

Tag	Dämmerg. Anfang	Aufgang MEZ	Kulmination	Untergang MEZ	Dämmerg. Ende	Mittagshöhe	Zeitgleichg.	Rektaszension	Deklination
	h m	h m	h m	h m	h m	°	m	h m	°
1.	2 33	4 16	12 18	20 20	22 04	62,1	+2	4 34	+22,0
5.	2 28	4 13	12 18	20 24	22 10	62,6	+2	4 51	+22,5
10.	2 23	4 11	12 19	20 28	22 16	63,0	+1	5 11	+23,0
15.	2 21	4 10	12 20	20 31	22 21	63,3	0	5 32	+23,3
20.	2 20	4 10	12 22	20 33	22 23	63,4	–2	5 53	+23,4
25.	2 22	4 12	12 23	20 33	22 23	63,4	–3	6 14	+23,4
30.	2 25	4 14	12 24	20 33	22 21	63,2	–4	6 34	+23,2

Tages- und Nachtstunden

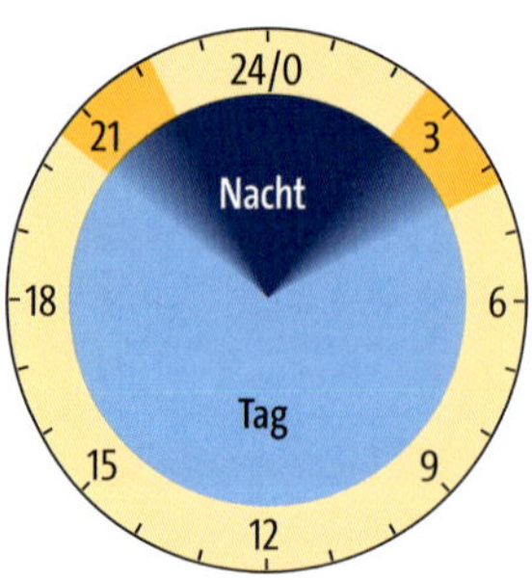

5. Juni

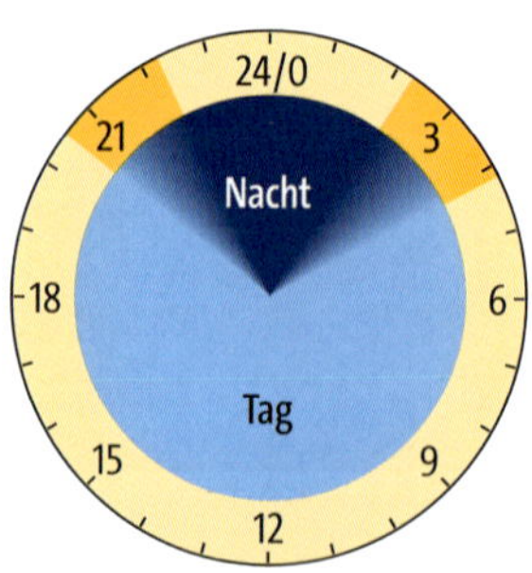

15. Juni

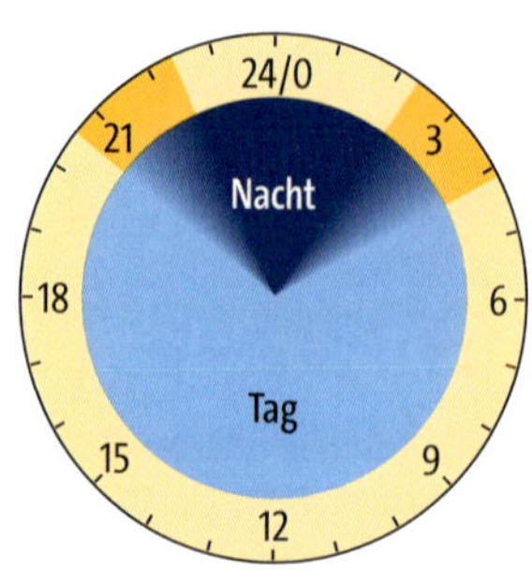

25. Juni

Tabelle Mondlauf

Datum	Aufg. MEZ	Kulmination	Unterg. MEZ	Rektaszension	Deklination	Sterne und Sternbilder	Phase	MEZ
	h m	h m	h m	h m	°			
Fr 1.	22 43	2 16	6 36	18 30	−20,7	Schütze, Nunki		
Sa 2.	23 24	3 04	7 27	19 21	−20,5	Schütze, Nunki	Erdferne 405/29,′5	18h
So 3.	23 59	3 52	8 23	20 11	−19,5	Steinbock	Absteigender Knoten	
Mo 4.	–	4 39	9 23	21 00	−17,5	Steinbock		
Di 5.	0 29	5 24	10 26	21 49	−14,9	Steinbock		
Mi 6.	0 56	6 09	11 30	22 36	−11,5	Wassermann	**Letztes Viertel**	**19h 32m**
Do 7.	1 20	6 53	12 37	23 23	− 7,7	Wassermann		
Fr 8.	1 43	7 38	13 45	0 11	− 3,4	Fische		
Sa 9.	2 07	8 25	14 55	0 59	+ 1,2	Walfisch	Libration Ost	
So 10.	2 31	9 13	16 09	1 49	+ 5,8	Fische	Größte Südbreite	
Mo 11.	2 58	10 05	17 25	2 42	+10,3	Walfisch		
Di 12.	3 31	11 00	18 43	3 38	+14,4	Stier		
Mi 13.	4 10	12 00	19 58	4 37	+17,7	Aldebaran	**Neumond Nr. 1181**	**20h 43m**
Do 14.	4 59	13 02	21 08	5 39	+20,0	Stier		
Fr 15.	5 58	14 05	22 08	6 44	+20,8	Alhena	Erdnähe 359/33,′2	1h
Sa 16.	7 07	15 07	22 57	7 48	+20,1	Zwillinge	Aufsteigender Knoten	
So 17.	8 23	16 06	23 36	8 50	+18,1	Krebs, Krippe		
Mo 18.	9 40	17 01	–	9 50	+14,9	Löwe, Regulus		
Di 19.	10 56	17 53	0 09	10 46	+10,9	Löwe		
Mi 20.	12 11	18 42	0 36	11 39	+ 6,4	Jungfrau	**Erstes Viertel**	**11h 51m**
Do 21.	13 22	19 29	1 01	12 30	+ 1,7	Jungfrau	Libration West	
Fr 22.	14 32	20 15	1 25	13 19	− 3,0	Spica		
Sa 23.	15 41	21 01	1 48	14 08	− 7,4	Jungfrau	Größte Nordbreite	
So 24.	16 47	21 48	2 13	14 56	−11,4	Waage		
Mo 25.	17 52	22 35	2 41	15 45	−14,9	* Waage		
Di 26.	18 53	23 23	3 13	16 35	−17,6	Schlangenträger		
Mi 27.	19 49	–	3 50	17 25	−19,6	Schlangenträger		
Do 28.	20 40	0 11	4 32	18 16	−20,6	Schütze	**Vollmond**	**5h 53m**
Fr 29.	21 23	1 00	5 21	19 07	−20,7	Schütze, Nunki		
Sa 30.	22 01	1 48	6 16	19 58	−19,9	Schütze	Erdferne 406/29,′4 Absteigender Knoten	4h

Der Mond wandert an Jupiter vorbei

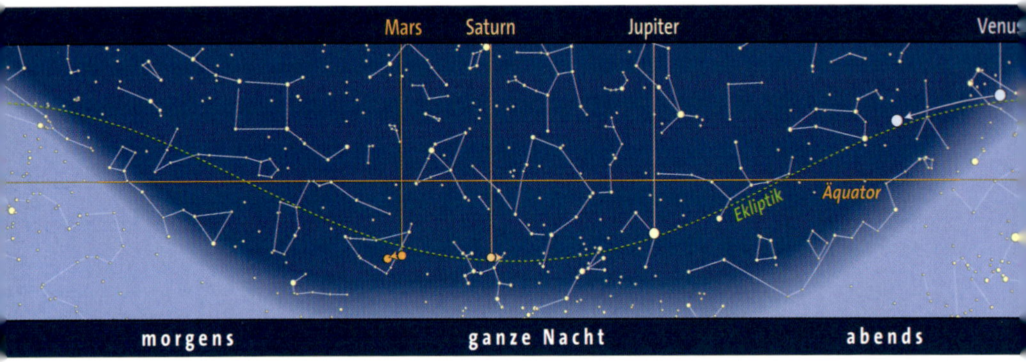

Merkur kommt am 6. in obere Konjunktion mit der Sonne. Von uns aus gesehen wandert er jenseits der Sonne an ihr vorbei. Am gleichen Tag passiert der Benjamin unter den Planeten sein Perihel. Bis Monatsende wächst sein östlicher Winkelvorsprung vor der Sonne immerhin auf 23° an. Für Gegenden südlich von 50° nördlicher Breite kommt es zu einer bescheidenen Abendsichtbarkeit. Auf 50° Nord geht die Sonne am 30. um 20^h33^m (= 21^h33^m Sommerzeit) unter, der Merkuruntergang erfolgt um 21^h58^m (= 22^h58^m MESZ). Der $-0^m,1$ helle Merkur ist dabei gegen 21^h30^m (= 22^h30^m Sommerzeit) für etwa eine Viertelstunde mit einem Fernglas tief am Nordwesthorizont zu erkennen (s. Abb. 6.2 und 6.3 unten).

Im Teleskop zeigt sich das $6'',6$ große Merkurscheibchen zu 60 Prozent beleuchtet.

Venus strahlt als auffälliges Gestirn am westlichen Abendhimmel. Schon kurz nach Sonnenuntergang kann man sie in der noch hellen Abenddämmerung erkennen.

Man nennt sie gerne „Abendstern", obwohl sie gar kein Stern, keine selbstleuchtende Gaskugel, sondern ein Planet ist. Planeten sieht man nur, weil sie von der Sonne beschienen werden.

6.2 Merkur am Abendhimmel:
Stellung von Merkur über dem Nordwesthorizont eine Stunde nach Sonnenuntergang.

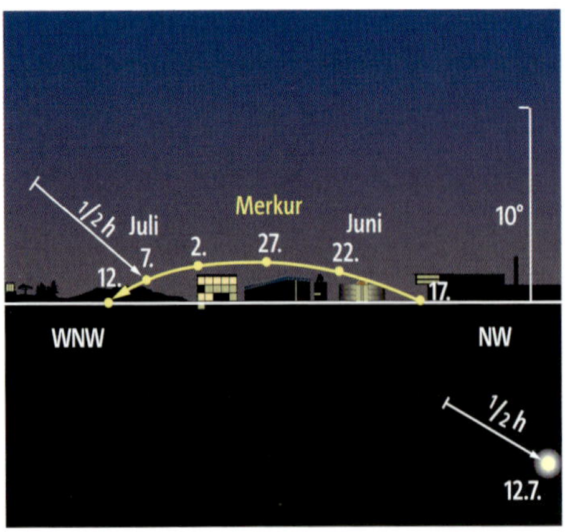

6.3 Sichtbarkeitsdiagramm für Merkur:
Es gilt genau für 50° nördlicher Breite und 10° östlicher Länge. Merkur ist im Juni kaum sichtbar.

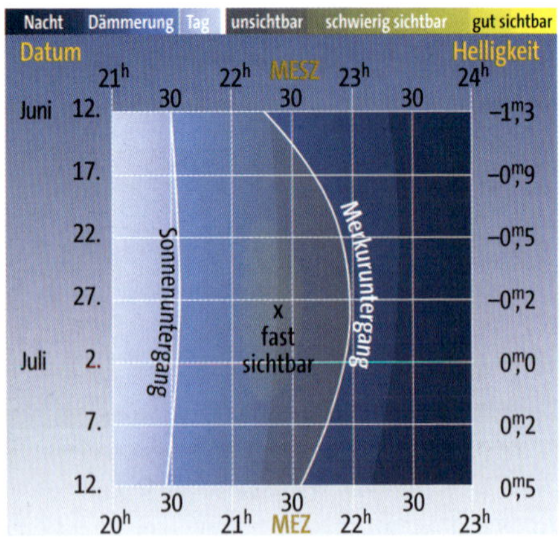

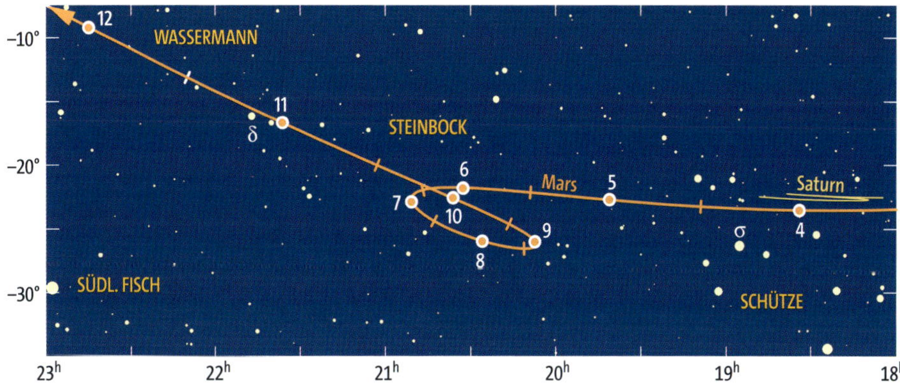

6.4 Bahn von Mars:
Scheinbare Bahn des Planeten Mars mit seiner Oppositionsschleife im Sternbild Steinbock von April bis Anfang Dezember 2018. Eingetragen ist ferner die Lage der Saturnbahn 2018 (siehe auch Abb. 6.8 auf Seite 142)

In der Nacht vom 8. auf den 9. wandert Venus $4\overset{\circ}{,}7$ südlich an Pollux in den Zwillingen (β Geminorum) vorbei (siehe Abb. 5.2 auf Seite 116). Ende Juni wechselt Venus in das Sternbild Löwe, nachdem sie vom 12. bis 29. durch den lichtschwachen Krebs gelaufen ist. Die Untergänge der Venus erfolgen am 1. um 23^h04^m und am 15. um 23^h01^m. Am Monatsletzten geht der inzwischen $-4\overset{m}{,}1$ helle Nachbarplanet schon um 22^h42^m (= 23^h42^m Sommerzeit) unter.

Bis Ende Juni wächst der scheinbare Durchmesser des Planetenscheibchens auf knapp 16″ an, das am 17. zu 75 Prozent beleuchtet erscheint. Danach nimmt der Beleuchtungsgrad weiter ab und Venus erscheint im Teleskop immer größer.

Der zunehmende Mond besucht am 16. Venus am Abendhimmel (siehe Abb. 6.1 auf Seite 134).

Mars strebt seiner Opposition entgegen, die er aber erst Ende des nächsten Monats erreicht. Die nahende, sehr günstige Opposition macht sich durch eine erhebliche Helligkeitssteigerung um fast eine ganze Größenklasse bemerkbar. Anfang Juni noch $-1\overset{m}{,}2$ hell, strahlt der rote Planet zu Monatsende mit einer scheinbaren Helligkeit von $-2\overset{m}{,}1$ und macht damit Jupiter Konkurrenz, der im Juni immer noch etwas heller als Mars ist.

Mars wird zum Planeten der gesamten Nacht, berücksichtigt man die nun spät einsetzende Dunkelheit. Er verlagert seine Aufgänge von 0^h05^m (= 1^h05^m Sommerzeit) auf 23^h21^m am 15. und auf 22^h32^m am Monatsletzten.

Mars bremst seine rechtläufige Bewegung im Sternbild Schütze deutlich ab. Ende Juni wird er stationär und setzt zu seiner Oppositionsschleife an (siehe Abb. 6.4 oben). Ab 28. wandert er zunächst noch zögerlich rückläufig durch den Tierkreis.

Der Durchmesser des scheinbaren Marsscheibchens wächst auf knapp 21″ an, was das Erkennen von Oberflächenstrukturen im Teleskop ermöglicht (ab etwa 100-facher Vergrößerung). Der Beleuchtungsgrad nimmt von 91 % auf 97 % zu. Mars erscheint im Fernrohr auch bei stärkerer Vergrößerung wieder voll beleuchtet.

Jupiter, rückläufig im Sternbild Waage, bremst seine Bewegung deutlich ab und kommt am Monatsende fast zum Stillstand. Am 5. wandert er $0\overset{\circ}{,}9$ nördlich an Zubenelgenubi (α Librae) vorbei. An α Lib kann man gut die Jupiterbewegung von Woche zu Woche verfolgen (siehe Abb. 5.4 auf Seite 117).

Der Riesenplanet stand im ersten Maidrittel in Opposition zur Sonne. Wenn es spätabends dunkel wird, erkennt man Jupiter sofort als auffälliges Objekt über dem Südosthorizont. Am 1. kulminiert der Riesenplanet um

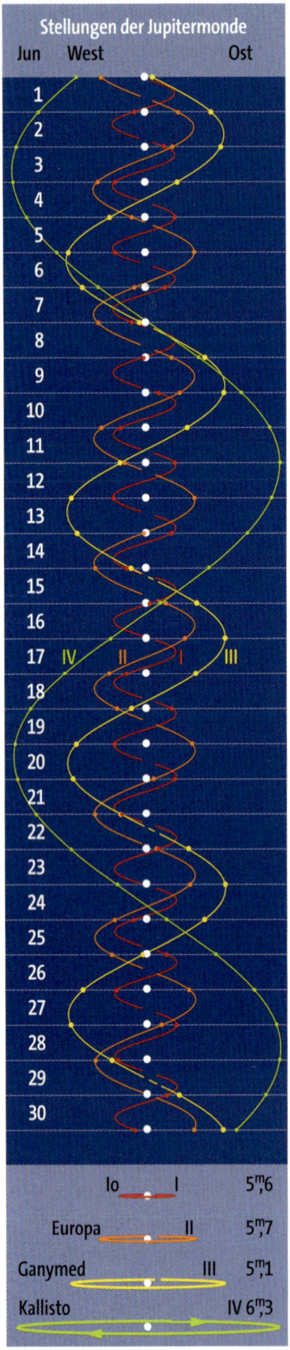

Jupitermonde

Tag	MEZ h m	Vorgang	
1.	0 12	III	VA
	0 44	I	BA
	1 58	III	VE
	22 03	I	DA
	22 36	I	SA
2.	0 12	I	DE
	0 45	I	SE
	21 54	I	VE
6.	21 26	II	DA
	22 44	II	SA
	23 38	II	DE
7.	1 00	II	SE
8.	2 29	I	BA
	23 49	I	DA
9.	0 30	I	SA
	1 58	I	DE
	20 56	I	BA
	23 49	I	VE
10.	21 08	I	SE
13.	23 46	II	DA
14.	1 21	II	SA
	1 59	II	DE
15.	22 41	II	VE
16.	1 36	I	DA
	22 43	I	BA
17.	1 44	I	VE
	20 53	I	SA
	22 11	I	DE
	23 02	I	SE
18.	22 00	III	SA
	23 45	III	SE
22.	21 08	II	BA
23.	1 16	II	VE
24.	0 31	I	BA
	21 50	I	DA
	22 48	I	SA
	23 59	I	DE
25.	0 57	I	SE
	22 01	III	DA
	22 08	I	VE
	23 43	III	DE
29.	23 31	II	BA

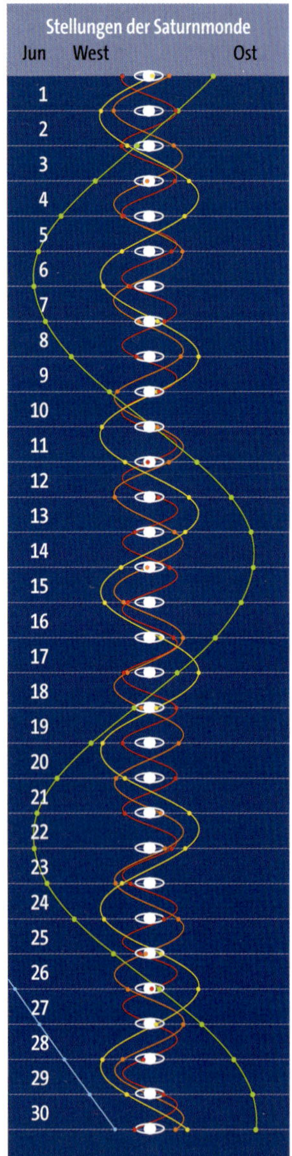

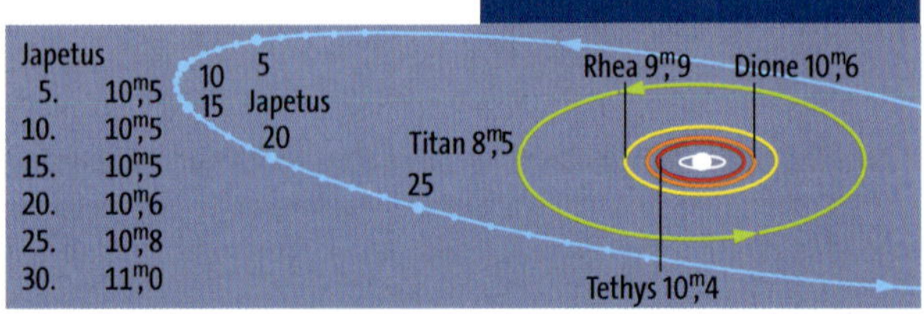

6.5 Mond bei Saturn am 1.6.: Der Erdtrabant zieht zwei Tage nach Vollmond an Saturn vorbei. Fernglasanblick am 1. Juni gegen 2^h MEZ (= 3^h MESZ).

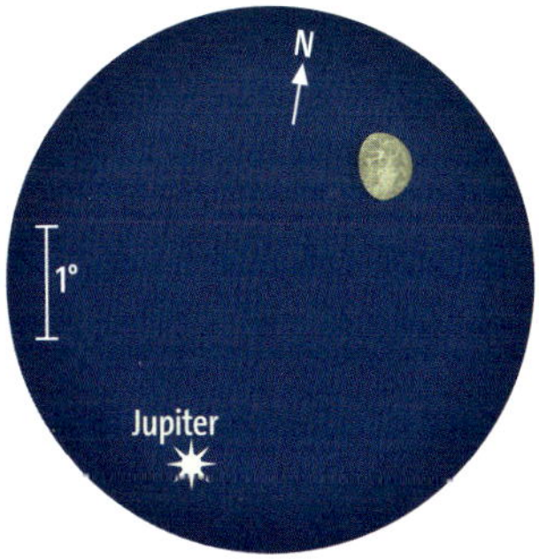

6.6 Mond bei Jupiter am 23.6.: Begegnung des zunehmenden Mondes mit Jupiter am 23. Juni gegen 22^h MEZ (= 23^h MESZ). Fernglasanblick bei 5° Gesichtsfelddurchmesser.

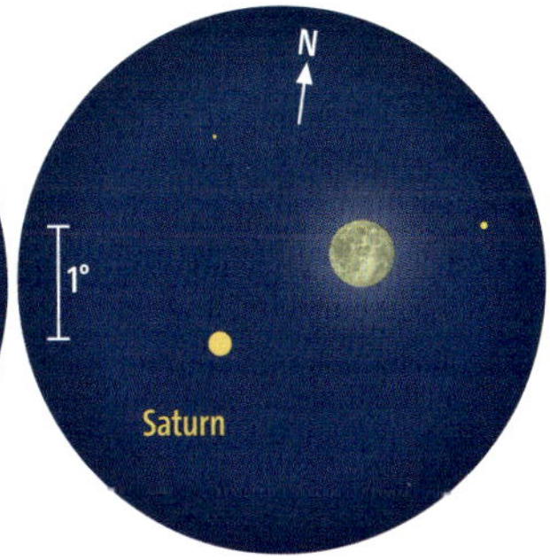

6.7 Mond bei Saturn am 28.6.: Am 28. Juni begegnet der fast volle Mond ein zweites Mal im Juni dem Ringplaneten. Fernglasanblick gegen 3^h MEZ (= 4^h MESZ).

22^h32^m (= 23^h32^m Sommerzeit), am 15. um 21^h32^m und am 30. bereits um 20^h30^m. Vom Morgenhimmel zieht sich Jupiter zurück. Seine Untergänge verfrühen sich von 3^h23^m (= 4^h23^m Sommerzeit) zu Monatsbeginn auf 1^h24^m zu Monatsende. Die Jupiterhelligkeit geht leicht um $0^m\!,2$ auf $-2^m\!,3$ zurück. Damit ist Jupiter immer noch ein wenig heller als Mars und somit nach Venus hellster Planet am Nachthimmel.

Am 23. wandert der zunehmende Mond im zweiten Viertel rund 4° nördlich am Riesenplaneten vorbei (siehe Abb. 6.6 oben).

Saturn kommt am 27. im Sternbild Schütze in **Opposition** zur Sonne. Er steht der Sonne genau gegenüber und kann die ganze Nacht hindurch beobachtet werden. Geht der Ringplanet am 1. um 22^h05^m (= 23^h05^m Sommerzeit) und am 15. um 21^h06^m auf, so erfolgt sein Aufgang am Tag der Opposition bereits um 20^h16^m (= 21^h16^m Sommerzeit). In der Oppositionsnacht passiert er um 0^h21^m den Meridian und geht um 4^h27^m (= 5^h27^m Sommerzeit) unter. Anfang Juni noch $0^m\!,2$ hell steigert Saturn

Konstellationen und Ereignisse

Datum	MEZ	Ereignis
1.	2^h	**Mond bei Saturn**, Mond $1^\circ\!,6$ nördlich, **Abstand $0^\circ\!,8$ um 2^h**
3.	13	**Mond bei Mars**, Mond $3^\circ\!,2$ nördlich, **Abstand $4^\circ\!,6$ um 4^h**
6.	3	Merkur in oberer Konjunktion mit der Sonne
6.	11	Merkur im Perihel
6.	19	Mond bei Neptun, Mond $2^\circ\!,4$ südlich
10.	4	Mond bei Uranus, Mond $4^\circ\!,9$ südlich
14.	14	Mond bei Merkur, Mond $4^\circ\!,6$ südlich
16.	14	**Mond bei Venus**, Mond $2^\circ\!,3$ südlich, **Abstand $4^\circ\!,8$ um 21^h**
19.	13	Neptun im Stillstand, anschließend rückläufig
21.	11^h07^m	**Sonne im Sommerpunkt, Sommersonnenwende**
23.	20	**Mond bei Jupiter**, Mond $4^\circ\!,2$ nördlich, **Abstand $3^\circ\!,2$ um 22^h**
27.	14	**Saturn in Opposition** zur Sonne
28.	5	**Mond bei Saturn**, Mond $1^\circ\!,8$ nördlich, **Abstand $1^\circ\!,6$ um 3^h**
28.	15	Mars im Stillstand, anschließend rückläufig

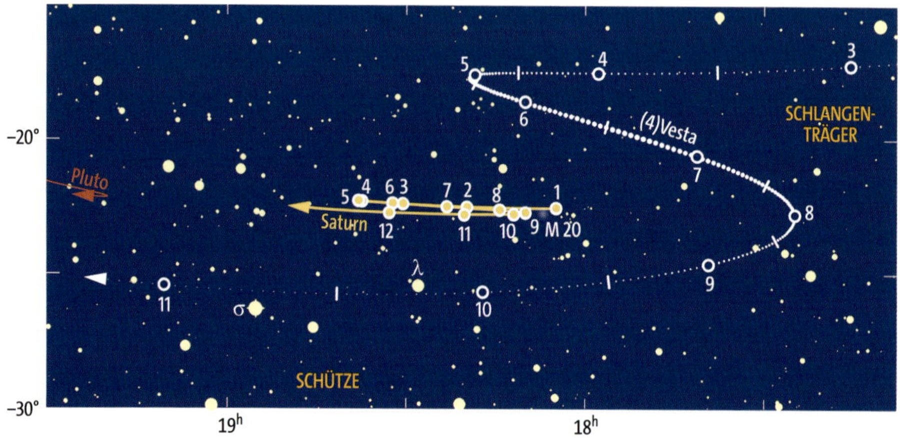

6.8 Bahnen von Saturn und Vesta: Die scheinbaren Bahnen von Saturn und (4) Vesta im Gebiet der Sternbilder Schlangenträger und Schütze. Die Zahlen geben die Positionen zum jeweiligen Monatsbeginn an (6 = 1. Juni). Eingetragen ist ferner die Lage der Oppositionsschleife des Zwergplaneten Pluto.

seine Helligkeit bis zur Opposition auf $0^{m}0$. Die Oppositionsschleife, die der Ringplanet im Schützen zieht, ist in Abb. 6.8 oben zu sehen.

Zur Opposition erreicht Saturn mit 1353 Millionen Kilometer (= 9,04 AE) seine geringste Entfernung von der Erde.

Im Teleskop erkennt man die wegen rascher Rotation stark abgeplattete Saturnkugel (Abplattung 1:10). Der scheinbare Äquatordurchmesser beträgt 18″4, der Poldurchmesser jedoch nur 16″8. Der mit 26°0 weit geöffnete Ring hat eine scheinbare Längsausdehnung von 41″7 und einen Querdurchmesser von 18″3.

Zweimal begegnet der fast volle Mond dem Ringplaneten – am 1. und am 28., wobei sein helles Licht ihn überstrahlt (siehe Abb. 6.5 und 6.7 auf Seite 141).

Uranus zieht rechtläufig seine Bahn durch das Sternbild Widder. Noch kann sich der lichtschwache Planet nicht am Morgenhimmel durchsetzen. Vergeblich wird man nach ihm Ausschau halten.

Neptun kommt am 19. im Wassermann zum Stillstand und ist anschließend rückläufig. Noch lohnt es nicht, nach dem nur $7^{m}9$ hellen Neptun zu suchen, wenn er auch am Monatsletzten schon vor Mitternacht aufgeht, nämlich um $23^{h}22^{m}$ (= $0^{h}22^{m}$ Sommerzeit am 1. Juli).

Planetoiden

Vesta (4) beschleunigt ihre rückläufige Bewegung durch den Schützen und kommt um die Monatsmitte in **Opposition** zur Sonne. Am 19. steht sie um 20^{h} am irdischen Firmament der Sonne genau gegenüber (siehe

Oppositionen von (4) Vesta 2000–2025

Datum			Hell.	Dekl.
			m	o
2000	Jul	16.	5,4	−24
2001	Nov	27.	6,5	+14
2003	Mrz	26.	5,9	+ 9
2004	Sep	13.	6,1	−14
2006	Jan	5.	6,2	+23
2007	Mai	30.	5,4	−14
2008	Okt	30.	6,4	+ 4
2010	Feb	18.	6,1	+20
2011	Aug	5.	5,6	−23
2012	Dez	9.	6,4	+18
2014	Apr	13.	5,7	+ 3
2015	Sep	29.	6,2	− 9
2017	Jan	18.	6,2	+23
2018	**Jun**	**19.**	**5,3**	**−20**
2019	Nov	12.	6,5	+ 8
2021	Mrz	4.	6,0	+16
2022	Aug	22.	5,8	−20
2023	Dez	22.	6,4	+21
2025	Mai	2.	5,6	− 4

Die Opposition im Jahr 2018 ist die günstigste.

Abb. 6.8 auf Seite 142). Zu Monatsbeginn noch $5{,}^{m}8$ hell steigert sie bis zur Opposition ihre Helligkeit auf $5{,}^{m}3$. Damit ist Vesta unter guten Sichtbedingungen sogar mit bloßen Augen zu erkennen. Dies ist die günstigste Opposition im gegenwärtigen Jahrhundert (siehe Tabelle Vesta-Oppositionen auf Seite 142). Auch wenn Vesta in seltenen Fällen freiäugig erkennbar ist, war ihre Existenz lange unbekannt. Der Kleinplanet wurde erst am 29. März 1807 von Wilhelm Heinrich Olbers entdeckt.

Bis Monatsende sinkt die Vestahelligkeit wieder auf $5{,}^{m}6$ ab. Am 1. geht Vesta um $1^{h}53^{m}$ durch den Meridian. In der Oppositionsnacht geht Vesta um $19^{h}59^{m}$ (= $20^{h}59^{m}$ MESZ) auf, kulminiert um $0^{h}26^{m}$ und geht um $4^{h}44^{m}$ unter. Bis 30. verfrüht sich ihre Kulmination auf $23^{h}27^{m}$.

Zur Opposition trennen Vesta 171 Mio. Kilometer (= 1,14 AE) von der Erde. Dies entspricht einer Lichtlaufzeit von neun Minuten und 30 Sekunden. Ihre Sonnenentfernung misst an diesem Tag 323 Millionen Kilometer (= 2,16 AE). Am 28. tritt Vesta aus dem Schützen wieder in den Ophiuchus (Schlangenträger).

Periodische Sternschnuppenströme

Um den 13. Juni ist das zweite Maximum des **Scorpius-Sagittarius**-Stromes zu erwarten. Der Ausstrahlungspunkt oder Radiant liegt bei γ Sagittarii. Der Strom ist während des ganzen Monats aktiv. Wegen der geringen Höhe des Radianten sind Beobachtungen in unseren Breiten schwierig. Die beste Beobachtungszeit sind die Stunden um Mitternacht. Bei diesem Strom sind langsam fliegende Meteore (um 26 Kilometer pro Sekunde) zu registrieren.

Am 2. Juni erreichen die **Tau-Herkuliden** ihr Maximum. Dieser wenig bekannte und unauffällige Strom ist vom 18. Mai bis 13. Juni aktiv.

Am 7. und 8. Juni kann man nach den **Libriden** Ausschau halten. Der Radiant dieses Stromes liegt in der Waage.

Im letzten Junidrittel sind die **Juni-Bootiden** zu erwarten. Ihre Aktivitäten sind von Jahr zu Jahr sehr unterschiedlich. Sie sind Trümmer des Kometen 7P/Pons-Winnecke und seit 1916 bekannt.

In den Jahren 1998 und 2004 gab es mehrere Stunden lange Maxima mit bis zu hundert Sternschnuppen pro Stunde, die zwischen dem 23. und 27. Juni auftraten. Nach Berechnungen sind 2018 keine hohen Fallraten zu erwarten.

Zwischen dem 24. Juni und dem 1. Juli tauchen die **Corviden** auf, deren Radiant im Sternbild Rabe liegt. Am 26. Juni erreicht die Corvidenaktivität ihr Maximum.

Um den 16. Juni sind eventuell die **Juni-Draconiden** zu erwarten. Der Radiant liegt im Sternbild des Drachen. Der Strom scheint inzwischen erloschen zu sein.

Der Fixsternhimmel

Das Frühlingsdreieck, das sich aus Arktur im Bootes, Regulus im Löwen und Spica in der Jungfrau zusammensetzt, ist in die westliche Hemisphäre des Firmaments gerückt. Im Osten ist dagegen das Sommerdreieck mit Wega, Deneb und Atair bereits komplett aufgegangen. Der Große Wagen steht immer noch hoch über unseren Köpfen. Seinen Meridiandurchgang hat er allerdings schon hinter sich, er bereitet sich auf seinen Abstieg vor. Tief im Norden zeigt sich die in unseren Breiten zirkumpolare Kapella. Als erstes fällt in der nun spät einsetzenden Abenddämmerung hoch im Südwesten ein heller, deutlich orangeroter Stern auf, Arktur im Sternbild Bootes. Fast zeitgleich taucht in der hereinbrechenden Dunkelheit schon hoch im Osten die bläulich-weiß strahlende Wega auf. Die Wega ist der Hauptstern der Leier. Arktur und Wega sind somit die ersten Sterne, die in der beginnenden Dämmerung zu sehen sind.

Bei vielen Völkern wurde das Sternbild Bootes mit den sieben Sternen des Großen Wagens in

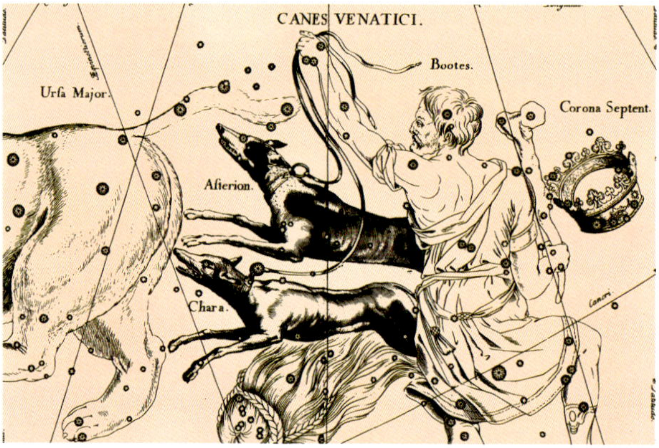

6.9 Die Jagdhunde:
Das Sternbild der Jagdhunde in der figürlichen Darstellung von Johann Hevelius aus dem Jahre 1690.

Verbindung gebracht. Dies wird verständlich, wenn man einmal mit den Augen dem Schwung der Wagendeichsel folgend auf den hellen Arktur gestoßen ist.

Der Name Bootes kommt aus dem Griechischen und bedeutet Ochsentreiber oder Rinderhirt. Nach Ansicht der alten Römer treibt der Bootes die sieben Dreschochsen, also die sieben Wagensterne, um den Göpel. Die sieben Dreschochsen hießen bei den Römern Septemtriones. Diese Bezeichnung verwendeten sie auch für die Nordrichtung. Bei den Arabern galt der Bootes als Schafhirte, die Herde bildeten die Sterne des Herkules und Ophiuchus (lat., Schlangenträger).

Im Westen nähert sich der Löwe seinem Untergang. Die Basislinie Regulus – Denebola steht schräg zum Horizont. Das Feld im Südwesten wird von der Jungfrau (lat.: Virgo) besetzt gehalten. Ihr Hauptstern Spica leuchtet leicht erkennbar in bläulichem Licht halbhoch über dem Südwesthorizont.

Tief im Süden krabbelt der Skorpion den Horizont entlang. Sein tiefroter Hauptstern Antares ist mit 1^{m} scheinbarer Helligkeit kaum zu übersehen. Seine Helligkeit variiert ein wenig von $0^{\mathrm{m}}{,}9$ bis $1^{\mathrm{m}}{,}1$. Antares, α Scorpii, ist ein roter Überriesenstern (Spektraltyp M1 Ib). Er wird manchmal als Cor Scorpii (lat., Herz des Skorpions) bezeichnet. Seine Distanz ist bis heute nicht genau bekannt. Sie beträgt ungefähr 600 Lichtjahre mit einer Unsicherheit von weit mehr als hundert Lichtjahren.

Nördlich des Skorpions stößt man auf das umfangreiche aber nur aus lichtschwachen Sternen bestehende Bild des Schlangenträgers (lat.: Ophiuchus) mit der Schlange. Die Schlange wird durch ihren Träger in zwei Teile zerlegt. Der östliche Teil bildet den Schwanz der Schlange (lat.: Serpens Cauda). Er wird durch eine Sternenkette markiert, die auf Atair im Adler deutet. Der westliche Teil bildet den Kopf (lat.: Serpens Caput). Der Schlangenkopf passiert gerade den Meridian und blickt nach Norden zum kleinen, aber einprägsamen Sternbild Nördliche Krone. Der hellste Stern in der Schlange, α Serpentis, leuchtet orangerötlich ($2^{\mathrm{m}}{,}6$), gehört zur Spektralklasse K2 III und ist 73 Lichtjahre entfernt. Sein Eigenname ist Unukalhai, was „Hals der Schlange" heißt.

Das Sternbild Jagdhunde (Canes Venatici)

In der Antike gab es kein Sternbild Jagdhunde. Es wurde erst in der Neuzeit von dem Danziger Ratsherrn und Amateurastronomen Johannes Hevelius (1611–1687) eingeführt. Er besaß damals eine der größten und bedeutendsten Privatsternwarten, die leider ein Raub der Flammen wurde. In seinem Werk *Prodromus Astronomiae* erwähnt Hevelius erstmals das Sternbild Jagdhunde (lat.: Canes Venatici, abgekürzt CVn). Nach Hevelius gehören 23 freisichtige Sterne den Jagdhunden an. Nach F. W. Argelander sind es sogar 54 Sterne. Hevelius hat dieses Sternbild sicher nicht selbst erfunden, denn schon auf einem Holzschnitt der Planisphäre *Imagines Syderum Coelestium* von Petrus Apianus (latinisierte Form von Peter Bienewitz, 1495–1552) sind die Jagdhunde mit Halsband zu sehen, wie sie von Bootes an der Leine geführt wer-

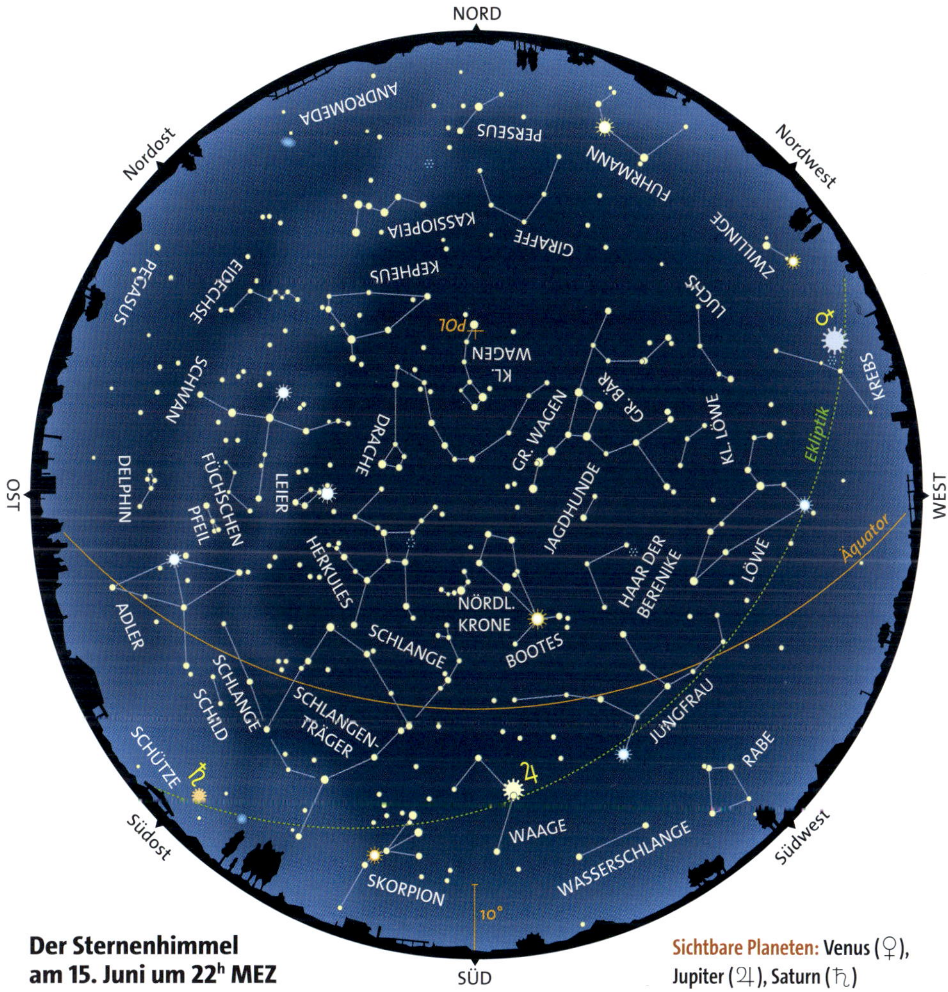

Der Sternenhimmel am 15. Juni um 22h MEZ

Sichtbare Planeten: Venus (♀), Jupiter (♃), Saturn (♄)

Die Sternkarte ist auch gültig für:		
	MEZ	MESZ
15. 2.	6h	
1. 3.	5	
15. 3.	4	
1. 4.	3	4h
15. 4.	2	3
1. 5.	1	2
15. 5.	0	1
1. 6.	**23**	**24**
15. 6.	**22**	**23**
30. 6.	**21**	**22**

den. Bei Proctor findet man die Bezeichnung Catuli, die jungen Hunde, für dieses Himmelsareal. In vielen Darstellungen sieht man zwei Hunde, die, von Bootes geleitet, den Großen Bären um den Pol herumtreiben.

Das Sternbild der Jagdhunde liegt knapp südlich der Deichsel des Großen Wagens. Mit Ausnahme das Sterns α CVn (= α Canum Venaticorum), der mit $2{,}^{m}8$ scheinbarer Helligkeit gut zu erkennen ist, setzt sich das Sternbild nur aus lichtschwachen Sternen zusammen. Schon der zweithellste Stern, β CVn, ist ein Stern von nur 4. Größe.

Bei den Chinesen hieß die Gruppe von schwächeren Sternen nahe den Köpfen der Jagdhunde San Kung, was so viel wie Wächter der rechtmäßigen Erben heißt.

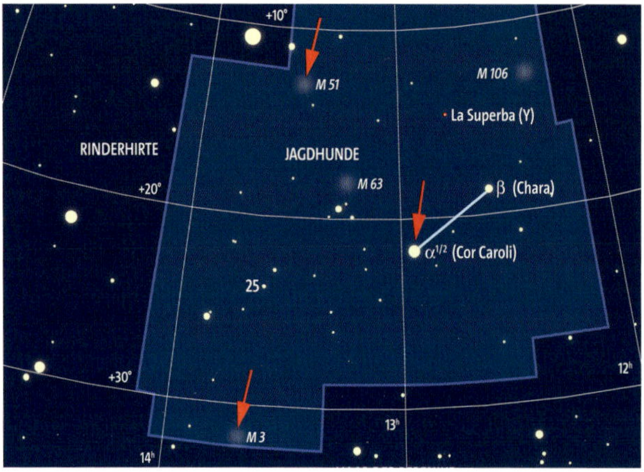

6.10 Skelettkarte der Jagdhunde: Eingetragen sind die Positionen des Doppelsterns Cor Caroli (α CVn) sowie des Kugelhaufens M 3 und des Spiralnebels M 51.

Die Araber wiederum nannten dieses Sternbild Al Karb al Ibl, was Last des Kamels bedeutet.

Im Zuge der Einführung eines christlichen Sternbilderhimmels hat Jakob Bartsch in der ersten Hälfte des 17. Jahrhunderts hier den Ursprung des Jordan-Flusses gelegt. Diese Bezeichnung hat sich jedoch nicht durchgesetzt.

Der hellste Stern in den Jagdhunden, α CVn, wurde Cor Caroli, Herz Karls, getauft. Dieser Name geht auf Edmond Halley (1656–1742) zurück und bezieht sich auf König Charles II. von England. Nachdem Charles II. die Schlacht bei Worcester gegen Oliver Cromwell verloren hatte, soll α CVn bei seiner Rückkehr nach London am Abend des 29. Mai 1660 besonders hell geleuchtet haben – so berichtet jedenfalls der Hofarzt Sir Charles Scarborough. Einer anderen Version nach lautete der ursprüngliche, vollständige Name „Cor Caroli Regis Martyris" zum Gedenken an die Exekution von Charles I. von England.

Eine weitere Bezeichnung für α CVn, der die Nr. 12 in Flamsteeds Katalog erhalten hat, lautet Asterion, der Name einer der beiden Jagdhunde, während der andere Hund, Chara, von β CVn dargestellt wird. Mit $4\overset{m}{,}2$ ist Chara der zweithellste Stern in den Jagdhunden. Diese Zuordnung ist nicht ganz eindeutig, manche Quellen bezeichnen α CVn als Chara und β CVn als Asterion.

Nach Ulug Beg wird α CVn Al Kabid al Asad genannt. Diese arabische Bezeichnung bedeutet so viel wie Leber des Löwen. Auch Al Sufi, der große arabische Astronom des Mittelalters, nennt den Hauptstern der Jagdhunde so. Bei den Chinesen hieß er Chang Chen, der Thronsessel.

Cor Caroli ist ein schöner Doppelstern, der mit 19″ Distanz schon von kleinen Teleskopen zu trennen ist. Die hellere Komponente (α_2 CVn, $2\overset{m}{,}9$) leuchtet bläulich-weiß, die schwächere (α_1 CVn, $5\overset{m}{,}5$) eher gelblich. α_2 CVn ist leicht veränderlich und gilt als Prototyp einer ganzen Klasse von Variablen, den so genannten Magnetisch-Veränderlichen oder Ap-Sterne. Die Entfernung dieses echten (physischen) Doppelsterns – beide Komponenten weisen die gleiche Raumgeschwindigkeit auf – beträgt rund 110 Lichtjahre.

In den Jagdhunden finden sich auch zwei weitere interessante Beobachtungsobjekte, nämlich der kugelförmige Sternhaufen M 3 und der Spiralnebel M 51, die berühmte Strudelgalaxie.

Veränderliche Sterne im Juni

Algol-Minima	14.	4^h00^m	17.	0^h51^m								
β-Lyrae-Minima	7.	11^hH	13.	22^hN	20.	10^hH	26.	22^hN				
δ-Cepheï-Maxima	1.	3^h	6.	12^h	11.	20^h	17.	5^h	22.	14^h	27.	23^h

Mars in extremer Erdnähe

6.11 Eiskalte Wüstenlandschaft auf dem roten Planeten. Aufnahme des NASA-Marsrovers Curiosity.

Im Sommer 2018 beherrscht Mars als hell glänzender, gelbroter Lichtpunkt im Sternbild Steinbock den Nachthimmel. Ende Juli erreicht der rote Planet mit $-2^{m}\!,8$ seine maximale Helligkeit. Nach Untergang der Venus übertrifft er mit seinem Glanz alle anderen Gestirne – vom Mond abgesehen natürlich. Für einige Wochen ist Mars sogar heller als der weißlich leuchtende Jupiter.

Die enorme Helligkeit unseres Nachbarplaneten Ende Juli ist leicht zu verstehen: Am 31. kommen Erde und Mars einander bis auf 57600000 Kilometer nahe, die Erde überholt unseren äußeren Nachbarplaneten auf der Innenbahn. Mit nur 55758000 Kilometer war Mars der Erde am 28. August 2003 noch ein wenig näher als diesmal. Erst am 11. September 2035 wird uns der rote Planet mit 56,9 Millionen Kilometer etwas näher kommen als in diesem Sommer.

Im Mittel überholt die Erde den Mars jeweils nach zwei Jahren, einem Monat und drei Wochen. Dann befinden sich Sonne – Erde – Mars in einer geraden Linie. Diese Stellung wird Opposition genannt, Sonne und Mars stehen einander am irdischen Firmament gegenüber. Wenn die Sonne abends im Westen untergeht, so erfolgt im Osten der Marsaufgang. Um Mitternacht erreicht Mars seine höchste Position über dem Südhorizont, er kulminiert, wie der Fachmann zu sagen pflegt. Morgens versinkt Mars unter dem Westhorizont, während gegenüber im Osten die Sonne aufgeht. Deshalb spricht man auch von Gegenschein. In Opposition ist ein Planet somit die gesamte Nacht am Firmament vertreten, erreicht die geringste Entfernung von der Erde und leuchtet deshalb am hellsten.

Außerhalb der Oppositionsperiode von ein paar Wochen ist Mars ein gut sichtbares, aber nicht besonders auffälliges Gestirn. Manchmal ist er nur etwa so hell wie der Polarstern, dann wieder zählt er zu den Sternen erster Größe.

Kulturelle Bedeutungen

Wenn Mars alle 26 Monate für einige Wochen besonders hell und auffällig strahlt, so mag er in alten Zeiten an das Auflodern von Flammen erinnert haben, wie es auch bei Kriegshandlungen und Brandschatzungen der Fall ist. Etliche Völker sahen daher in diesem Planeten den Kriegsgott. Bei den Babyloniern hieß er Nergal, bei den Griechen Ares (Ἄρης) und bei den Römern Mars – alles Namen für den Kriegsgott. In der griechischen Götterwelt war Ares der Sohn des Zeus und seiner Gemahlin Hera. Er war der Gott des erbarmungslosen Kampfes. Die kriegerischen Amazonen sind die Töchter von Ares. Während bei den Griechen der Kriegsgott nicht gut angesehen war, wurde er bei den Römern ganz besonders verehrt. Mars galt als Vater von Romulus und Remus, den Gründern der ewigen Stadt. Im alten römischen Kalender galt der März als erster Monat im Jahreslauf. Der Name März leitet sich aus dem lateinischen Mensis Martius, der Marsmonat, ab. Im Frühlingsmonat begann man mit der Aussaat, aber auch mit neuen Feldzügen zur Festigung und Erweiterung des römischen Reiches.

Die alten Chinesen nannten Mars den Feuerstern, Ying-huo. Bei den Ägyptern hieß er schlicht Hardecher, der Rötliche.

Wenn der in Erdnähe helle Mars auf offenem Meer durch die turbulenten Luftschichten flackernd aufging, so glaubte mancher Seefahrer, in der Ferne ein brennendes Schiff zu sehen.

Wegen seiner Farbe wird Mars auch roter Planet genannt, obwohl er eigentlich gelb-orange leuchtet (Farbindex: $B - V = +1^{m}\!.36$). Durch die selektive Extinktion (wellenlängenabhängige Streuung des Lichtes in der irdischen Atmosphäre) erscheint Mars jedoch in niedriger Höhe über dem Horizont eindeutig rötlich. Auch Sonne und Mond sind bei Auf- und Untergang gerötet. Wenn Mars uns in günstiger Opposition besonders nahe kommt wie Ende Juli 2018, so hält er sich in den südlichsten Gefilden des Tierkreises auf und erreicht selbst in Kulmination nur eine geringe Höhe in unseren Breiten. Er strahlt dann hell und eindeutig rötlich gefärbt.

Die Bahnverhältnisse

Im Mittel ist Mars 228 Millionen Kilometer (= 1,52 AE) von der Sonne entfernt, also eineinhalb Mal so weit wie die Erde. Das Sonnenlicht ist somit knapp dreizehn Minuten zum Mars unterwegs, während es schon nach etwas mehr als acht Minuten auf der Erde eintrifft. Für eine volle Sonnenumrundung benötigt Mars 687 Tage, das sind knapp zwei Jahre.

In welchen Abständen überholt die Erde den langsameren, weiter außen laufenden Mars? In welchen Zeitintervallen kommt es jeweils zu einer Marsopposition?

Starten Erde und Mars zu einer Opposition ihren Wettlauf, so hat sie nach einem Jahr, wenn die Erde eine volle Sonnenumrundung zurückgelegt hat, Mars noch nicht wieder eingeholt. Denn der rote Planet ist inzwischen weitergewandert und hat mehr als die Hälfte seiner Bahn zurückgelegt. Die Erde läuft mit einer Geschwindigkeit von 1/365,25 Umläufen pro Tag. Mars ist deutlich langsamer. Seine Geschwindigkeit beträgt 1/687 Umläufe pro Tag.

Die *relative* Geschwindigkeit der Erde gegenüber Mars ergibt sich somit zu $1/365{,}25 - 1/687 = 1/780$ Umläufe pro Tag. Daraus folgt: Die Erde überholt den roten Planeten jeweils nach 780 Tagen, das sind wie schon erwähnt zwei Jahre, ein Monat und drei Wochen. Marsoppositionen folgen jeweils nach dieser Zeitspanne aufeinander, der sogenannten synodischen Umlaufzeit. Allerdings ist die synodische Umlaufzeit von 780 Tagen ein Mittelwert. Zwischen der kürzesten Zeit zwischen zwei Marsoppositionen und der längsten Dauer liegen 47 Tage. Die kürzeste synodische Periode im 21. Jahrhundert liegt zwischen den beiden Marsoppositionen vom 31. Januar 2089 und dem 6. März 2091, das sind nur 764 Tage. Die längste Zeit zwischen zwei Marsoppositionen, nämlich 811 Tage, wird zwischen den Marsoppositionen vom 13. Juli 2065 und der vom 2. Oktober 2067 liegen.

Nicht nur die synodische Umlaufzeit variiert. Auch die jeweiligen geringsten Distanzen zur Opposition und damit die Helligkeiten und scheinbaren Marsdurchmesser fallen unter-

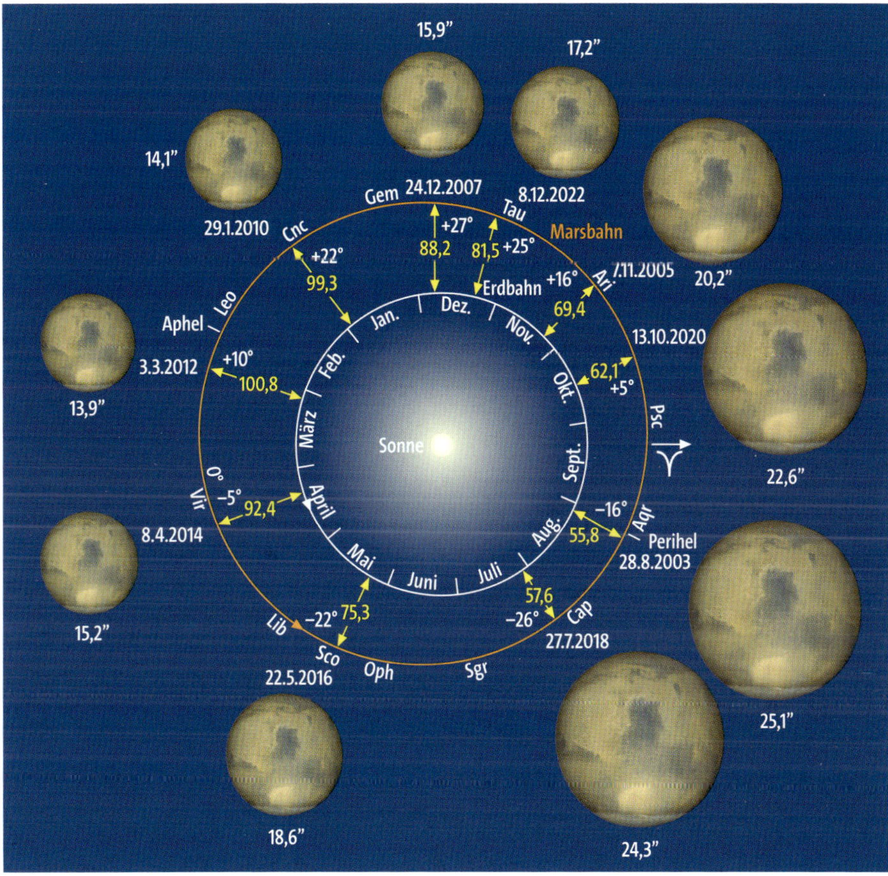

6.12 Marsoppositionen von 2003 bis 2022. Die Oppositionsentfernungen sind in Millionen Kilometer angegeben. Außerdem sind die Marsdeklinationen vermerkt sowie die scheinbaren Durchmesser der Marsscheibchen.

schiedlich aus. Die Differenzen sind beträchtlich. Bei der Opposition am 3. März 2012 blieb Mars über hundert Millionen Kilometer entfernt, die maximale Helligkeit erreichte nur $-1^{m}\!,2$, das Marsscheibchen blieb bei knapp 14″ scheinbarem Durchmesser. Diesmal kommt die Erde bis auf knapp 58 Millionen Kilometer an den roten Planeten heran, wobei er mit $-2^{m}\!,8$ maximaler Helligkeit mehr als vier Mal so hell wird wie im März 2012. Der scheinbare Marsdurchmesser wächst dabei bis auf 24″ an.

Der Grund für die unterschiedlichen Oppositionsentfernungen liegt in erster Linie in der relativ stark elliptischen Marsbahn. Nach Merkur hat Mars die exzentrischste Bahn von allen acht Planeten unseres Sonnensystems. Die numerische Exzentrizität der Marsbahn beträgt $e = 0{,}093$. Mars kommt somit im Perihel auf knapp 207 Millionen Kilometer an die Sonne heran, das sind 1,38 AE. In Sonnenferne (Aphel) aber trennen ihn fast 250 Millionen Kilometer (= 1,67 AE) vom Zentralgestirn.

Überholt die Erde den roten Planeten, wenn er sich gerade in Sonnenferne aufhält, so bleibt

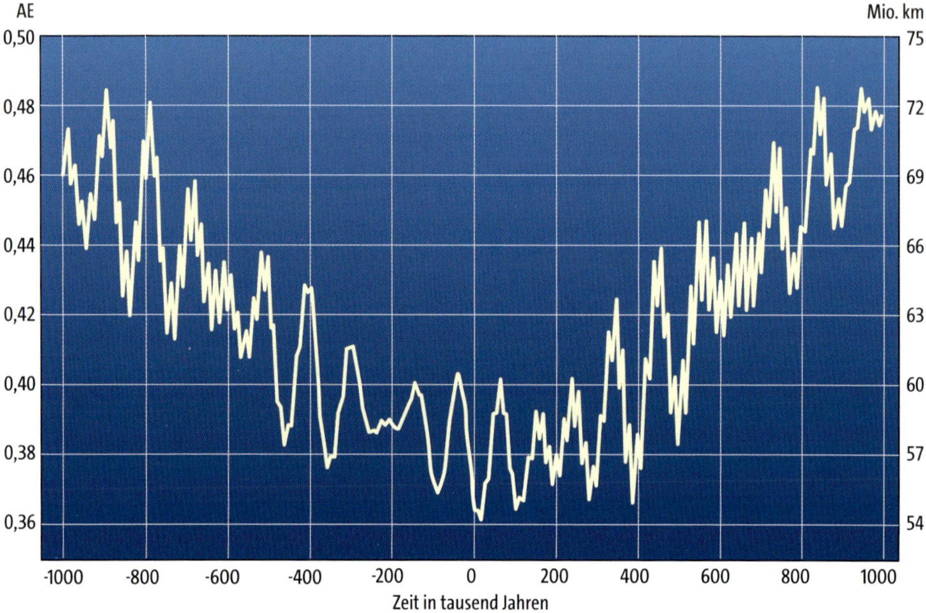

6.13 Schwankungen der minimalen Oppositionsdistanzen Erde – Mars im Verlauf von zwei Millionen Jahren.

Mars über hundert Millionen Kilometer von der Erde entfernt. Man spricht von der Aphelopposition. Überholt die Erde jedoch Mars, wenn dieser gerade sein Perihel passiert, so ergibt sich eine minimale Oppositionsdistanz von knapp 56 Millionen Kilometer. Die kleinstmögliche Distanz beträgt 55,65 Millionen Kilometer. Diese Minimaldistanz wird am 28. August 2287 fast erreicht werden, wobei die Erde bis auf 55,69 Millionen Kilometer an Mars herankommen wird.

Günstige Periheloppositionen folgen in Abständen von etwa fünfzehn Jahren aufeinander. Die letzte fand wie erwähnt am 28. August 2003 statt, die nächste folgt am 15. September 2035, wobei die davor liegende am 28. Juni 2033 ebenfalls recht nahe beim Perihel der Marsbahn stattfindet.

Infolge der elliptischen Bahnen von Erde und Mars differieren Oppositionstermin und Zeitpunkt der geringsten Distanz Erde – Mars bis zu einigen Tagen. So tritt die diesjährige Marsopposition am 27. Juli um 21^h MEZ ein, die geringste Entfernung aber wird erst am 31. Juli um 9^h MEZ erreicht. Die Differenz zwischen Oppositionstermin und der minimalen Erdnähe schwankt zwischen −8,46 und +8,62 Tagen. Dies gilt für unser Jahrtausend. Nur zweimal in 10 000 Jahren fallen Opposition und Erdnähe (fast) exakt zusammen. Dies trifft auf die Perihelopposition des Jahres 2208 n. Chr. zu (Zeitdifferenz: $+4^m$) und auf die Aphelopposition des Jahres 2232 n. Chr. (Zeitdifferenz: $+5^m$).

Bei längerfristigen Kalkulationen ist zu berücksichtigen, dass die Exzentrizität der Marsbahn nicht konstant bleibt, sondern eine säkulare Zunahme erfährt. So betrug sie im Jahre 4000 v. Chr. e = 0,088, gegenwärtig hat sie den Wert e = 0,093 und bis 6000 n. Chr. wird sie auf e = 0,097 anwachsen. Damit wird sich auch die Differenz zwischen Perihel und Aphel entsprechend vergrößern.

Die Bahnelemente bleiben also nicht konstant, sondern unterliegen langjährigen periodischen Schwankungen. So variiert die numerische Exzentrizität der Marsbahn mit einer Periode von 96 000 Jahren. Ihr überlagert ist eine größere Periode von etwa zwei Millionen Jahren und auch mit einer größeren Amplitude. Gegenwärtig schwankt die Exzentrizität um einen Mittelwert von 0,09. In rund einer Million Jahren wird die mittlere Exzentrizität nur noch 0,03 betragen. Zurzeit wächst die Exzentrizität an. Im Jahre 2000 betrug sie e = 0,093**33**, bis Anfang 2018 hat ihr Wert auf e = 0,093**49** zugenommen. In 22 000 Jahren wird ein Maximum von e = 0,1051 erreicht, ein noch größerer Wert ist in 186 000 Jahren zu erwarten: 0,1184. Dann wird die Periheldistanz des Mars nur noch knapp 200 Millionen Kilometer (= 1,343 AE) betragen und die Apheldistanz auf 255 Millionen Kilometer (= 1,704 AE) anwachsen.

Der Marsglobus hat einen Durchmesser von 6781 Kilometer bei einer Masse, die nur elf Prozent der Erdmasse entspricht, das sind rund sechshundert Trillionen ($6{,}4 \times 10^{20}$) Tonnen. Seine mittlere Dichte von 3,93 Gramm pro Kubikzentimeter deutet darauf hin, dass er nur einen sehr kleinen Eisen-Nickel-Kern besitzt – wenn überhaupt. Zwei winzige Monde umrunden Mars, passend zum Kriegsgott Phobos und Deimos, Furcht und Schrecken genannt.

Im Gegensatz zur stets wolkenverschleierten Venus blickt man durch die äußerst dünne Atmosphäre auf die feste Marsoberfläche. Mit Erfindung des Teleskops wurde Mars deshalb zum Favoriten der Fernrohrbeobachter. Man erkennt helle und dunkle Gebiete, weiße Polkappen und Farbschattierungen. Mars zeigt erstaunliche Ähnlichkeiten mit der Erdkugel. Aufgrund der Oberflächendetails konnten die ersten Fernrohrbeobachter wie Christian Huygens (1629–1695) und Giovanni Domenico Cassini (1625–1712) feststellen, dass ein Marstag nur vierzig Minuten länger dauert als ein irdischer. Die Neigung der Marsrotationsachse von 25° zur Senkrechten auf die Marsbahn entspricht fast genau der der Erde von 23,°4. Somit entstehen auf Mars ebenfalls Jahreszeiten, sie dauern aber fast doppelt so lange wie die irdischen. Der Marsherbst beginnt auf der Nordhalbkugel am 22. Mai 2018. Marsnordwinter tritt am 16. Oktober in diesem Jahr ein und am 23. März 2019 hat die Marsnordhalbkugel Frühlingsbeginn. Der Sommer auf der Nordhalbkugel wird am 19. Oktober 2019 eintreten. Besonders beeindruckend sind jahreszeitliche Effekte wie das Zu- und Abnehmen der weißen Polkappen.

6.14 Anblick des Mars in einem irdischen Fernrohr. Deutlich erkennbar ist die weiße Nordpolkappe. Aufnahme von Mario Weigand, Offenbach.

Von Marskanälen zur Kraterlandschaft

Mit immer größeren Fernrohren wurden stets zahlreicher werdende Details auf dem winzigen Marsscheibchen entdeckt. Einer der eifrigsten Marsbeobachter war der Direktor der Mailänder Sternwarte, Giovanni Virginio Schiaparelli (1835–1910). Er meinte, dunkle Linien zu erkennen, die den gelblich-roten Marsglobus wie ein Spinnennetz überziehen, und nannte sie *canali*, was im Italienischen so viel wie Rinnen, Rillen, Gräben bedeutet. Übersetzt ins Deutsche wurden daraus „Kanäle", also künstliche Wasserstraßen. Daraus schloss das Publikum, dass Mars ein bewohnter Planet sein müsse. Denn wo Kanäle existieren, müssen auch ihre Erbauer vorhanden sein. Bald war man von der Existenz einer hochtechnisierten Marszivilisation überzeugt.

Doch die Geschichte ist über diese Fantastereien und Spekulationen hinweggegangen. Die

6.15 Der Marsglobus, aufgenommen vom Mars Global Surveyor.

eigentliche erfolgreiche Marsforschung begann mit der Raumsonde Mariner 4, die Mitte Juli 1965 in nur 9000 Kilometer Entfernung am roten Planeten vorbeiflog und 22 Bilder zur Erde funkte. Auf ihnen waren keine Kanäle, keine Meere oder Seen, keine Städte oder Siedlungen und auch keine Untertassen und deren Besatzung zu sehen. Stattdessen zeigten die Bilder zahlreiche Krater und Ringwälle, alles Spuren eines über vier Milliarden Jahre anhaltenden Bombardements aus dem Kosmos. Mars schien dem Mond viel ähnlicher als der Erde.

Inzwischen hat Mars recht häufig Besuch von irdischen Raumsonden erhalten, die ihn umkreisen, weich auf ihm landeten und sogar Marsrover absetzten. Dabei zeigte sich, dass die Marsoberfläche sich doch gewaltig von der unseres Mondes unterscheidet.

Denn außer Krater und Ringwällen wurden gewaltige Schildvulkane entdeckt, von denen Olympus Mons mit 25 Kilometer Höhe der größte ist. Riesige Grabenbrüche und Canyons, tiefe und langgestreckte Täler, dünenartige Landstriche, gewaltige Becken und ausgedehnte Hochflächen prägen die bizarre Marslandschaft.

Wasser auf Mars?

Zahlreiche Spuren deuten darauf hin, dass in einer fernen Vergangenheit flüssiges Wasser sowie eine dichtere Atmosphäre auf Mars vorhanden waren. Heute gibt es keine freien Wasserflächen wie Ozeane oder Seen auf Mars. Dazu ist er zu kalt und der Atmosphärendruck zu gering. In Form von Eis ist Wasser jedoch an den Marspolen vorhanden sowie unter der Oberfläche als Permafrost verborgen.

Die Dichte der Marsatmosphäre ist heute rund hundert Mal geringer als die irdische auf Meeresniveau. Die Marsatmosphäre setzt sich zu 95 Prozent aus Kohlendioxid und fast fünf Prozent aus molekularem Stickstoff zusammen. Ferner finden sich Spuren des Edelgases Argon sowie von Kohlenmonoxid und Wasserdampf (nur 0,02 %) in der Marsluft. Das Klima ist nicht nur staubtrocken, sondern auch extrem frostig. Die globale mittlere Atmosphärentemperatur beträgt –59 °C, die der irdischen Luft jedoch +15 °C. Ohne die Treibhauswirkung des Kohlendioxids wäre die Marsluft noch kühler. Am Marsäquator heizt sich der Boden zur Mittagszeit auf +10 °C bis +20 °C auf. Aber bereits wenige Meter über dem Boden ist die Marsatmosphäre –20 °C kühl. In der Marsnacht sinkt die Temperatur unter –80 °C, an den Polen auf –120 °C.

Um Leben auf Mars zu entdecken, wurde die amerikanische Raumsonde Curiosity (engl., Neugier) am 26. November 2011 auf den Weg zum roten Planeten gebracht. Curiosity landete erfolgreich am 6. August 2012 im Marskrater Gale nahe dem Zentralberg Aeolis Mons (Mount Sharp) bei der Landeposition 4,°5 Süd/137,°4 Ost. Seither fährt das vierte und bisher größte Marsauto über die öde Landschaft und hat inzwischen auch den Marsboden angebohrt. Die ersten Ergebnisse bestätigen frühere Erkenntnisse: Wasser in Form von Permafrost ist in großen Mengen vorhanden. Der relativ hohe Anteil an schwereren Isotopen in der Atmosphäre deutet

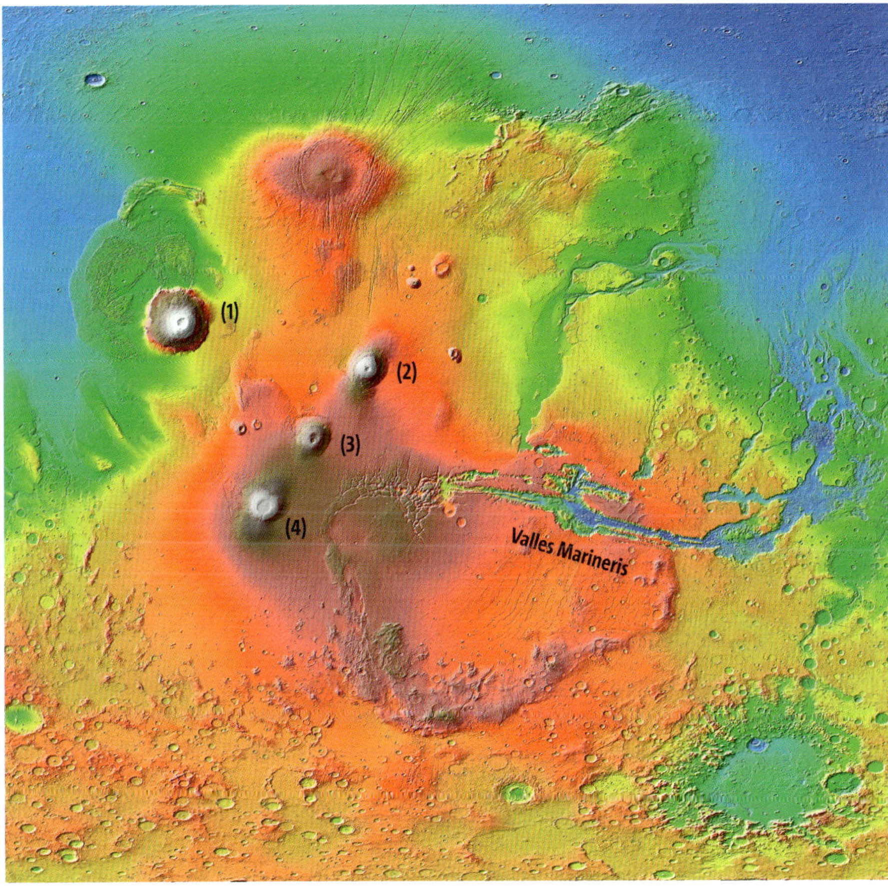

NASA/MGS/MOLA

6.16 Karte der Marsoberfläche. Auffällig sind die vier großen Vulkankrater in der Tharsis-Region: Olympus Mons (1) und in einer Reihe stehend Ascraeus Mons (2), Pavonis Mons (3) und Arsia Mons (4). Beeindruckend ist ferner das 4000 km Canyon-System Valles Marineris.

darauf hin, dass ihre Dichte und Temperatur einst wesentlich höher waren und die leicht flüchtigen Gase inzwischen in das Weltall hinaus diffundierten. Auch fand das bisher schwerste und am besten ausgerüstete Marsauto ausgetrocknete Flusstäler. In ihnen liegen abgerundete Schottersteine, Beweise für einst fließendes Wasser.

Mars ist inzwischen der am besten erforschte Planet außer der Erde. Die letzten Geheimnisse werden dem roten Planeten wohl erst entrissen, wenn Menschen auf ihm landen, was über kurz oder lang der Fall sein wird.

Bevor es soweit ist, erfreuen sich Astronomen wie Laien am Anblick des hell leuchtenden Mars, wenn er sich wie in diesem Sommer in Erdnähe befindet. Und zum Oppositionstermin am 27. Juli 2018 tritt gewissermaßen als Zugabe der Mond vollständig in den Kernschatten der Erde. Eine bei uns sichtbare totale Mondfinsternis und die extrem günstige Marsopposition an einem Abend – ein astronomischer Höhepunkt für alle Astrofans!

Juli 2018

- Mit 152 Millionen Kilometer Abstand befindet sich die Erde am 6. in Sonnenferne.
- Mars kommt am 27. im Sternbild Steinbock in Opposition zur Sonne und beherrscht den Nachthimmel.
- Am 27. findet eine bei uns beobachtbare totale Mondfinsternis statt.
- Venus bleibt Abendstern.
- Jupiter und Saturn sind in der ersten Nachthälfte zu sehen.

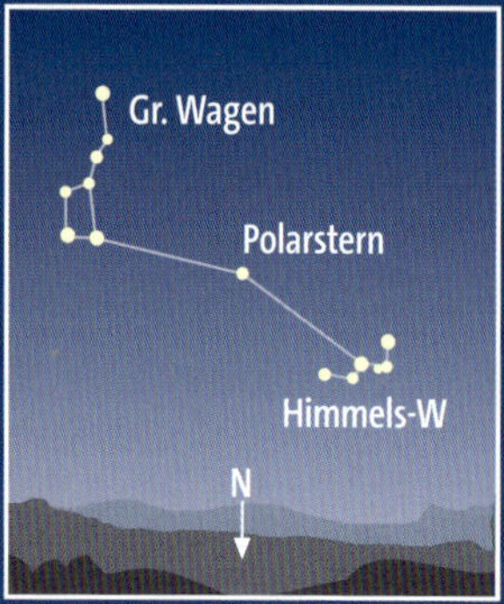

Großer Wagen und Himmels-W Anfang Juli um 22 Uhr

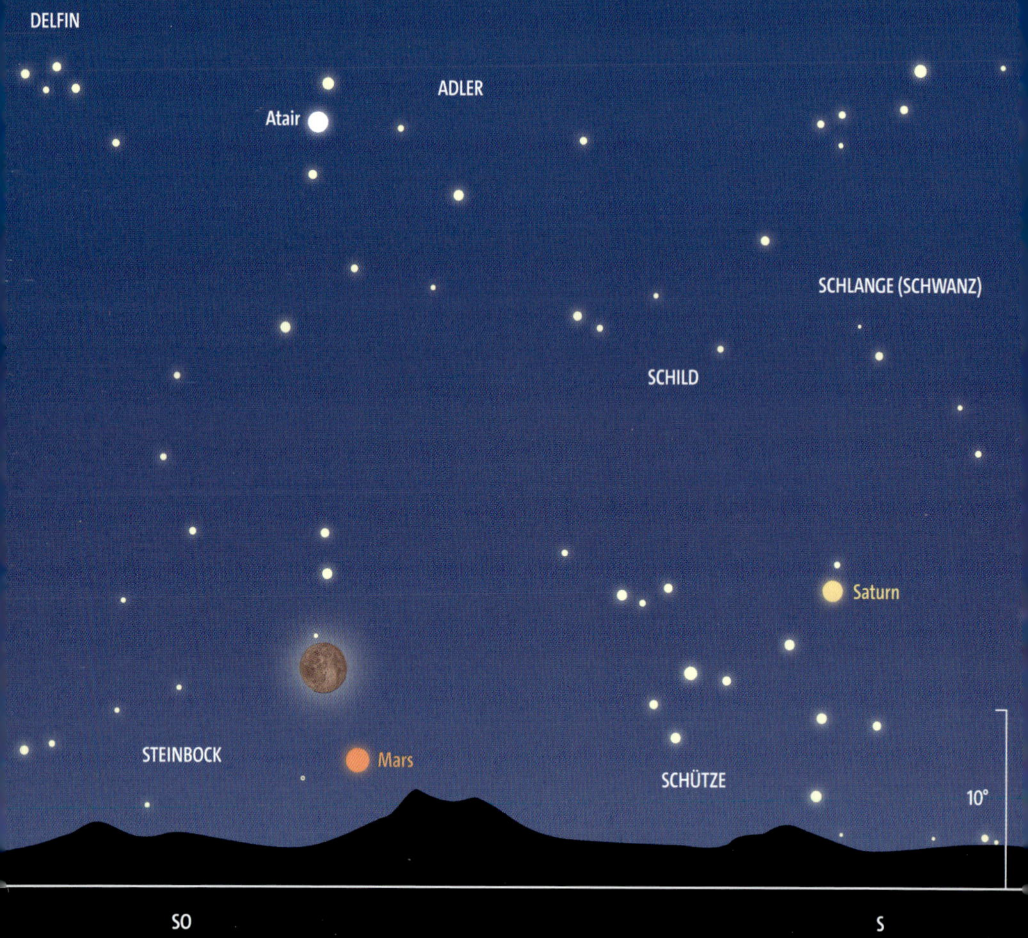

7.1 Anblick des Südhimmels am 27. Juli gegen 22h MEZ (= 23h MESZ). Knapp über dem Horizont sind die Planeten Mars und Saturn zu sehen. Nördlich von Mars befindet sich der Mond im Schatten der Erde.

1 So Mond bei Mars (Morgenhimmel)

2 Mo

3 Di

4 Mi

5 Do

6 Fr Mond im letzten Viertel
Erde in Sonnenferne

7 Sa

8 So

9 Mo

10 Di

11 Mi

12 Do Merkur in gr. östl. Elongation (Abendhimmel)
Pluto in Opposition

13 Fr Neumond

14 Sa

15 So Mond bei Venus (Abendhimmel)

16 Mo

17 Di

18 Mi

19 Do Mond im ersten Viertel

20 Fr Mond bei Jupiter (Abendhimmel)

21 Sa

22 So

23 Mo

24 Di

25 Mi Mond bei Saturn (Morgenhimmel)

26 Do

27 Fr **Vollmond, Totale Mondfinsternis,** Mars in Opposition, Mond bei Mars (Abendhimmel)

28 Sa

29 So

30 Mo

31 Di Mars in Erdnähe (ganze Nacht)

Sonne – Sternbilder

21.7. 2^h:
Sonne tritt in das Sternbild Krebs
22.7. 22^h:
Sonne tritt in das Tierkreiszeichen Löwe
Julianisches Datum am
1. Juli, 1^h MEZ: 2 458 300,5

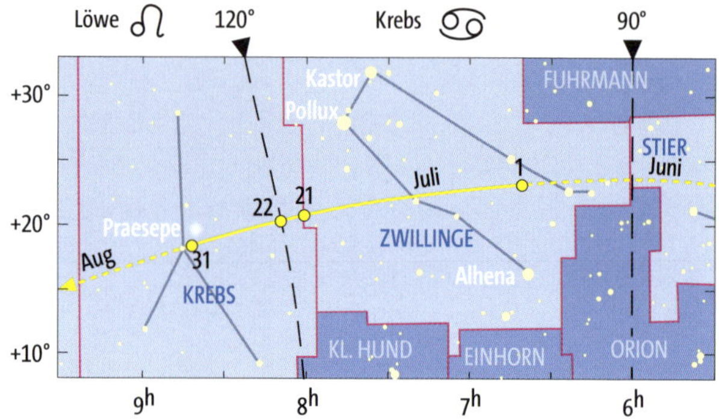

Tabelle Sonnenlauf

Tag	Dämmerg. Anfang	Aufgang MEZ	Kulmination	Untergang MEZ	Dämmerg. Ende	Mittagshöhe	Zeitgleichg.	Rektaszension	Deklination
	h m	h m	h m	h m	h m	°	m	h m	°
1.	2 26	4 15	12 24	20 32	22 21	63,1	–4	6 39	+23,1
5.	2 31	4 18	12 25	20 31	22 17	62,8	–5	6 55	+22,8
10.	2 38	4 22	12 25	20 28	22 12	62,2	–5	7 16	+22,3
15.	2 46	4 27	12 26	20 24	22 04	61,5	–6	7 36	+21,6
20.	2 55	4 33	12 26	20 19	21 56	60,6	–6	7 56	+20,8
25.	3 05	4 40	12 27	20 13	21 46	59,6	–7	8 16	+19,8
31.	3 17	4 48	12 26	20 04	21 34	58,2	–6	8 40	+18,4

Tages- und Nachtstunden

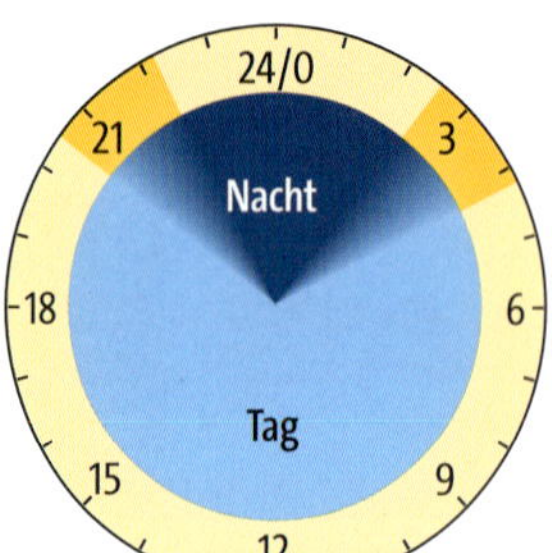

5. Juli

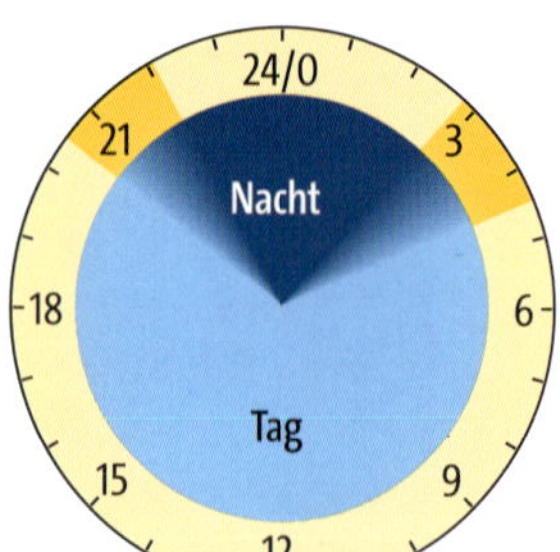

15. Juli

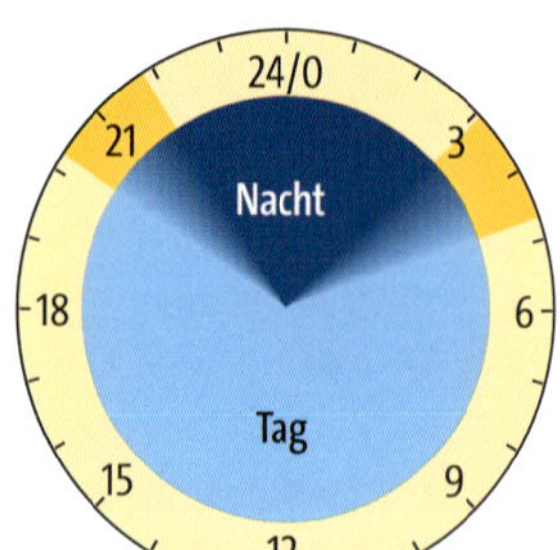

25. Juli

Tabelle Mondlauf

Datum		Aufg. MEZ	Kulmination	Unterg. MEZ	Rektaszension	Deklination	Sterne und Sternbilder	Phase	MEZ
		h m	h m	h m	h m	°			
So	1.	22 33	2 35	7 14	20 47	−18,3	Steinbock		
Mo	2.	23 00	3 21	8 16	21 36	−15,8	Steinbock		
Di	3.	23 25	4 06	9 19	22 23	−12,7	Wassermann		
Mi	4.	23 48	4 50	10 24	23 10	− 9,0	* Wassermann		
Do	5.	–	5 34	11 30	23 56	− 4,9	Fische		
Fr	6.	0 10	6 18	12 38	0 43	− 0,5	Walfisch	**Letztes Viertel**	**$8^h 51^m$**
Sa	7.	0 33	7 04	13 48	1 31	+ 4,1	Fische	Libration Ost	
So	8.	0 58	7 53	15 01	2 22	+ 8,5	* Walfisch	Größte Südbreite	
Mo	9.	1 27	8 45	16 16	3 15	+12,7	Widder		
Di	10.	2 01	9 41	17 32	4 11	+16,4	Stier, Hyaden		
Mi	11.	2 44	10 41	18 45	5 12	+19,1	Stier		
Do	12.	3 38	11 44	19 50	6 15	+20,6	Alhena		
Fr	13.	4 43	12 48	20 46	7 20	+20,6	Zwillinge	**Neumond Nr. 1182** Erdnähe 357/33′,4	**$3^h 48^m$** 9^h
Sa	14.	5 57	13 50	21 31	8 24	+19,1	Krebs, Krippe	Aufsteigender Knoten	
So	15.	7 16	14 49	22 08	9 27	+16,3	Löwe		
Mo	16.	8 36	15 44	22 38	10 26	+12,5	Löwe, Regulus		
Di	17.	9 54	16 36	23 05	11 22	+ 8,0	Löwe		
Mi	18.	11 09	17 25	23 29	12 15	+ 3,2	Jungfrau		
Do	19.	12 21	18 13	23 53	13 06	− 1,6	Jungfrau	**Erstes Viertel** Libration West	**$20^h 52^m$**
Fr	20.	13 31	18 59	–	13 56	− 6,2	Jungfrau	Größte Nordbreite	
Sa	21.	14 39	19 46	0 18	14 45	−10,4	Waage		
So	22.	15 44	20 33	0 45	15 34	−14,0	Waage		
Mo	23.	16 46	21 20	1 15	16 23	−17,0	Skorpion		
Di	24.	17 44	22 08	1 50	17 13	−19,1	Schlangenträger		
Mi	25.	18 36	22 57	2 31	18 03	−20,4	Schütze		
Do	26.	19 22	23 45	3 17	18 54	−20,8	Schütze, Nunki		
Fr	27.	20 02	–	4 10	19 45	−20,2	Schütze	**Vollmond** Erdferne 406/29′,4 Absteigender Knoten	**$21^h 20^m$** 7^h
Sa	28.	20 36	0 32	5 07	20 35	−18,8	Steinbock		
So	29.	21 05	1 19	6 08	21 24	−16,5	Steinbock		
Mo	30.	21 30	2 04	7 11	22 12	−13,5	Wassermann		
Di	31.	21 53	2 48	8 15	22 58	−10,0	Wassermann		

Der Mond nähert sich Jupiter

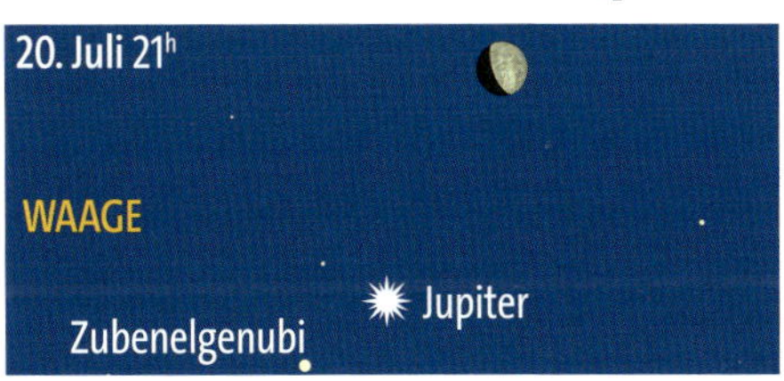

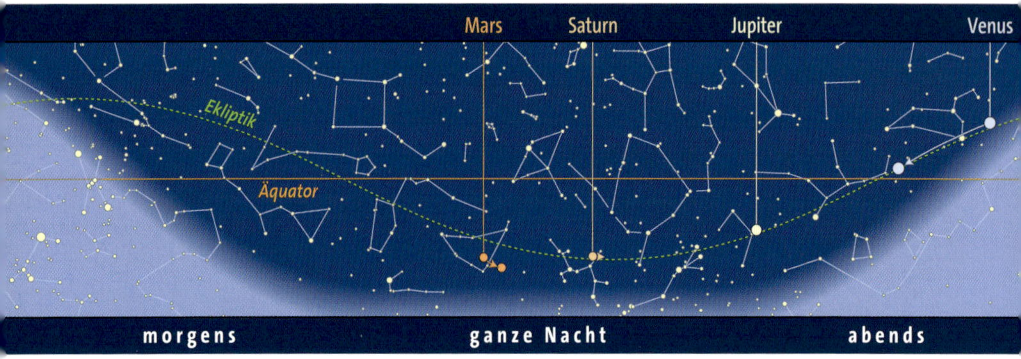

Merkur erreicht am 12. seine größte östliche Elongation, wobei sein Winkelabstand von der Sonne immerhin 26°25′ beträgt. Dennoch ist er in unseren Breiten kaum am Abendhimmel zu erkennen, in südlichen Ländern dagegen schon. Die Merkurhelligkeit sinkt vom Monatsanfang bis zum 12. rapide von $-0^{m},1$ auf $0^{m},4$ ab. Erfolgt der Merkuruntergang am 1. um $21^{h}57^{m}$ (= $22^{h}57^{m}$ Sommerzeit), so sinkt Merkur am 12. bereits um $21^{h}34^{m}$ unter die nordwestliche Horizontlinie (siehe Abb. 6.2 und 6.3 auf Seite 138). Die Dichotomie (Halbphase) tritt am 7. ein, wobei der $7'',4$ große Merkur im Teleskop wie ein kleiner Halbmond aussieht. Am 25. beendet Merkur seine rechtläufige Wanderung. Er eilt

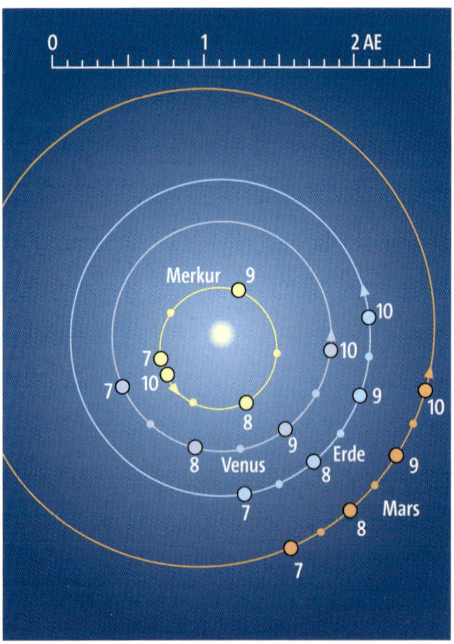

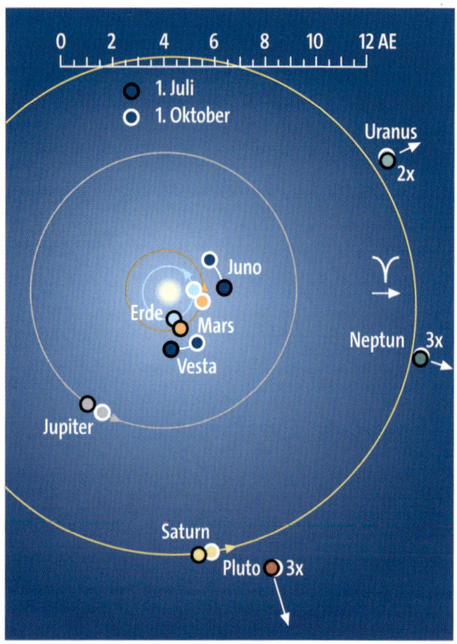

7.2 Heliozentrischer Anblick **des Planetensystems im dritten Jahresviertel 2018. Eingetragen sind links die Positionen der inneren Planeten für den 1. Juli (7), 1. August (8), 1. September (9) und 1. Oktober (10). Der rechte Teil zeigt das äußere Planetensystem und einige Planetoiden. Die Pfeile deuten die Richtungen zu den ferneren Planeten sowie zum Frühlingspunkt an.**

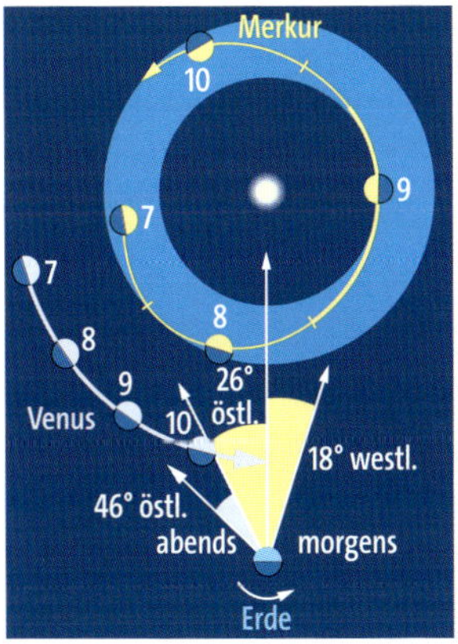

7.3 Bahnen von Merkur und Venus: Heliozentrische Bewegungen von Merkur und Venus *relativ* zur Erde. In den dicker ausgezogenen Bahnteilen sind die Planeten beobachtbar. Die Zahlen geben die Positionen jeweils zum Monatsersten an. Östlicher Winkelabstand bedeutet Abendsichtbarkeit; westliche Elongation: Planet steht am Morgenhimmel.

anschließend rückläufig auf die Sonne zu, die ihm entgegenkommt. Am 20. durchläuft Merkur das Aphel seiner Bahn.

Venus spielt nach wie vor ihre Rolle als Abendstern. Ihre Helligkeit nimmt im Laufe des Monats um $0\overset{m}{,}2$ auf $-4\overset{m}{,}3$ zu, allerdings verkürzt sich die Sichtbarkeitsdauer merklich. Am 1. geht unser innerer Nachbarplanet um 22^h41^m unter, am 15. um 22^h13^m und am 31. bereits um 21^h35^m (= 22^h35^m Sommerzeit).

Fernrohrbeobachtern fällt auf, dass das Venusscheibchen deutlich größer wird. Sein scheinbarer Durchmesser beträgt am Monatsende fast 21″, während der Beleuchtungsgrad auf 57 Prozent abnimmt – bald ist die Dichotomie (Halbphase) erreicht.

Venus wandert am absteigenden Ast des Tierkreises durch den Löwen und zieht am 9. nur $1\overset{\circ}{,}1$ nördlich an Regulus (α Leonis) vorbei. Ende Juli erreicht sie die Grenze zum Sternbild Jungfrau. Um Regulus in der Dämmerung zu sehen, empfiehlt sich ein Fernglas (siehe Abb. 7.4 rechts).

Mars, rückläufig im Steinbock, kommt am 27. in **Opposition** zur Sonne. Da er am 16. September das Perihel seiner Bahn passieren wird, ist die diesjährige Opposition eine besonders günstige. Wegen der elliptischen Bahn des Mars wird die geringste Distanz von der Erde erst vier Tage nach dem Oppositionstermin erreicht. Am 31. erreicht Mars mit nur 57,6 Millionen Kilometer (= 0,385 AE) seine geringste Entfernung von der Erde. Anfang Juli noch $-2\overset{m}{,}1$ hell, steigert der rote Planet seine scheinbare Helligkeit bis zur Opposition auf $-2\overset{m}{,}8$ und übertrifft damit Jupiter dann um mehr als eine halbe Größenklasse an Glanz.

Nach Untergang der Venus ist Mars der dominierende Planet am Nachthimmel und auch für Laien ein auffälliges, unübersehbares Gestirn.

Am Tag der Opposition geht Mars um 20^h44^m (= 21^h44^m Sommerzeit) auf, kulminiert um 0^h34^m und geht am nächsten Morgen um 4^h16^m unter. Zu Monatsbeginn erfolgt der Marsaufgang noch um 22^h28^m (= 23^h28^m Sommerzeit) und am 15. um 21^h35^m.

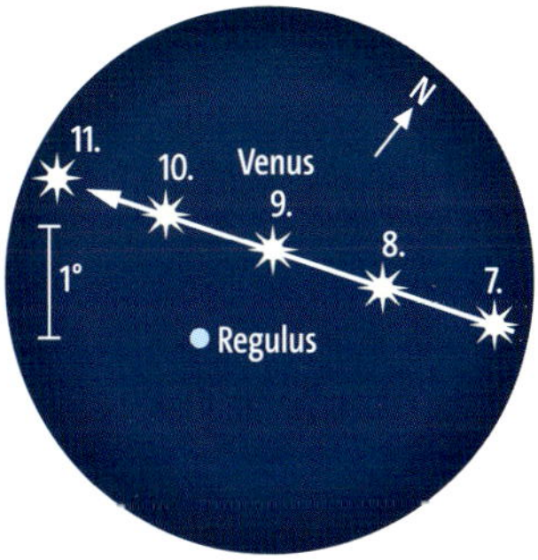

7.4 Venus bei Regulus: Venus zieht am 9. Juli an Regulus im Löwen vorbei. Fernglasanblick gegen 21^h MEZ (= 22^h MESZ) bei 5° Gesichtsfelddurchmesser.

Im Teleskop zeigt sich das gut 24″ große Marsscheibchen voll beleuchtet. Jetzt kann man auch in kleineren Teleskopen Details auf der Marsoberfläche erkennen. Vorausgesetzt, die Sichtbedingungen sind gut, was vor allem die Luftruhe betrifft.

Am Oppositionstag wird Mars auch vom verfinsterten (!) Vollmond besucht, der ihn relativ weit nördlich, nämlich rund 6°, überholt (siehe Abb. 7.1 auf Seite 154) – ein sicher spektakulärer Himmelsanblick.

Die scheinbare Marsbahn samt Oppositionsschleife im Sternbild Steinbock ist in Abb. 6.4 auf Seite 139 eingetragen.

Jupiter kommt am 11. im Sternbild Waage zum Stillstand. Damit beendet er seine Oppositionsperiode und läuft anschließend wieder von West nach

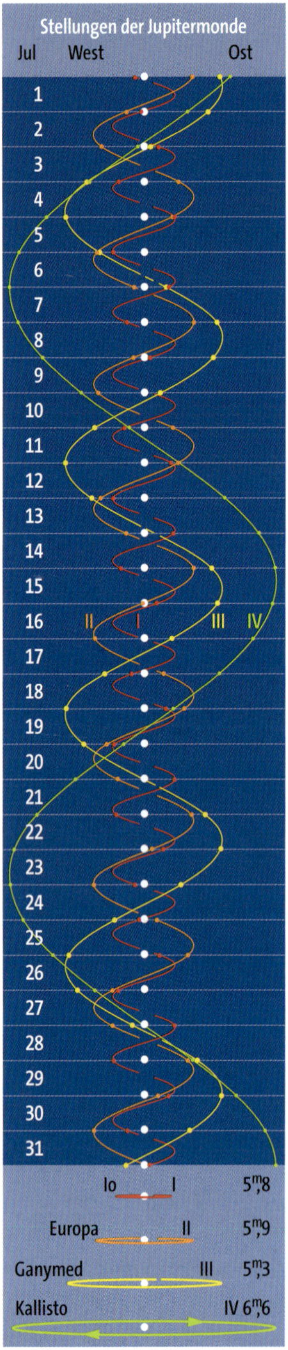

Jupitermonde

Tag	MEZ h m	Vorgang	
1.	19 54	II	SA
	19 59	II	DE
	22 09	II	SE
	23 39	I	DA
2.	0 42	I	SA
	20 47	I	BA
3.	0 03	I	VE
	20 16	I	DE
	21 20	I	SE
6.	20 08	III	VA
	21 53	III	VE
8.	20 11	II	DA
	22 27	II	DE
	22 31	II	SA
9.	22 38	I	BA
10.	19 57	I	DA
	21 06	I	SA
	22 06	I	DE
	23 14	I	SE
11.	20 27	I	VE
13.	21 07	III	BE
14.	0 07	III	VA
15.	22 41	II	DA
17.	19 54	II	BE
	20 02	II	VA
	21 49	I	DA
	22 18	II	VE
	23 00	I	SA
	23 57	I	DE
18.	22 22	I	VE
19.	19 37	I	SE
20.	23 00	III	BA
24.	19 39	III	SE
	20 07	II	BA
	22 25	II	BE
	22 37	II	VA
	23 41	I	DA
25.	20 50	I	BA
26.	20 18	I	DE
	21 32	I	SE
31.	21 54	III	SA
	22 39	II	BA

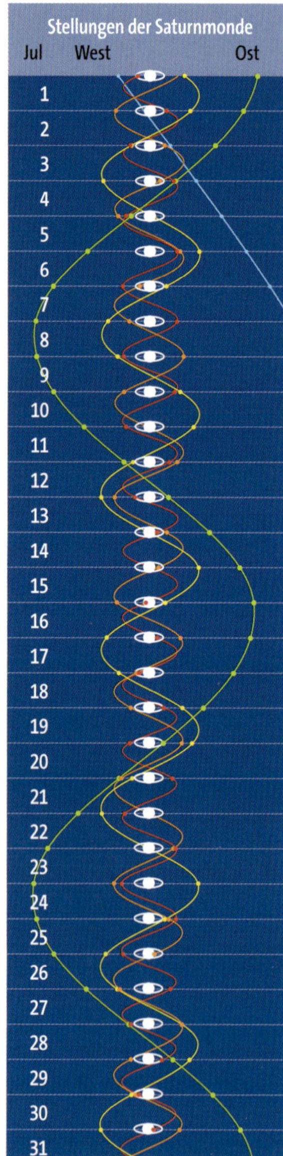

Japetus

5.	$11^m,4$
10.	$11^m,8$
15.	$12^m,2$
20.	$12^m,3$
25.	$12^m,1$
30.	$11^m,7$

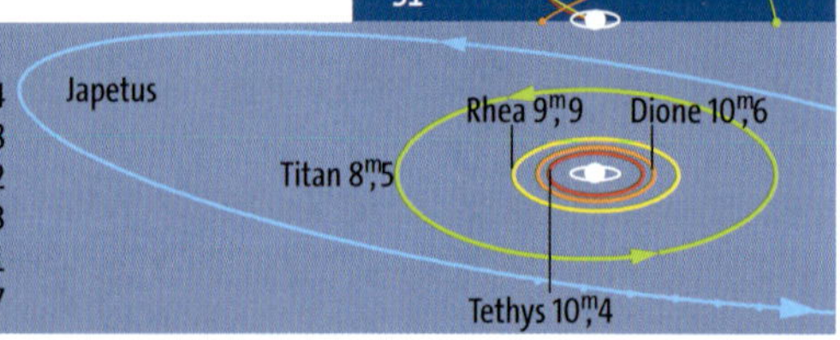

Ost durch den Tierkreis. Diese Bewegungsrichtung nennt man rechtläufig (siehe Abb. 5.4 auf Seite 117).

Das Ende der Oppositionsperiode macht sich auch dadurch bemerkbar, dass sich Jupiter aus der zweiten Nachthälfte zurückzieht.

Am 1. erfolgt der Untergang des Riesenplaneten um 1^h20^m (= 2^h20^m Sommerzeit) und am 15. um 0^h24^m.

Ende Juli geht Jupiter bereits um 23^h18^m unter. Seine Helligkeit sinkt weiter leicht um $0^m{,}2$ auf $-2^m{,}1$ bis Monatsende ab.

In der Nacht vom 20. auf 21. wandert der zunehmende Halbmond rund 4° nördlich an Jupiter vorbei (siehe Mondlaufgrafik auf Seite 157).

Der scheinbare Äquatordurchmesser schrumpft ein wenig von gut 41″ auf knapp 38″, was nur regelmäßigen Jupiterbeobachtern auffallen mag.

Saturn stand Ende des Vormonats in Opposition zur Sonne. Der Ringplanet wandert rückläufig durch das Sternbild Schütze (siehe Abb. 6.8 auf Seite 142).

Mit Einbruch der Dunkelheit ist Saturn bereits im Süden zu sehen. Seine Helligkeit sinkt leicht von $0^m{,}0$ auf $0^m{,}2$ ab. Vom Morgenhimmel zieht sich Saturn zurück. Er wird allmählich zum Planeten der ersten Nachthälfte.

Am 1. sinkt der Ringplanet um 4^h14^m (= 5^h14^m Sommerzeit) unter den Südwesthorizont, am 15. um 3^h14^m und am 31. schon um 2^h07^m (= 3^h07^m Sommerzeit).

Uranus verzögert seine ohnehin langsame Bewegung im Widder immer mehr. In der ersten Woche des nächsten Monats wird er stationär und setzt zu seiner Oppositionsschleife an (siehe Abb. 10.5 auf Seite 219).

Uranus kann zu Monatsbeginn am Morgenhimmel aufgesucht werden. Im Laufe des Monats wird er zum Planeten der zweiten Nachthälfte. Am 1. geht der $5^m{,}8$ helle Planet um 0^h43^m (= 1^h43^m Sommerzeit) auf und am 15. um 23^h45^m. Am 31. erfolgt der Aufgang des grünlichen Planeten bereits um 22^h43^m. Jeweils eine Stunde nach Aufgang kann man mit Erfolg nach Uranus suchen.

Am 1. kulminiert Uranus um 7^h43^m, am 15. um 6^h49^m und am 31. schon um 5^h47^m (= 6^h47^m Sommerzeit). Zu diesen Zeiten ist die Sonne allerdings längst aufgegangen.

Neptun kann sich endlich aus den Strahlen der Sonne befreien und in den Morgenstunden am

Konstellationen und Ereignisse

Datum	MEZ	Ereignis
1.	3^h	**Mond bei Mars**, Mond $4^\circ{,}8$ nördlich, **Abstand $3^\circ{,}8$ um 0^h**
4.	1	Mond bei Neptun, Mond $2^\circ{,}6$ südlich
6.	18	Erde im Aphel (Sonnenferne) Abstand Erde – Sonne 152,096 Millionen Kilometer
7.	15	Mond bei Uranus, Mond $5^\circ{,}0$ südlich
11.	5	Jupiter im Stillstand, anschließend rechtläufig
12.	6	**Merkur in größter östlicher Elongation** (26°)
12.	11	**Pluto in Opposition** zur Sonne
13.	4	Partielle Sonnenfinsternis (siehe Seite 24)
14.	23	Mond bei Merkur, Mond $2^\circ{,}2$ nördlich
16.	5	**Mond bei Venus**, Mond $1^\circ{,}6$ nördlich, **Abstand $4^\circ{,}6$ um 22^h am 15.**
20.	11	Merkur im Aphel
21.	1	**Mond bei Jupiter**, Mond $4^\circ{,}4$ nördlich, **Abstand $4^\circ{,}3$ um 23^h am 20.**
25.	7	**Mond bei Saturn**, Mond $2^\circ{,}0$ nördlich, **Abstand $3^\circ{,}2$ um 2^h**
25.	8	Merkur im Stillstand, anschließend rückläufig
27.	6	**Mars in Opposition** zur Sonne
27.	21	**Totale Mondfinsternis** (siehe Seite 25)
27.	23	**Mond bei Mars**, Mond $6^\circ{,}7$ nördlich, **Abstand $5^\circ{,}8$ um 22^h**
31.	7	Mond bei Neptun, Mond $2^\circ{,}6$ südlich
31.	9	**Mars in Erdnähe** (57,6 Millionen Kilometer)

7.5 Bahn von Pluto: Scheinbare Bahn des Zwergplaneten von Mai bis Anfang November 2018 im Sternbild Schütze.

Osthimmel aufgefunden werden. Der bläuliche Planet bewegt sich rückläufig durch den Wassermann. Dabei entfernt er sich langsam von φ Aqr ($4\overset{m}{,}2$), der knapp ein Grad westlich steht (siehe Abb. 9.5 auf Seite 198).

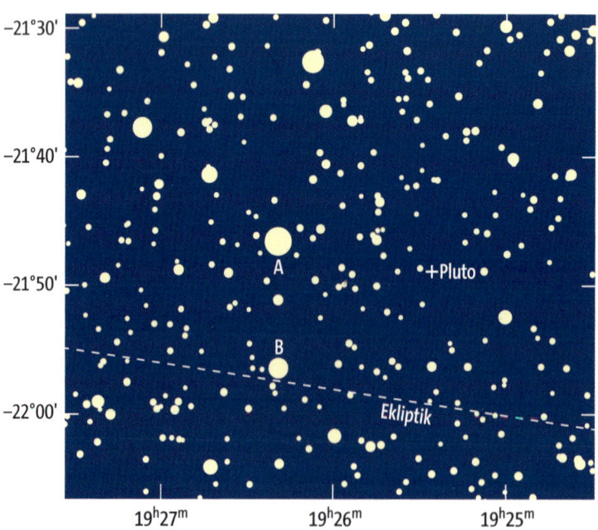

7.6 Pluto am 12. Juli 2018: Karte für Pluto am Oppositionstag 12. Juli 2018. Stern A: 50 Sgr ($5\overset{m}{,}6$), Stern B: SAO 269783 ($8\overset{m}{,}4$).

Am 1. geht Neptun um $23^{h}18^{m}$ auf und kulminiert um $4^{h}55^{m}$. Am 15. tritt der $7\overset{m}{,}8$ helle Neptun um $22^{h}23^{m}$ über die östliche Horizontlinie und passiert den Meridian um $3^{h}59^{m}$ (= $4^{h}59^{m}$ Sommerzeit). Bis Monatsende verfrühen sich die Neptunaufgänge auf $21^{h}20^{m}$, die Kulminationen auf $2^{h}56^{m}$ (= $3^{h}56^{m}$ Sommerzeit). Erst ab Mitternacht verspricht eine Suche nach Neptun mit Erfolg zu enden.

Pluto steht am 12. im Sternbild Schütze in **Opposition** zur Sonne. Der prominente Zwergplanet Nr. 134 340 geht am Oppositionstag um $20^{h}13^{m}$ (= $21^{h}13^{m}$ Sommerzeit) auf, passiert um $0^{h}27^{m}$ den Meridian und geht um $4^{h}33^{m}$ am nächsten Morgen unter. Um den nur $14\overset{m}{,}2$ hellen Zwergplaneten zu finden, dienen die Aufsuchkarten Abb. 7.5 und 7.6 auf dieser Seite).

Zur Opposition ist Pluto 4874 Millionen Kilometer (= 32,58 AE) von der Erde entfernt. Dies entspricht einer Lichtlaufzeit von vier Stunden und 31 Minuten. Von der Sonne trennen Pluto am Oppositionstag 5026 Millionen Kilometer (= 33,60 AE).

Planetoiden

Vesta stand im Vormonat in Opposition zur Sonne. Sie verzögert ihre rückläufige Bewegung durch den Schlangenträger und bleibt Ende Juli fast ganz stehen (siehe Abb. 6.8 auf Seite 142). Ihre Helligkeit sinkt deutlich ab – von $5\overset{m}{,}6$ auf $6\overset{m}{,}3$ im Laufe des

Monats. Damit bleibt sie immer noch ein leichtes Fernglasobjekt.

Vesta passiert den Meridian am 1. um 23^h22^m, am 15. um 22^h16^m und am Monatsletzten bereits um 21^h08^m (= 22^h08^m Sommerzeit). Damit verkürzt sich bei der nun spät einsetzenden Dunkelheit ihre Sichtbarkeitsdauer erheblich.

Periodische Sternschnuppenströme

Die **Delta-Aquariden** leuchten vom 12. Juli bis 19. August auf. Sie bilden den aktivsten Strom im Juli und werden auch **Juli-Aquariden** genannt. Ihr Radiant liegt etwa 3° westlich von δ Aquarii.

Das Maximum ist nicht in jedem Jahr am selben Tag zu erwarten. In diesem Jahr dürfte es in den Stunden nach Mitternacht am 29. Juli auftreten.

Die Geschwindigkeit der Sternschnuppen liegt um 40 Kilometer pro Sekunde. Im Maximum sind etwa 20 bis 25 Sternschnuppen pro Stunde zu erwarten.

Vom 2. Juli bis 14. August treten die **Alpha-Capricorniden** auf, deren Radiant im Sternbild Steinbock liegt. Sie sind die ganze Nacht über beobachtbar. Der Ursprungskomet ist 45P/Honda-Mrkoš-Pajdusáková. Um das Maximum am 29. Juli sind höchstens zehn Objekte pro Stunde zu erwarten.

Es handelt sich um recht langsame Meteore, die im Mittel mit 23 Kilometer pro Sekunde in die irdische Lufthülle eindringen.

Ab dem 16. Juli ist mit den ersten Exemplaren des **Perseïden**-Stromes zu rechnen, der seine maximale Tätigkeit in der ersten Augusthälfte entfaltet. Der Radiant liegt zunächst südlich von Kassiopeia und wandert Anfang August in den nördlichen Bereich des Sternbildes Perseus.

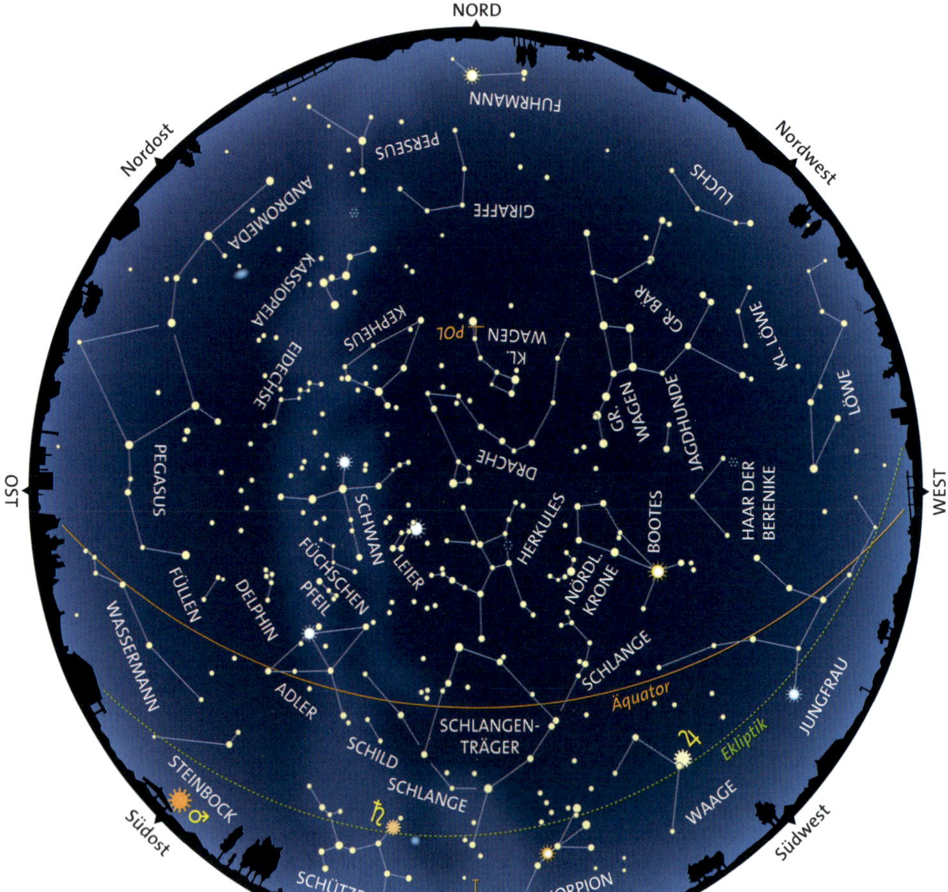

Sichtbare Planeten: Jupiter (♃), Saturn (♄), Mars (♂)

Der Sternenhimmel am 15. Juli um 22h MEZ

Die Sternkarte ist auch gültig für:

	MEZ	MESZ
15. 4.	4h	5h
1. 5.	3	4
15. 5.	2	3
1. 6.	1	2
15. 6.	0	1
1. 7.	**23**	**24**
15. 7.	**22**	**23**
31. 7.	**21**	**22**

Die Umstellung vom Frühlings- zum Sommersternenhimmel hat sich nun vollzogen. Das Sommerdreieck, bestehend aus Wega, Deneb und Atair hat zwar seine Meridianstellung noch nicht ganz erreicht, aber die Sommerbilder sind bereits allesamt über dem Horizont, während sich die Frühlingsbilder im Westen verabschieden. Der Löwe ist im Untergang begriffen, sein Hauptstern Regulus bereits unter den Horizont gesunken. Damit ist auch das Frühlingsdreieck aufgelöst, dessen beide anderen Eckpunkte allerdings noch zu sehen sind: Tief im Südwesten steht die bläulich-weiße Spica in der Jungfrau. Ihr Licht wird deutlich von den horizontnahen Dunstschichten geschwächt. Wesentlich höher findet man im Südwesten den hellen, orangeroten Arktur im Bootes, der den Helligkeits-

7.7 Das Sommerdreieck:
Es setzt sich aus den drei hellen Sternen Wega in der Leier, Deneb im Schwan und Atair im Adler zusammen.

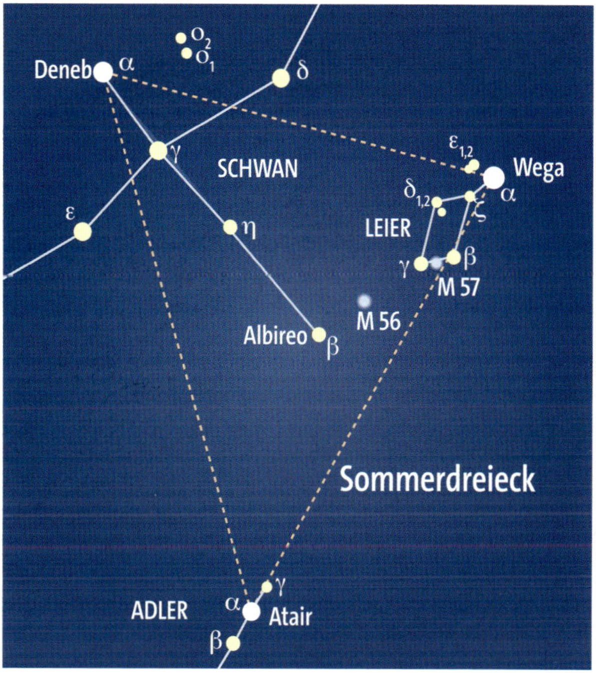

schwerpunkt in der westlichen Hemisphäre bildet.

Der Große Wagen hat mit seinem Abstieg begonnen. Seine Deichsel zeigt nach oben, der Wagenkasten hängt nach unten. Das Himmels-W, die Kassiopeia, hat ihre untere Kulmination hinter sich und beginnt mit dem Aufstieg zum Zenit.

Zwischen Zenit, Kleinem Wagen und Großem Wagen schlängelt sich der Drache (lat.: Draco) hindurch. Der Drache ist nicht leicht auszumachen. Am ehesten ist noch der Drachenkopf zu erkennen, der von einem kleinen Sternenviereck gebildet wird, das zu unserer Beobachtungsstunde fast exakt im Zenit steht.

Blickt man vom Zenit zum Südpunkt am Horizont hinunter, lässt also seinen Blick den Meridian (= Mittagslinie) hinuntergleiten, so kommen nacheinander die Sternbilder Herkules und Schlangenträger mit der Schlange ins Gesichtsfeld. Der hellste Stern im Schlangenträger, α Ophiuchi, steht an der Nordspitze knapp südlich von Herkules und heißt Ras Alhague, was arabisch ist und so viel wie Kopf des Schlangenträgers bedeutet. Mit $2\overset{m}{,}1$ ist er relativ leicht zu sehen. Er leuchtet in einem weißen Licht und ist 47 Lichtjahre von uns entfernt.

Der Skorpion hat seinen Meridiandurchgang bereits absolviert und hält sich knapp über dem Südhorizont ein wenig westlich vom Südpunkt auf. Sein hellster Stern Antares ist kaum zu übersehen. Er leuchtet in einem rötlichen Licht und gehört zu den Überriesensternen. Antares ist so riesengroß, dass bequem unsere Sonne samt der Erdbahn in seinem Inneren Platz fände. Die Bezeichnung Antares stammt aus dem Griechischen und bedeutet so viel wie Gegenspieler des Mars, weil er ihm an Farbe ähnlich ist und

Veränderliche Sterne im Juli

Algol-Minima	4. 5^h43^m	7. 2^h30^m	9. 23^h19^m	27. 4^h12^m	30. 1^h00^m	
β-Lyrae-Minima	3. 9^hH	9. 21^hN	16. 9^hH	22. 20^hN	29. 8^hH	
δ-Cepheï-Maxima	3. 8^h	8. 16^h	14. 1^h	19. 10^h	24. 19^h	30. 4^h
Mira-Helligkeit	1. 9^m	10. 9^m	20. 9^m	31. 10^m		

außerdem im Tierkreis steht, so dass es gelegentlich zu Verwechslungen mit dem roten Planeten kommt.

Der nördliche Teil des Skorpions gehört heute zum Sternbild Schlangenträger, durch den auch ein Teil der Ekliptik (= scheinbare Sonnenbahn) verläuft. Somit gibt es insgesamt dreizehn Tierkreissternbilder aber nur zwölf Tierkreiszeichen.

Aufzug der Sommersternbilder

In der östlichen Himmelshälfte wird der Helligkeitsschwerpunkt vom Sommerdreieck mit Wega in der Leier, Deneb im Schwan und Atair im Adler bestimmt. Die Leier ist ein leicht einprägsames Sternbild und nicht besonders groß. Nach der klassischen griechischen Sage ist die Leier das Musikinstrument des Gottes Apoll. Wega, der Hauptstern der Leier, auch als α Lyrae bekannt, gehört mit $0\overset{m}{,}0$ zu den sechs hellsten Sternen am irdischen Firmament. Mit dem praktisch gleich hellen Arktur ist Wega der hellste Stern am nördlichen Himmel. In einer Entfernung von 25 Lichtjahren gehört Wega noch zur Nachbarschaft unserer Sonne. α Lyr ist ein typischer Hauptreihenstern der Spektralklasse A0 V. Wega leuchtet weiß mit einem bläulichen Schimmer. Die wahre Leuchtkraft von Wega entspricht etwa der von fünfzig unserer Sonnen.

Tief im Südosten sind die beiden Tierkreisbilder Schütze und Steinbock zu finden. Während der Schütze noch relativ leicht zu erkennen ist, so ist der Steinbock nur mit Mühe unter guten Sichtbedingungen auszumachen. Er gehört wie der Wassermann zu den ausgesprochen schwierigen Sternbildern.

Im Schützen finden sich viele interessante galaktische Objekte wie Gasnebel und Kugelsternhaufen, alles Objekte für Feldstecher- und Fernrohrbeobachter.

Die hellsten Partien der sommerlichen Milchstraße verlaufen durch den Schützen. In Richtung des Schützen liegt auch das Zentrum unseres Milchstraßensystems. Außerdem hält sich zurzeit der Ringplanet Saturn im Schützen auf.

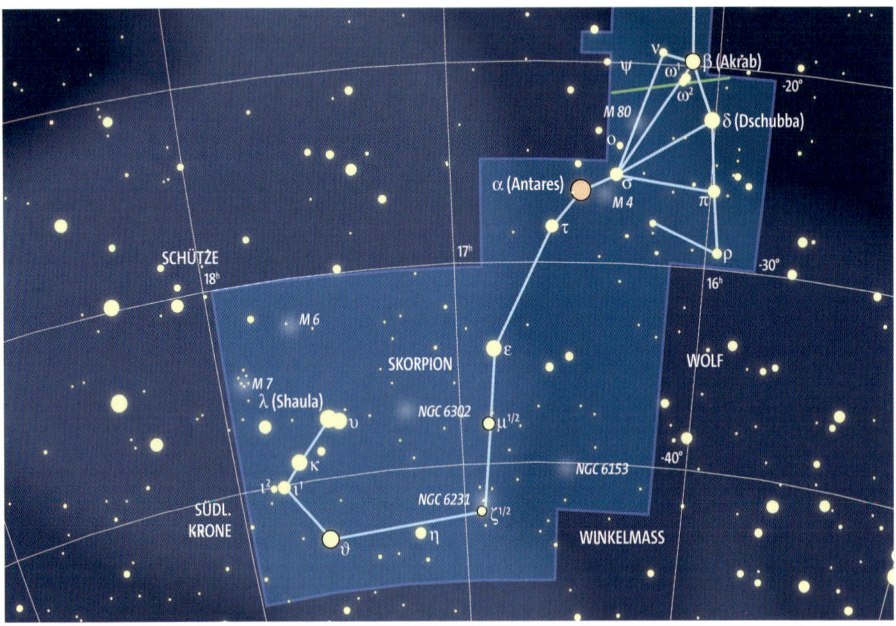

7.8 Der Skorpion: Das Sternbild Skorpion mit dem roten Riesenstern Antares.

Die Namen der Sterne

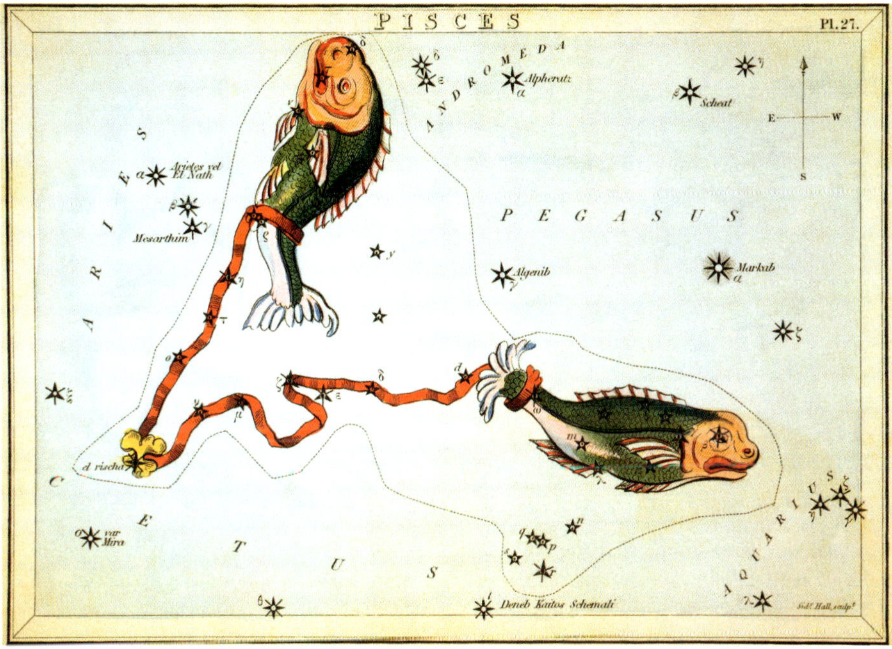

7.9 Das Sternbild Fische aus dem Sternatlas *Urania's Mirror* von Sidney Hall (um 1825).

Immer wieder liest man in den Gazetten, ein Himmelskörper sei nach einer berühmten Persönlichkeit benannt worden. Auch meinen etliche Zeitgenossen, gegen entsprechend Bares könne man einen noch namenlosen Stern „taufen" oder gar verschenken. In Sternkarten wiederum findet man altbekannte Bezeichnungen von Sternen wie Arktur, Sirius oder Wega. Doch wer benennt die Sterne und woher stammen die traditionell bekannten Namen?

Zu allererst: Geld spielt keine Rolle bei der Benennung der Sterne. Die Vorstellung, man könne Sterne „kaufen" oder „taufen", geht auf die Benennung der Planetoiden zurück. Nachdem schon Ende des 19. Jahrhunderts die Anzahl der entdeckten Planetoiden 450 überschritt, gingen bald die Namen aus der Mythologie aus, nach denen die ersten Kleinplaneten benannt wurden. Man begann neben Städtenamen auch die Vornamen weiblicher Personen zur Namensgebung von Kleinplaneten heranzuziehen. Einer der eifrigsten Planetoidenentdecker des 19. Jahrhunderts, Johann Palisa (1848–1925), der 122 Asteroiden fand, davon 94 auf der Wiener Universitäts-Sternwarte, hat etliche Namen aus der weiblichen Verwandtschaft der österreichischen Bankiersfamilie Baron Albert Salomon von Rothschild an den Himmel versetzt. Baron von Rothschild ließ sich nicht lumpen und spendete jeweils eine ansehnliche Summe in Form von Golddukaten bei einer Benennung eines neu entdeckten Kleinplaneten nach seiner weiblichen Verwandtschaft. Die Beträge wurden unter anderem zur Finanzierung einer Expedition zur Beobachtung der totalen Sonnenfinsternis vom 29. August 1886 verwendet. So wurde der Plane-

Wikipedia

7.10 Claudios Ptolemaios (60 – 140 nach Chr.).

toid Nr. 250, den Palisa am 3. September 1885 entdeckt hatte, „Bettina" getauft nach Baroness Bettina von Rothschild.

Inzwischen sind einige hunderttausend Kleinplaneten registriert, die auf Kepler-Bahnen um unsere Sonne schwirren. Viele von ihnen wurden und werden immer noch nach mehr oder minder bekannten Personen benannt. Ob es sinnvoll ist, Planetoiden nach noch lebenden Personen zu benennen, mag dahingestellt sein. Geld spielt dabei heutzutage aber keine Rolle mehr. Die Benennung von Kleinplaneten (engl.: Minor Planets) erfolgt nach sorgfältiger Prüfung durch eine Arbeitsgruppe der Internationalen Astronomischen Union (IAU), der Dachorganisation professioneller Astronomen.

Die Sterne, jene selbstleuchtenden, glühenden Gasbälle, Geschwister unserer Sonne, wurden und werden nicht nach Personen benannt, obwohl windige Geschäftemacher unbedarften Laien dies immer wieder vorgaukeln. Angeblich vermögen sie gegen eine entsprechende Gebühr einen lichtschwachen, unbenannten Stern „offiziell" nach dem Wunsch des Zahlenden zu benennen.

Nur helle Sterne tragen Namen

Von den knapp 5000 Sternen, die unter günstigsten Sichtbedingungen freiäugig zu erkennen sind, wurden nur die hellsten im Altertum und Mittelalter benannt. Einige Sternnamen kamen noch im Mittelalter hinzu, während die uns heute geläufigen Sternbilder meist nach Gottheiten und Gestalten aus dem Sagenkreis der klassischen Antike benannt wurden, oft von den Arabern, die im Mittelalter den *Almagest* des griechischen Astronomen Claudios Ptolemaios (60 bis 140 n. Chr.) übersetzt hatten. Teils wurden auch Namen aus dem Umfeld der ersten Weltumsegler an den Himmel versetzt. Dabei fiel den Arabern im Mittelalter auf, dass Ägypter und Babylonier zwar viele Sternbilder erfanden beziehungsweise benannten, aber nur wenige helle Sterne mit Eigennamen versahen. Dies holten die arabischen Sternkundigen nach und benannten eine Reihe heller Sterne mit Eigennamen. Da der arabische Artikel „al" lautet, so gibt es zahlreiche Sternnamen, die mit „Al" beginnen: Aldebaran, Alderamin, Algol, Alhena, Alnilam, Altair, Alphard, Alphecca, Alrukaba usw.

Allerdings gibt es ein gewisses Durcheinander. Etliche Sterne haben mehrere Namen, andere Namen wiederum werden für verschiedene Sterne benutzt. So heißt der Polarstern Alrukaba, Kynosura, Lodestar, Mismar, Alkadierstern etc. α Andromedae wiederum wird Alpheratz aber auch Sirrah genannt. α Centauri ist als Toliman ebenso bekannt wie als Rigil Kent. Der letzte Deichselstern im Großen Wagen (η UMa) wird sowohl als Alkaid als auch Benetnasch bezeichnet. β Ceti heißt Diphda ebenso wie Deneb Kaitos. Andererseits wird „Algenib" sowohl für γ Pegasi als auch für α Perseï verwendet.

Himmlische Bürokratie

Ähnlich sah es bei den Sternbildern aus. Die 1919 gegründete IAU hat 1922 beschlossen, einen eindeutigen und verbindlichen Katalog aller Sternbilder zu schaffen. Nach entsprechenden Vorarbeiten wurde 1928 auf der Generalversammlung der IAU ein verbindliches Verzeichnis von 88 Sternbildern verabschiedet, die die gesamte

Himmelskugel überdecken und durch äquatoriale Koordinatenlinien (Teilstücke von Rektaszensions- und Deklinationskreisen) gegeneinander abgegrenzt sind. Alle diese international genormten Sternbilder sind mit lateinischen Namen und einer eindeutigen, dreibuchstabigen Abkürzung versehen. Neue Sternbilder werden keine zugelassen (siehe auch Monatsthema „Wie viele Sternbilder gibt es?" im *Kosmos Himmelsjahr 2010* auf Seite 211).

Die Namen der Sterne aber waren bis vor Kurzem nicht genormt oder offiziell festgelegt. Nachdem im Internet immer mehr Sterne mit unterschiedlichsten Bezeichnungen und Namen versehen wurden, teils mit offensichtlichen Scherzbezeichnungen, wie es in elektronischen Medien recht häufig vorkommt, hat die IAU beschlossen, dem Sammelsurium von Sternnamen ein Ende zu bereiten.

Im Mai 2016 hat die Division C der IAU eine Arbeitsgruppe ins Leben gerufen (Working Group for Star Names – WGSN), die eine Liste von 227 Sternnamen zusammengestellt hat. Sie enthält nun die verbindlichen Namen der Sterne samt korrekter Schreibweise.

Man mag freilich einwenden, dass dies eigentlich überflüssig ist, denn die Sterne haben Katalogbezeichnungen und sind durch Koordinatenangaben eindeutig zu identifizieren. Dennoch ist es vielfach bequemer, bei den helleren Sternen einen Namen statt einer weniger einprägsamen Katalognummer zu verwenden. Außerdem sind Sternnamen romantischer als Ziffernfolgen.

Die IAU hat außerdem 2015 einen Wettbewerb zur Benennung von Sternen mit Planeten gestartet. Der Erfolg war bisher mäßig. So wurde der Stern 51 Pegasi (51 ist seine Nummer im Flamsteed-Katalog), bei dem erstmals ein Planet außerhalb unseres Sonnensystems entdeckt wurde, „Helvetios" getauft. HD 81688 (Henry-Draper-Katalog) heißt nun „Intercrus" und υ Andromedae wird „Titawin" genannt. Obwohl von der IAU so benannt, werden diese neu geschaffenen Namen kaum benutzt. Selbst unter Astronomen sind sie weitgehend unbekannt. Die IAU-Liste der offiziellen Sternnamen ist keineswegs abgeschlossen. Die WGSN behält sich vor, weitere Sterne zu benennen, wobei vor allem Bezeichnungen aus anderen Kulturkreisen für lichtschwächere, bisher namenlose Sterne übernommen werden sollen. Solche Sterne sind oft am Südhimmel vertreten.

Universität Trier

7.11 Johann Palisa (1848 – 1925).

Verbindliche Schreibweisen

Bei der Auswahl der Namen hat man Einzelnamen gegenüber Doppelnamen bevorzugt. So wurde β Ceti offiziell als Diphda benannt statt Deneb Kaitos. Arabische Artikel werden mit dem Namen verbunden und nicht getrennt geschrieben. Statt Al Nath schreibt man Alnath und statt Al Phecca dann Alphecca.

Sterne werden weder nach lebenden noch nach verstorbenen Personen benannt. Diese strikte IAU-Regel hat nur eine einzige Ausnahme: Aus traditionellen Gründen werden die Sterne α und β Delphini auch weiterhin Sualocin und Rotanev genannt. Dies sind die rückwärts geschriebenen Namen von Nicolaus Venator, dem Assistenten von Guiseppe Piazzi am Observatorium in Palermo. Die Namen erschienen erstmals im Palermo-Sternkatalog aus dem Jahre 1814.

IAU-Namensliste der Sterne bis 2. Größenklasse

IAU-Name	Bayer	Helligkeit
Achernar	α Eri	$0\overset{m}{,}5$
Acrab	β Sco	2,4
Acrux	α Cru	0,7
Adhara	ε CMa	1,5
Aldebaran	α Tau	0,9
Alderamin	α Cep	2,5
Algieba	γ Leo	2,6
Algol	β Per	2,1–3,4
Alhena	γ Gem	1,9
Alioth	ε UMa	1,8
Alkaid	η UMa	1,9
Almach	γ And	2,1
Alnair	α Gru	1,7
Alnilam	ε Ori	1,7
Alnitak	ζ Ori	1,7
Alphard	α Hya	2,0
Alphecca	α CrB	2,2
Alpheratz	α And	2,1
Altair	α Aqu	0,8
Aludra	η CMa	2,4
Ankaa	α Phe	2,4
Antares	α Sco	0,9–1,1
Arcturus	α Boo	0,0
Aspidiske	ι Car	2,2
Atria	α TrA	1,9
Avior	ε Car	1,9
Bellatrix	γ Ori	1,6
Betelgeuse	α Ori	0,3–0,9
Canopus	α Car	–0,7
Capella	α Aur	0,1
Caph	β Cas	2,3
Castor	α Gem	1,6
Denebola	β Leo	2,1
Deneb	α Cyg	1,3
Diphda	β Cet	2,0
Dschubba	δ Sco	1,6–2,3
Dubhe	α UMa	1,8
Elnath	β Tau	1,7
Eltanin	γ Dra	2,2
Enif	ε Peg	2,4
Fomalhaut	α PsA	1,2
Gacrux	γ Cru	$1\overset{m}{,}6$
Hadar	β Cen	0,6
Hamal	α Ari	2,0
Izar	ε Boo	2,4
Kaus Australis	ε Sgr	1,8
Kochab	β UMi	2,1
Markab	α Peg	2,5
Menkalinan	β Aur	1,9
Menkent	ϑ Cen	2,1
Merak	β UMa	2,3
Miaplacidus	β Car	1,7
Mimosa	β Cru	1,3
Mintaka	δ Ori	2,2
Mirach	β And	2,1
Mirfak	α Per	1,8
Mirzam	β CMa	2,0
Mizar	ζ UMa	2,0
Naos	ζ Pup	2,2
Nunki	σ Sgr	2,0
Peacock	α Pav	1,9
Phecda	γ UMa	2,4
Polaris	α UMi	2,0
Pollux	β Gem	1,1
Procyon	α CMi	0,4
Rasalhague	α Oph	2,1
Regulus	α Leo	1,4
Rigel	β Ori	0,1
Rigil Kentaurus	α Cen	–0,3
Sabik	η Oph	2,4
Sadr	γ Cyg	2,2
Saiph	κ Ori	2,1
Sargas	ϑ Sco	1,9
Scheat	β Peg	2,5
Schedar	α Cas	2,2
Shaula	λ Sco	1,6
Sirius	α CMa	–1,5
Spica	α Vir	1,0
Suhail	λ Vel	2,2
Vega	α Lyr	0,0
Wezen	δ CMa	1,8

7.12 **Das Sternbild Orion mit den Eigennamen der helleren Sterne.**

Selbstverständlich ist es weiterhin statthaft, eingeführte traditionelle Sternnamen zu verwenden, auch wenn sie nicht in der offiziellen IAU-Liste verzeichnet sind. Ähnlich wird bei Sternbildern verfahren: „Großer Wagen" wird nach wie vor gebraucht, auch wenn diese Bezeichnung nicht in der IAU-Liste der offiziellen Sternbilder erscheint. Ferner weichen die Schreibweisen der Sternnamen in verschiedenen Ländern leicht voneinander ab. Statt „C" bei Namen in der IAU-Liste wird auch oft ein „K" geschrieben (Kapella statt Capella). Teils ist auch die Transkription aus der arabischen Schrift in lateinischen Buchstaben nicht immer eindeutig (siehe Tabelle „Alternative Sternnamen").

Alternative Sternnamen

IAU-Name	Alias	Bayer	IAU-Name	Alias	Bayer
Acrab	Graffias	β Sco	Caph	Chaph	β Cas
Alkaid	Benetnasch	η UMa	Diphda	Deneb Kaitos	β Car
Almach	Alamak	γ And	Dubhe	Dubb	α UMa
Alphecca	Gemma	α CrB	Elnath	Alnath	β Tau
Alpheratz	Sirrah	α And	Hadar	Agena	β Cen
Altair	Atair	α Aql	Phecda	Phad	γ UMa
Arcturus	Arktur	α Boo	Polaris	Alrukaba	α UMi
Betelgeuse	Beteigeuze	α Ori	Procyon	Prokyon	α CMi
Canopus	Kanopus	α Car	Rigil Kentaurus	Toliman	α Cen
Capella	Kapella	α Aur	Vega	Wega	α Lyr
Castor	Kastor	α Gem			

Die Liste erhebt keinen Anspruch auf Vollständigkeit. Sie enthält nur die am häufigsten gebrauchten Alias-Namen.

August 2018

- Merkur bietet Ende August eine Morgensichtbarkeit.
- Venus erreicht am 17. ihre größte östliche Elongation von der Sonne.
- Mars bleibt Glanzpunkt am Nachthimmel.
- Jupiter ist am Abendhimmel vertreten.
- Saturn ist Planet der ersten Nachthälfte.

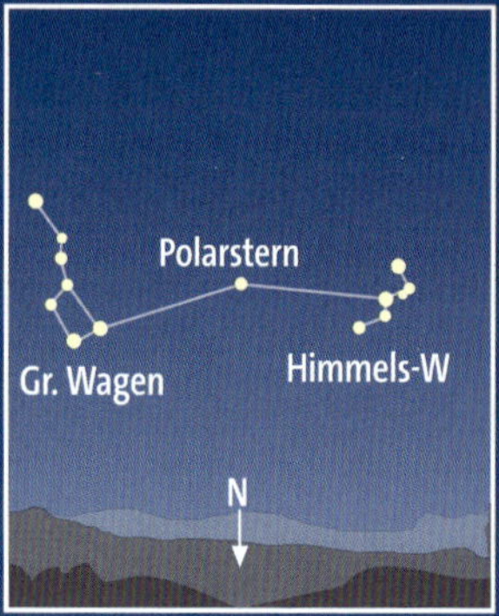

Großer Wagen und Himmels-W Anfang August um 22 Uhr

8.1 Himmelsanblick am 17. August gegen 21^h MEZ (= 22^h MESZ). Tief am Südhimmel erkennt man die Planeten Jupiter und Saturn. Zu Jupiter gesellt sich die dicke Sichel des zunehmenden Mondes.

1 Mi	Schweizer Bundesfeier
2 Do	
3 Fr	
4 Sa	Mond im letzten Viertel
5 So	
6 Mo	
7 Di	
8 Mi	
9 Do	
10 Fr	
11 Sa	**Neumond**
12 So	
13 Mo	
14 Di	Mond bei Venus (Abendhimmel)
15 Mi	Liechtensteiner Staatsfeiertag
16 Do	
17 Fr	Mond bei Jupiter (Abendhimmel) Venus in gr. östl. Elongation (Abendhimmel)
18 Sa	Mond im ersten Viertel
19 So	
20 Mo	
21 Di	Mond bei Saturn (Abendhimmel)
22 Mi	
23 Do	Mond bei Mars (Abendhimmel)
24 Fr	
25 Sa	
26 So	**Vollmond,** Merkur in größter westlicher Elongation (Morgenhimmel)
27 Mo	
28 Di	
29 Mi	
30 Do	
31 Fr	

Sonne – Sternbilder

11.8. 1h:
Sonne tritt in das Sternbild Löwe
23.8. 5h:
Sonne tritt in das Tierkreiszeichen Jungfrau
Julianisches Datum am
1. August, 1h MEZ: 2 458 331,5

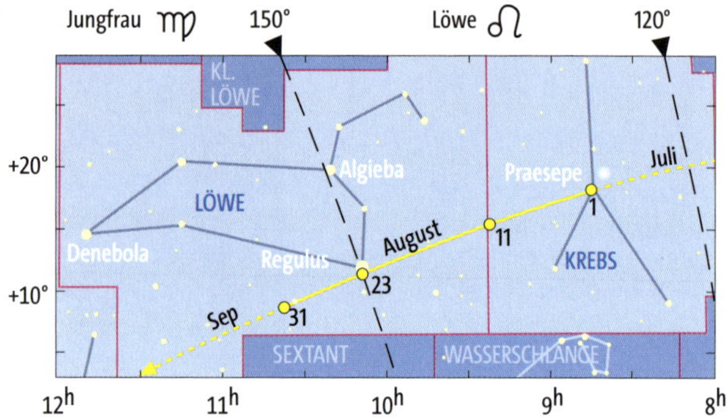

Tabelle Sonnenlauf

Tag	Dämmerg. Anfang	Aufgang MEZ	Kulmination	Untergang MEZ	Dämmerg. Ende	Mittagshöhe	Zeitgleichg.	Rektaszension	Deklination
	h m	h m	h m	h m	h m	°	m	h m	°
1.	3 19	4 49	12 26	20 03	21 32	58,0	–6	8 44	+18,1
5.	3 27	4 55	12 26	19 56	21 23	56,9	–6	8 59	+17,1
10.	3 38	5 02	12 25	19 48	21 12	55,5	–5	9 18	+15,7
15.	3 48	5 09	12 24	19 39	21 00	54,0	–4	9 37	+14,2
20.	3 57	5 17	12 23	19 29	20 48	52,4	–3	9 56	+12,6
25.	4 07	5 24	12 22	19 19	20 36	50,7	–2	10 14	+10,9
31.	4 18	5 33	12 20	19 06	20 21	48,6	0	10 36	+ 8,8

Tages- und Nachtstunden

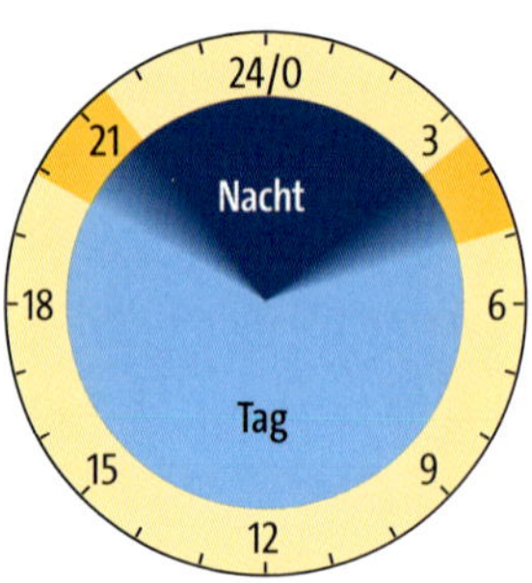

5. August

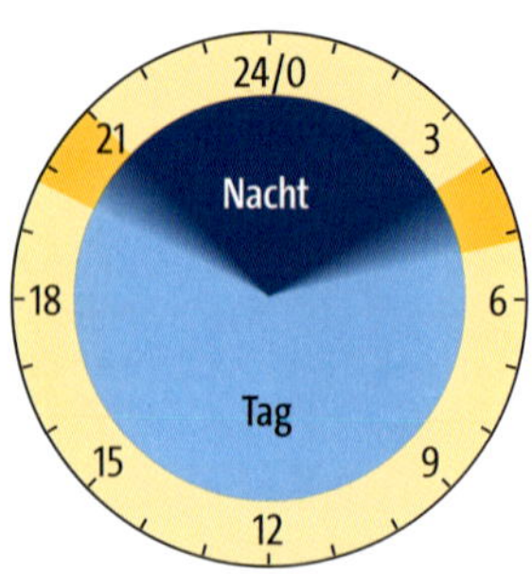

15. August

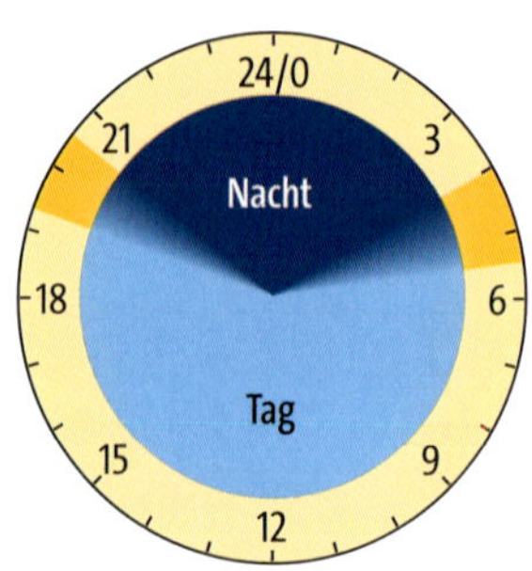

25. August

Tabelle Mondlauf

Datum		Aufg. MEZ	Kulmination	Unterg. MEZ	Rektaszension	Deklination	Sterne und Sternbilder	Phase	MEZ
		h m	h m	h m	h m	°			
Mi	1.	22 16	3 32	9 21	23 45	− 6,0	Wassermann		
Do	2.	22 38	4 16	10 27	0 31	− 1,7	Walfisch		
Fr	3.	23 01	5 00	11 35	1 18	+ 2,8	Fische		
Sa	4.	23 27	5 47	12 45	2 07	+ 7,2	Walfisch	**Letztes Viertel** Größte Südbreite Libration Ost	**$19^h 18^m$**
So	5.	23 58	6 36	13 57	2 57	+11,4	Widder		
Mo	6.	–	7 28	15 10	3 51	+15,1	Stier		
Di	7.	0 35	8 24	16 22	4 48	+18,2	Aldebaran		
Mi	8.	1 22	9 24	17 30	5 48	+20,1	Stier		
Do	9.	2 20	10 26	18 30	6 52	+20,8	Alhena		
Fr	10.	3 29	11 29	19 20	7 56	+20,0	Zwillinge	Erdnähe 358/33,'4 Aufsteigender Knoten	19^h
Sa	11.	4 46	12 30	20 01	8 59	+17,7	Krebs, Krippe	**Neumond Nr. 1183**	**$10^h 58^m$**
So	12.	6 08	13 29	20 35	10 01	+14,3	Löwe, Regulus		
Mo	13.	7 29	14 24	21 05	10 59	+ 9,9	Löwe		
Di	14.	8 47	15 16	21 31	11 55	+ 5,1	Jungfrau		
Mi	15.	10 03	16 05	21 56	12 48	+ 0,1	Jungfrau		
Do	16.	11 16	16 54	22 21	13 39	− 4,8	Spica	Größte Nordbreite Libration West	
Fr	17.	12 27	17 41	22 47	14 30	− 9,2	Waage		
Sa	18.	13 34	18 29	23 17	15 20	−13,1	* Waage	**Erstes Viertel**	**$8^h 49^m$**
So	19.	14 38	19 17	23 50	16 10	−16,3	Skorpion		
Mo	20.	15 38	20 05	–	17 00	−18,7	Schlangenträger		
Di	21.	16 32	20 53	0 29	17 50	−20,2	Schütze		
Mi	22.	17 20	21 41	1 14	18 41	−20,8	Schütze, Nunki		
Do	23.	18 02	22 29	2 04	19 32	−20,5	Schütze	Erdferne 406/29,'5	12^h
Fr	24.	18 37	23 16	3 00	20 22	−19,2	Steinbock	Absteigender Knoten	
Sa	25.	19 08	–	4 00	21 11	−17,2	Steinbock		
So	26.	19 35	0 02	5 03	21 59	−14,3	Wassermann	**Vollmond**	**$12^h 56^m$**
Mo	27.	19 59	0 47	6 07	22 47	−10,9	Wassermann		
Di	28.	20 21	1 31	7 13	23 34	− 6,9	Wassermann		
Mi	29.	20 43	2 15	8 19	0 20	− 2,6	Fische		
Do	30.	21 06	2 59	9 27	1 07	+ 1,8	Walfisch		
Fr	31.	21 31	3 45	10 36	1 55	+ 6,3	Fische	Größte Südbreite	

Der Mond entfernt sich von Saturn

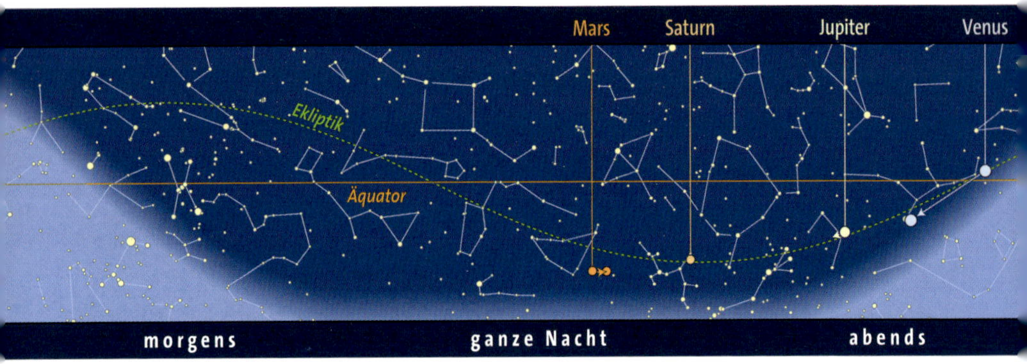

Merkur eilt rückläufig auf die Sonne zu, die ihm im Tierkreis entgegen kommt. Am 9. trifft er mit ihr zusammen, der flinke Planet kommt in untere Konjunktion mit der Sonne. Anschließend wachsen seine westlichen Winkelabstände rasch an. Bereits am 18. wird Merkur stationär und bewegt sich anschließend wieder rechtläufig durch die Sternenwelt. Am 26. erreicht der Götterbote mit 18°19′ Winkelabstand seine größte westliche Elongation. Der maximale Elongationswinkel fällt diesmal klein aus, da Merkur Anfang September sein Perihel passiert. Seine Konjunktionsschleife zieht Merkur im Gebiet der Sternbilder Krebs und Löwe (siehe Abb. 8.4 auf Seite 177).

Trotz des bescheidenen Elongationswinkels bietet Merkur eine Morgensichtbarkeit. In der letzten Augustwoche erscheint er in der Morgendämmerung tief am Osthorizont (siehe Abb. 8.2 und 8.3 unten).

Erfahrene Beobachter mögen den sonnennahen Planeten schon am 23. aufstöbern. An diesem Tag geht der $0^{m}{,}5$ helle Mer-

8.2 Merkur am Morgenhimmel:
Stellung von Merkur über dem Osthorizont zu den angegebenen Daten jeweils eine Stunde vor Sonnenaufgang. Die Pfeile deuten die Bewegungen von Merkur und Sonne in der folgenden halben Stunde an.

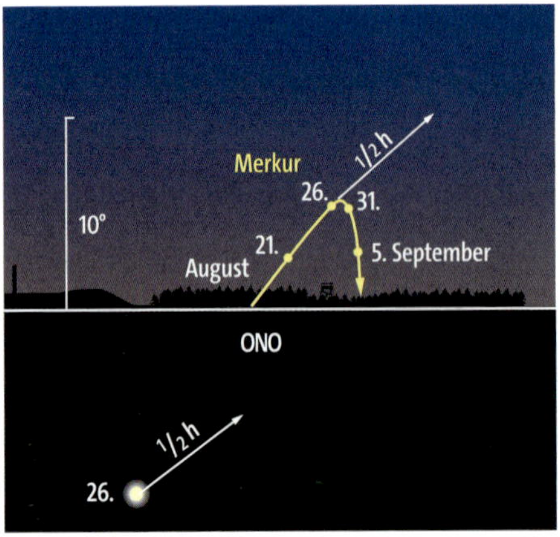

8.3 Sichtbarkeitsdiagramm für Merkur:
Es gilt genau für 50° nördlicher Breite und 10° östlicher Länge. Dunkelgelbe Fläche: Unter günstigen Sichtbedingungen kann man Merkur mit bloßen Augen erkennen, hellgelbe Fläche: Merkur ist leicht zu sehen.

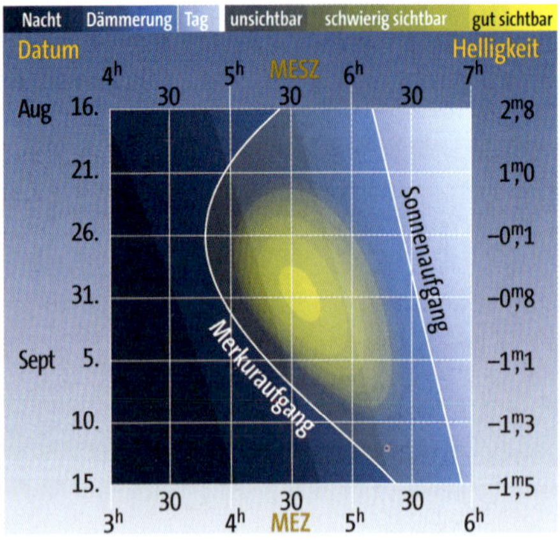

kur um 3^h51^m (= 4^h51^m Sommerzeit) auf. Bis Monatsende nimmt die Merkurhelligkeit rapide auf $-0^m\!,8$ zu, die Aufgänge verlagern sich nur unwesentlich auf 3^h55^m (= 4^h55^m Sommerzeit). Mit 7,″0 scheinbarem Durchmesser zeigt sich Merkur am 28. halb beleuchtet, die Dichotomie tritt ein. Anschließend wird das Merkurscheibchen rundlicher und kleiner.

Venus kommt am 17. spät nachmittags mit einem Winkelabstand von 45°56′ in größte östliche Elongation von der Sonne. Trotz ihrer Helligkeitszunahme auf $-4^m\!,6$ werden die Sichtbedingungen ungünstiger, denn ihre Untergänge erfolgen immer früher. Sinkt Venus am 1. noch um 21^h32^m und am 15. um 20^h55^m unter die Horizontlinie, so erfolgt ihr Untergang am 31. bereits um 20^h07^m (= 21^h07^m Sommerzeit).

Die Untergänge erfolgen immer früher, da Venus durch den Tierkreis nach Süden strebt und am 6. den Himmelsäquator in südlicher Richtung überquert. Sie wandert durch das Sternbild Jungfrau und passiert am 6. nur ein halbes Grad südlich den Herbstpunkt, auch als Waagepunkt bezeichnet, da er den Beginn des Tierkreiszeichens Waage markiert. Danach steuert sie auf Spica, den Jungfrauhauptstern zu, an dem sie Anfang nächsten Monats vorbeizieht (siehe Abb. 9.3 auf Seite 197).

Am 15. sieht man im Fernrohr das 24″ große Venusscheibchen halb beleuchtet, die Dichotomie tritt ein. Danach nimmt Venus allmählich eine Sichelgestalt an, die immer schlanker und größer wird.

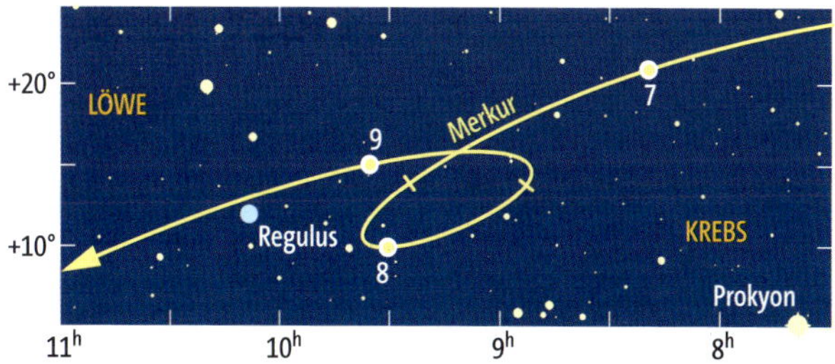

8.4 Bahn von Merkur: **Konjunktionsschleife von Merkur im Gebiet der Sternbilder Krebs und Löwe.**

Mars stand Ende des Vormonats in günstiger Opposition und ist nach wie vor Glanzpunkt am Nachthimmel. Mit Einbruch der Dunkelheit steht er bereits unübersehbar am Südosthimmel. Er bewegt sich rückläufig im Steinbock, wobei er immer langsamer wird. Am 23. überschreitet er die Grenze zum Schützen. Am 28. wird der rote Planet schließlich stationär und ist anschließend wieder rechtläufig. Damit beendet er seine

Konstellationen und Ereignisse

Datum	MEZ	Ereignis
3.	22^h	Mond bei Uranus, Mond 5,°0 südlich
7.	22	Uranus im Stillstand, anschließend rückläufig
9.	3	Merkur in unterer Konjunktion mit der Sonne
11.	2	Mond bei Merkur, Mond 5,°5 nördlich
11.	11	Partielle Sonnenfinsternis (siehe Seite 27)
14.	15	**Mond bei Venus**, Mond 6,°3 nördlich, **Abstand 5,°0 um 20^h**
17.	12	**Mond bei Jupiter**, Mond 4,°5 nördlich, **Abstand 4,°5 um 20^h**
17.	18	**Venus in größter östlicher Elongation** von der Sonne (46°)
18.	13	Merkur im Stillstand, anschließend rechtläufig
21.	11	**Mond bei Saturn**, Mond 2,°1 nördlich, **Abstand 4,°8 um 20^h**
23.	18	**Mond bei Mars**, Mond 6,°8 nördlich
26.	22	**Merkur in größter westlicher Elongation** (18°)
27.	11	Mond bei Neptun, Mond 2,°5 südlich
28.	11	Mars im Stillstand, anschließend rechtläufig
31.	4	Mond bei Uranus, Mond 4,°9 südlich

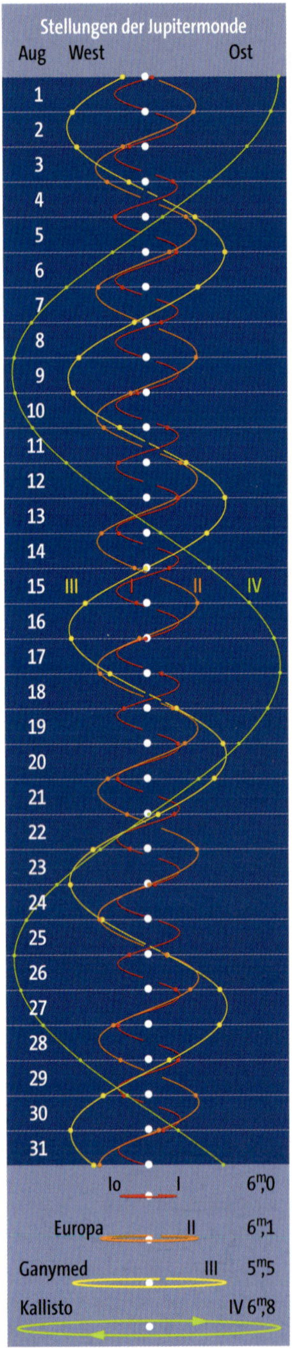

Jupitermonde

Tag	MEZ h	MEZ m	Vorgang	
1.	22	44	I	BA
2.	19	23	II	DE
	19	42	II	SA
	20	03	I	DA
	21	18	I	SA
	21	57	II	SE
	22	12	I	DE
3.	20	42	I	VE
7.	20	36	III	DA
	22	35	III	DE
9.	19	42	II	DA
	21	58	I	DA
	22	00	II	DE
	22	19	II	SA
10.	22	37	I	VE
11.	19	19	II	VE
	19	50	I	SE
17.	21	05	I	BA
18.	19	26	II	BE
	19	36	I	SA
	19	38	II	VA
	20	03	III	VA
	20	31	I	DE
	21	45	I	SE
	21	50	III	VE
	21	54	II	VE
19.	19	01	I	VE
25.	18	56	III	BA
	19	45	II	BA
	20	19	I	DA
	21	00	III	BE
	21	31	I	SA
26.	20	57	I	VE
27.	19	10	II	SE

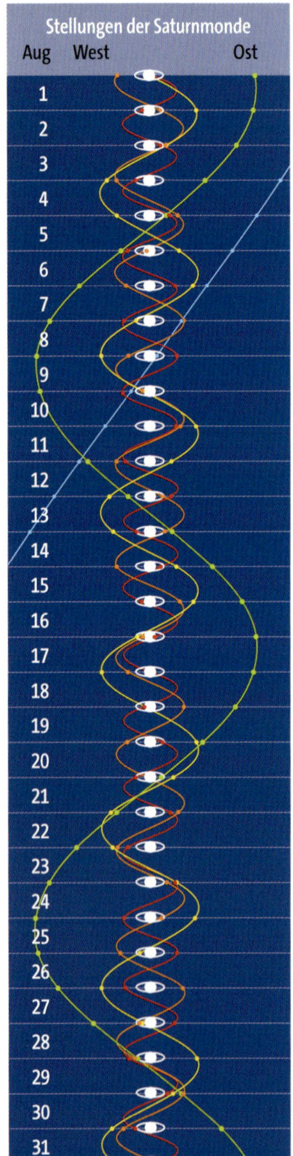

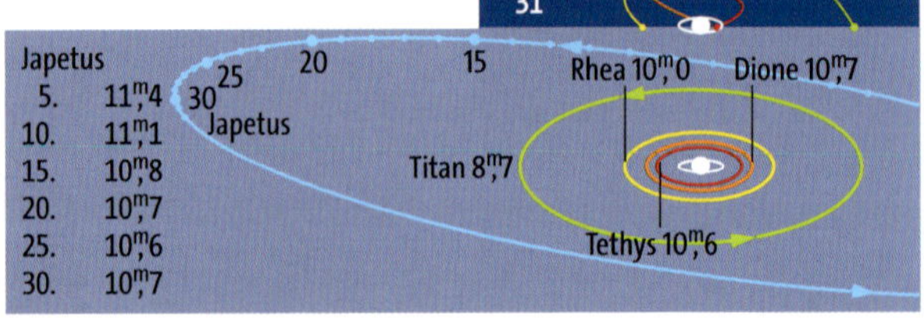

8.5 Mond bei Mars und Saturn: Anblick des Südhimmels am 23. August gegen 21^h MEZ (= 22^h MESZ). Knapp über dem Horizont stehen die Planeten Mars und Saturn. Der fast volle Mond gesellt sich zu Mars.

Oppositionsperiode. Dies macht sich auch an der rapide sinkenden Marshelligkeit bemerkbar. Bis Ende des Monats geht sie um $0{,}^{m}7$ auf $-2{,}^{m}1$ zurück. Damit ist Mars aber immer noch hellstes Gestirn am Nachthimmel (siehe Abb. 6.4 auf Seite 139).

Der scheinbare Durchmesser des Marsscheibchens schrumpft auf knapp 21″, was Mars aber noch ein lohnenswertes Fernrohrobjekt bleiben lässt.

Mars hält sich im Tierkreis weit südlich auf. Am 21. erreicht er mit −1°85 seine größte südliche *heliozentrische* ekliptikale Breite. Da sich die Erde noch relativ nahe bei Mars befindet, so ergibt dies am 4. eine maximale *geozentrische* ekliptikale Südbreite von $6{,}^{\circ}6$.

Zur Monatsmitte erreicht Mars mit $-26{,}^{\circ}5$ eine extrem südliche Deklination, was selten ein Planet erreicht.

Der fast volle Mond zieht am 23. fast 7° nördlich an Mars vorbei (siehe Abb. 8.5 oben).

Vom Morgenhimmel zieht sich Mars allmählich zurück. Geht der rote Planet am 1. um 3^h51^m (= 4^h51^m Sommerzeit) unter, so erfolgt sein Untergang am 15. um 2^h38^m und am 31. schon um 1^h34^m (= 2^h34^m Sommerzeit).

Jupiter, wieder rechtläufig im Sternbild Waage, verkürzt drastisch seine Sichtbarkeitsdauer. Geht der Riesenplanet am 1. noch um 23^h14^m unter, so erfolgt sein Untergang am 15. um 22^h22^m und am 31. schon um 21^h23^m (= 22^h23^m Sommerzeit). Die Helligkeit von Jupiter nimmt abermals um $0{,}^{m}2$ ab und beträgt am Monatsende $-1{,}^{m}9$. Damit ist er lichtschwächer als Mars, der ebenfalls noch am Abendhimmel vertreten ist. Der Abendstern, die Venus, hingegen übertrifft Jupiter bei weitem an Glanz.

Am 15. zieht der Riesenplanet zum zweiten Mal, diesmal recht läufig, an Zubenelgenubi (α Librae) in $0{,}^{\circ}6$ nördlichem Abstand vorbei (siehe Abb. 5.4 auf Seite 117).

Die Sichel des zunehmenden Mondes begegnet Jupiter am 17., wobei er sich $4{,}^{\circ}5$ südlich vom Mond aufhält (siehe Abb. 8.1 auf Seite 172).

Saturn zieht sich vollends aus der zweiten Nachthälfte zurück und wird zum Planeten der ersten Nachthälfte. Zu Monatsbeginn erfolgt sein Untergang um 2^h03^m (= 3^h03^m Sommerzeit) und am 15. um 1^h04^m. Ende August geht der Ringplanet bereits um 23^h56^m unter. Die Saturnhelligkeit geht weiter um $0{,}^{m}2$ zurück und erreicht am Monatsende $0{,}^{m}4$, womit Saturn immer noch zu den auffälligen Gestirnen zählt.

Saturn bremst seine rückläufige Bewegung im Schützen deutlich ab und kommt Ende August fast zum Stillstand (siehe Abb. 6.8 auf Seite 142). Vom 21. bis 23. ist das Dreigestirn Saturn – Mond – Mars tief am Südhimmel gegen 21^h (= 22^h Sommerzeit) zu beobachten (siehe Abb. 8.5 oben).

Uranus kommt am 7. im Sternbild Widder zum Stillstand und setzt zu seiner Oppositionsschleife an. Zunächst ist von einer rückläufigen Bewegung kaum etwas zu bemerken, so langsam erfolgt sie (siehe Abb. 10.5 auf Seite 219).

Der grünliche Planet verlegt seine Aufgänge in die Abendstunden. Am 1. geht Uranus um 22^h39^m (= 23^h39^m Sommerzeit) auf, am 15. um 21^h44^m und am 31. bereits um 20^h40^m (= 21^h40^m Sommerzeit). Die Uranushelligkeit nimmt im Laufe des Monats minimal auf $5\overset{m}{,}7$ zu. Die Kulminationszeiten für Uranus lauten: Am 1. um 5^h43^m, am 15. um 4^h48^m und am 31. um 3^h44^m (= 4^h44^m Sommerzeit). Die beste Zeit, um den lichtschwachen Planeten zu beobachten, ist die Stunde um seinen Meridiandurchgang. Allerdings ist es erst ab Monatsende dunkel genug, um Uranus bei seiner Kulmination ins Visier zu nehmen.

Neptun entfernt sich schneller werdend rückläufig von φ Aquarii (siehe Abb. 9.5 auf Seite 198). Er nähert sich seiner Oppositionsstellung zur Sonne, die er Anfang nächsten Monats einnimmt.

Seine Aufgänge verlagert der sonnenfernste Planet in die frühen Abendstunden. Am 1. geht Neptun um 21^h16^m auf, am 15. um 20^h20^m und am 31. bereits um 19^h17^m (= 20^h17^m Sommerzeit). Der bläuliche Planet passiert den Himmelsmeridian am 1. um 2^h52^m, am 15. um 1^h55^m und am 31. schon um 0^h51^m (= 1^h51^m Sommerzeit). Die günstigste Beobachtungszeit ist die Stunde um die Kulmination. Mit $7\overset{m}{,}8$ scheinbarer Helligkeit ist allemal ein lichtstarkes Fernglas oder ein Teleskop erforderlich, um Neptun zu finden.

Planetoiden

Pallas – Planetoid Nr. 2 – kommt am 7. um 14^h im Sternbild Hydra in Konjunktion mit der Sonne. Von der Erde trennen sie am Konjunktionstag 463 Millionen Kilometer (= 3,09 AE). Von der Sonne ist Pallas zu diesem Zeitpunkt 320 Millionen Kilometer (= 2,14 AE) entfernt.

Vesta (4) wird in der Nacht vom 1. auf 2. um Mitternacht stationär und ist anschließend wieder rechtläufig. Damit endet ihre Oppositionsperiode, was auch an der von $6\overset{m}{,}3$ auf $7\overset{m}{,}0$ zurückgehenden Helligkeit ersichtlich ist (siehe Abb. 6.8 auf Seite 142).

Vesta kulminiert am 1. um 21^h04^m (= 22^h04^m Sommerzeit) und geht um 1^h12^m unter. Am 15. erfolgt der Meridiandurchgang um 20^h13^m und am 31. schon um 19^h21^m, wobei ihr Aufgang am letzten Augusttag bereits um 15^h29^m und ihr Untergang um 23^h13^m (= 0^h13^m am 1. September in Sommerzeit) erfolgt.

Periodische Sternschnuppenströme

Die große Zahl der Meteore in den ersten Augusttagen ist auf den Strom der **Perseïden** zurückzuführen, deren maximale Tätigkeit zwischen dem 9. und 13. August liegt. Helle Objekte (um 0^m und heller, sogenannte Feuerkugeln oder Boliden) sind keine Seltenheit. Das Maximum ist in der Nacht vom 12. auf 13. August zu erwarten. Als schönster und reichster Strom des Jahres bescheren die Perseïden bis zu hundert Sternschnuppen pro Stunde. Ihren Ursprung führen die Perseïden auf den Kometen 109P/Swift-Tuttle zurück.

Die beste Beobachtungszeit liegt zwischen 22^h und 4^h morgens. Die Perseïden-Sternschnuppen sind mit 60 Kilometer pro Sekunde recht schnelle Objekte. Nachzügler der Perseïden sind noch bis 24. August zu erwarten.

Zu erwähnen sind noch die **Kappa-Cygniden**, deren Radiant im Sternbild Schwan liegt. Sie treten den gesamten August über in Aktion. Allerdings sind sie kein besonders reicher Strom. Zur Zeit des Maximums um den 17. August ist nur mit etwa vier Meteoren pro Stunde zu rechnen. Mit 25 Kilometer pro Sekunde mittlerer Geschwindigkeit zählen die Cygniden zu den langsamen Sternschnuppen. Die Umlaufzeit dieses Stromes beträgt sieben Jahre. Der Ursprungskomet dürfte sich aufgelöst haben.

Der wenig bekannte Strom der **Cepheïden** macht sich um den 17. August herum bemerkbar. Die Frequenz ist gering, nämlich nur zehn Objekte pro Stunde. Vermutlich sind die Cepheïden ein Zweigstrom der Cygniden.

Der Fixsternhimmel

Der Sommersternenhimmel entfaltet jetzt seine volle Pracht. Hoch im Süden steht das Sommerdreieck mit Wega in der Leier, Deneb im Schwan und Atair im Adler.

Weit im Westen funkelt der Bärenhüter, besser bekannt unter dem Namen Arktur. Der Skorpion bereitet sich im Südwesten auf seinen Untergang vor. Sein Hauptstern Antares zieht noch die Blicke auf sich.

Dem Skorpion folgt im Tierkreis der Schütze. In ihm leuchtet gegenwärtig ein helles Gestirn, nämlich Saturn, der Ringplanet. Östlich vom Schützen nimmt der lichtschwache Steinbock seinen Platz ein. Im Grenzgebiet Steinbock-Schütze hält sich gerade der zurzeit helle Mars auf. Dem Steinbock folgt im Südosten der Wassermann, der ebenfalls recht lichtschwach und nicht leicht zu erkennen ist.

Das geflügelte Pferd

Das markante Sternenviereck des Pegasus steigt im Osten empor. Mit seiner unteren Spitze deutet das Pegasusquadrat zum Ostpunkt am Horizont. Man gewinnt dabei den Eindruck einer überdimensionalen Vorfahrtstafel. Der griechischen Mythologie nach ist der Pegasus ein geflügeltes Pferd. Zum Pegasus zählt nicht nur das auffallende Sternenviereck, sondern auch eine leicht abgeknickte Sternenkette, die sich bis hin zum kleinen Bild des Delphins erstreckt. Sie markiert den vorderen Teil des geflügelten Dichterrosses. Das Pegasusquadrat wird auch als Herbstviereck bezeichnet. Der Pegasus soll den Poeten zu ihren Gedankenflügen verhelfen und ihrer Fantasie Luftreisen ermöglichen.

Der Hauptstern, α Pegasi, heißt Markab. Dieser Name stammt vom Arabischen Mankib al Faras – Schulter des Pferdes. Markab leuchtet mit $2\overset{m}{,}5$ Helligkeit in einem bläulichen Licht (Spektralklasse B9 III). Seine Entfernung beträgt 140 Lichtjahre. β Pegasi heißt Scheat vom Arabischen Al Sag – das Schienbein. Scheat ist ein roter, veränderlicher Stern (Spektralklasse M2 II) von $2\overset{m}{,}3$ bis $2\overset{m}{,}7$ scheinbarer Helligkeit. Er steht in einer Entfernung von 200 Lichtjahren. Ebenfalls aus dem Arabischen stammt der Name Algenib für γ Pegasi. Al Janb heißt die Flanke, Seite und war einmal für α Pegasi in Gebrauch. Algenib ist $2\overset{m}{,}8$ hell und leuchtet bläulich-weiß (Spektraltyp B2 IV). Etwa 340 Lichtjahre ist Algenib von uns entfernt. Der vierte Stern im Pegasusquadrat, Sirrah, gehört schon zur Andromeda und trägt deshalb die Bezeichnung α Andromedae. Sirrah ist $2\overset{m}{,}1$ hell und leuchtet weißlich-blau. Fast hundert Jahre ist sein Licht zur Erde unterwegs.

Den Kopf des Pegasus markiert Enif, ε Pegasi. Der Name stammt vom Arabischen Anf, was Nase bedeutet. Mit $2\overset{m}{,}4$ ist Enif leicht zu sehen. Er leuchtet orange (Spektralklasse K2 Ib). Als roter Überriesenstern ist seine Entfernung schwer zu bestimmen. Sie liegt bei 700 Lichtjahren.

Im Norden wird das Sternbild Pegasus durch den Schwan und das kleine Bild Eidechse (lat.: Lacerta) begrenzt. In östlicher Richtung schließt sich die Sternenkette der Andromeda an. Ein wenig nördlich der Prinzessin Andromeda stößt man auf ihre Mutter, die Königin Kassiopeia,

Veränderliche Sterne im August

Algol-Minima	1.	21^h48^m	16.	5^h52^m	19.	2^h42^m	21.	23^h30^m	24.	20^h18^m		
β-Lyrae-Minima	4.	20^hN	11.	7^hH	17.	19^hN	24.	7^hH	30.	18^hN		
δ-Cephei-Maxima	4.	12^h	9.	21^h	15.	6^h	20.	15^h	25.	24^h	31.	8^h
Mira-Helligkeit	1.	10^m	10.	10^m	20.	10^m	31.	10^m				

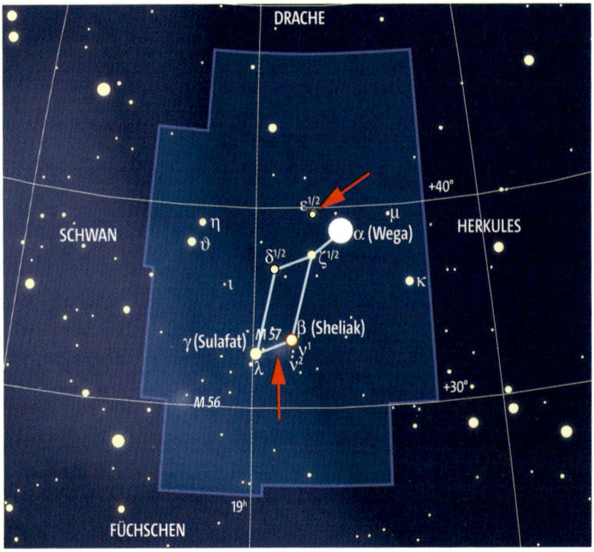

8.6 Die Leier:
Das Sternbild Leier mit seinem Vierfachstern $\varepsilon_{1,2}$ Lyr sowie weiteren Doppelsternen. Eingetragen ist auch die Position des Ringnebels M 57.

dargestellt durch ein großes Sternen-W. Während der Große Wagen im Nordwesten herabsinkt, steigt das Himmels-W jetzt immer höher.

Typische Sommersternbilder

In Zenitnähe findet man das kleine, aber markante Bild der Leier. Nahe der Leier ist das einprägsame Sternenkreuz des Schwans auszumachen. Der Schwan fliegt mit ausgebreiteten Flügeln in südwestlicher Richtung durch die Milchstraße. Deneb (α Cygni) bildet den Schwanz und Albireo (β Cygni) den Kopf. Gelegentlich wird diese Sternenfigur auch „Kreuz des Nordens" genannt.

Als drittes Sternbild dieser Sommergruppe ist das Sternbild Adler zu nennen, dessen Hauptstern α Aquilae den Namen Atair trägt, was der auf seine Beute herabstürzende Adler bedeutet. Atair ist ein bläulich-weißer Stern (Spektralklasse: A7 IV-V), der mit 17 Lichtjahren Entfernung zu den Nachbarsternen unserer Sonne zählt. Mit $0^{m}8$ scheinbarer Helligkeit gehört er zu den hellsten Sternen in der Sonnenumgebung.

Das schimmernde Lichtband der sommerlichen Milchstraße zieht sich in hohem Bogen über das vormitternächtliche Himmelsgewölbe.

Allerdings bietet sich in unseren lichtüberfluteten Siedlungen nur noch selten die Gelegenheit, dieses Naturphänomen zu bewundern.

Objekte für Feldstecher und Fernrohr

Zu den prominenten Beobachtungsobjekten des Sommerhimmels gehört zweifelsohne der Vierfachstern in der Leier mit der korrekten Bezeichnung $\varepsilon_{1,2}$ Lyrae. Er ist ein ideales Übungs- und Anschauungsobjekt gerade für angehende Sternfreunde und -freundinnen. Er ist leicht zu finden, steht er doch knapp neben der hellen Wega, dem einen Eckstern im Sommerdreieck. Mit guten Augen erscheint $\varepsilon_{1,2}$ Lyr schon länglich. Sehr gute Augen trennen ihn sogar, was aber selten vorkommt, da es sich um nicht sehr helle Lichtpunkte handelt. Im Fernglas erkennt man auf alle Fälle zwei etwa gleich helle Lichtpunkte, nämlich ε_1 und ε_2 in 209″ Distanz. Im Teleskop ab etwa 8 cm freier Öffnung (bei Spiegelteleskopen besser ab 10 cm Öffnung) erscheinen ε_1 und ε_2 je doppelt. Sowohl ε_1 als auch ε_2 sind jeweils enge Doppelsterne mit $2''\!.3$ beziehungsweise $2''\!.4$ Distanz. Alle vier Komponenten leuchten in einem weißen Licht und sind zwischen 5^m und 6^m hell. Das Vierfachsystem ε Lyr ist 160 Lichtjahre von uns entfernt.

Wer mit einem Fernglas nach ε Lyr sucht, kann den Vierfachstern leicht mit δ Lyr verwechseln, denn dieser zeigt sich im Fernglas ebenfalls doppelt und steht auch nahe bei Wega. δ_1 und δ_2 können mit guten Augen getrennt werden – auf alle Fälle sieht man sie in jedem Opern-

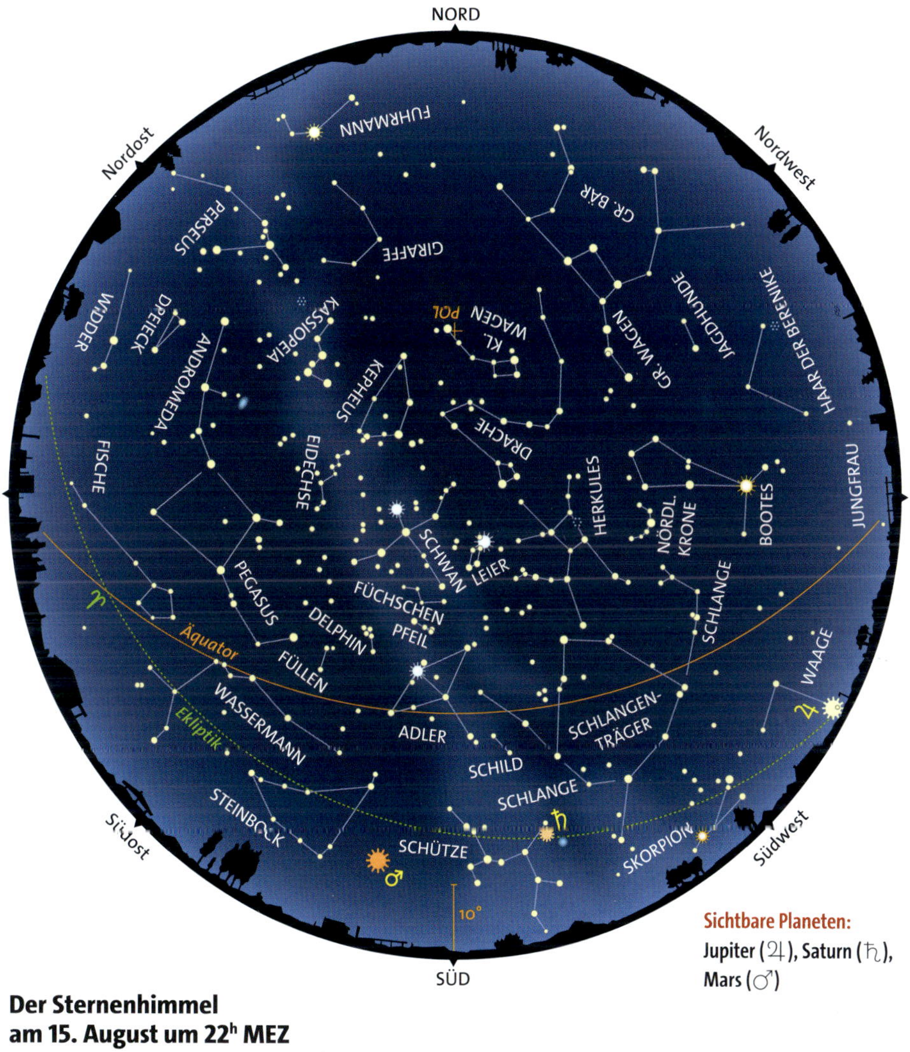

Sichtbare Planeten:
Jupiter (♃), Saturn (♄), Mars (♂)

Der Sternenhimmel am 15. August um 22^h MEZ

Die Sternkarte ist auch gültig für:		
MEZ	MESZ	
15. 6.	2^h	3^h
1. 7.	1	2
15. 7.	0	1
1. 8.	**23**	**24**
15. 8.	**22**	**23**
31. 8.	**21**	**22**
15. 9.	20	21
30. 9.	19	20

glas doppelt. Mit 9′ sind sie erheblich weiter voneinander entfernt als ε_1 von ε_2 Lyr. δ_1 ist ein heißer, bläulicher Stern (Spektralklasse B3 V), der mit $5^{m}{,}6$ gerade noch mit bloßen Augen zu sehen ist. δ_2 ist ein rötlicher Riesenstern (Spektralklasse M4 II var) mit $4^{m}{,}2$ scheinbarer Helligkeit. δ_1 ist rund 1100 Lichtjahre entfernt, δ_2 hingegen 900 Lichtjahre. $\delta_{1,2}$ ist somit ein *optischer* Doppelstern, beide Sterne stehen rein zufällig in gleicher Richtung.

Auch ζ Lyrae ist ein Doppelstern mit $4^{m}{,}3$ und $5^{m}{,}7$ hellen Komponenten. Schon kleine Instrumente (ab Zweizöller) lassen die Doppelsternnatur von ζ Lyr erkennen, beträgt doch die Distanz beider Komponenten von-

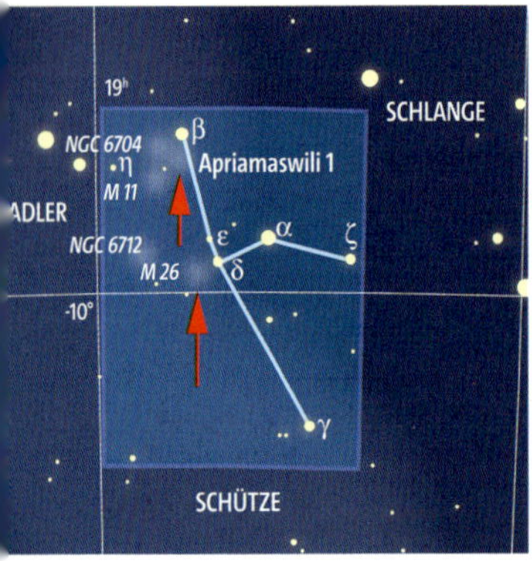

8.7 Der Schild:
Das Sternbild Scutum mit den offenen Sternhaufen M 11 und M 26 sowie NGC 6704 und Apriamaswili 1.

einander 44″. Von dieser Doppelsonne benötigt das Licht zu uns 155 Jahre.

Zwischen β und γ in der Leier entdeckt man schon in einem lichtstarken Nachtglas ein Objekt, das etwas diffus erscheint, jedenfalls nicht so punktförmig wie die anderen Sterne. Im Teleskop verstärkt sich dieser Eindruck. Wüsste man nicht, dass in der Leier kein Planet stehen kann, so könnte man an ein Planetenscheibchen denken. Deshalb auch die Bezeichnung „Planetarischer Nebel" für dieses Objekt, dem Charles Messier die Nummer 57 gegeben hat. In Teleskopen ab vier Zoll (= 10 cm) Öffnung wird deutlich, dass M 57 ein kleines Ringlein zeigt. Man spricht daher vom Ringnebel in der Leier. Hier hat ein alternder Stern einen Teil seiner äußeren Hülle abgestoßen. Neuere Entfernungsbestimmungen lassen auf eine Distanz von 2000 Lichtjahren schließen.

Schöne Sternhaufen

Ein interessanter offener Sternhaufen findet sich im westlichen Teil der Kassiopeia an der Grenze zum Kepheus: M 52. Man stößt auf ihn, wenn man den letzten Strich des Himmels-Ws, also die Strecke α Cas–β Cas in Richtung Zenit etwa verdoppelt. Rund 200 Sterne bilden einen dichtgedrängten Haufen, der im Fernglas als Nebelfleck wahrgenommen wird und sich im Teleskop ab 8 cm Öffnung in zahlreiche feine Lichtpunkte auflöst. M 52 hebt sich gut von seiner Umgebung ab und zeigt etwa Nierenform. Die hellsten Sterne sind um 7^m bis 8^m hell. Mit knapp 5000 Lichtjahren Entfernung gehört M 52 zu den weiter weg liegenden offenen Sternhaufen.

Im Sternbild Schild (lat.: Scutum), mitten in einer sternreichen Gegend der Milchstraße, liegt der offene Sternhaufen M 11 (NGC 6705), auch unter dem Namen „Wildentenhaufen" wegen seines Aussehens bekannt. Er wurde am 1. September 1681 von Gottfried Kirch entdeckt und zunächst für einen Kometen gehalten. Doch nachdem sich nach einigen Tagen seine Position nicht verändert hatte, war Kirch klar, dass er ein nebelhaftes Objekt im Bereich der Fixsternwelt gefunden hatte. William Derham meinte, hier eine Ansammlung von dichtem Dunst zu erkennen. Erst 1833 hat John Herschel den Wildentenhaufen in seinem Katalog als schönen, irregulären, rundlichen Sternhaufen von 10′ bis 12′ Durchmesser beschrieben. Die visuelle Gesamthelligkeit beträgt $5\overset{m}{,}8$. Im Fernglas macht M 11 einen dreieckigen Eindruck. Der Haufen entfaltet seine volle Pracht erst in einem Linsenteleskop (Refraktor) ab mindestens 10 cm Öffnung (Spiegelteleskop besser ab 15 cm Objektivdurchmesser) bei rund 150-facher Vergrößerung. Man sieht zahlreiche Sterne um 11^m visueller Helligkeit. Ein Stern fällt besonders auf, da er mit 8^m deutlich heller ist. Es handelt sich dabei um einen roten Überriesen. Die Gesamtzahl aller Mitgliedssterne liegt bei etwa 3000, wovon etwa 500 heller als 14^m sind. Das Alter dieser beeindruckenden Sternengesellschaft liegt bei 250 Millionen Jahren.

Fortgeschrittene Beobachterinnen und Beobachter sollten sich einmal nach dem benachbarten offenen Sternhaufen NGC 6704 umsehen. Er befindet sich ebenfalls im Sternbild Scutum, $1\overset{\circ}{,}1$ nördlich von M 11. Mit einer visuellen Gesamthelligkeit von $9\overset{m}{,}2$ und rund 5′ scheinbarem Durchmesser ist er nicht leicht zu erkennen. Entdeckt wurde NGC 6704 im Jahre 1854 von Friedrich August Theodor Winnecke. Im Drei-Zoll-Kometensucher hielt er ihn zunächst für einen Nebel. Erst mit dem 10-Zöller (25 cm freie Öffnung) der Berliner Sternwarte erkannte er in NGC 6704 einen offenen Sternhaufen. Um NGC 6704 einzustellen, benutze man die

8.8 Sternhaufen M 26:
Der offene Sternhaufen Messier 26 im Sternbild Schild. Aufnahme von Mario Weigand.

Koordinaten $\alpha = 18^{h}50{,}^{m}8$ und $\delta = -05°12'$ (J2000.0).

Als dritter im Bunde der offenen Sternhaufen im Sternbild Scutum sei Apriamaswili 1 genannt, auch unter der Bezeichnung Basel 1 bekannt. Dieser Haufen liegt knapp westnordwestlich von M 11 und weist eine Helligkeit von 9^{m} bei einem scheinbaren Durchmesser von 5,′5 auf. Er wurde von dem georgischen Astronomen S. P. Apriamaswili erst 1964 entdeckt. Eingebettet in ein Sternentrapez von vier hellen Sternen im Geviert von $35' \times 13'$ finden sich hier etwa zwei Dutzend recht lichtschwacher Sterne. Die äquatorialen Koordinaten von Basel 1 lauten: $\alpha = 18^{h}48{,}^{m}1$ und $\delta = -05°51'$ (J2000.0).

Ein letzter offener Sternhaufen sei empfohlen, nämlich NGC 7243 im Sternbild Eidechse (lat.: Lacerta). Er liegt wie M 11 in einer sternreichen Gegend und scheint direkt mit den Sternen der Milchstraße zu verschmelzen. NGC 7243 ist relativ leicht zu finden, er befindet sich 1,°5 westlich von dem Stern 4 Lacertae (siehe Karte N24 im *Atlas für Himmelsbeobachter*). Im Fernglas erscheint dieser Haufen länglich in Ost-West-Richtung. Bei 15-facher Vergrößerung zeigt sich ein dichter Schwarm von Sternen. Der östliche Teil ist so dicht gedrängt, dass man eher einen nebelhaften Eindruck gewinnt, während im westlichen Bereich die helleren Sterne gut einzeln erkennbar sind. Die Gesamthelligkeit liegt bei $6{,}^{m}5$, der scheinbare Durchmesser reicht bis zu 20′.

Ein lohnenswerter Kugelhaufen ist M 2 im Sternbild Wassermann. Er ist bereits in einem guten Fernglas zu erkennen. Allerdings erscheint er nicht so spektakulär wie beispielsweise M 13 im Herkules. Mit 10′ scheinbarem Durchmesser und einem hellen Kern ist er dennoch schon im Fernglas auffällig. Ab etwa 15 cm freier Öffnung sind in den Randpartien von M 2 auch Einzelsterne erkennbar.

M 2 liegt in einer sternarmen Gegend, etwa eine halbe Rektaszensionsstunde westlich von α Aqr und rund 5° nördlich von β Aqr. M 2 bildet mit α und β Aqr fast ein rechtwinkliges Dreieck, wobei der rechte Winkel bei M 2 liegt. Über 40 000 Jahre ist das Licht der Sterne dieses Kugelhaufens zur Erde unterwegs.

Wie viele Milchstraßen gibt es?

8.9 Die Andromedagalaxie (M 31), unsere Nachbarmilchstraße, mit ihren beiden Begleitgalaxien M 32 und NGC 205. Aufnahme von M. Gertz/Sternwarte Welzheim.

Die Frage mag verwundern. Wieso soll es mehr als eine Milchstraße geben? Die Milchstraße ist doch jenes schimmernde Lichtband, das sich in hohem Bogen von Horizont zu Horizont über das Firmament spannt, gebildet von Tausenden fernen, lichtschwachen Sternen. Allerdings ist sie nur unter guten Sichtbedingungen zu sehen, die man in unseren Gegenden nur selten vorfindet. Der Lichtsmog künstlicher Beleuchtung, Mondlicht sowie eine verschmutzte Lufthülle verschleiern meist den Blick auf dieses beeindruckende Naturphänomen. Immer wieder berichten Mitmenschen, wenn sie einmal Gelegenheit hatten, die Milchstraße ungestört zu beobachten, wie tief beeindruckt sie waren vom Anblick dieser prächtigen kosmischen Leuchterscheinung in dunkler Nacht.

Wenn Astronomen von der Milchstraße sprechen, so meinen sie meist nicht das Lichtband am Firmament, sondern das gewaltige Sternensystem, das auch mit einem Fremdwort aus dem Griechischen „Galaxis" genannt wird. Das Milchstraßensystem setzt sich aus rund 300 Milliarden Sternen zusammen, die in Form einer riesigen, diskusförmigen Scheibe von 100 000 Lichtjahren Durchmesser angeordnet sind. Unsere Sonne befindet sich dabei keineswegs im Mittelpunkt dieses Sternensystems, sondern wandert als gewöhnlicher Durchschnittsstern in 200 Millionen Jahren um das 26 000 Lichtjahre entfernte Zentrum.

Noch vor hundert Jahren war nicht klar, ob die Galaxis das einzige derartige Sternensystem im Universum ist oder ob es noch andere Milchstraßensysteme außerhalb unseres eigenen gibt. Dies wurde zwar schon im 18. Jahrhundert vermutet, aber erst zu Anfang des 20. Jahrhunderts durch Beobachtungen definitiv nachgewiesen. Neben punktförmigen Sternen sieht man am nachtschwarzen Firmament zahlreiche Lichtfleckchen, die als „Nebel“ bezeichnet werden. Viele dieser nebelhaften Objekte sind tatsächlich Wolken aus Gas und Staub, aus denen sich heute noch neue Sterne bilden. Teils sind sie auch die Überreste explodierter Sterne. Diese Gas- und Staubmassen schweben zwischen den Sternen der Milchstraße. Man spricht daher von interstellarer Materie.

Sternennebel unterschiedlicher Natur

Doch nicht alle nebelhaft erscheinenden Gebilde befinden sich zwischen den Sternen unserer Milchstraße, sondern sie sind mehr oder minder gigantische Sternensysteme weit außerhalb. Vor allem die elliptisch und spiralförmig aussehenden Nebel wurden früh verdächtigt, Sternenansammlungen in den Tiefen des Kosmos zu sein. So hatten der große Universalgelehrte Alexander von Humboldt (1769–1859) und der berühmte Königsberger Philosoph Immanuel Kant (1724–1804) schon vermutet, etliche Nebel seien gigantische Sternensysteme ähnlich der Milchstraße. Humboldt prägte den treffenden Ausdruck „Welteninseln“. Allerdings konnte man damals nicht nachweisen, dass die Spiralnebel und ihre elliptischen Verwandten sich wirklich im Raum weit außerhalb unserer Galaxis befinden.

Erste Hinweise auf die extragalaktische Natur zahlreicher Nebel lieferte die Einführung der Spektroskopie in die Forschungsmethoden der Astronomen. Während die unregelmäßig geformten galaktischen Nebel Spektren mit deutlichen Emissionslinien, darunter auch „verbotene“ Linien, liefern, wie sie nur in extrem dünnen aber heißen Materiezuständen erzeugt werden, so zeigen die spiralförmigen und elliptischen Nebel kontinuierliche Spektren mit breiten Absorptionslinien, wie sie nur von Sternen stammen können.

Nachweis anderer Galaxien

Den definitiven Nachweis der extragalaktischen Natur des Andromedanebels (M 31) erbrachten Edwin Powell Hubble und Milton Humason, als sie in den Jahren 1924 bis 1928 mit dem damals weltweit größten Teleskop, dem 2,5-Meter-Hooker-Reflektor des Mt. Wilson-Observatoriums, die Randzonen von M 31 in Einzelsterne auflösen konnten. Dabei identifizierten sie auch veränderliche Sterne vom Typ Delta-Cepheï, aus deren Periodenlängen man auf ihre wahre

8.10 Der lokale Milchstraßenhaufen, kurz als „Lokale Gruppe“ bezeichnet.

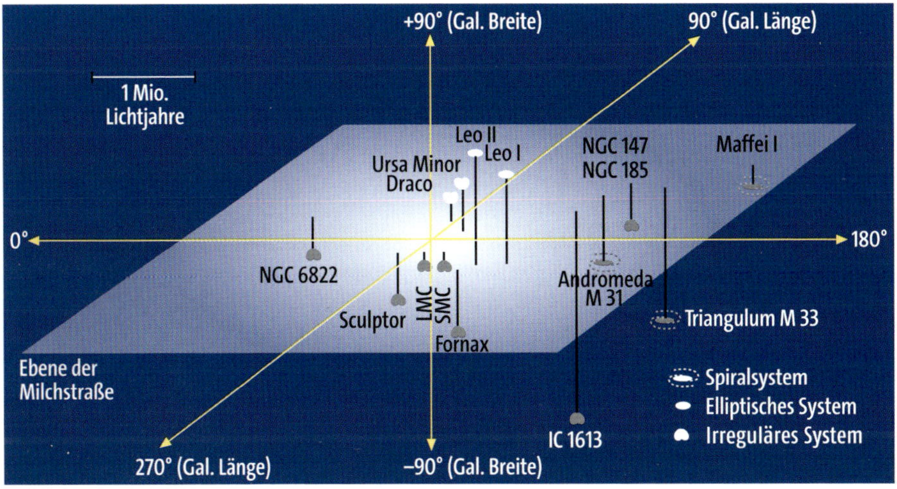

Leuchtkraft schließen kann. Kennt man die absolute Helligkeit eines Sterns, so kann man aus der beobachteten scheinbaren Helligkeit seine Entfernung ableiten. Hubble und Humason bestimmten zunächst die Distanz von M 31 zu 800 000 Lichtjahren. Damit war klar, dass der Andromedanebel ein riesiges Sternensystem ähnlich dem unserer Milchstraße ist. Später stellte sich heraus, dass es verschiedene Typen von Cepheïden gibt, sogenannte Populationen, und man die wahre Helligkeit der Cepheïden im Sternensystem der Andromeda zu gering eingeschätzt hatte. Auch hatte man die interstellare Absorption des Sternenlichtes nicht korrekt berücksichtigt. Tatsächlich ist das Milchstraßensystem M 31 fast frei Millionen Lichtjahre entfernt. Trotz dieser enormen Distanz spricht man von unserer Nachbarmilchstraße. Denn die anderen extragalaktischen Sternensysteme oder Galaxien, wie sie gern genannt werden, sind noch viel weiter entfernt.

Galaxien in Gruppen

Unsere Milchstraße ist somit nicht das einzige Sternensystem seiner Art im Universum. Die Galaxien füllen den Kosmos, sie sind gewissermaßen die Bausteine des Weltalls und nicht völlig gleichmäßig verteilt. In manchen Arealen des Firmaments wimmelt es geradezu von extragalaktischen Nebeln. So drängen sich zahlreiche Galaxien in den Sternbildern Herkules, Haar der Berenike oder im Grenzgebiet Löwe – Jungfrau. Die Galaxien finden sich zu Gruppen zusammen, sie bilden ganze Haufen von Milchstraßensystemen. Manche dieser Haufen beherbergen nur ein Dutzend, andere Hunderte oder Tausende von Galaxien. So gehören die Andromedagalaxie, der Triangulum-Nebel (M 33), unsere Milchstraße, die beiden Magellanschen Wolken (siehe Monatsthema „Die Magellanschen Wolken“ auf Seite 262 im *Kosmos Himmelsjahr 2014*) sowie einige Dutzend Zwerggalaxien zu einem Galaxienhaufen, den man „Lokale Gruppe“ nennt. „Lokal“ bezeichnet man diesen Haufen, weil er neben unserer Milchstraße lauter relativ nahe Nachbargalaxien enthält. Der Durchmesser der Lokalen Gruppe liegt bei sechs Millionen Lichtjahren. Sie ist gewissermaßen unsere erweiterte kosmische Heimat.

Zu den größten Milchstraßenansammlungen zählt der Virgo-Galaxienhaufen. Er steht in Richtung des Sternbildes Jungfrau, daher sein Name. Die Sterne, die das Sternbild Jungfrau darstellen, gehören zu unserem Milchstraßensystem und stehen im Vordergrund. Das Zentrum des Virgo-Haufens hingegen ist 65 Millionen Lichtjahre entfernt. Im Zentrum befindet sich die elliptische Riesengalaxie M 87, auch als intensive Radioquelle Virgo A bekannt. Rund 3000 größere Galaxien zählen zum Virgo-Haufen.

Die Lokale Gruppe und zahlreiche weitere Galaxienhaufen bilden zusammen mit dem Virgo-Haufen den Virgo-Superhaufen, in dessen Mitte sich der Virgo-Haufen befindet. Der Durchmesser dieses Galaxienhaufens liegt bei 150 Millionen Lichtjahren. Er ist „unser“ Superhaufen, zu dem die Lokale Gruppe mit unserer Milchstraße gehört, in der sich unsere Sonne samt der Erde befindet.

Die Expansion des Alls

Hubble und Humason hatten auch erkannt: Je kleiner und lichtschwächer Galaxien am Himmel erscheinen, umso weiter sie somit entfernt sind, desto mehr sind ihre Spektrallinien zum roten Ende, also nach dem langwelligen Teil des Spektrums gegenüber der Laborwellenlänge verschoben. Sie hatten damit die Expansion des Universums entdeckt. Die Rotverschiebungen in den Spektren sind ein Maß für die Entfernungen der Galaxien. Unabhängig davon dienen Supernovae als hellste Einzelobjekte im Kosmos zur Entfernungsmessung von Galaxien. An ihnen wird unter anderem die Entfernungs-Rotverschiebungs-Relation, der sogenannte Hubble-Parameter, geeicht.

Hubble führte auch die nach ihm benannte Klassifikation der Galaxien nach ihrem Erscheinungsbild ein. Danach gibt es elliptische Galaxien, Spiralnebel und Balkenspiralen. Sie werden nach ihrer Elliptizität (von rund bis langgestreckt) und der Öffnung ihrer Spiralarme (von

8.11 Die riesige elliptische Galaxie M 87, auch als Radioquelle Virgo A bekannt, sitzt im Zentrum des Virgo-Galaxienhaufens.

eng bis locker) unterteilt. Ursprünglich dachte man, hier eine Entwicklungsreihe zu erkennen: Aus elliptischen Galaxien entwickeln sich Spiralsysteme. Doch dem ist nicht so. Die Hubble-Klassifikation hat heute weitgehend ihre Bedeutung verloren, vor allem nachdem immer mehr Zwerggalaxien – früher als „irregulär" bezeichnet – entdeckt wurden.

Mit immer leistungsfähigeren Teleskopen und immer empfindlicheren Kameras gelang es, immer tiefer in das Reich der Galaxien vorzudringen. Ein Blick in immer größere Entfernungen ist auch ein Blick in immer weiter zurückliegende Zeiten. Von den fernsten Galaxien, die man inzwischen erspähen kann, war das Licht, das wir heute empfangen, 13 Milliarden Jahre durch das Weltall unterwegs.

Die Macht der Zwerge

Die Superhaufen von Galaxien sind nicht die größten Gebilde im Universum. Die großräumige Struktur des Weltalls ist honigwabenartig. Die Galaxienhaufen und Superhaufen bilden riesige Wände oder Mauern (engl.: walls), die gewaltige Raumgebiete umschließen, in denen kaum Galaxien zu finden sind. Diese fast absolut leeren Gebiete nennt man Voids (engl.: void = Leere). Auf Skalengrößen von einigen hundert Millionen Lichtjahren lässt die Materie im Weltall eine blasenähnliche Struktur erkennen ähnlich einem überdimensionalen Seifenschaum. Die Blasenoberflächen werden dabei von Galaxienhaufen und deren Superhaufen gebildet. Die einzelnen Blasen werden gelegentlich Hubble-Bubbles genannt.

Zu Hubbles Zeiten und noch bis gegen Ende des 20. Jahrhunderts nahm man an, dass die Mehrzahl der Galaxien von den großen Spiralnebeln und den elliptischen Galaxien gebildet wird und die irregulären Galaxien in der Minderheit sind. Nach Hubbles Katalogisierung gibt es nur drei

Hubble Space Telescope/NASA, ESA, STScl

8.12 Der gewaltige Galaxienhaufen im Sternbild Haar der Berenike, schlicht Coma-Haufen genannt.

Prozent dieser unregelmäßig geformten Zwerggalaxien.

Doch mit fortschreitender Beobachtungstechnik erkannte man, dass die Zwerggalaxien die absolute Mehrheit aller extragalaktischen Sternensysteme darstellen. Sie sind die häufigste Galaxienart und spielen eine entscheidende Rolle bei der Bildung großer Galaxien, die durch permanente Verschmelzung kleinerer Milchstraßen gebildet werden. Ihr Formenreichtum wurde erst in jüngster Zeit erkannt. Allerdings sind Zwerggalaxien relativ lichtschwach, weshalb sie schwieriger zu entdecken und in größeren Distanzen kaum auszumachen sind.

Zwerggalaxien treten häufig als Satelliten großer Milchstraßensysteme auf, von denen sie schlussendlich einverleibt werden – gewissermaßen in einer Art Galaxienkannibalismus. So hat man in unmittelbarer Nachbarschaft unserer Milchstraße winzige Zwerggalaxien aufgespürt, die lichtschwächer und sternärmer als Kugelsternhaufen sind.

Bis 1970 kannte man nur vier kleine Galaxien als Satelliten der Andromedagalaxie: Die kugelförmige Galaxie M 32 und die längliche elliptische Galaxie NGC 205 sowie die beiden kleineren Milchstraßensysteme NGC 147 und NGC 185. Inzwischen sind über 30 Zwerggalaxien als Begleiter von M 31 aufgespürt worden.

Galaxien soweit das Auge reicht

In den letzten 20 Jahren ist man bis in die Frühzeit des Universums vorgedrungen und hat Galaxien aufgespürt, die in der ersten Milliarde Jahre nach dem Urknall entstanden sind. Mit dem Hubble-Weltraumteleskop hat man ausgewählte Himmelsfelder mit extrem langen Belichtungszeiten (teils über 30 Stunden) aufgenommen. Solche Ultra-Deep-Field-Aufnahmen zeigen eine Fülle von Milchstraßensystemen hoher Rotverschiebung, also sehr weit entfernter Galaxien in der Frühphase des Kosmos. Auf diesen Aufnahmen sind erheblich mehr Galaxien als Vordergrundsterne unserer Milchstraße zu sehen. Die Dichte großer Galaxien auf diesen Aufnahmen ist beeindruckend. Zwerggalaxien sind in diesen großen Distanzen von über zwölf Milliarden Lichtjahren freilich nicht zu erkennen. Durch Extrapolation der statistischen Ergebnisse bei der Auswertung der HUDF-Aufnahmen (**H**ubble-**U**ltra-**D**eep-**F**ield) ergibt sich, dass das mit unseren leistungsfähigsten Teleskopen überschaubare Universum rund hundert Milliarden, also 100 000 Millionen Milchstraßen mit

8.13 Mit dem Hubble-Weltraumteleskop blickt man tief in das Universum. Es wimmelt nur so von Milchstraßensystemen, die hier als winzige spindelförmige Lichtfleckchen oder diffuse Scheiben erscheinen (Hubble-Deep-Field-Aufnahme, Feldgröße 3 x 3 Bogenminuten).

ähnlichen Dimensionen wie die Andromedagalaxie und die Galaxis enthält. Viel weiter können selbst die größten Teleskope nicht blicken. Denn ein Blick in die Ferne ist auch ein Blick in die Vergangenheit. Und vor Beginn des Kosmos gab es keine Sterne und keine Galaxien. Doch neuere Untersuchungen haben gezeigt: Das überschaubare Universum enthält wesentlich mehr Galaxien als bisher gedacht.

Akribische Auszählungen aller Aufnahmen von Galaxien bis zu einer Rotverschiebung von z = 8, dies sind Galaxien, die nur 650 Millionen Jahre nach dem Urknall entstanden sind und deren Licht bis zu uns 13,4 Milliarden Jahre unterwegs war (unter Annahme der kosmologischen Parameter von $H_0 = 69{,}6\ \mathrm{km/(s \times Mpc)}/\Omega_B = 0{,}05/\Omega_{DM} = 0{,}24/\Omega_\Lambda = 0{,}71$) zeigen, dass die Galaxiendichte einst viel höher war als gegenwärtig. Denn einerseits nimmt die Galaxiendichte wegen der Expansion des Alls, die das Raumvolumen permanent vergrößert, ab, zum anderen verschmelzen die Zwerggalaxien zu großen Milchstraßensystemen beziehungsweise werden von diesen einverleibt. Berücksichtigt man alle Zwerggalaxien bis zu einer unteren Grenze von einer Million Sonnenmassen, so ergibt sich eine Gesamtzahl aller Galaxien im theoretisch überblickbaren Universum von zwei Billionen, also 2000 Milliarden oder 2×10^{12} Galaxien. Das sind erheblich mehr Galaxien als Sterne in unserer Milchstraße. Noch sind die Zwerggalaxien im jungen Universum wegen ihrer enormen Distanzen und der damit verbundenen Lichtschwäche nicht direkt erkennbar. Man hofft aber, sie im infraroten Spektralbereich mit Hilfe des Weltraumteleskops Euclid detektieren zu können (siehe Monatsthema „Der Dunklen Energie auf der Spur", Seite 262).

Die nicht direkt observierbaren Zwerggalaxien machen sich aber indirekt im sichtbaren wie im infraroten Licht als kosmisches Hintergrundleuchten bemerkbar. Dieses Hintergrundleuchten ist nicht zu verwechseln mit der kosmischen Mikrowellenstrahlung als Relikt des Feuerballs vom Urknall (CMB – Cosmic Microwave Background).

Auch wenn die Zahl der Galaxien offensichtlich mindestens zehnmal größer ist als noch vor wenigen Jahren angenommen, so ändert dies nichts an der Größe der mittleren Materiedichte im All, die aus der Analyse des CMB ermittelt wurde.

September 2018

- Am 23. tritt um 2h54m MEZ die Herbst-Tagundnachtgleiche ein.
- Venus strahlt am 21. in größtem Glanz am Abendhimmel.
- Mars ist heller Planet der ersten Nachthälfte.
- Jupiter und Saturn sind noch am Abendhimmel sichtbar.
- Neptun steht am 7. im Sternbild Wassermann in Opposition zur Sonne.

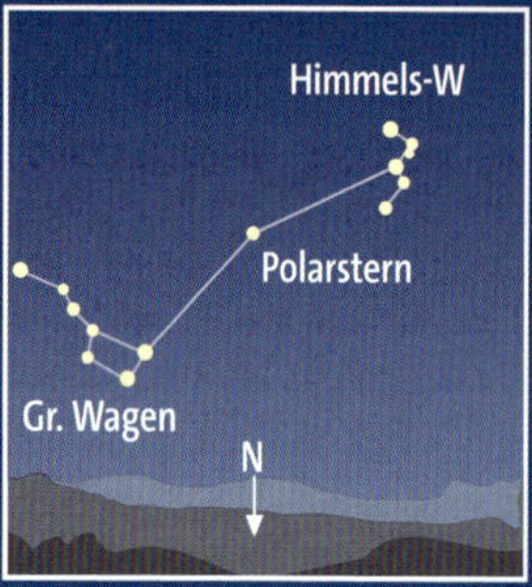

Großer Wagen und Himmels-W Anfang September um 22 Uhr

9.1 Anblick des Südhimmels am 19. September gegen 21h MEZ (= 22h MESZ). Knapp über dem Horizont stehen die Planeten Saturn und Mars, zu dem sich der zunehmende Mond gesellt.

1 Sa	
2 So	
3 Mo	Mond im letzten Viertel
4 Di	
5 Mi	
6 Do	
7 Fr	Neptun in Opposition
8 Sa	
9 So	**Neumond**
10 Mo	
11 Di	
12 Mi	
13 Do	
14 Fr	
15 Sa	
16 So	

17 Mo	Mond im ersten Viertel Mond bei Saturn (Abendhimmel)
18 Di	
19 Mi	Mond bei Mars (Mitternacht)
20 Do	
21 Fr	Venus in maximalem Glanz (Abendhimmel)
22 Sa	
23 So	Herbstbeginn
24 Mo	
25 Di	**Vollmond**
26 Mi	
27 Do	
28 Fr	
29 Sa	
30 So	

Sonne – Sternbilder

17.9. 2ʰ:
Sonne tritt in das Sternbild Jungfrau
23.9. 2ʰ54ᵐ:
Sonne tritt in das Tierkreiszeichen Waage
Julianisches Datum am
1. September, 1ʰ MEZ:
2 458 362,5

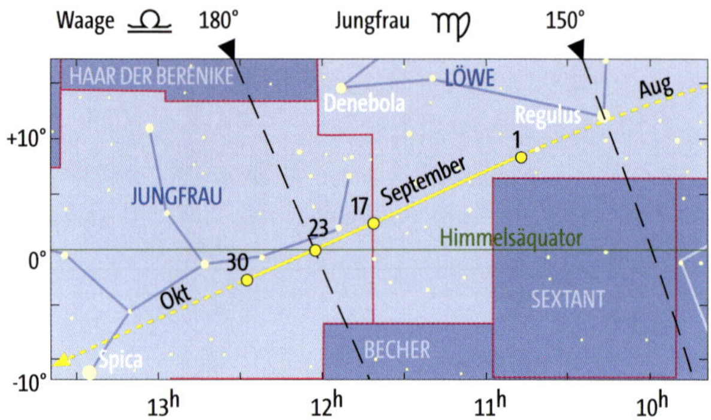

Tabelle Sonnenlauf

Tag	Dämmerg. Anfang	Aufgang MEZ	Kulmination	Untergang MEZ	Dämmerg. Ende	Mittagshöhe	Zeitgleichg.	Rektaszension	Deklination
	h m	h m	h m	h m	h m	°	m	h m	°
1.	4 20	5 35	12 20	19 04	20 19	48,2	0	10 40	+8,5
5.	4 27	5 41	12 19	18 56	20 09	46,7	+ 1	10 54	+7,0
10.	4 36	5 48	12 17	18 45	19 57	44,9	+ 3	11 12	+5,1
15.	4 44	5 56	12 15	18 34	19 45	43,0	+ 5	11 30	+3,2
20.	4 52	6 03	12 13	18 23	19 33	41,0	+ 7	11 48	+1,3
25.	5 00	6 11	12 12	18 12	19 22	39,1	+ 8	12 06	−0,6
30.	5 08	6 18	12 10	18 01	19 11	37,1	+10	12 24	−2,6

Tages- und Nachtstunden

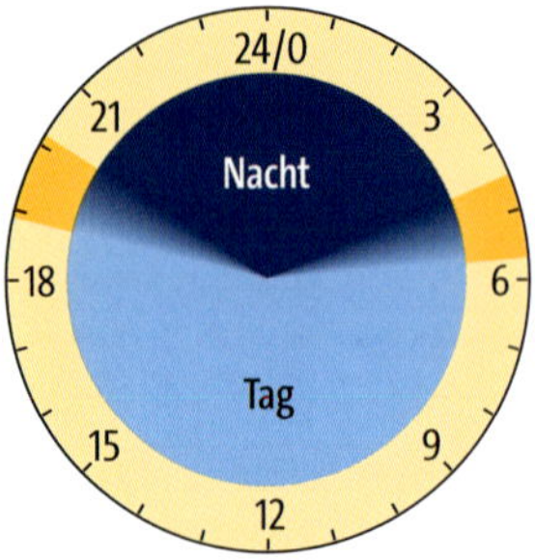

5. September

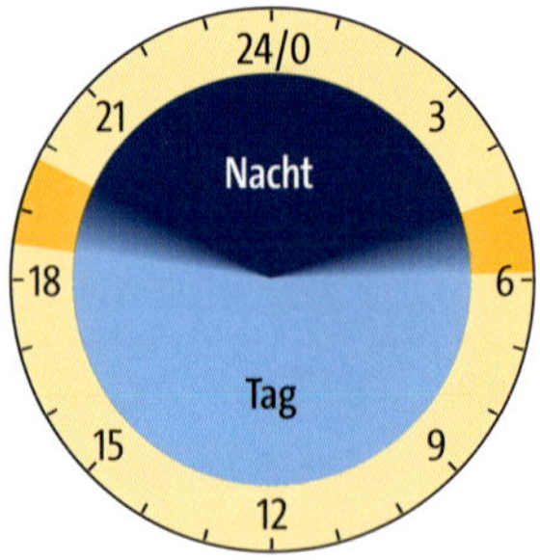

15. September

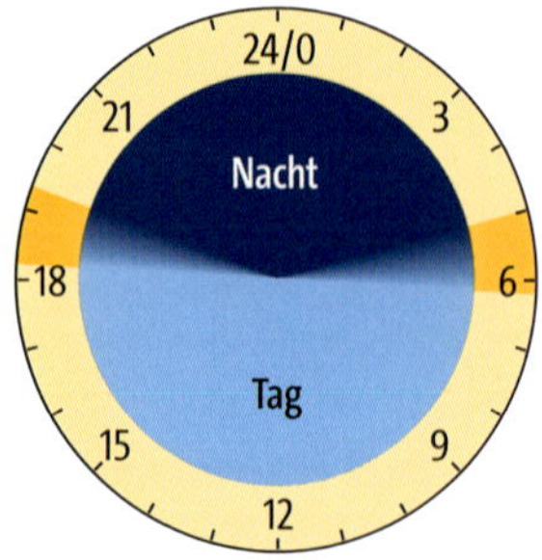

25. September

Tabelle Mondlauf

Datum		Aufg. MEZ	Kulmination	Unterg. MEZ	Rektaszension	Deklination	Sterne und Sternbilder	Phase	MEZ
		h m	h m	h m	h m	°			
Sa	1.	21 59	4 32	11 46	2 44	+10,5	Walfisch	Libration Ost	
So	2.	22 33	5 22	12 57	3 36	+14,3	Stier		
Mo	3.	23 14	6 15	14 08	4 31	+17,5	Aldebaran	**Letztes Viertel**	**$3^h\,37^m$**
Di	4.	–	7 12	15 16	5 29	+19,7	Stier		
Mi	5.	0 05	8 11	16 17	6 29	+20,8	Alhena		
Do	6.	1 08	9 12	17 10	7 31	+20,5	Zwillinge	Aufsteigender Knoten	
Fr	7.	2 20	10 12	17 54	8 33	+18,9	Krebs, Krippe		
Sa	8.	3 38	11 11	18 31	9 34	+15,9	Löwe	Erdnähe 361/33′,1	2^h
So	9.	4 59	12 07	19 02	10 34	+11,9	Löwe, Regulus	**Neumond Nr. 1184**	**$19^h\,01^m$**
Mo	10.	6 19	13 01	19 29	11 31	+ 7,2	Löwe		
Di	11.	7 38	13 53	19 55	12 25	+ 2,1	Jungfrau		
Mi	12.	8 54	14 43	20 20	13 18	– 2,9	Spica		
Do	13.	10 08	15 32	20 47	14 10	– 7,7	Jungfrau	Größte Nordbreite Libration West	
Fr	14.	11 19	16 21	21 16	15 02	–11,9	Waage		
Sa	15.	12 26	17 10	21 48	15 53	–15,4	Waage		
So	16.	13 29	17 59	22 25	16 44	–18,2	Schlangenträger		
Mo	17.	14 26	18 48	23 08	17 35	–20,0	* Schlangenträger	**Erstes Viertel**	**$0^h\,15^m$**
Di	18.	15 17	19 36	23 57	18 26	–20,9	* Schütze, Nunki		
Mi	19.	16 01	20 24	–	19 17	–20,8	Schütze, Nunki		
Do	20.	16 38	21 12	0 51	20 08	–19,8	Steinbock	Erdferne 405/29′,5 Absteigender Knoten	2^h
Fr	21.	17 10	21 58	1 50	20 57	–17,9	* Steinbock		
Sa	22.	17 38	22 43	2 52	21 46	–15,3	Steinbock		
So	23.	18 03	23 28	3 56	22 33	–11,9	* Wassermann		
Mo	24.	18 26	–	5 02	23 21	– 8,1	Wassermann		
Di	25.	18 48	0 12	6 09	0 08	– 3,8	Fische	**Vollmond**	**$3^h\,52^m$**
Mi	26.	19 10	0 57	7 17	0 55	+ 0,7	Walfisch		
Do	27.	19 34	1 42	8 27	1 43	+ 5,3	* Fische	Größte Südbreite Libration Ost	
Fr	28.	20 02	2 30	9 38	2 33	+ 9,7	Walfisch		
Sa	29.	20 33	3 19	10 49	3 24	+13,7	Stier		
So	30.	21 12	4 11	12 00	4 18	+17,0	Stier, Hyaden		

Der Mond wandert knapp an Aldebaran vorbei

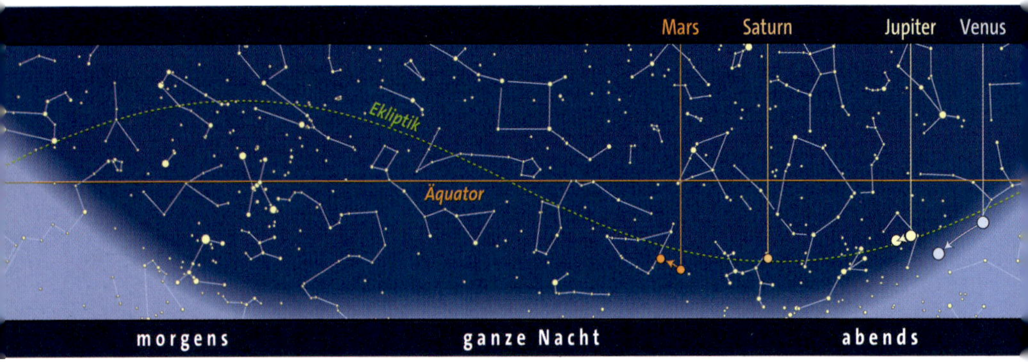

Merkur hat seine größte westliche Elongation von der Sonne hinter sich und kann noch in der ersten Septemberwoche in der Morgendämmerung erspäht werden. Am 1. geht der $-0^{m}{,}8$ helle Merkur um $3^{h}59^{m}$ (= $4^{h}59^{m}$ Sommerzeit) auf. Letztmals am 8. dürften erfahrene Merkurjäger den flinken Planeten erspähen. An diesem Tag geht der inzwischen $-1^{m}{,}2$ helle Merkur allerdings erst um $4^{h}36^{m}$ (= $5^{h}36^{m}$ Sommerzeit) auf. Dies ist fast zeitgleich mit Beginn der nautischen Dämmerung. Erst eine Viertelstunde nach seinem Aufgang kann man mit Aussicht auf Erfolg nach Merkur Ausschau halten. Kurz nach 5^{h} (= 6^{h} Sommerzeit) verblasst Merkur in der zunehmenden Morgenhelle (siehe auch Abb. 8.2 und 8.3 auf Seite 176). Am 5. wandert Merkur 6° nördlich an Regulus vorbei, der allerdings nur im Fernglas zu erkennen ist.

9.2 Merkur bei Regulus:
Merkur zieht am 5. September nördlich an Regulus im Löwen vorbei. Fernglasanblick in der Abenddämmerung

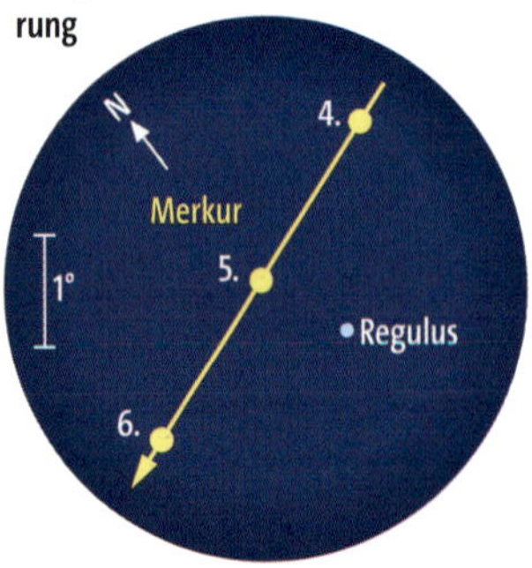

Merkur eilt der Sonne nach, die ihm im Tierkreis davonläuft. Am 21. trifft er mit ihr zusammen: Merkur steht in oberer Konjunktion mit der Sonne. Bis 30. wächst der östliche Winkelabstand von Merkur auf knapp 8° an. Dies reicht bei Weitem nicht für eine Abendsichtbarkeit. Am 2. eilt Merkur wieder einmal durch das Perihel seiner Bahn.

Venus stand Mitte des Vormonats in größter östlicher Elongation von der Sonne. Am 21. strahlt sie mit $-4^{m}{,}8$ in größtem Glanz am Abendhimmel. Allerdings verkürzt sie ihre Sichtbarkeit am Abendhimmel drastisch und wird am Monatsende unbeobachtbar.

Am 2. passiert Venus den Jungfrauhauptstern Spica (α Virginis) $1^{\circ}{,}4$ südlich. Sie verlässt das Sternbild Jungfrau am 1. Oktober und wechselt in die Waage (siehe Abb. 9.3 auf Seite 197). Am 12. zieht die zunehmende Mondsichel am Abendstern $10^{\circ}{,}5$ nördlich vorbei.

Geht Venus am 1. noch um $20^{h}04^{m}$ und am 15. um $19^{h}17^{m}$ unter, so sinkt sie am 30. schon um $18^{h}18^{m}$ (= $19^{h}18^{m}$ Sommerzeit) unter die Horizontlinie. Gegen Monatsende verabschiedet sich Venus vom Abendhimmel und wird für das bloße Auge unsichtbar.

Am 22. ist das auf gut 40″ angewachsene Planetenscheibchen zu 25 Prozent beleuchtet. Venus zeigt im Fernrohr eine Sichelgestalt, die rasch größer wird.

Am 5. durchläuft Venus das Aphel ihrer Bahn (Sonnendistanz: 109 Millionen Kilometer = 0,728 AE).

Mars beschleunigt seine rechtläufige Bewegung und verlässt am 2. das Sternbild Schütze, um wieder in den Steinbock zu wechseln. Nach wie vor ist der rote Planet ein auffälliges Gestirn am Nachthimmel, wenn auch seine Helligkeit um $0{,}^{m}8$ auf $-1{,}^{m}3$ bis Monatsende zurückgeht. Aus der zweiten Nachthälfte beginnt sich Mars zurückzuziehen. Geht er am 1. noch um $1^{h}31^{m}$ (= $2^{h}31^{m}$ Sommerzeit) unter, so sinkt er am 15. um $0^{h}53^{m}$ und am 30. schon um $0^{h}26^{m}$ unter die südwestliche Horizontlinie.

Der Mond im zweiten Viertel überholt Mars in der Nacht vom 19. auf 20. (siehe Abb. 9.1 auf Seite 192).

Im Fernrohr erkennt man, dass das von 21″ auf knapp 16″ schrumpfende Marsscheibchen bis Monatsende ein Beleuchtungsdefizit aufweist. Zum 30. geht der Beleuchtungsgrad auf 88 % zurück.

Am 16. geht der rote Planet durch das Perihel seiner elliptischen Bahn. An diesem Tag ist er 206,7 Millionen Kilometer (= 1,38 AE) von der Sonne entfernt, eine Strecke, die das Sonnenlicht in elf Minuten und 29 Sekunden überbrückt.

Jupiter in der Waage kann am Abendhimmel gesehen werden. Allerdings beginnt sich der Riesenplanet von der abendlichen Himmelsbühne allmählich zurückzuziehen. Ende September geht Jupiter nur eine knappe halbe Stunde nach Ende der nautischen Dämmerung unter. Am 1. erfolgt der Untergang des Riesenplaneten um $21^{h}20^{m}$ (= $22^{h}20^{m}$ Sommerzeit), am 15. um $20^{h}29^{m}$ und am 30. schon um $19^{h}37^{m}$. Die Jupiterhelligkeit geht leicht um $0{,}^{m}1$ auf $-1{,}^{m}8$ zurück. Mars nimmt im September wesentlich stärker an Helligkeit ab. Zu Monatsbeginn ist er noch $0{,}^{m}2$ heller als Jupiter, Ende September übertrifft der Riesenplanet aber Mars um eine halbe Größenklasse an Helligkeit. Am 7. sind beide Planeten gleich hell, nämlich $-1{,}^{m}9$. Wegen seiner horizontnahen Stellung und der damit verbundenen atmosphärischen Extinktion erscheint Jupiter allerdings wesentlich lichtschwächer.

Jupiter steuert rechtläufig auf Acrab (β Scorpii) zu, den er aber erst kurz vor Jahresende passiert (siehe Abb. 5.4 auf Seite 117).

Der scheinbare Äquatordurchmesser geht bis Monatsende auf 32″,6 zurück, der Poldurchmesser auf 30″,5.

Saturn beendet seine rückläufige Bewegung durch den Schützen und wird am 6. stationär. Der Umkehrpunkt liegt 1°,8 östlich vom Trifidnebel (M 20). Mit seinem zweiten Stillstand in diesem Jahr beendet der Ringplanet seine diesjährige Oppositionsperiode. Anschließend wandert er wieder rechtläufig durch den Tierkreis, zunächst aber so langsam, dass dies kaum auffällt (siehe Abb. 6.8 auf Seite 142).

9.3 Bahn von Venus:
Scheinbare Bahn des Planeten Venus von Juli 2018 bis Januar 2019 durch die Sternbilder Löwe, Jungfrau und Waage.

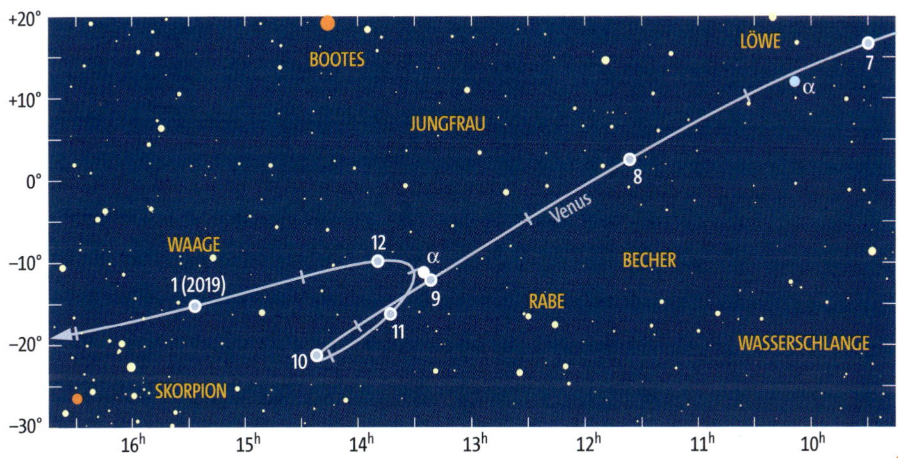

Die Untergangszeiten von Saturn verlagern sich in die Zeit weit vor Mitternacht. Am 1. erfolgt der Saturnuntergang um 23^h52^m und am 15. um 22^h57^m (= 23^h57^m Sommerzeit). Ende September erfolgt der Untergang des inzwischen $0\overset{m}{,}5$ hellen Ringplaneten schon um 21^h59^m. Der zunehmende Halbmond besucht Saturn am 17., wobei er 2° nördlich an ihm vorbeiwandert (siehe Abb. 9.4 rechts).

Uranus beschleunigt seine rückläufige Bewegung durch das Sternbild Widder und strebt seiner Opposition entgegen, die er aber erst im letzten Oktoberdrittel erreicht.

Da die Dunkelheit immer noch relativ spät einsetzt, kann der grünliche Planet fast die gesamte Nacht lang gesehen werden – mit guter Optik, denn freiäugig kann man den $5\overset{m}{,}7$ hellen Uranus nur in den seltensten Fällen unter extrem günstigen Sichtbedingungen ausmachen. Uranus geht am 1. um 20^h36^m (= 21^h36^m Sommerzeit) auf, am 15. um 19^h41^m und am 30. schon um 18^h41^m, also 40^m nach Sonnenuntergang.

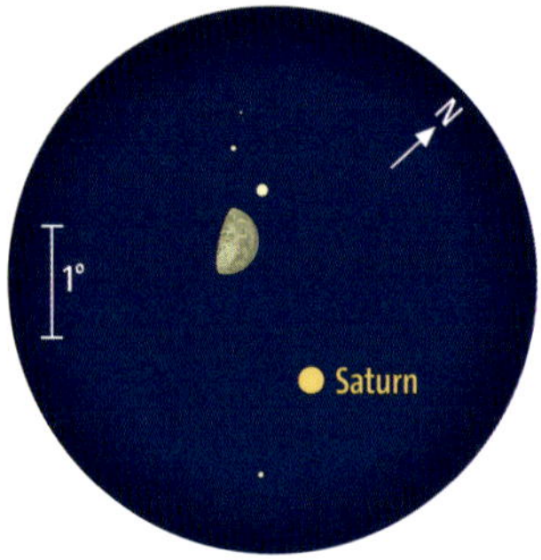

9.4 Mond bei Saturn:
Am 17. September wandert der zunehmende Halbmond an Saturn vorbei. Fernglasanblick gegen 20^h MEZ (= 21^h MESZ).

Das Uranusscheibchen zeigt einen scheinbaren Durchmesser von $3\overset{\prime\prime}{,}7$. Dies ist immerhin groß genug, um Uranus auch mit kleinen Teleskopen von den punktförmigen Fixsternen zu unterscheiden. Um Uranus mit einem Fernglas zu finden, soll die Aufsuchkarte Abb. 10.5 auf Seite 219 dienen.

Neptun kommt am frühen Abend des 7. in **Opposition** zur Sonne. Der nur $7\overset{m}{,}8$ helle, bläuliche Planet wandert rückläufig durch den Wassermann (siehe Abb. 9.5 unten). In der Oppositionsnacht erfolgt der Neptunaufgang um 18^h49^m (= 19^h49^m Sommerzeit). Um 0^h19^m kulminiert Neptun und geht morgens um 5^h49^m unter.

Im Teleskop zeigt Neptun ein winziges, nur $2\overset{\prime\prime}{,}4$ großes Planetenscheibchen in leicht blaugrüner Färbung. Oberflächenstrukturen oder Wolkenstreifen sind mit Amateurteleskopen nicht zu erkennen.

Zur Opposition trennen Neptun 4328 Millionen Kilometer

9.5 Bahn von Neptun:
Scheinbare Bahn des Planeten Neptun im Sternbild Wassermann im Januar 2018 sowie vom 1. Juli bis Jahresende 2018.

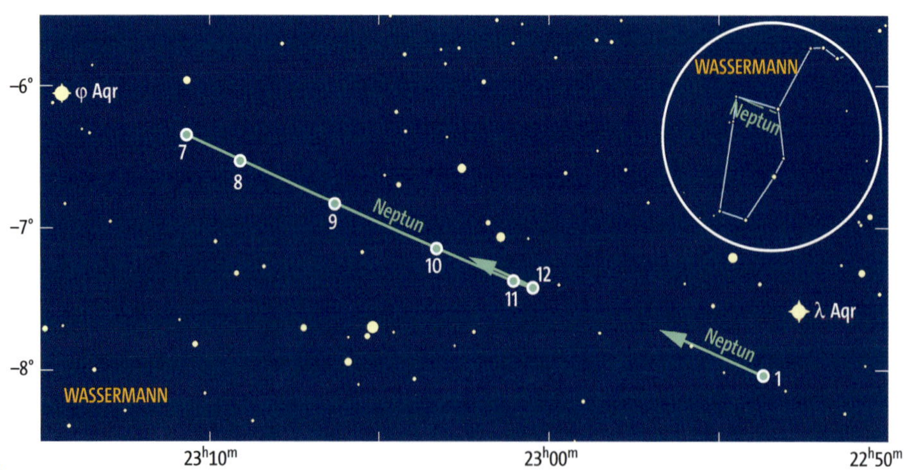

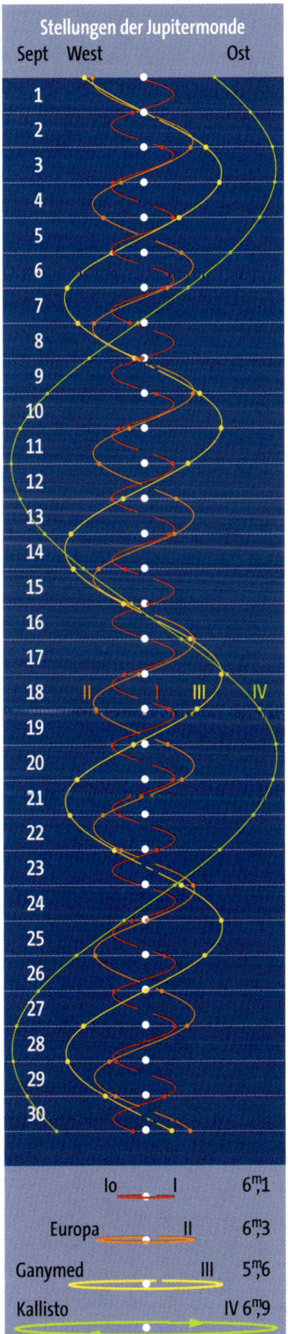

(= 28,93 AE) von der Erde. Dies entspricht einer Lichtlaufzeit von vier Stunden und 0,4 Minuten. Von der Sonne ist Neptun am Oppositionstag 4479 Millionen Kilometer (= 29,94 AE) entfernt.

Pluto kommt am 30. im Schützen zum zweiten Mal in diesem Jahr zum Stillstand und beendet damit seine diesjährige Oppositionsperiode. Anschließend ist er wieder rechtläufig (siehe Abb. 7.5 auf Seite 162).

Planetoiden

Juno – Planetoid Nr. 3 – eilt rechtläufig im Stier rasch südwärts ihrer Opposition entgegen, die sie Mitte November erreicht. Sie steigert ihre Helligkeit im Laufe des Monats von $8^{\mathrm{m}},9$ auf $8^{\mathrm{m}},2$. Damit wird sie gegen Monatsende für Fernrohrbeobachter interessant. Juno geht in der letzten Septemberwoche knapp südwestlich an ν Tauri ($3^{\mathrm{m}},9$) vorbei (siehe Abb. 11.8 auf Seite 237).

Am 1. passiert Juno um $5^{\mathrm{h}}15^{\mathrm{m}}$ den Meridian, am 15. um $4^{\mathrm{h}}36^{\mathrm{m}}$ und am 30. um $3^{\mathrm{h}}49^{\mathrm{m}}$ (= $4^{\mathrm{h}}49^{\mathrm{m}}$ Sommerzeit). Am 30. erfolgt der Junoaufgang um $21^{\mathrm{h}}18^{\mathrm{m}}$ (= $22^{\mathrm{h}}18^{\mathrm{m}}$ Sommerzeit).

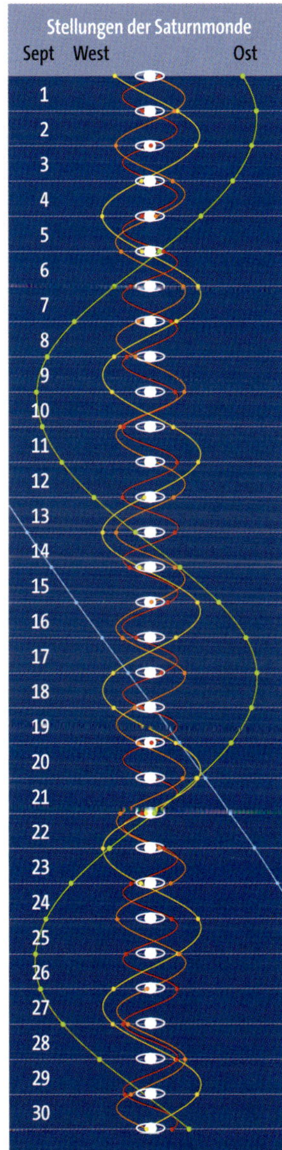

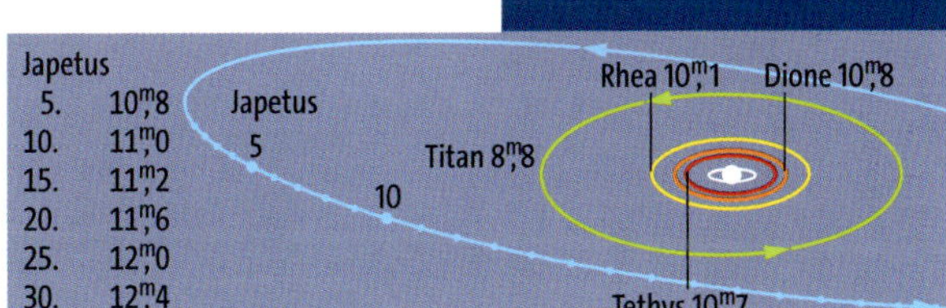

Vesta (4) beschleunigt ihre rechtläufige Wanderung deutlich und wechselt am 5. aus dem Schlangenträger wieder in den Schützen. Am 18. passiert sie 1,°9 südlich den Winterpunkt und am 21. den Lagunennebel (M 20) 1,°1 südlich (siehe Abb. 6.8 auf Seite 142). Die Vestahelligkeit geht weiter um 0,m4 auf 7,m4 zurück.

Als Beobachtungsobjekt ist der 4. Planetoid nun zu streichen. Am 1. geht Vesta um 19^h18^m durch den Meridian und versinkt um 23^h09^m unter dem Horizont. Spätestens zwei Stunden vorher wird Vesta unbeobachtbar. Bis Monatsende verfrühen sich die Kulminationen auf 18^h00^m und die Untergänge auf 21^h45^m. Die Sonne geht am 30. um 18^h01^m (= 19^h01^m Sommerzeit) unter. Die nautische Dämmerung endet um 19^h11^m.

Periodische Sternschnuppenströme

Schon in der Nacht zum 1. September erreichen die **Alpha-Aurigiden** ihr Maximum. Es handelt sich um recht schnelle Sternschnuppen – um die 65 Kilometer pro Sekunde. Der Radiant liegt nahe Kapella im Fuhrmann. Seit ihrer Entdeckung 1935 gab es wiederholt erhöhte Raten. Zuletzt wurden 2007 kurzfristig im Maximum mehr als hundert Meteore beobachtet. Der Ursprungskomet C/1911 N1 (Kiess) wird erst wieder in mehr als 2000 Jahren ins Innere Sonnensystem gelangen. Die Teilchen, die zu den hohen Raten führten, befinden sich auf weit engeren Umlaufbahnen als der Komet.

Die **Pisciden** sind im gesamten September aktiv. Ihr Ausstrahlungspunkt liegt in den Fischen. Beste Beobachtungszeit ist zwischen 22^h und 4^h morgens. Das Maximum ist um den 20. September zu erwarten, wobei nur etwa fünf bis zehn Meteore pro Stunde auftauchen. Die Geschwindigkeit der Meteoroide liegt um 25 Kilometer pro Sekunde. Die Pisciden zerfallen in mehrere Teilströme, von denen einer bis Mitte Oktober tätig ist.

Die **Epsilon-Perseïden** treten ebenfalls im September auf. Zum Maximum am 9. werden etwa zehn Meteore pro Stunde erwartet.

In manchen Jahren wurden erhöhte Raten beobachtet, so 2008 und 2013, wo im Maximum bis zu dreißig Sternschnuppen gezählt wurden. Mit Überraschungen ist zu rechnen.

Die **Süd-Tauriden** tauchen vom letzten Septemberdrittel bis Ende November auf. Ihr Radiant liegt im Stier. Der Tauriden-Strom geht wahrscheinlich auf den Kometen 2P/Encke zurück. Das wenig ausgeprägte Maximum fällt auf den 11. November. Die Objekte sind um 30 Kilometer pro Sekunde schnell, haben also mittlere Geschwindigkeiten

Konstellationen und Ereignisse

Datum	MEZ	Ereignis
2.	11^h	Merkur im Perihel
5.	9	Venus im Aphel
6.	11	Saturn im Stillstand, anschließend rechtläufig
7.	19	**Neptun in Opposition** zur Sonne
8.	23	**Mond bei Merkur**, Mond 0,°9 nördlich, **Abstand 3,°7 um 5^h am 9.** (Fernglas!)
12.	17	Mond bei Venus, Mond 10,°5 nördlich
14.	3	Mond bei Jupiter, Mond 4,°4 nördlich
16.	14	Mars im Perihel (Sonnendistanz: 206,7 Millionen Kilometer)
17.	17	**Mond bei Saturn**, Mond 2,°1 nördlich, **Abstand 1,°5 um 20^h**
20.	8	**Mond bei Mars**, Mond 4,°8 nördlich, **Abstand 5,°4 um 0^h**
21.	3	Merkur in oberer Konjunktion mit der Sonne
21.	11	**Venus in maximalem Glanz** (−4,m8)
23.	2^h54^m	**Sonne im Herbstpunkt, Tagundnachtgleiche**
23.	17	Mond bei Neptun, Mond 2,°4 südlich
27.	8	Mond bei Uranus, Mond 4,°8 südlich
30.	17	Pluto im Stillstand, anschließend rechtläufig

Ein relativ neuer Strom sind die **Delta-Aurigiden**, dessen Radiant im Fuhrmann nahe δ Aurigae zu finden ist. Es sind schnelle, aber seltene Objekte. Ihre Geschwindigkeit liegt bei 60 Kilometer pro Sekunde. Sie erscheinen vom 17. September bis etwa 9. Oktober; das wenig ausgeprägte Maximum ist mit etwa fünf Meteoren pro Stunde um den 3. Oktober zu erwarten.

Der Fixsternhimmel

Gegenüber dem Augusthimmel hat sich der Anblick des abendlichen Sternenhimmels nicht allzu sehr verändert. Noch beherrschen die Sommersternbilder die Himmelsszene, man bemerkt aber eine leichte Verschiebung des Sommerdreiecks nach Westen. Deneb steht nun fast im Zenit, während Wega und Atair den Meridian schon durchschritten haben. Der Skorpion ist ebenso wie die Jungfrau längst untergegangen. Arktur steht recht horizontnah in westlicher Richtung.

Im Südwesten schickt sich der Schütze ebenfalls an, die Himmelsbühne zu verlassen, während der Steinbock gerade den Meridian passiert. Im Steinbock hält sich in diesem Jahr Mars, der rote Planet auf. Dem Steinbock folgt im Tierkreis der Wassermann, ein bekanntes, aber unscheinbares Sternbild.

Viele Völker sahen im Steinbock einen Ziegenbock. Die Bezeichnung „Südliches Tor der Sonne“ erinnert daran, dass einst das Wintersolstitium (Winterpunkt) im Steinbock lag. Durch die Präzessionsbewegung der Erde liegt der Winterpunkt inzwischen im Sternbild Schütze nahe dem Stern μ Sagittarii. Noch heute spricht man aber vom „Wendekreis des Steinbocks“. In unserer Zeit wandert die Sonne vom 20. Januar bis 16. Februar durch den Steinbock.

Tief im Südosten flackert ein Stern erster Größe, Fomalhaut im Südlichen Fisch (lat.: Piscis Austrinus). Fomalhaut (α Piscis Austrini) erreicht bei uns nie große Höhen. Er ist ein weißer Hauptreihenstern (Spektralklasse A3 V) in 25 Lichtjahren Entfernung, also etwa gleich weit entfernt wie Wega in der Leier.

Auf halber Höhe zwischen Steinbock und Schwan stößt man auf das kleine, aber markante und darum leicht einprägsame Bild des Delphins. Es liegt östlich von Atair im Adler.

Zwischen Zenit und Polarstern durchschneidet der Meridian gerade den Kepheus, der jetzt seine höchste Position erklommen hat. Die lichtschwachen Sterne, die den König von Äthiopien darstellen sollen, sind nicht leicht auszumachen. Erfahrene Sternfreunde finden sich dennoch zurecht und können auch den berühmten veränderlichen Stern δ Cepheï identifizieren. Er ist der Prototyp einer Klasse von Veränderlichen, den sogenannten Cepheïden oder Delta-Cepheï-Sternen. Die Cepheïden gehören zu den leuchtkräftigsten Sternen im Universum überhaupt. Die Entfernung von δ Cepheï beträgt 1000 Lichtjahre.

Der Pegasus steht schon hoch im Osten. Der zentrale Teil des Pegasus wird durch ein mächtiges Sternenquadrat markiert, zu dem man auch Herbstviereck sagt. An der einen Ecke des Pega-

Veränderliche Sterne im September

Algol-Minima	5. 7^h33^m	8. 4^h22^m	11. 1^h10^m	13. 21^h59^m	16. 18^h46^m	28. 6^h01^m
β-Lyrae-Minima	6. 6^hH	12. 18^hN	19. 5^hH	25. 17^hN		
δ-Cepheï-Maxima	5. 17^h	11. 2^h	16. 11^h	21. 20^h	27. 4^h	
Mira-Helligkeit	1. 10^m	10. 9^m	20. 9^m	30. 9^m		

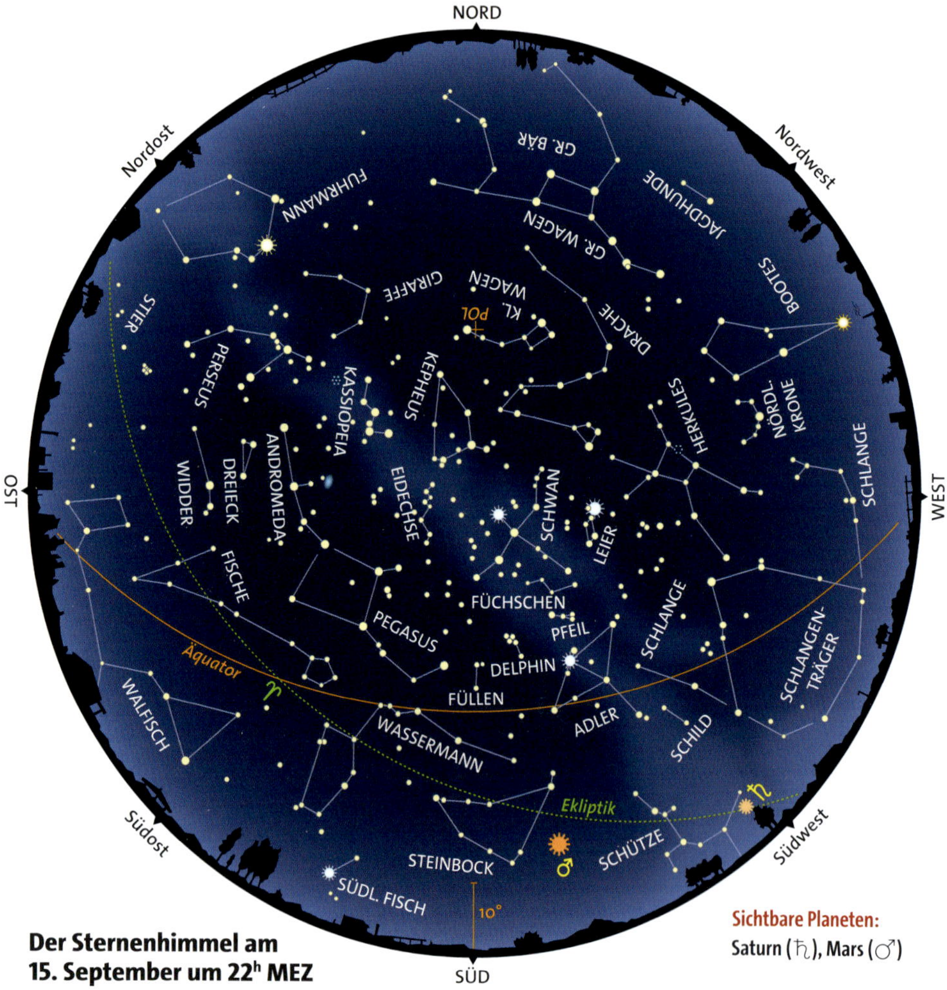

Der Sternenhimmel am 15. September um 22ʰ MEZ

Sichtbare Planeten:
Saturn (♄), Mars (♂)

Die Sternkarte ist auch gültig für:		
	MEZ	**MESZ**
15. 7.	2ʰ	3ʰ
1. 8.	1	2
15. 8.	0	1
1. 9.	**23**	**24**
15. 9.	**22**	**23**
30. 9.	**21**	**22**
15.10.	20	21
31.10.	19	
15.11.	18	

susquadrats hängt die Sternenkette der Andromeda. Ihr folgt halbhoch im Nordosten der Perseus, strahlender Held und Retter der Andromeda. Im Perseus findet man den Teufelsstern Algol (β Perseï). Algol ist ein prominenter Bedeckungsveränderlicher und Prototyp der Algol-Variablen. Die Termine seiner Lichtminima sind monatlich in der Tabelle „Veränderliche Sterne" angegeben.

Im Osten hat sich das kleine Bild des Widders emporgeschwungen. Der Widder (lat.: Aries) setzt sich im Wesentlichen aus drei Sternen zusammen, die ein stumpfwinkliges Dreieck bilden. Der Hauptstern des Widders (α Arietis) heißt Hamal, was arabisch so viel wie

Lamm bedeutet. Mit $2^m_{,}0$ scheinbarer Helligkeit ist Hamal etwa so hell wie der Polarstern. Seine Entfernung von uns misst 66 Lichtjahre. Er leuchtet in einem orangen Licht (Spektraltyp: K2 III).

Im Südosten ist das ausgedehnte, aber lichtschwache Sternbild der Fische aufgetaucht.

Das Sternbild Drache (Draco)

Der Drache ist ein ziemlich ausgedehntes, aber lichtschwaches Sternbild, das sich in der Nähe des Himmelsnordpols über fast zwölf Rektaszensionsstunden hinzieht. Nur Eltanin (γ Draconis) im Kopf des Drachen ist 2. Größenklasse. Alle übrigen Sterne sind 3. und 4. Größe. Der Kopf des Drachen wird durch ein etwa 4° großes Sternenviereck markiert, das nördlich von Herkules liegt. Der gewundene Leib ist schwer auszumachen. Der lange Schwanz des Drachens geht zwischen den Sternbildern Großer und Kleiner Bär hindurch. Er bildet gewissermaßen eine Trennungslinie zwischen beiden Bärinnen. Schon bei den griechischen Astronomen der Antike wurde von einer „Schlange zwischen den Bärinnen" gesprochen.

Als zirkumpolares Sternbild ist der Drache in jeder klaren Nacht in unseren Breiten zu sehen. Er gehört zu den ältesten Sternbildern, die meistens mit Unheil oder Gefahr in Verbindung gebracht wurden.

Bei den Babyloniern war der Drache allerdings eine positiv besetzte Figur. Er war ein wachsamer Drache, der unablässig den Himmelspol umrundet und scharfäugig in jede Richtung blickt, damit ihm nichts entgeht. Deshalb ist der Drache stets über dem Horizont zu sehen. Er begibt sich niemals zur Ruhe. Erst später wurde aus ihm der bösartige babylonische Drache Tiamat, der vom Sonnengott Izhdubar überwältigt wird.

Diese Version übernahmen die Ägypter, bei denen der Drache Tanem hieß. Ursprünglich sahen sie in diesem Sternenareal ein Flusspferd (Hippopotamos), ein Symbol für die Gottheit Athor bzw. Isis Hathor, die ägyptische Venus. Bei den Arabern findet man die Bezeichnung Al Tinnin für den Drachen. Der Name ist auf den hellsten Stern im Drachen, γ Draconis, übergegangen: Eltanin oder auch Etamin genannt. Die vollständige arabische Bezeichnung für γ Dra lautet: Al Ras al Tinnin, das Haupt des Drachen.

Bei den Babyloniern findet sich auch die Darstellung einer Schnecke mit einem Drachenschwanz. Die Griechen übernahmen die babylonische Vorstellung von einem Drachen. Claudios Ptolemaios (100–178 n. Chr.) spricht von Δράγων (griech., Drache). In der römischen Welt findet man auch Aesculapius (Äskulap) und Serpens (lat.: Schlange) für dieses Sternbild.

In der klassischen Mythologie ranken sich zwei Sagen um das Sternbild Drache. Die bekanntere Geschichte sieht im Drachen den Bewacher der goldenen Hesperidenäpfel. Herakles (Sternbild Herkules) bezwingt den Drachen. Die goldenen Äpfel wachsen auf dem von Hera, Gemahlin des Zeus, gepflanzten Baum. Sie waren Symbol ewiger Jugend und Fruchtbarkeit. Der Baum stand im Göttergarten, jenseits des Okeanos am westlichen Rande der Erde. Dort wohnten auch die Hesperiden, die Töchter des Atlas und der Hesperis. Die vorwitzigen Hesperiden begannen, von den goldenen Früchten zu naschen. Daraufhin schickte Hera den Drachen Ladon, um die Äpfel zu bewachen. Ladon schlängelte seinen gewaltigen Leib um den Baumstamm. Aus seinen nie schlafenden Augen sprühten Funken und aus seinem mit dolchscharfen Zähnen bestücktem Maul spie er Feuer in alle Richtungen. Sein Körper war mit Schuppen, hart wie Eisen, bedeckt.

König Eurystheus von Mykene hatte Herakles als zwölfte Aufgabe geheißen, die goldenen Äpfel von besagtem Baum zu holen. Nach längeren Irrfahrten gelangte Herakles schließlich an das westliche Ende des Erdkreises, wo er Atlas, den Träger des Himmelsgewölbes, traf. Schließlich drang er in den Garten der Hesperiden ein. Als Ladon sich auf ihn stürzt, zertrümmert Herkules ihm mit wuchtigen Keulenschlägen den Schädel. Herkules schnappte sich drei goldene Äpfel und verließ den Ort seiner Tat. Hera aber versetzte den Drachen zur ewigen Erinnerung an dieses Geschehen unter die Sterne. Am Himmel sieht man, wie Herkules seinen Fuß auf den Drachenkopf setzt.

Nach einer anderen griechischen Sage handelt es sich bei dem Drachen um das Untier Python, einer schlangenähnlichen Gestalt. Python hauste in der Gegend um Delphi und bewachte das Heiligtum der Themis. Sie brachte viel Unheil über das Land. Die Drachenschlange verwüstete die Felder, erwürgte Menschen und Tiere. Ferner soff sie Bäche und Flüsse leer, eine schreckliche Dürre suchte daher die Bewohner heim. Schließlich erlegte Gott Apollo, der es meisterhaft verstand, mit Pfeil und Bogen umzugehen, Python mit einem einzigen gezielten Schuss. An der Stelle, an der Python das Heiligtum der Themis bewachte, errichtete Apollo einen Tempel mit dem berühmten Orakel von Delphi. Die Götter versetzten Python unter die Sterne, wo er nun den Ekliptikpol bewacht.

Die Chinesen, bei denen sonst Drachen eine große Rolle spielen, sahen in dieser Figur jedoch den Palast des himmlischen Herrschers, Tsi Kung genannt. Der christliche Sternbilderhimmel erkennt im Sternbild Drache die böse Schlange, die Eva im Garten Eden, also im Paradies, in Versuchung führt. Um 2800 v. Chr. stand Thuban (α Draconis) nur $\frac{1}{3}$ Vollmonddurchmesser vom Himmelsnordpol entfernt. Damit war α Dra dem Pol etwa viermal näher als unser heutiger Polarstern (α UMi). Allerdings ist α Dra nur $3\overset{\text{m}}{,}7$ hell und somit nicht besonders auffällig.

Der Nordpol der Ekliptik liegt ebenfalls im Drachen und zwar zwischen δ und ζ Draconis bei $\alpha = 18^{\text{h}}00\overset{\text{m}}{,}0$ und $\delta = 66°34'$ (für *jedes* Äquinoktium!) Etwa $1\overset{\circ}{,}5$ nördlich vom Ekliptikpol liegt gegenwärtig der Himmelsnordpol des Mondes im Drachen. Fast genau am Ekliptiknordpol findet man den Planetarischen Nebel NGC 6543, ein kleines, grünliches Scheibchen von $0\overset{\prime}{,}4$ Durchmesser. Seine Entfernung beträgt 3600 Lichtjahre. NGC 6543 wird auch als Katzenaugennebel bezeichnet.

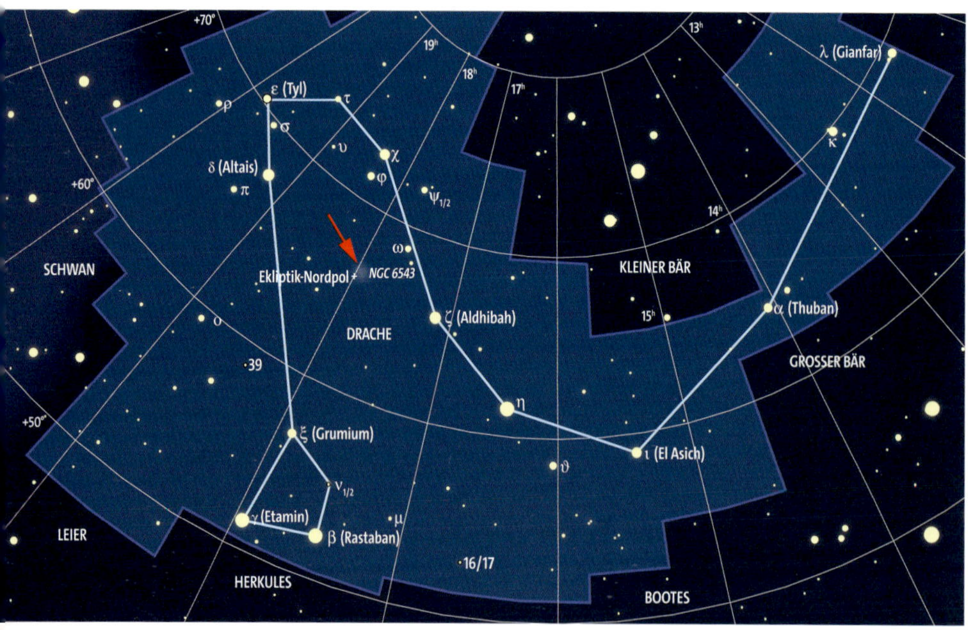

9.6 Der Draco:
Das Sternbild Drache mit der Position des Katzenaugennebels (NGC 6543), einem planetarischen Nebel.

Das Mirakel im Walfisch

9.7 Sternkarte des Walfisches mit der Position von ο Ceti (Mira).

In den frühen Morgenstunden des 13. August (= 3. August julianisch) 1596 erblickte David Fabricius bei der Beobachtung des Jupiter einen Stern zweiter Größenklasse im Sternbild Walfisch, der ihm zuvor noch nie aufgefallen war. Der Stern leuchtete fast so hell wie der Polarstern und war daher kaum zu übersehen. Doch bald wurde dieser scheinbar neue Stern immer lichtschwächer. Nach einigen Wochen konnte Fabricius ihn nicht mehr erkennen.

Jahrhundertelang sah man im gestirnten Himmel etwas Ewiges, Unvergängliches und damit auch Unveränderliches. Kometen zählte man damals noch zu den Erscheinungen in der irdischen Atmosphäre wie Wolken. Man hielt sie für „Ausdünstungen" der Lufthülle. Nun wusste Fabricius, dass sein Freund Tycho Brahe im Jahre 1572 schon einmal im Sternbild Kassiopeia einen neu aufleuchtenden Stern gesehen hatte, der ebenfalls nach wenigen Monaten verschwand und nie wieder gesehen wurde. Doch zu seiner Überraschung sah Fabricius am 15. Februar 1609 seinen verschwundenen Stern im Walfisch wieder. In seinen Briefen an Johannes Kepler und Tycho Brahe nannte Fabricius seine Beobachtung eine „res mira", eine rätselhafte, verwunderliche Sache. „Mira" kommt von dem lateinischen Wort „miraculum", was so viel wie „Wunder", rätselhafte, unerklärliche Erscheinung bedeutet, eben ein Mirakel. Denn Fabricius konnte sich keinen Reim darauf machen, warum der Stern verschwand und wieder auftauchte. Auch Kepler notierte später: „Diesen Stern habe ich um den Neumond im August daraufhin mit Fleiß gesucht, aber nit gefunden". Die Notiz beweist, dass der Stern abermals verschwand.

Wikipedia

9.8 Gedenkstein für David Fabricius, Entdecker der Veränderlichkeit von ο Ceti, an der Kirche in Resterhafe.

Der seltsame Stern im Walfisch muss in der Zwischenzeit ebenfalls erschienen sein. Denn in dem Sternatlas *Uranometria* von Johannes Bayer aus dem Jahre 1603 erhielt er die Bezeichnung ο (Omikron) Ceti. Cetus (Genitiv: Ceti) ist die lateinische Bezeichnung für das Sternbild Walfisch. Es handelt sich dabei nicht um einen Wal im Sinne der Zoologie (Wale sind übrigens keine Fische, sondern Säugetiere), sondern um ein Fabelwesen. Der Cetus war ein Meeresungeheuer, das die Küste Äthiopiens bedrohte und dem die Prinzessin Andromeda geopfert werden sollte. Der Held Perseus rettete Andromeda, indem er den Cetus tötete. Andromeda und Perseus sind ebenfalls als Sternbilder verewigt.

Ohne es zu wissen hat Fabricius den ersten veränderlichen Stern in der Geschichte der Astronomie entdeckt, sieht man von der Tychonischen Supernova 1572 und älteren Supernova-Erscheinungen einmal ab.

Wer war David Fabricius? Geboren wurde er am 19. März 1564 in Esens (Ostfriesland) als Sohn eines Schmieds. Der junge David besuchte die Lateinschule zunächst in Norden, anschließend in Braunschweig, wo sein Lehrer Heinrich Lampe (latinisiert Lampadius) sein Interesse an Mathematik und Physik weckt.

Von der Theologie zur Astronomie

Ab 1583 widmet sich Fabricius an der Universität Helmstadt dem Studium der evangelisch-lutherischen Theologie. Schon 1584 erhält er eine Pastorenstelle in Resterhafe bei Dornum (Landkreis Aurich). Neben seinem kirchlichen Amt beschäftigt sich Fabricius ausführlich mit Astronomie, Meteorologie und Kartografie. Er bestimmt Sternpositionen, vermisst Konjunktionen von Planeten mit hellen Sternen, beobachtet Meteore, Haloerscheinungen und Nordlichter sowie die hellen Kometen von 1596 und 1607. Auch die Keplersche Supernova von 1604 im Sternbild Schlangenträger wird von ihm registriert. Im Gegensatz zu Aristoteles vertritt er die Auffassung, dass Kometen kosmische Objekte und keine atmosphärischen Erscheinungen sind. Im Jahre 1589 fertigt er eine Landkarte von Ostfriesland („Nie und warhafftige Beschrivinge des Ostfreslandes") an, die aber verschollen ist.

Mit Tycho Brahe und Johannes Kepler kommt es zu einer umfangreichen Korrespondenz. Erhalten sind 39 Briefe an Kepler und neun teilweise sehr ausführliche Antwortschreiben von Kepler. Mit Brahe kommt es 1598 zu einer persönlichen Begegnung in Wandsbek. Im Mai 1601 trifft er Brahe zum zweiten Mal, diesmal in Prag wenige Monate vor Brahes Tod im Oktober 1601.

Auf Wunsch seines Landesherrn, der ihn hoch schätzt, erfolgt 1603 sein beruflicher Wechsel nach Osteel bei Aurich (Ostfriesland). Sein 1587 geborener Sohn Johannes begeistert sich ebenfalls für die Himmelskunde. Nach Erfindung des Fernrohrs entdeckt Johannes Fabricius die Sonnenflecken und bestimmt die Rotation der Sonne. Vater und Sohn beobachten regelmäßig die Sonne und wenden dabei auch das Camera-Obscura-Verfahren (Prinzip der Lochkamera) zur Sonnenbeobachtung an. Seine Beobachtungen veröffentlicht Johannes Fabricius 1611 in der Schrift *Narratio de maculis in sole* (Erzählung über die Flecken auf der Sonne).

Kepler nennt David Fabricius den bedeutendsten Beobachter seiner Zeit. Später bricht er den Kontakt zu ihm ab, denn Fabricius hält am Tychonischen Weltsystem fest und lehnt das Kopernikanische ab. Außerdem bezweifelt er die Ellipsenbahnen der Planeten. Zudem nimmt er die Astrologie ernst und erstellt Horoskope.

Zu einem tragischen Zwischenfall kommt es im Mai 1617. Bei einer Sonntagspredigt erwähnt Fabricius, dass er den Hühner- und Gänsedieb kenne, der in Osteel sein Unwesen treibt. Er werde jedoch seinen Namen nicht nennen, aber der Dieb möge sein unrechtes Tun fürderhin unterlassen. Für den 7. Mai teilt ihm sein selbst erstelltes Horoskop mit, dieser Tag sei für ihn ein Unglückstag. Fabricius verlässt daraufhin sein Haus nicht. Erst am Abend macht er sich zu einem kleinen Spaziergang auf. Dabei trifft er auf den Bauern Frerik Hoyer, der sich als Dieb erkannt glaubt. Hoyer schlägt Fabricius mit einem Spaten nieder. Fabricius überlebt diese Attacke nicht. Der Bauer wird gefasst und zum Tod durch Rädern verurteilt.

Schwankende Sternhelligkeiten

Im Jahre 1638 entdeckt Johann P. Holwarda (1618–1651) aus Franecker am 10. Dezember den seltsamen Stern im Walfisch erneut und beginnt, den inzwischen o Ceti benannten Stern regelmäßig zu beobachten. Er erkennt ihn als Erster als veränderlichen Stern, der seine Helligkeit periodisch variiert. Auch der Ratsherr und Liebhaberastronom Johannes Hevelius (1611–1687) verfolgt die Helligkeitsvariationen von Omikron Ceti auf seiner Privatsternwarte in Danzig. Er gibt 1662 eine Schrift mit dem Titel *Historiola Mirae Stellae* heraus. Seither heißt der Stern Omikron im Walfisch *Mira Stella Ceti* oder kurz *Mira Ceti*, der verwunderliche Stern im Walfisch.

Den Beobachtern fiel bald auf, dass weder die Perioden noch die Maximalhelligkeiten konstant bleiben. Mal liegen zwischen zwei Helligkeitsmaxima 320 Tage, dann wieder erreicht Mira erst nach 370 Tagen ein Maximum. Manchmal leuchtet Mira nur mit 4. oder gar 5. Größe im Maximum statt wie meist mit 3^m. Andererseits wurde auch schon eine scheinbare Helligkeit von 2^m im Maximum registriert. Auch die Minima sind nicht gleich tief. Sie schwanken zwischen 8^m und 10^m. Zeitpunkt und Helligkeit der Maxima lassen sich nur ungefähr voraussagen.

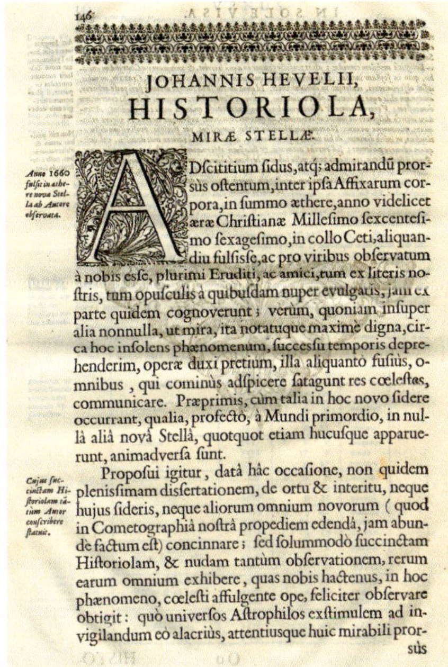
146

JOHANNIS HEVELII,
HISTORIOLA,
MIRÆ STELLÆ.

Anno 1660 fulsit in æthere nova Stella ab Autore observata.

ADſcititium ſidus, atq; admirandũ prorsùs oſtentum, inter ipſa Affixarum corpora, in ſummo æthere, anno videlicet æræ Chriſtianæ Milleſimo ſexcenteſimo ſexageſimo, in collo Ceti, aliquandiu fulſiſſe, ac pro viribus obſervatum à nobis eſſe, plurimi Eruditi, ac amici, tum ex literis noſtris, tum opuſculis à quibuſdam nuper evulgatis, jam ex parte quidem cognoverunt; verùm, quoniam inſuper alia nonnulla, ut mira, ita notatuque maximè digna, circa hoc inſolens phænomenum, ſucceſſu temporis deprehenderim, operæ duxi pretium, illa aliquantò fuſiùs, omnibus, qui cominùs adſpicere ſatagunt res cœleſtes, communicare. Præprimis, cùm talia in hoc novo ſidere occurrant, qualia, profectò, à Mundi primordio, in nullà aliâ novâ Stellâ, quotquot etiam hucuſque apparuerunt, animadverſa ſunt.

Cujus ſuccinctam Historiolam tantùm Autor conſcribere ſtatuit.

Propoſui igitur, datâ hâc occaſione, non quidem pleniſſimam diſſertationem, de ortu & interitu, neque hujus ſideris, neque aliorum omnium novorum (quod in Cometographiâ noſtrâ propediem edendâ, jam abundè factum eſt) concinnare; ſed ſolummodò ſuccinctam Hiſtoriolam, & nudam tantùm obſervationem, rerum earum omnium exhibere, quas nobis hactenus, in hoc phænomeno, cœleſti affulgente ope, feliciter obſervare obtigit: quò univerſos Aſtrophilos exſtimulem ad invigilandum eò alacriùs, attentiusque huic mirabili prorsùs

9.9 Titelbild der Schrift *Historiola Mirae Stellae* von Johannes Hevellus.

In der Regel variiert die Helligkeit von Mira im sichtbaren Bereich (V-Helligkeiten) zwischen $3\overset{m}{,}4$ bis $9\overset{m}{,}2$, im Extremfall von $10\overset{m}{,}1$ bis $2\overset{m}{,}0$. Dies entspricht einem Intensitätsverhältnis von 1:1738. Die mittlere Periode wurde zu 332 Tagen bestimmt.

Schwierig war es, die Entfernung von Mira zu bestimmen. Sie ist auch heute noch nicht genau bekannt. Der beste ermittelte Wert liegt bei 400

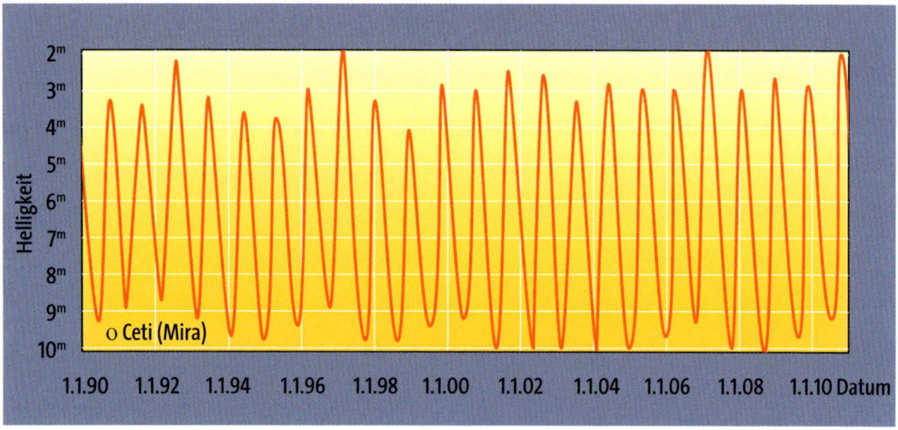

9.10 Lichtkurve des langperiodischen Variablen Mira Ceti von 1990 bis 2010.

Lichtjahren mit einer Unsicherheit von plus/minus 50 Lichtjahren.

Ein Stern mit Monstermaßen

Mira ist ein tiefroter Überriesenstern. Sein Durchmesser misst 640 Sonnenradien, das sind rund drei Astronomische Einheiten oder das Doppelte des Marsabstandes von der Sonne. Stünde Mira an Stelle unserer Sonne, so läge ihre Oberfläche zwischen der Mars- und der Jupiterbahn mitten im Planetoidengürtel. Unser gesamtes inneres Sonnensystem von der Merkur- bis zur Marsbahn fände bequem im riesigen Gasleib von Mira Platz.

Mira hat nur rund zwanzig Prozent mehr Masse als unsere Sonne. Bei einem solch großen Durchmesser bedeutet dies eine extrem geringe Dichte von nur drei Milliardstel Gramm pro Kubikzentimeter. Astronomen sprechen deshalb von einem „roten Vakuum". Im Vergleich dazu hat unsere Sonne eine mittlere Dichte von 1,4 g/cm^3. Die geringe Dichte von Mira bezieht sich auf die ausgedehnte Sternenhülle, während der Sternenkern außerordentlich kompakt ist.

Lange rätselte man darüber, was den Lichtwechsel von Mira bewirkt. Ursprünglich dachte man, Ursachen seien Flecken ähnlich wie die auf unserer Sonne, nur erheblich größer. Durch Rotation des Miraglobus tauchen abwechselnd mehr oder minder große Flecken auf der zur Erde gekehrten Oberflächenseite auf. Dies würde auch die variable Periodendauer erklären, da die Flecken sicher auch eine Drift zeigen, sich also relativ zueinander auf der Miraoberfläche bewegen und auch ihre Ausdehnungen variieren. Doch dem ist nicht so.

Am Ende seines Sternenlebens

Mira ist vielmehr ein pulsierender Stern in einem späten Lebensstadium. Er ist längst von der Hauptreihe im Hertzsprung-Russell-Diagramm (HRD) abgewandert und befindet sich auf dem asymptotischen Riesenast. Sterne in diesem Gebiet werden von Fachleuten als AGB-Stars bezeichnet. (AGB steht für **A**symptotic **G**iant **B**ranch). Mira befindet sich im zweiten Riesenstadium ähnlich wie χ Cygni und R Leporis, die sich in der gleichen Kategorie befinden.

Mira ändert nicht nur ihre Helligkeit, sondern auch andere Zustandsgrößen, die einen Stern charakterisieren. So variiert die Spektralklasse von M5e bis M9e (e steht für Emissionslinien), was mit einer Schwankung der Oberflächentemperatur von 2100 bis 3200 Kelvin einhergeht. Der Miradurchmesser oszilliert um zehn bis zwanzig Prozent seines Wertes. Mira bläht sich auf und

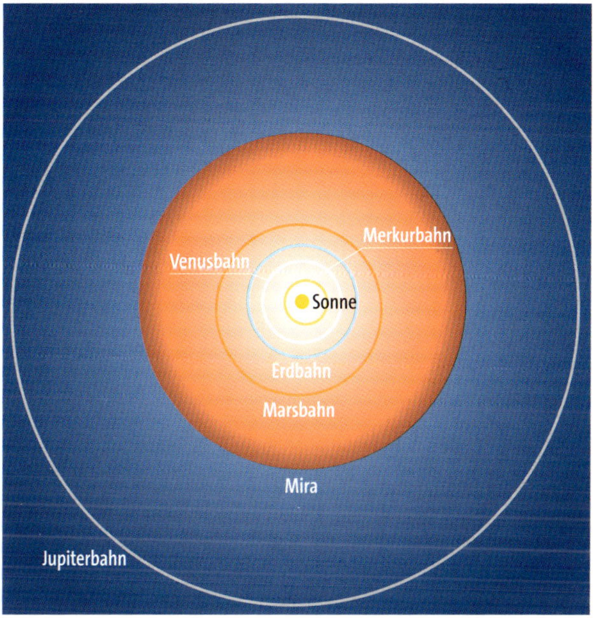

9.11 Die Größe von Mira Ceti im Vergleich zu unserer Sonne. Das gesamte innere Sonnensystem fände bequem in dem Miraglobus Platz.

schrumpft anschließend wieder. Dies ergibt sich aus der Radialgeschwindigkeit, die um plus/minus 6 km/s variiert.

Die Gesamtleuchtkraft von Mira entspricht etwa 7000 Sonnenleuchtkräften. Mira strahlt erheblich mehr Energie im infraroten als im sichtbaren Bereich des elektromagnetischen Spektrums aus. In der kühleren Phase steigt der Anteil der Infrarotstrahlung gegenüber dem sichtbaren Licht noch weiter an. Die absolute bolometrische Helligkeit (Gesamtleuchtkraft über alle Wellenlängen) schwankt lediglich um zwei Größenklassen, nämlich von -3^{M} bis etwa -5^{M}, was einem Intensitätsverhältnis von 1 : 6 entspricht.

Im Zentrum von Mira sitzt ein kontrahierender Kohlenstoffkern umgeben von einer Helium-Brennschale, die jeweils aus drei Heliumatomkernen (Alpha-Teilchen) einen Kohlenstoffkern produziert (Salpeter-Prozess). Weiter außen umschließt das Sternenzentrum eine Wasserstoffbrennzone, in der Wasserstoffatomkerne zu Heliumkernen fusioniert werden. Mira besitzt somit zwei Energiequellen. Allerdings laufen die Kernfusionsprozesse nicht völlig gleichmäßig ab. Die atomaren Fusionsprozesse hängen empfindlich von der Temperatur ab. Das Heliumbrennen nimmt mit der 32. Potenz der Temperatur zu. Bei nur einem Prozent Temperaturerhöhung steigt die Energiefreisetzung um 37 Prozent. Der Salpeter-Prozess setzt bei einer Temperatur von 120 Millionen Grad ein. Eine geringfügige Erhöhung der Temperatur steigert die Energieproduktion enorm. Als Folge nimmt der Strahlungsdruck zu und bläht die äußeren Schichten von Mira auf. Dadurch werden aber die Schichten für Strahlung durchlässiger, der Energietransport von innen nach außen nimmt zu. Die zentralen Bereiche kühlen etwas ab, die Energieproduktion lässt nach, die äußeren Schichten schrumpfen wieder. Der Strahlungstransport wird vermindert, da die Schichten wieder dichter sind. Entweicht weniger Energie, so heizt sich das Zentrum wieder auf, die Energiefreisetzung schwillt wieder an. Die äußeren Sternschichten wirken somit als Ventil. Sie sind gewissermaßen ein Teil des Motors, der die Pulsation antreibt.

Mira ist nicht der einzige Stern, der auf diese Weise Helligkeit, Radius und Temperatur variiert. Heute kennt man über 3000 langperiodische veränderliche rote Riesensterne. Mira Ceti ist der Prototyp der Mira-Variablen.

Bei 0,''048 scheinbarem Durchmesser gelingt es mit großen Teleskopen, das Mirasternscheibchen aufzulösen. Dabei zeigt sich, dass der Miraglobus nicht exakt kugelrund ist. Er sieht eher aus wie ein verbeulter Wasserball, meinte einst ein Astronom.

Hubble Space Telescope/NASA, ESA, STScI

9.12 Aufnahme von Mira, gewonnen vom Hubble-Weltraumteleskop. Mira ist keineswegs kugelrund.

Die niedrigen Temperaturen in der Mira-Atmosphäre ermöglichen die Bildung von Molekülen und Staubpartikeln. Da die Schwerebeschleunigung an der Miraoberfläche recht gering ist, weht ein heftiger Sternwind, der zu einem Massenverlust von etwa einem Millionstel Sonnenmasse *pro Jahr* führt und in etwa 200 Mira-Radien eine zirkumstellare Staubhülle bildet. Die Pulsation von Mira treibt starke Stoßwellen durch die äußeren Schichten, weshalb auch die Heftigkeit des Sternwindes und die Staubbildung rhythmisch variieren. Bei stärkerer Staubbildung wird sichtbares Licht auch stärker absorbiert. Je niedriger die Temperatur, desto ergiebiger die Produktion von Molekülen und Staubteilchen. Lichtminima von Mira fallen somit mit verstärkter Staubbildung zusammen, was die Absorption im sichtbaren Bereich noch erhöht.

Ein ungleiches Paar

Im sichtbaren Bereich des Spektrums wurden neben Titanoxidbanden auch Wasserstofflinien in Emission beobachtet, weshalb man vermutete, Mira habe eine Begleitsonne. Tatsächlich wurde 1923 ein heißer, bläulicher B-Stern entdeckt, der Mira in 260 Jahren umrundet. Ursprünglich als Weißer Zwerg angesehen, gehört Mira B in die Leuchtkraftklasse VI (Unterzwerge). Auch Mira B zeigt sich veränderlich, eine Folge der Wechselwirkung mit der ausgedehnten Sternhülle von Mira A. Die Massenausstöße von Mira A erhitzen sich beim Aufprall auf den Begleiter, wo kurzfristig Wasserstoff-Fusion auf der Oberfläche einsetzt und den Begleiter aufleuchten lassen. Das Mira-System wird daher gerne als „sanfter symbiotischer Stern“ bezeichnet. Mira ist gewissermaßen eine schwächere Version von R Aquarii, einem der Prototypen symbiotischer Sterne.

Das Sternenpaar Mira A und B zieht auf seinem Weg durch den interstellaren Raum einen dreizehn Lichtjahre langen, kometenartigen Schweif hinterher. Er wurde auf Satellitenaufnahmen im Ultravioletten entdeckt. Die Partikel des Sternwindes von Mira stoßen mit den Atomen und Molekülen der interstellaren Materie zusammen und erzeugen dabei eine Leuchtspur.

9.13 Mira zieht einen dreizehn Lichtjahre langen Gas- und Staubschweif hinter sich her.

NASA/GALEX

Mira ist ein alternder Stern. Sein furioses Finale steht kosmisch gesehen kurz bevor. Mit nur 20 % mehr Masse als unsere Sonne wird Mira nicht als Supernova aufflammen. Mira wird hingegen ihre äußere Hülle vollständig abstoßen und zu einem Planetarischen Nebel werden. Der Sternenkern wird als heißer Weißer Zwerg die Nebelhülle mit seiner intensiven UV-Strahlung zum Leuchten anregen.

Auch wenn man nicht über leistungsstarke Teleskope und die subtilen Untersuchungsmethoden der professionellen Sternforscher verfügt, so ist es doch auch für den Amateurbeobachter spannend, die Helligkeitsvariationen von Mira zu verfolgen. Die kalkulierten visuelle Helligkeiten von Mira sind im Himmelsjahr monatlich angegeben. Eine Aufsuchkarte für Mira findet man auf der hinteren Umschlagsklappe.

Mira in Zahlen

Bezeichnungen:	Mira Ceti (Mira Stella Ceti), ο Ceti, 68 Ceti, Collum Ceti (Hals des Walfisches)
Katalog-Nummern:	Flamsteed Nr. 68 im Walfisch / BD –03°353 / HD 14386 SAO 129825 / HR 681/ HIP 10826 / LTT 1179
Äquatoriale Koordinaten: (J2000.0)	α: $2^h19^m21^s$ — δ: $-02°58'39''$
Scheinbare Helligkeit (variabel):	V = $3^m{,}4$ bis $9^m{,}2$ (Extreme: $2^m{,}0$ bis $10^m{,}1$)
Mittlere Periode:	332^d (320^d bis 370^d)
Maximum (Epoche):	JD 2 456 813
Mittlere Farbindices:	B – V = $+1^m{,}53$ / U – B = $+0^m{,}08$
Spektraltyp (variabel):	M5e bis M9e / Mittelwert: M7e III
Trigonometrische Parallaxe:	$\pi = 0'',008 \pm 0'',001$
Entfernung:	125 Parsec = 400 Lichtjahre
Eigenbewegung pro Jahr:	$\mu_\alpha = 0'',009$ $\mu_\delta = -0'',237$
Radialgeschwindigkeit:	RG = 63,8 km/s (variabel: 58 bis 70 km/s)
Absolute Helligkeit:	-3^M bis -5^M
Leuchtkraft (bolometrisch)	7000 Sonnenleuchtkräfte
Masse:	1,20 Sonnenmassen
Radius (variabel):	min. 220 Sonnenradien = 308 Millionen km = 2,06 AE max. 320 Sonnenradien = 448 Millionen km = 3,00 AE
Mittlere Dichte:	$\rho = 3 \times 10^{-9}$ g/cm³
Oberflächentemperatur (variabel):	1800 °C bis 2900 °C
Entweichgeschwindigkeit bei R_{max}:	24,6 km/s
Alter:	6 Milliarden Jahre
Begleiter:	**Mira B**
Scheinbare Helligkeit:	V = $9^m{,}3$ bis 13^m (variabel)
Distanz:	$0'',9$ bis $0'',5$
Spektraltyp:	B5 VI (Subzwerg)
Umlaufzeit:	260 Jahre
Durchmesser:	127 000 km
Mittlere Dichte:	4620 g/cm³

Oktober 2018

- Uranus kommt am 24. im Sternbild Widder in Opposition zur Sonne.
- Venus hat sich vom Abendhimmel zurückgezogen.
- Mars beherrscht die erste Nachthälfte.
- Jupiter wird zum Monatsende unbeobachtbar.
- Saturn ist am Abendhimmel im Südwesten zu sehen.

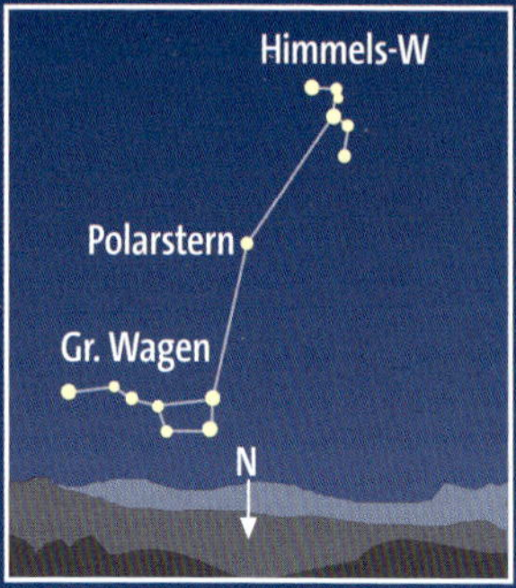

Großer Wagen und Himmels-W Anfang Oktober um 22 Uhr

10.1 Abendlicher Himmelsanblick am 14. Oktober gegen 20h MEZ (= 21h MESZ). Tief am Südhimmel leuchten Mars und Saturn, zu dem sich die Sichel des zunehmenden Mondes gesellt.

1 Mo	
2 Di	Mond im letzten Viertel
3 Mi	Tag der deutschen Einheit
4 Do	
5 Fr	
6 Sa	
7 So	
8 Mo	
9 Di	**Neumond**
10 Mi	Mond bei Jupiter (Abendhimmel)
11 Do	
12 Fr	
13 Sa	
14 So	Mond bei Saturn (Abendhimmel)
15 Mo	
16 Di	Mond im ersten Viertel
17 Mi	
18 Do	Mond bei Mars (Abendhimmel)
19 Fr	
20 Sa	
21 So	
22 Mo	
23 Di	
24 Mi	**Vollmond** Uranus in Opposition
25 Do	
26 Fr	Österreichischer Nationalfeiertag
27 Sa	
28 So	Ende der Sommerzeit
29 Mo	
30 Di	
31 Mi	Mond im letzten Viertel

Sonne – Sternbilder

23. 10. 12^h:
Sonne tritt in das Tierkreiszeichen Skorpion
31. 10. 14^h:
Sonne tritt in das Sternbild Waage
Julianisches Datum am
1. Oktober, 1^h MEZ: 2 458 392,5

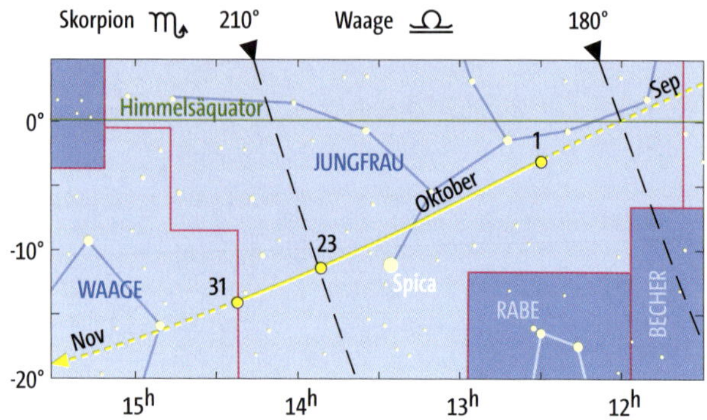

Tabelle Sonnenlauf

Tag	Dämmerg. Anfang	Aufgang MEZ	Kulmination	Untergang MEZ	Dämmerg. Ende	Mittagshöhe	Zeitgleichg.	Rektaszension	Deklination
	h m	h m	h m	h m	h m	o	m	h m	o
1.	5 10	6 20	12 10	17 59	19 08	36,7	+10	12 28	– 3,0
5.	5 16	6 26	12 08	17 50	19 00	35,2	+12	12 42	– 4,5
10.	5 24	6 34	12 07	17 40	18 49	33,3	+13	13 00	– 6,4
15.	5 32	6 42	12 06	17 29	18 39	31,4	+14	13 19	– 8,3
20.	5 39	6 50	12 05	17 19	18 30	29,6	+15	13 37	–10,1
25.	5 47	6 58	12 04	17 10	18 21	27,8	+16	13 56	–11,9
31.	5 56	7 08	12 04	16 59	18 11	25,8	+16	14 20	–13,9

Sonntag, 28. Oktober 2018: Ende der Sommerzeit!

Tages- und Nachtstunden

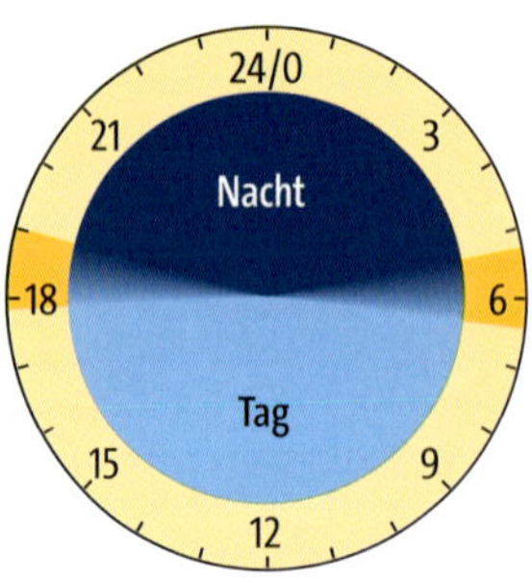

5. Oktober

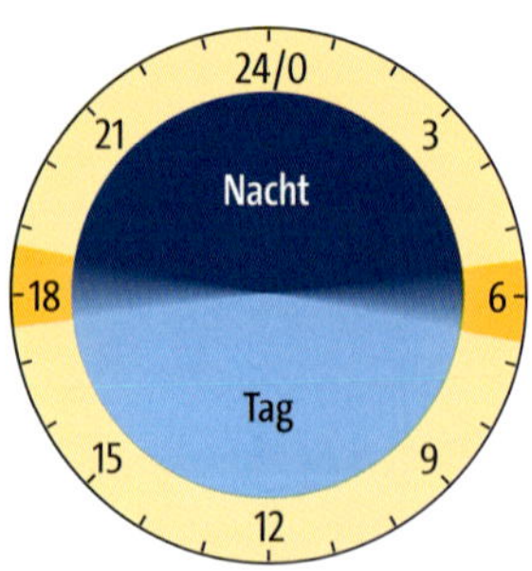

15. Oktober

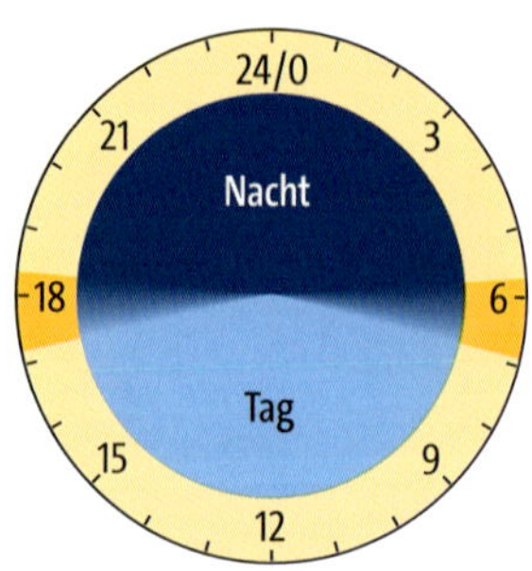

25. Oktober

Tabelle Mondlauf

Datum		Aufg. MEZ	Kulmination	Unterg. MEZ	Rektaszension	Deklination		Sterne und Sternbilder	Phase	MEZ
		h m	h m	h m	h m	°				
Mo	1.	21 59	5 07	13 09	5 15	+19,5		Stier		
Di	2.	22 56	6 04	14 11	6 14	+20,9		Alhena	**Letztes Viertel**	$10^h 45^m$
Mi	3.	–	7 03	15 05	7 14	+20,9	*	Zwillinge		
Do	4.	0 03	8 01	15 51	8 14	+19,7		Krebs, Krippe	Aufsteigender Knoten	
Fr	5.	1 17	8 59	16 28	9 14	+17,2		Krebs	Erdnähe 366/32′,6	23^h
Sa	6.	2 34	9 54	17 00	10 12	+13,6		Löwe, Regulus		
So	7.	3 53	10 48	17 28	11 09	+ 9,2		Löwe		
Mo	8.	5 12	11 40	17 54	12 03	+ 4,2		Jungfrau		
Di	9.	6 29	12 30	18 19	12 56	– 0,9		Jungfrau	**Neumond Nr. 1185**	$4^h 47^m$
Mi	10.	7 45	13 20	18 45	13 49	– 5,8		Spica	Größte Nordbreite	
Do	11.	8 58	14 10	19 13	14 41	–10,4		Waage	Libration West	
Fr	12.	10 09	15 00	19 44	15 33	–14,3		Waage		
Sa	13.	11 16	15 50	20 19	16 25	–17,5		Schlangenträger		
So	14.	12 17	16 40	21 00	17 17	–19,7		Schlangenträger		
Mo	15.	13 11	17 29	21 47	18 09	–20,9		Schütze		
Di	16.	13 58	18 18	22 40	19 01	–21,1		Schütze, Nunki	**Erstes Viertel**	$19^h 02^m$
Mi	17.	14 38	19 06	23 37	19 52	–20,4		Schütze	Erdferne 404/29′,6	20^h
									Absteigender Knoten	
Do	18.	15 12	19 52	–	20 41	–18,8	*	Steinbock		
Fr	19.	15 41	20 37	0 38	21 30	–16,4	*	Steinbock		
Sa	20.	16 06	21 22	1 42	22 18	–13,3	*	Wassermann		
So	21.	16 29	22 06	2 47	23 05	– 9,5	*	Wassermann		
Mo	22.	16 51	22 51	3 54	23 52	– 5,3		Wassermann		
Di	23.	17 14	23 37	5 02	0 39	– 0,8		Walfisch		
Mi	24.	17 37	–	6 12	1 28	+ 3,9		Fische	**Vollmond**	$17^h 45^m$
									Größte Südbreite	
									Libration Ost	
Do	25.	18 03	0 24	7 24	2 18	+ 8,5		Walfisch		
Fr	26.	18 33	1 14	8 38	3 10	+12,7		Widder		
Sa	27.	19 10	2 06	9 51	4 04	+16,4		Stier, Hyaden		
So	28.	19 55	3 02	11 02	5 01	+19,2	*	Aldebaran		
Mo	29.	20 49	3 59	12 07	6 00	+20,9	*	Orion		
Di	30.	21 53	4 58	13 04	7 01	+21,3	*	Alhena		
Mi	31.	23 04	5 56	13 52	8 01	+20,3		Krebs	**Letztes Viertel**	$17^h 40^m$
									Erdnähe 370/32′,3	21^h
									Aufsteigender Knoten	

Der Mond nähert sich den Hyaden

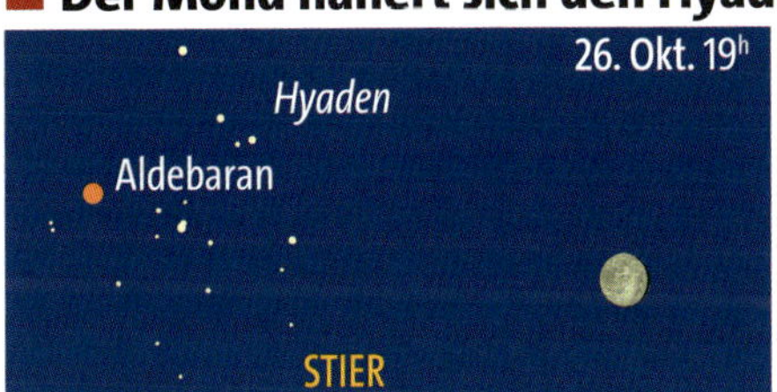

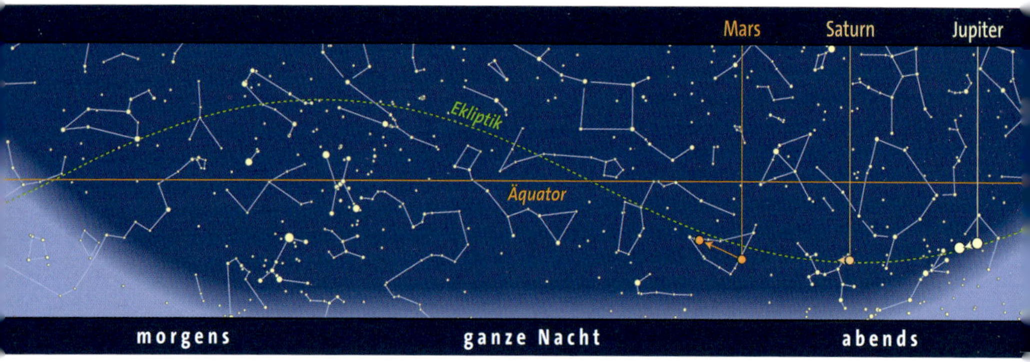

Merkur hat seine obere Konjunktion mit der Sonne hinter sich; sie fand am 21. des Vormonats statt. Er entfernt sich nur langsam von der Sonne. Bis Monatsende erreicht seine östliche Elongation zwar fast 23°, dies reicht in unseren Breiten aber nicht für eine Abendsichtbarkeit, da die abendliche Ekliptik flach zum Westhorizont verläuft und Merkur fast 9° südlichere Deklination als die Sonne aufweist, was einen entsprechend kleinen Tagbogen zur Folge hat. Im Mittelmeerraum und in Afrika zeigt sich Merkur jedoch kurz in der fortgeschrittenen Abenddämmerung. Nördlich von +39° geografischer Breite bleibt Merkur jedoch im Oktober unbeobachtbar. Wer sich

10.2 Heliozentrischer Anblick des Planetensystems im letzten Jahresviertel 2018. Eingetragen sind links die Positionen der inneren Planeten für den 1. Oktober (10), den 1. November (11), den 1. Dezember 2018 (12) und den 1. Januar 2019 (1). Der rechte Teil zeigt das äußere Planetensystem und einige Planetoiden. Die Pfeile deuten die Richtungen zu den ferneren Planeten sowie zum Frühlingspunkt an.

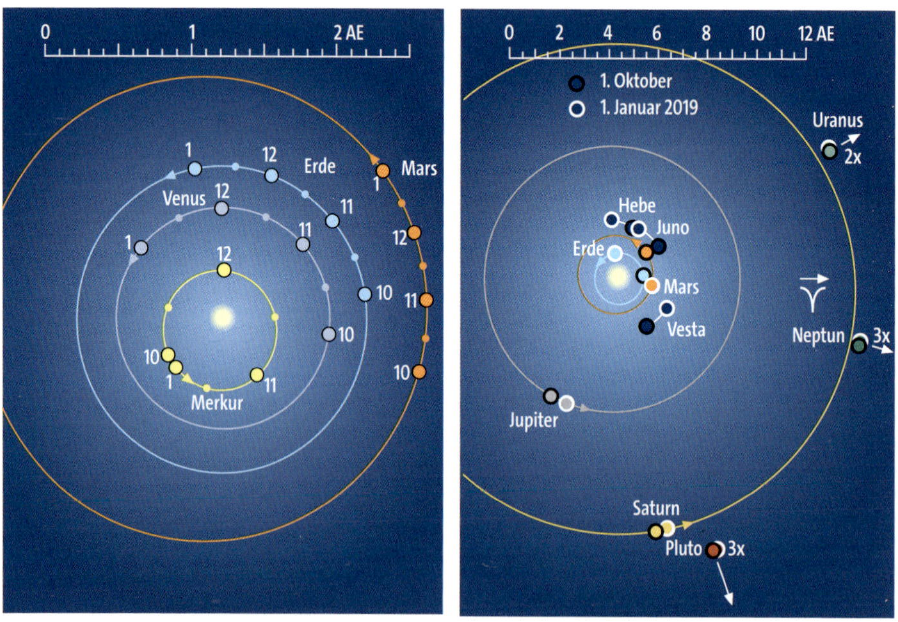

aber auf den Kanarischen Inseln aufhält, kann Jupiter als Aufsuchhilfe benutzen. Der $-0\overset{\mathrm{m}}{,}2$ helle Merkur passiert den Riesenplaneten am 30. in 3°16′ südlichem Abstand. Mit $-1\overset{\mathrm{m}}{,}7$ ist Jupiter deutlich heller und darum leichter zu erkennen.

Am 5. wandert Merkur 2° nördlich an Spica (α Virginis) vorbei und am 14. zieht er fast 7° nördlich an Venus vorbei. Beide Begegnungen bleiben unbeobachtbar.

Am 16. geht Merkur durch das Aphel seiner sonnennahen Umlaufbahn.

Venus hat ihre Abendsternperiode beendet. Am 5. wird sie stationär und steuert anschließend rasch rückläufig auf die Sonne zu, mit der sie schon am 26. zusammentrifft. An diesem Tag befindet sie sich in unterer Konjunktion mit der Sonne. Da sie 6° südlichere Deklination als die Sonne aufweist, kommt es nicht zu einem Venustransit, denn sie zieht an der Sonne in diesem Abstand vorbei.

Am 1. wechselt Venus aus dem Sternbild Jungfrau in die Waage. Ihre Konjunktionsschleife beschreibt Venus im Grenzgebiet Jungfrau und Waage nahe Spica (α Vir). In Abb. 9.3 auf Seite 197 ist die Konjunktionsschleife eingetragen.

Venus hält sich am Taghimmel auf und bleibt nachts unbeobachtbar unter dem Horizont. Die Begegnung mit Merkur am 14. entgeht uns somit.

Zur unteren Konjunktion erreicht Venus mit 41 Millionen Kilometer (= 0,27 AE) ihre geringste Entfernung von der Erde.

Mars beschleunigt weiter seine rechtläufige Wanderung durch den Steinbock und gewinnt wieder nördlichere Positionen (siehe Abb. 6.4 auf Seite 139). Auch wenn seine Helligkeit abermals deutlich zurückgeht – von $-1\overset{\mathrm{m}}{,}3$ auf $-0\overset{\mathrm{m}}{,}6$ Ende Oktober – bleibt er dennoch ein auffälliges Gestirn am Nachthimmel.

Die Distanz Erde – Mars nimmt weiter zu. Ende des Monats ist er fast doppelt so weit von uns entfernt wie zur Opposition (118 Millionen Kilometer, das sind 0,789 AE).

Nachdem sich Venus und Jupiter vom Nachthimmel zurückziehen beziehungsweise schon gezogen haben, bleibt Mars hellster Planet und damit Herrscher der Nacht.

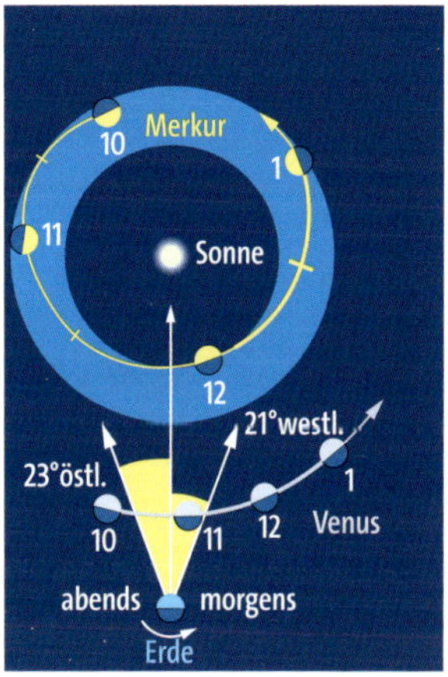

10.3 Heliozentrische Bewegungen von Merkur und Venus *relativ* zur Erde. In den dicker ausgezogenen Bahnteilen sind die Planeten beobachtbar. Die Zahlen geben die Positionen jeweils zum Monatsersten an. Östlicher Winkelabstand bedeutet Abendsichtbarkeit; westliche Elongation: Planet steht am Morgenhimmel.

Konstellationen und Ereignisse

Datum	MEZ	Ereignis
5.	5^{h}	Venus im Stillstand, anschließend rückläufig
10.	2	Mond bei Merkur, Mond $5\overset{\circ}{,}9$ nördlich
10.	16	Mond bei Venus, Mond $13\overset{\circ}{,}1$ nördlich
11.	22	**Mond bei Jupiter**, Mond $4\overset{\circ}{,}1$ nördlich, **Abstand $4\overset{\circ}{,}8$ um 18^{h}**
14.	16	Merkur bei Venus, Merkur $6\overset{\circ}{,}8$ nördlich
15.	4	**Mond bei Saturn**, Mond $1\overset{\circ}{,}8$ nördlich, **Abstand $4\overset{\circ}{,}5$ um 20^{h} am 14.**
16.	10	Merkur im Aphel
18.	14	**Mond bei Mars**, Mond $1\overset{\circ}{,}9$ nördlich, **Abstand $2\overset{\circ}{,}6$ um 18^{h}**
20.	23	Mond bei Neptun, Mond $2\overset{\circ}{,}5$ südlich
24.	2	**Uranus in Opposition** zur Sonne
24.	14	Mond bei Uranus, Mond $4\overset{\circ}{,}7$ südlich
26.	15	Venus in unterer Konjunktion mit der Sonne
30.	5	Merkur bei Jupiter, Merkur $3\overset{\circ}{,}3$ südlich

10.4 Mond bei Mars:
Am 18. Oktober begegnen einander Mars und der zunehmende Mond. Fernglasanblick gegen 18^h MEZ (= 19^h MESZ).

Seine Untergänge verlegt der rote Planet in die Zeit um Mitternacht. Geht Mars am 1. noch um 0^h24^m (= 1^h24^m Sommerzeit) unter, so erfolgt sein Untergang am 15. um 0^h09^m und am 31. schon um 23^h57^m.

Der scheinbare Durchmesser des Marsscheibchens geht auf knapp 12″ zurück, was es zunehmend schwieriger werden lässt, Einzelheiten auf dem roten Planeten auszumachen.

Der zunehmende Halbmond begegnet Mars am 18., wobei er 2° nördlich an ihm vorüberzieht (siehe Abb. 10.4 oben).

Jupiter, rechtläufig in der Waage, zieht sich vom Abendhimmel zurück und wird Ende Oktober unbeobachtbar. Der Riesenplanet nähert sich seiner Konjunktionsstellung mit der Sonne, die er aber erst gegen Ende des nächsten Monats erreicht. Am 1. geht Jupiter um 19^h34^m (= 20^h34^m Sommerzeit) unter, am 10. um 19^h03^m und am 20. schon um 18^h29^m. Danach wird man den Riesenplaneten kaum mehr erspähen. Am 31. sinkt der nur mehr $-1^m,7$ helle Jupiter bereits um 17^h52^m unter die südwestliche Horizontlinie. Die Begegnung mit Merkur am 30. entgeht uns ebenfalls.

Saturn kann am Abendhimmel nach Einbruch der Dunkelheit tief im Südwesten gesehen werden. Er wandert rechtläufig durch den Schützen, wobei er nun schneller wird. (siehe Abb. 6.8 auf Seite 142).

Am 1. geht der $0^m,5$ helle Ringplanet um 21^h56^m (= 22^h56^m Sommerzeit) unter, am 15. um 21^h04^m und am 31. bereits um 20^h06^m. Damit bleiben Saturn knapp drei Stunden Sichtbarkeitszeit am Abendhimmel. Bis Monatsende geht seine Helligkeit auf $0^m,6$ ein wenig zurück. Zur Monatsmitte, am 14., gesellt sich die füllige Mondsichel zum Ringplaneten – sichtbar am Abendhimmel knapp über dem Südwesthorizont gegen 20^h (= 21^h Sommerzeit). Der Anblick ist aus Abb. 10.1 auf Seite 212 ersichtlich.

Uranus kommt in der Nacht vom 23. auf 24. im Widder in **Opposition** zur Sonne.

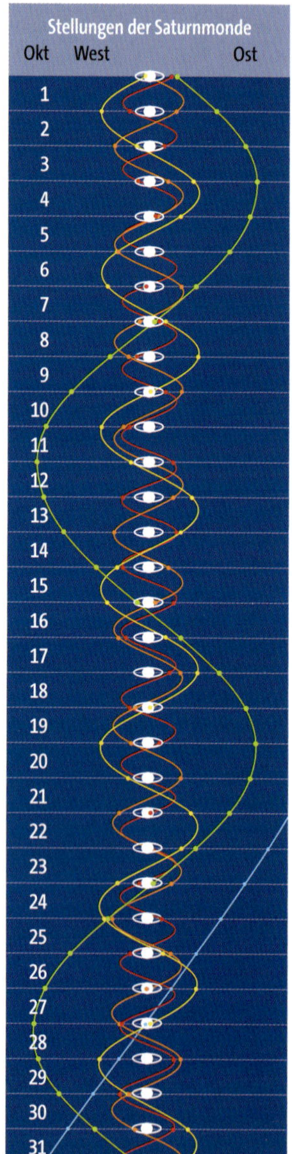

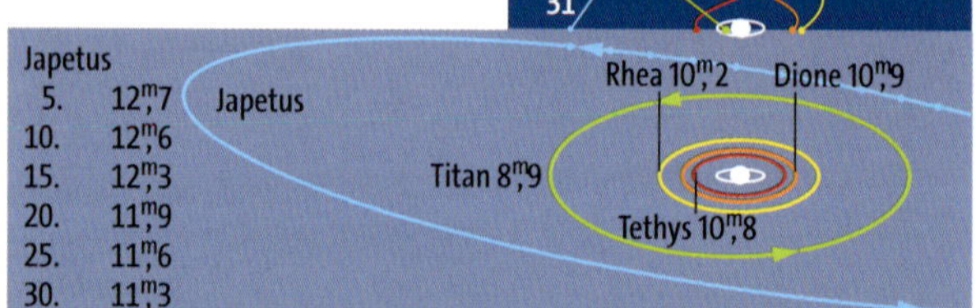

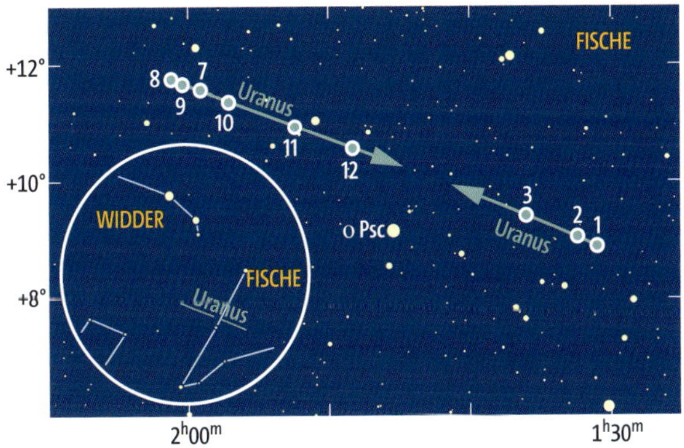

10.5 Bahn von Uranus:
Die scheinbare Bahn von Uranus vom 1. Januar bis Ende März und vom 1. August bis Jahresende 2018 im Sternbild Fische.

In der Oppositionsnacht geht Uranus um $17^{h}08^{m}$ auf, kulminiert um $0^{h}05^{m}$ (= $1^{h}05^{m}$ Sommerzeit) und geht am Morgen um $7^{h}02^{m}$ unter. Die Oppositionshelligkeit von Uranus erreicht $5^{m}{,}7$, sein scheinbarer Durchmesser beträgt $3''{,}7$. Dies ist so gering, dass man keinerlei Details auf der Uranusoberfläche erkennen kann.

Auch seine dünnen, dunklen Ringe, die im März 1977 indirekt bei einer Sternbedeckung entdeckt wurden, sind auch in größeren Teleskopen nicht zu sehen (siehe auch Monatsthema Oktober „Der magische Planet“ auf Seite 223).

Die Oppositionsentfernung von der Erde misst 2823 Millionen Kilometer (= 18,87 AE). Von Uranus ist das Licht daher zwei Stunden und 37 Minuten zur Erde unterwegs. Von der Sonne trennen Uranus am Oppositionstag 2972 Millionen Kilometer (= 19,87 AE).

Die scheinbare Bahn von Uranus im Jahr 2018 zeigt Abb. 10.5 oben.

Neptun, rückläufig im Wassermann, stand Anfang des Vormonats in Opposition zur Sonne. Kulminiert der bläuliche, nur $7^{m}{,}8$ helle Planet am Monatsbeginn noch um $22^{h}42^{m}$ (= $23^{h}42^{m}$ Sommerzeit), so passiert er die Mittagslinie am 15. um $21^{h}46^{m}$ und am 31. schon um $20^{h}42^{m}$. Beste Beobachtungszeit ist die Stunde um die Kulmination. Die Untergänge des sonnenfernsten Planeten erfolgen am 1. um $4^{h}15^{m}$, am 15. um $3^{h}18^{m}$ und am Monatsletzten bereits um $2^{h}14^{m}$. Die scheinbare Bahn von Neptun in diesem Jahr findet man in Abb. 9.5 auf Seite 198.

Pluto, wieder rechtläufig im Schützen, sei erwähnt, weil er am 25. den absteigenden Knoten seiner um 17° zur Ekliptik geneigten exzentrischen Bahn passiert. Seinen aufsteigenden Knoten passierte er am 9. September 1930, wenige Monate nachdem er im Frühjahr des gleichen Jahres entdeckt worden war. Am 4. Februar 1990 erreichte er mit 17°08′15″ seine größte heliozentrische ekliptikale Nordbreite.

Planetoiden

Ceres (1) steht am 7. um 11^{h} im Sternbild Jungfrau in Konjunktion mit der Sonne. Von der Erde trennen sie an diesem Tag 537 Millionen Kilometer (= 3,59 AE). Ihre Sonnenentfernung beträgt dabei 389 Millionen Kilometer (= 2,60 AE).

Juno (3) strebt ihrer Opposition entgegen, die sie Mitte November erreicht.

Am 16. wird sie um 19^{h} stationär und wandert anschließend rückläufig zunächst noch durch den Stier, bis sie am 25. in den Fluss Eridanus wechselt. Das „stationär“ bezieht sich lediglich auf ihre Bewegung in Rektaszension.

In Deklination läuft sie rasch südwärts (siehe Abb. 11.8 auf Seite 237).

Die kommende Opposition macht sich durch eine deutliche Helligkeitssteigerung von $8^{m}{,}2$ auf $7^{m}{,}6$ bemerkbar.

Juno kulminiert am 1. um $3^{h}45^{m}$ (= $4^{h}45^{m}$ Sommerzeit), am 15. um $2^{h}54^{m}$ und am 31. schon um $1^{h}48^{m}$. Ihre Aufgänge verfrühen sich von $21^{h}15^{m}$ zu Monatsanfang auf $19^{h}45^{m}$ am Monatsletzten.

Periodische Sternschnuppenströme

Die **Delta-Draconiden**, auch Oktober-Draconiden genannt, sind ein temporärer Strom, dessen Radiant im Sternbild des Drachen etwa 3° östlich von δ Draconis liegt.

Der Radiant liegt somit bei seiner Kulmination in unmittelbarer Zenitnähe.

Die Oktober-Draconiden führen ihren Ursprung auf den Kometen 21P/Giacobini-Zinner zurück, weshalb dieser Meteorstrom auch **Giacobiniden** heißt. Vom 5. bis 9. Oktober passiert die Erde relativ nahe den absteigenden Knoten der Bahn des Kometen 21P. Seine Umlaufzeit beträgt 6,5 Jahre.

Das Maximum erreicht dieser Strom am 9. Oktober, wobei stets wechselnde Raten zu registrieren sind. Die Meteorhäufigkeit schwankt von Jahr zu Jahr erheblich.

Die Meteoroide treffen auf die irdische Atmosphäre mit 21 Kilometer pro Sekunde.

Von Anfang Oktober bis in die erste Novemberwoche sind die **Orioniden** aktiv, deren Ursprung auf den Halleyschen Komet deutet. Mit dem Maximum ist am 21. Oktober zu rechnen, wobei etwa zwanzig Meteore pro Stunde zu erwarten sind. Die Breite des Stromes ist recht ausgedehnt, so dass die Orioniden vom 2. Oktober bis 7. November auftreten. Der Radiant liegt etwa 10° nordöstlich von Beteigeuze. Es handelt sich bei den Orioniden um sehr schnelle Objekte (um 65 Kilometer pro Sekunde). Die Frequenz ist von Jahr zu Jahr verschieden.

Die beste Beobachtungszeit, um die Orioniden zu verfolgen, ist die Zeit von Mitternacht bis 5^h morgens.

Der Fixsternhimmel

Alle Herbstbilder sind inzwischen zur abendlichen Beobachtungsstunde in günstige Positionen gerückt. In der westlichen Himmelshälfte dominiert noch das Sommerdreieck. Arktur im Bootes ist schon untergegangen. Auch der ausgedehnte und lichtschwache Herkules nähert sich dem Nordwesthorizont.

Der Himmelsanblick wird von der Andromeda-Gruppe charakterisiert. Diese Sternbildergruppe, die fast den gesamten Osthimmel einnimmt, setzt sich aus den Bildern Kassiopeia, Kepheus, Andromeda, Pegasus, Perseus und Walfisch zusammen. Zwar sind diese Herbstbilder längst nicht so hell wie die leuchtkräftigen Wintersternbilder, denn es fehlen Sterne erster Größenklasse. Aber sie haben ihren eigenen Reiz und sind mit Ausnahme der Sternbilder Kepheus und Walfisch alle verhältnismäßig leicht auszumachen.

Die charakteristische Sternenfigur des Himmels-Ws, die Kassiopeia, steht zurzeit hoch über dem Beobachter, fast im Zenit. Die mittlere Spitze des Ws deutet ungefähr in Richtung des Polarsterns. Verlängert man diese Sichtlinie zum Nordhorizont hinunter, so trifft man auf den Großen Wagen, der jetzt seine tiefste Stellung knapp über dem Nordhorizont einnimmt. Deshalb ist er an Herbstabenden auch nicht so leicht zu entdecken.

Zwischen Polarstern und Zenit nimmt der Kepheus seinen Platz ein. König Kepheus ist der Gemahl der Kassiopeia. Im Gegensatz zur Kassiopeia ist die Figur des Kepheus nicht so leicht zu erfassen. Kassiopeia und Kepheus sind die Eltern der Prinzessin Andromeda, die jetzt ebenfalls am Herbsthimmel vertreten ist. Die Andromeda ist als Sternenkette südlich der Kassiopeia leicht zu erkennen. Die Sternenkette hängt gewissermaßen am Pegasusquadrat, dem Herbstviereck.

Der Pegasus nimmt hoch im Süden seinen Platz ein. Das markante Sternenquadrat des Pegasus ist leicht zu erkennen. Die westliche Kante markiert zur Standardbeobachtungszeit ziemlich genau den Himmelsmeridian. Zum Pegasus gehört noch

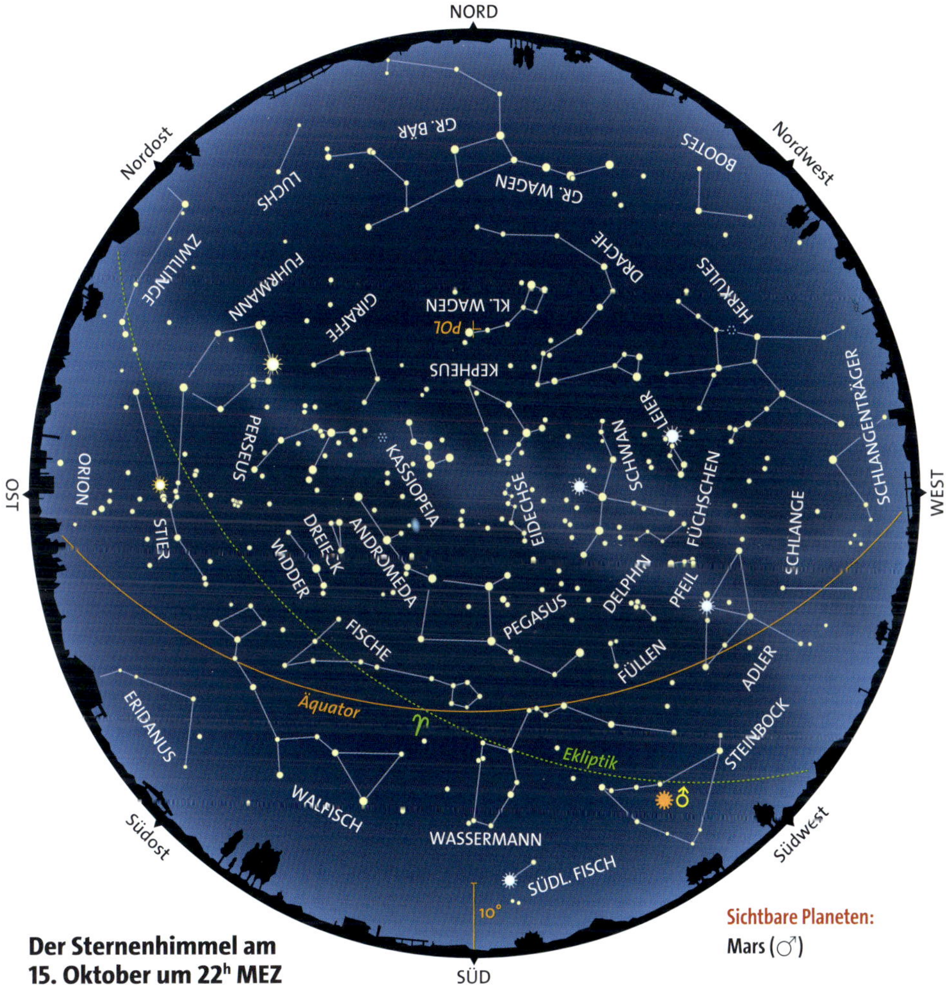

Der Sternenhimmel am 15. Oktober um 22h MEZ

Sichtbare Planeten:
Mars (♂)

Die Sternkarte ist auch gültig für:

	MEZ	MESZ
1. 8.	3h	4h
15. 8.	2	3
1. 9.	1	2
15. 9.	0	1
1.10.	**23**	**24**
15.10.	**22**	**23**
31.10.	**21**	
15.11.	20	
30.11.	19	
15.12.	18	

sein Kopf mit der Schnauze, der den Meridian schon passiert hat. Der heldenhafte Retter der Andromeda, der Perseus, mit dem Schwert in der einen und dem abgeschlagenen Haupt der Medusa in der anderen Hand, gehört ebenfalls zu den Herbstbildern. Perseus steht jetzt hoch im Osten zwischen der Andromeda und dem Hauptstern im Fuhrmann, der gelblichen Kapella, die unübersehbar im Nordosten strahlt.

Am schwierigsten zu identifizieren von den Bildern um die Andromedasage ist der Walfisch, lateinisch Cetus genannt. Der Cetus ist das schreckliche Meeresungeheuer vor der Küste Äthiopiens, dem die Prinzessin Andromeda geopfert werden soll. Zum Glück eilt Perseus mit seinen Flügelschuhen durch die

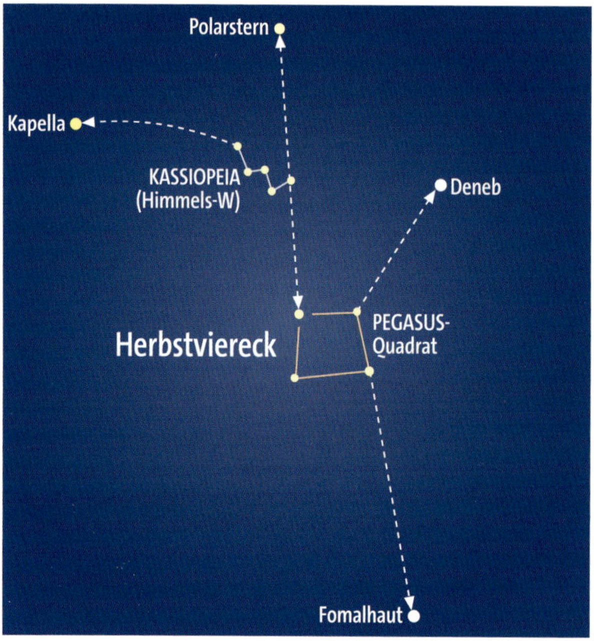

10.6 Das Herbstviereck:
Vom Herbstviereck (Pegasusquadrat) ausgehend findet man schnell die Kassiopeia, den Polarstern, Deneb und Fomalhaut, Hauptstern des Sternbildes Südlicher Fisch.

Lüfte herbei und tötet den Cetus, indem er ihm das abgeschlagene Medusenhaupt präsentiert. Augenblicklich erstarrt der Cetus beim fürchterlichen Anblick der Medusa zu Stein.

Im Walfisch findet sich unter anderem der berühmte veränderliche Stern Mira (ο Ceti), ein langperiodischer Pulsationsvariabler, dessen Helligkeitsdaten in der monatlichen Rubrik „Veränderliche Sterne" verzeichnet sind.

Nördlich des Cetus und südlich von Andromeda und Pegasus sind die beiden Fische beheimatet. Als Tierkreisbild sind sie wohlbekannt, am Himmel entdeckt man sie nicht so leicht, da sie nur aus lichtschwächeren Sternen gebildet werden und deshalb am Firmament kaum auffallen. Vor allem beim aufgehellten Nachthimmel in unseren Städten und Siedlungen sind die Sterne der Fische mit bloßen Augen kaum mehr zu sehen.

Tief im Osten kündet der eben aufgegangene Stier (lat.: Taurus) vom nahen Winter. Außer Aldebaran, dem Hauptstern des Stiers (α Tauri), fällt noch das Siebengestirn, der offene Sternhaufen der Plejaden, auf.

Knapp über dem Südhorizont, noch in Meridiannähe, funkelt ein Stern erster Größe. Es handelt sich um Fomalhaut im Sternbild Südlicher Fisch (lat.: Piscis Austrinus). Der Name Fomalhaut kommt aus dem Arabischen und heißt so viel wie „Maul des Fisches".

Tief im Südwesten leuchtet ein helles, rötliches Gestirn. Es ist kein Fixstern, sondern der Planet Mars im Sternbild Steinbock, das bereits kurz vor dem Untergang steht. Die Steinbock-Sterne sind im horizontnahen Dunst jedoch kaum zu sehen.

Veränderliche Sterne im Oktober

Algol-Minima	1. 2^h50^m	2. 23^h39^m	6. 20^h29^m	9. 17^h18^m	21. 4^h31^m	24. 1^h22^m
	26. 22^h10^m	29. 18^h59^m				
β-Lyrae-Minima	2. 5^hH	8. 17^hN	15. 4^hH	21. 16^hN	28. 4^hH	
δ-Cepheï-Maxima	2. 13^h	7. 22^h	13. 7^h	18. 16^h	24. 0^h	29. 9^h
Mira-Helligkeit	1. 9^m	10. 9^m	20. 8^m	31. 7^m		

Der magische Planet

NASA/JPL

10.7 Die Riesenplaneten Jupiter, Saturn, Uranus und Neptun im Vergleich.

Wohl wegen seiner geheimnisvollen, grünlichen Farbe, seiner geringen Helligkeit und langsamen Wanderung durch den Tierkreis nennt Gustav Holst (1874–1934) in seiner berühmten Planetensuite Uranus den „Magischen" (The Magician Planet). In der Nacht vom 23. auf 24. Oktober 2018 überholt die Erde den Planeten Uranus. Die exakte Oppositionsstellung wird um 2^h MEZ am 24. erreicht, wobei der grünliche Planet vor der Sternenkulisse des Widders zu beobachten ist.

Gut 84 Jahre ist Uranus unterwegs, um einmal die Sonne zu umrunden. Wegen seiner langsamen Wanderung durch die Sternbilder des Tierkreises überholt ihn die Erde nach jeweils 370 Tagen. Jedes Jahr verspäten sich seine Oppositionstermine somit um vier bis fünf Tage.

In Oppositionsstellung ist ein Planet am günstigsten zu beobachten. Er ist die gesamte Nacht am Himmel vertreten, die Erde erreicht die geringste Entfernung von ihm, weshalb er mit maximal möglicher Helligkeit leuchtet. Der scheinbare Durchmesser des Planetenscheibchens wird zur Opposition maximal groß. Im Teleskop sieht Uranus wie eine winzige, grünliche Murmel aus ohne jedwede Oberflächenstrukturen auf dem nur 3,″7 großen Planetenscheibchen. Zur Opposition trennen uns 2823 Millionen Kilometer von Uranus. Damit ist er knapp 19-mal weiter von der Erde entfernt als die Sonne. Das von ihm reflektierte Sonnenlicht ist gut zweieinhalb Stunden durch das Sonnensystem zur Erde unterwegs. Wegen seiner großen Distanz beträgt seine scheinbare Helligkeit lediglich $5^m_,7$. Damit ist Uranus unter extrem guten Sichtbedingungen gerade noch mit freien Augen zu erkennen. Man muss aber schon sehr genau wissen, wo er steht. In alten Zeiten war er daher unbekannt. Erst lange nach Erfindung des Fernrohrs wurde der Planet zufällig aufgespürt.

Die Entdeckung des siebten Planeten

Bis zum Jahre 1781 kannte man nur sechs Planeten. Die Saturnbahn bildete die Grenze des Planetensystems. Am späten Abend des 13. März 1781 sah Friedrich Wilhelm Herschel (1738–1822) kurz nach 21^h30^m Ortszeit im Sternbild Zwillinge mit einem selbst gefertigten Spiegelteleskop von 16 cm freier Öffnung und 2,10 Meter Brennweite ein kleines, grünliches Scheibchen. Damit war ihm klar, dass dieses Objekt

10.8 Wilhelm Herschel (1738 – 1822), der Entdecker des Uranus.

kein Fixstern sein konnte. Ein Nebel oder ein ferner, nicht auflösbarer Kugelsternhaufen war es auch nicht. So vermutete Herschel, einen neuen Kometen entdeckt zu haben. Am 17. März beobachtete er nochmals die Gegend in den Zwillingen und stellte fest, dass sich das Objekt weiterbewegt hatte. Seltsam kam ihm aber vor, dass es nicht diffus erschien wie bei Kometen üblich. Auch konnte er nicht den geringsten Ansatz eines Schweifes erkennen. Das Objekt zeigte sich unverändert kreisrund.

Herschel war von Beruf Musiker und beobachtete den Sternenhimmel von seiner Wohnung aus in der New King Street Nr. 10 in der englischen Stadt Bath. Er teilte seine Entdeckung kompetenten Astronomen wie Nevil Maskelyne, Astronomer Royal (königlicher Astronom) am Observatorium in Greenwich und Thomas Hornsby, Direktor des Radcliffe- Observatoriums in Oxford mit. Der eigenartige „Komet von Bath“ wurde ausführlich beobachtet. Bald stellte sich heraus, dass dieses Objekt die Sonne auf einer fast kreisförmigen Bahn umrundet, wobei ein Umlauf 84 Jahre dauert. Daraus folgt nach dem 3. Keplerschen Gesetz eine Sonnendistanz von 19 AE. Dies ist knapp die doppelte Saturnentfernung von der Sonne. Herschel hatte somit nicht einen Kometen, sondern einen neuen Planeten entdeckt. Er nannte ihn zu Ehren von König Georg III. von England und Hannover (dem Geburtsort von Herschel) schlicht Georgium Sidus (Georgsgestirn). Dies stieß auf internationalen Protest. Der Direktor der Berliner Sternwarte, Johann Elert Bode, schlug den Namen „Uranus“ vor. Der klassischen Mythologie nach ist Uranus der Vater von Saturn und somit Großvater des Jupiter. Uranus gilt als Schöpfer des Universums. In England setzte sich die Bezeichnung „Uranus“ allerdings erst nach sechzig Jahren durch.

Herschels Entdeckung machte ihn nicht nur berühmt. König Georg III. bestellte ihn zum königlichen Privatastronomen mit einem ansehnlichen Jahresgehalt. Aus dem Amateurastronomen Herschel wurde ein wohlbestallter Berufsastronom. Nur sechs Jahre nach seiner Entdeckung des Uranus fand Herschel die beiden größten Monde des siebten Planeten, die Titania und Oberon getauft wurden. Ihre Durchmesser betragen 1578 und 1523 Kilometer.

Offensichtlich wurde Uranus schon öfter vor seiner Entdeckung gesehen, aber nicht als Planet erkannt, sondern für einen Fixstern gehalten. Beim Vergleich des Sternkatalogs von Hipparch aus dem Jahre 128 v. Chr. mit dem von Ptolemaios (137 n. Chr.) zeigt sich im Sternbild Jungfrau ein „Stern“, der seine Position gegenüber den anderen Jungfrausternen signifikant verändert hat. Uranus war zu Hipparchs Zeiten 121 v. Chr. im Perihel. Aus der Position von Uranus lässt sich schließen, dass er am 9. April 128 v. Chr. nahe seiner Opposition stand (ekliptikale Länge 159° Ost). Mit +3° Deklination und $5^{m}\!,4$ scheinbarer Helligkeit infolge seiner Perihelnähe war er durchaus mit bloßen Augen zu erkennen. Zudem stand er damals in Griechenland zu seiner Kulmination hoch am Firmament.

Quittung

Bitte sorgfältig aufbewahren!

Diese Quittung ist bei Geltendmachung von Gewinnansprüchen vorzulegen. Tragen Sie deshalb bitte sofort nach Erhalt Ihren Namen sowie Ihre Anschrift auf dem Adressfeld ein. Überprüfen Sie, ob Voraussagen, Spielscheinnummer, Teilnahmeart und -zeitraum korrekt erfasst wurden und eine leserliche Quittungsnummer sowie bei Spielteilnahme mittels Kundenkarte die korrekte Kundenkartennummer und der Name des Kundenkarteninhabers aufgedruckt ist/sind. Fehler und/oder Unstimmigkeiten sind sofort der Verkaufsstelle mitzuteilen.

Es gelten die jeweils einschlägigen und gültigen Teilnahmebedingungen. Diese liegen in jeder LOTTO Verkaufsstelle zur Einsichtnahme bereit und werden bei Bedarf ausgehändigt. Der Spielteilnehmer erkennt diese Teilnahmebedingungen mit der Abgabe des Spielscheines, bzw. mit der Erklärung mittels Quicktipp oder mit gespeicherten Spielvoraussagen teilnehmen zu wollen, an.

Lotterie-Treuhandgesellschaft mbH Hessen
Rosenstr. 5-9, 65189 Wiesbaden
Kundendienst: 0611 3612150
www.lotto-hessen.de

Teilnahme ab 18. Glücksspiel kann süchtig machen. Infos und Hilfe unter
www.lotto-hessen.de
Infotelefon: 0800 1 372700
(kostenlos und anonym)

VE

Name:

Adresse:

Name:

Adresse:

Quittung

Bitte sorgfältig aufbewahren!

Diese Quittung ist bei Geltendmachung von Gewinnansprüchen vorzulegen. Tragen Sie deshalb bitte sofort nach Erhalt Ihren Namen sowie Ihre Anschrift auf dem Adressfeld ein. Überprüfen Sie, ob Voraussagen, Spielscheinnummer, Teilnahmeart und -zeitraum korrekt erfasst wurden und eine leserliche Quittungsnummer sowie bei Spielteilnahme mittels Kundenkarte die korrekte Kundenkartennummer und der Name des Kundenkarteninhabers aufgedruckt ist/sind. Fehler und/oder Unstimmigkeiten sind sofort der Verkaufsstelle mitzuteilen.

Es gelten die jeweils einschlägigen und gültigen Teilnahmebedingungen. Diese liegen in jeder LOTTO Verkaufsstelle zur Einsichtnahme bereit und werden bei

Name:

Adresse:

LOTTO 6aus49

LOTTO Normal/System

01. Normal:	2	7	8	22	29	38
02. Normal:	1	12	19	27	29	40

Super 6 NEIN

Los-Nr.: 2278127 -Superzahl

Spiel 77 JA

GlücksSpirale NEIN

Abgabe am : 28.05.16 12:35:37
Laufzeit : 1 Woche
Teilnahme : 28.05.16
Ziehung(en) **Samstag**

Betrag : 4,75 €

Korrigiert

KIOSK Schwiete
10930 - Feldbergstraße 2
06172/31899 - Bad Homburg v. d. Höhe

056722 1510089574 982
00 035050901 35187731

10.9 Nahaufnahme des Planeten Uranus, gewonnen von der Raumsonde Voyager 2 Anfang 1986.

John Flamsteed, erster Astronomer Royal am Observatorium Greenwich bei London, gab ihm 1690 in seinem Sternkatalog die Nr. 34 im Sternbild Stier in der Meinung, einen Stern vor sich zu haben. Auch Tobias Mayer katalogisierte Uranus im Jahre 1756 als Fixstern. Selbst Galileo Galilei hat ihn auf einer seiner Sternkarten eingetragen ohne zu wissen, dass es sich bei diesem Lichtpünktchen um einen Planeten handelt.

Als astronomisches Zeichen hat Uranus einen Kreis mit eingetragenem Mittelpunkt und einem Pfeil, der senkrecht nach oben zeigt, erhalten (⛢). Gelegentlich wird noch das ursprüngliche Symbol verwendet, das in Form eines H mit angehängtem Kreis an seinen Entdecker erinnern soll (♅). Manche von Computerprogrammen erstellte Sternkarten bzw. dargestellte Himmelsausschnitte zeigen dieses alte Symbol, damit man Uranus nicht mit Mars (♂) verwechselt.

Ferner Gasriese

Mit nur 0°46′ Neigung zur Ekliptik hat Uranus die geringste Bahnneigung aller Planeten. Die numerische Exzentrizität seiner Ellipsenbahn beträgt e = 0,047. Im Perihel (Sonnennähe) befand sich der grünliche Planet letztmals am 21. Mai 1966, wobei ihn 2735 Millionen Kilometer (= 18,28 AE) von der Sonne trennten. Die Aphelposition (Sonnenferne) mit einer Sonnendistanz von 3007 Millionen Kilometer (= 20,10 AE) erreichte Uranus am 27. Februar 2009. Am 17. August 2050 wird er abermals sein Perihel passieren.

Seine mittlere Bahngeschwindigkeit beträgt nur 6,80 Kilometer pro Sekunde, während die Erde mit knapp 30 Kilometer pro Sekunde um die Sonne läuft. Uranus legt in zwei Stunden und fünf Minuten eine Strecke zurück, die seinem Durchmesser entspricht. Die Erde braucht nur sieben Minuten, um ihren eigenen Durchmesser zurückzulegen.

Mit einem Äquatordurchmesser von 51 118 Kilometer zählt Uranus neben Jupiter, Saturn und Neptun zu den Riesenplaneten. Sein Durchmesser entspricht dem vierfachen Erddurchmesser. Die vier Riesenplaneten werden auch als Wasserstoffplaneten bezeichnet, da sie dichte Atmosphären aus Wasserstoff und Helium besitzen. Ein dicker Mantel aus Wasser, Ammoniak und Methaneis umschließt bei Uranus einen im Vergleich zum Gesamtdurchmesser relativ kleinen Felsenkern.

Das nur knapp vier Bogensekunden große Uranusscheibchen zeigt sich strukturlos. Einzelheiten auf der dichten Wolkenoberfläche sind kaum auszumachen. Schwierig war es daher, die Rotationszeit zu bestimmen. Der Uranusglobus dreht sich in 17^h14^m einmal um seine Achse. Wegen der recht schnellen Rotation ist Uranus abgeplattet, allerdings nicht so stark wie der Jupiter- und der

ESO/VLT

10.10 **Der Planet Uranus, aufgenommen mit dem Very Large Telescope der ESO.**

Saturnglobus. Der Poldurchmesser des Uranus ist um drei Prozent kürzer als sein Äquatordurchmesser.

Das Besondere an der Uranusdrehung ist die eigenartige Stellung seiner Rotationsachse. Sie ist um 98° zu seiner Bahnachse geneigt. Mal wälzt, mal schraubt sich Uranus gewissermaßen entlang seiner Bahn. In den 1980er Jahren war der Südpol der Sonne und der Erde zugekehrt. Zu Beginn des 21. Jahrhunderts sah man auf den Uranusäquator. Im Jahre 2029 wird man auf den Uranusnordpol blicken (siehe Abb. 10.12 unten). Woher diese extreme Achsenneigung stammt, ist bisher noch unerforscht.

10.11 **Rechts: Innerer Aufbau des Uranus.**

10.12 **Die Uranusrotationsachse liegt fast genau in seiner Bahnebene (Neigung: i = 98°).**

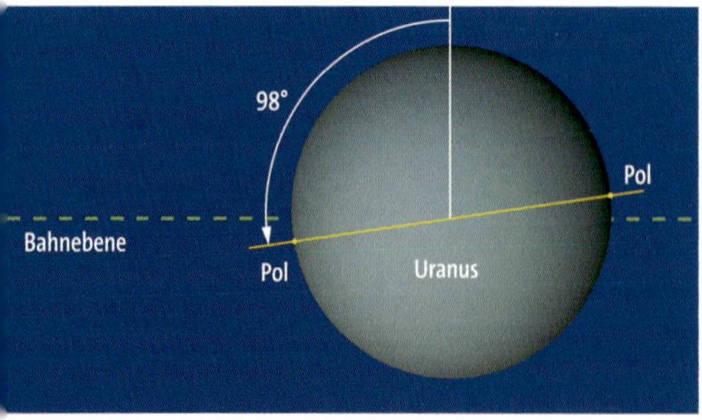

Aufbau und Zusammensetzung von Uranus

Uranus hat die 14,5-fache Masse der Erde. Dies sind fast neunzig Trilliarden ($8{,}685 \times 10^{22}$) Tonnen. Aus Volumen und Masse ergibt sich eine mittlere Dichte von 1,27 Gramm pro Kubikzentimeter, dies sind nur 23 Prozent der Erddichte. Eine noch geringere Dichte hat nur der Ringplanet Saturn (0,69 g/cm^3).

Die Uranusatmosphäre setzt sich hauptsächlich aus molekularem Wasserstoff (83 %) und Helium (15 %) zusammen. Die restlichen zwei Prozent entfallen auf Methan und weitere Kohlenwasserstoffe. Ein dicker Mantel aus Wasser, Ammoniak und Methaneis umschließt einen felsigen Kern, der etwa 15 % des Uranusdurchmessers ausmacht. Der flüssige, dichte Wasserstoffmantel besitzt eine hohe thermische und elektrische Leitfähigkeit. Über diesem Mantel liegt eine gasförmige Schicht aus Wasserstoff und Helium, die auch Wasserdampf und Ammoniak enthält. Als „Oberfläche" gilt die Zone, in der der Gasdruck 1000 hPa (= 1 bar) beträgt. Dies entspricht dem mittleren Luftdruck auf der Erde in Meereshöhe.

Näher erforscht wurde die Atmosphäre von Uranus von Voyager 2, die bisher einzige Raumsonde, die am 24. Januar 1986 in nur 80 000 Kilometer Minimalabstand an Uranus vorbeiflog. An der Oberfläche (1-bar-Schicht = Nullniveau) be-

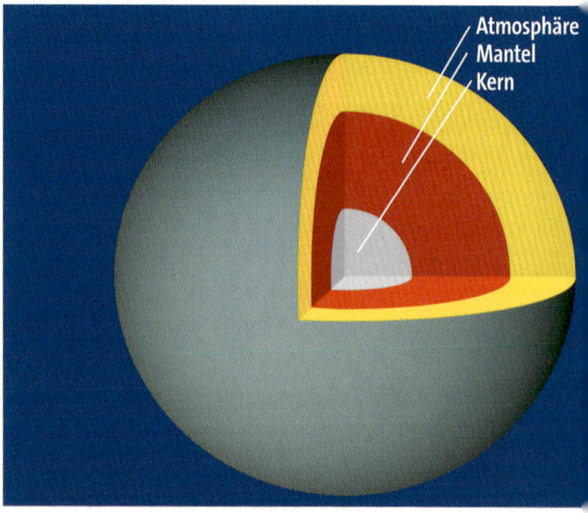

trägt die Temperatur –200 °C bei Windgeschwindigkeiten bis zu 700 Kilometer pro Stunde. Die Schwerebeschleunigung misst in diesem Bereich 8,87 m/s² am Uranusäquator. Die Entweichgeschwindigkeit beträgt 21,3 km/s.

Die unterste Atmosphärenschicht, die Troposphäre, erstreckt sich von 300 Kilometer unter dem Nullniveau bis in 50 Kilometer Höhe, wobei der Druck bis auf 0,1 bar abnimmt. Darüber liegt die Stratosphäre, die eine Höhe von 4000 Kilometer erreicht, wobei der Atmosphärendruck auf 10^{-10} bar (= 10^{-5} Pa) absinkt. Die Temperatur nimmt bis in 4000 Kilometer Höhe auf –220 °C ab. Über der Stratosphäre befindet sich die Thermosphäre, die bis etwa 50 000 Kilometer reicht und in der die Temperatur auf 500° bis 600 °C ansteigt. Die Ausdehnung der Thermosphäre entspricht einem Uranusdurchmesser. Bei seiner Uranuspassage hat Voyager 2 auch Polarlichter registriert, die in leuchtenden Bögen die Magnetpole umschlossen. Die Magnetfeldachse des Uranus ist zu seiner Rotationsachse um 59° geneigt und geht außerdem nicht genau durch den Mittelpunkt der Uranuskugel (siehe auch Monatsthema „Die Magnetfelder der Planeten" im *Kosmos Himmelsjahr 2016* auf Seite 200).

Die Wolken in der Troposphäre reflektieren das Sonnenlicht, wobei über ihnen noch eine Schicht Methangas liegt, das den langwelligeren Bereich des sichtbaren Lichtes (Gelb, Orange, Rot) absorbiert, weshalb Uranus grünlich erscheint. Die Wolken enthalten Methaneiskristalle sowie Aerosole aus Ammoniakeis und Ammoniumhydrogensulfid. In tieferen Schichten werden auch Wolken aus Wassereiskristallen vermutet.

Auch bei starker Vergrößerung sind im sichtbaren Licht kaum Oberflächenstrukturen oder Wolkenbänder wie auf Jupiter zu erkennen. Lediglich die Randverdunkelung lässt sich ausmachen. Selbst auf Aufnahmen mit dem Hubble-Weltraumteleskop oder den von Voyager 2 gewonnenen erscheint die Planetenscheibe nahezu strukturlos. Dennoch gibt es auch aus Amateurkreisen Berichte von gelegentlichen Sichtungen heller Flecken oder dunkler Gebiete. Erst Aufnahmen im infraroten Spektralbereich, gewonnen mit dem Hubble-Teleskop und den 10-m-Keck-Teleskopen auf dem Mauna Kea (Hawaii) zeigen Details, vor allem Temperaturdifferenzen, die im Infraroten sichtbar werden.

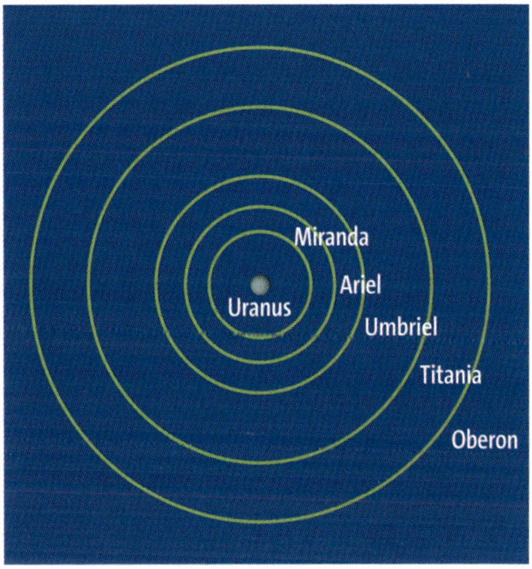

10.13 Planet Uranus mit den Bahnen seiner fünf größten Monde.

Zahlreiche Begleiter

Nachdem Herschel die beiden größten Uranusmonde Titania und Oberon entdeckt hatte, wurden Mitte des 19. Jahrhunderts zwei weitere Trabanten des magischen Planeten aufgespürt. Der britische Amateurastronom William Lassell (1799–1880) erkannte am 24. Oktober 1851 von seiner Beobachtungsstation auf Malta zwei weitere Satelliten des Uranus, die lichtschwächer und dem Uranusglobus noch näher sind als die beiden von Herschel entdeckten Monde. Mit jeweils knapp 1200 Kilometer Durchmesser sind sie auch deutlich kleiner. Sie wurden Ariel und Umbriel getauft. Erst nach fast hundert Jahren fand der Planetenforscher Gerard P. Kuiper (1905–1973) am 16. Februar 1948 auf dem McDonald-Observatorium in Texas einen fünften Uranusmond, die Miranda. Mit knapp 500 Kilometer Durchmesser ist Miranda der Benjamin unter den fünf großen Uranusmonden. Gut ausgerüs-

NASA/JPL

10.14 Puck ist der größte der kleinen Uranusmonde, entdeckt von Voyager 2 im Dezember 1985.

NASA/JPL

10.15 Die Ringe des Uranus – aufgenommen im Gegenlicht von Voyager 2.

tete Amateurastronomen können die vier größten Uranustrabanten durchaus aufspüren. In Opposition werden Titania und Oberon $13\overset{\mathrm{m}}{,}5$ beziehungsweise $13\overset{\mathrm{m}}{,}7$ hell, Ariel $13\overset{\mathrm{m}}{,}7$ und Umbriel $14\overset{\mathrm{m}}{,}5$.

Die Zahl der bekannten Uranussatelliten stieg sprunghaft an, als Voyager 2 im Winter 1985/86 den grünlichen Planeten passierte und zehn weitere Satelliten fand. Schon im Anflug erkannte man auf einer im Dezember 1985 gewonnenen Aufnahme den mit 162 Kilometer größten von insgesamt zehn neu gefundenen Minimonden. Er wurde Puck (engl., Kobold) benannt. Die übrigen Minimonde sind mit 40 bis 135 Kilometer winzig klein. Sie sind dunkle Körper, die nur vier bis neun Prozent des einfallenden Sonnenlichtes reflektieren. Alle zehn Minimonde kreisen dabei innerhalb der Mirandabahn um Uranus, deren Bahnradius 129 900 Kilometer misst. Die Bahnen aller fünfzehn Uranusmonde liegen fast exakt in der Ebene des Uranusäquators und stehen somit senkrecht auf der Ekliptikebene.

Nach Voyager 2 wurden von der Erde aus weitere Uranusmonde entdeckt, die weit außerhalb der Oberonbahn und teilweise rückläufig um Uranus laufen. Im September und Oktober 1997 wurden mit dem 5-m-Reflektor auf dem Palomar-Observatorium zwei lichtschwache Objekte 20. und 22. Größenklasse als Uranussatelliten identifiziert. Erich Karkoschka vom Lunar and Planetary Laboratory in Tucson (Arizona) fand 1999 bei Auswertungen der Voyager 2-Aufnahmen den 18. Uranusmond. Inzwischen wurden weitere Möndchen des magischen Planeten aufgespürt. Bis heute sind 27 Uranustrabanten bekannt. Sicher gibt es noch weitere Minimonde des Uranus, die man im Laufe der Zeit finden wird.

Ein weiterer Ringplanet

Nachdem bereits kurz nach Erfindung des Fernrohrs die Ringe des Saturn entdeckt wurden, dauerte es bis 1977, bis sich herausstellte, dass Saturn keineswegs der einzige Planet mit einem Ringsystem ist.

Am 10. März 1977 beobachtete man eine Sternbedeckung durch Uranus mit Hilfe des 90-cm-Teleskops an Bord eines Flugzeuges (Kuiper Airborne Observatory), um seinen genauen Durchmesser und die Zusammensetzung seiner Atmosphäre zu bestimmen. Kurz vor und nach der Bedeckung registrierte man je neun Helligkeitseinbrüche, die zeitsymmetrisch zur Uranusbedeckung erfolgten. Man schloss indirekt auf ein Ringsystem. Voyager 2 schließlich lieferte Bilder der Uranusringe, aufgenommen im gestreuten Gegenlicht der Sonne. Später wurden zwei weitere Ringe identifiziert.

Im Infraroten lassen sich die Uranusringe auch von der Erde aus beobachten. Inzwischen hat sich herausgestellt, dass alle vier großen Wasserstoffplaneten unseres Sonnensystems von Ringen umgeben sind (siehe auch *Kosmos Himmelsjahr 2012*, Seite 105, Monatsthema „Die Ringplaneten").

Wer noch nie den magisch-grünlich leuchtenden Planeten mit eigenen Augen im Fernglas oder Teleskop gesehen hat, kann in diesem Herbst seine Chance nutzen. Die Sternkarte auf Seite 219 soll helfen, Uranus im Sternbild Fische aufzufinden. Bequemer freilich ist es, sich den magischen Planeten einfach im Rahmen einer Führung auf einer Sternwarte zeigen zu lassen.

L. Sromovsky/W. M. Keck Observatory

10.16 Uranusaufnahme mit dem Keck-Teleskop auf dem Mauna Kea (Hawaii) im infraroten Licht.

10.17 Wer den Planeten Uranus einmal selbst sehen möchte, dem sei der Besuch einer Sternwarte empfohlen. Hier im Bild die Sternwarte Welzheim bei Stuttgart (www.sternwarte-welzheim.de).

November 2018

- Venus beginnt um die Monatsmitte ihre Morgensternperiode.
- Mars bleibt auffälliges Gestirn in der ersten Nachthälfte.
- Jupiter wird am 26. von der Sonne überholt und ist unsichtbar.
- Saturn zieht sich langsam vom Abendhimmel zurück.

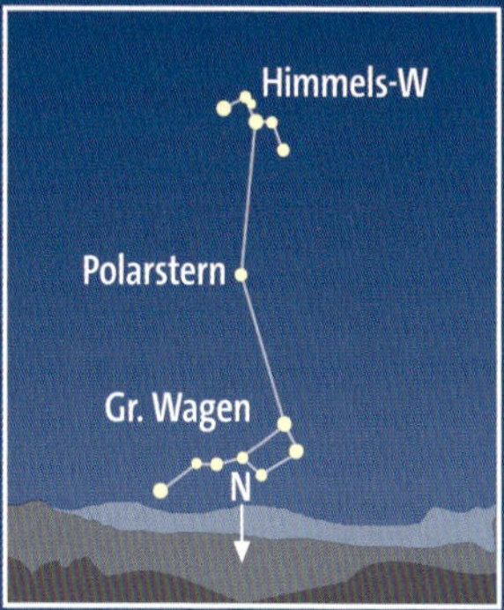

Großer Wagen und Himmels-W Anfang November um 22 Uhr

11.1 Himmelsanblick am 16. November gegen 18h MEZ. Am Südhimmel erkennt man den Planeten Mars in Begleitung vom zunehmenden Halbmond.

1 Do Allerheiligen	**17 Sa**
2 Fr	**18 So**
3 Sa	**19 Mo**
4 So	**20 Di**
5 Mo	**21 Mi** Buß- und Bettag
6 Di	**22 Do**
7 Mi Neumond	**23 Fr** Vollmond
8 Do	**24 Sa**
9 Fr	**25 So** Totensonntag
10 Sa	**26 Mo**
11 So Mond bei Saturn (Abendhimmel)	**27 Di**
12 Mo	**28 Mi**
13 Di	**29 Do**
14 Mi	**30 Fr** Mond im letzten Viertel
15 Do Mond im ersten Viertel	
16 Fr Mond bei Mars (Abendhimmel)	

Sonne – Sternbilder

22.11. 10h:
Sonne tritt in das Tierkreiszeichen Schütze
23.11. 17h:
Sonne tritt in das Sternbild Skorpion
30.11. 5h:
Sonne tritt in das Sternbild Schlangenträger
Julianisches Datum am
1. November, 1h MEZ: 2 458 423,5

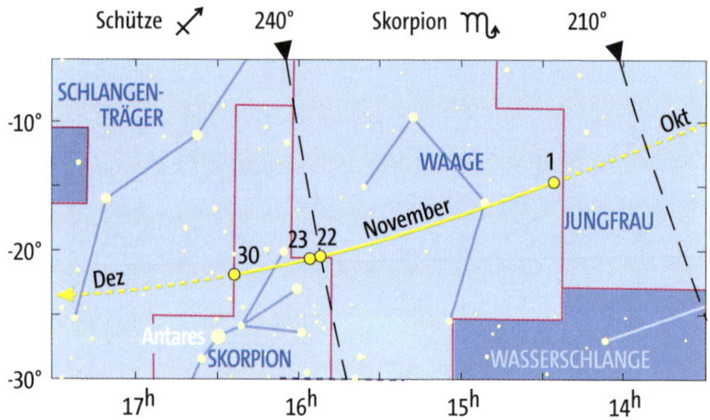

Tabelle Sonnenlauf

Tag	Dämmerg. Anfang	Aufgang MEZ	Kulmination	Untergang MEZ	Dämmerg. Ende	Mittagshöhe	Zeitgleichg.	Rektaszension	Deklination
	h m	h m	h m	h m	h m	°	m	h m	°
1.	5 57	7 09	12 04	16 57	18 09	25,5	+16	14 23	–14,3
5.	6 03	7 16	12 04	16 50	18 03	24,3	+16	14 39	–15,5
10.	6 10	7 24	12 04	16 43	17 57	22,8	+16	14 59	–17,0
15.	6 18	7 33	12 05	16 36	17 51	21,5	+15	15 20	–18,3
20.	6 24	7 40	12 06	16 30	17 46	20,3	+14	15 40	–19,6
25.	6 31	7 48	12 07	16 25	17 42	19,2	+13	16 01	–20,6
30.	6 37	7 55	12 09	16 22	17 40	18,3	+11	16 23	–21,6

Tages- und Nachtstunden

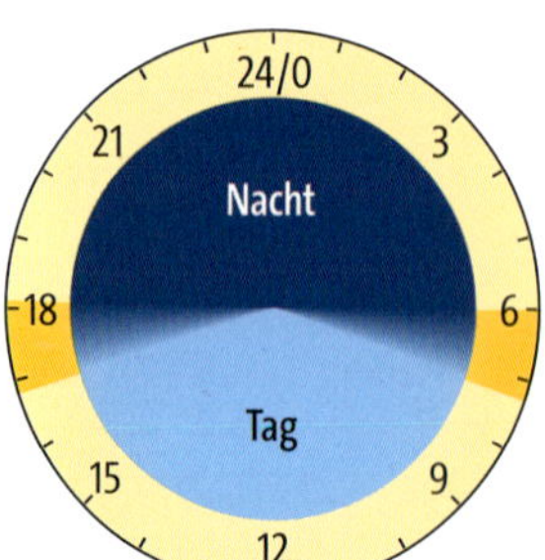

5. November

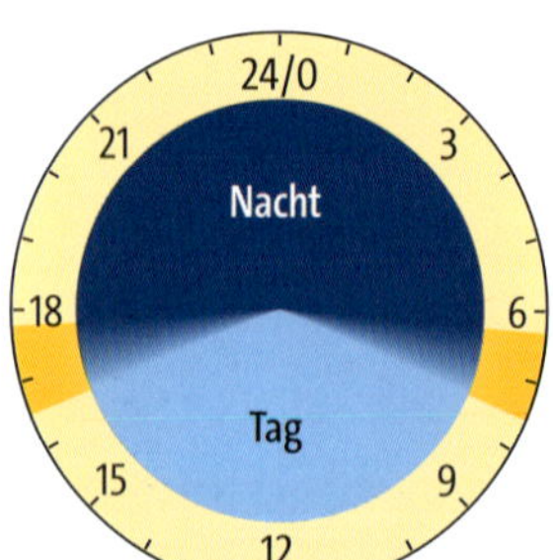

15. November

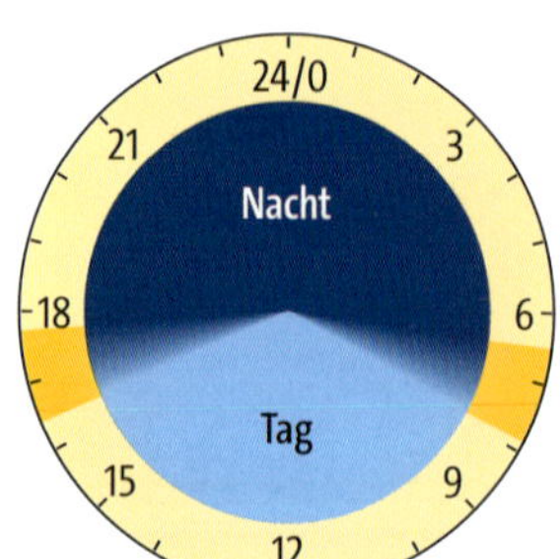

25. November

Tabelle Mondlauf

Datum		Aufg. MEZ	Kulmination	Unterg. MEZ	Rektaszension	Deklination	Sterne und Sternbilder	Phase	MEZ
		h m	h m	h m	h m	°			
Do	1.	–	6 53	14 31	9 00	+18,1	Krebs, Krippe		
Fr	2.	0 19	7 48	15 03	9 57	+14,8	Löwe, Regulus		
Sa	3.	1 36	8 41	15 32	10 53	+10,7	Löwe		
So	4.	2 53	9 32	15 57	11 46	+ 6,0	Jungfrau		
Mo	5.	4 09	10 21	16 21	12 38	+ 0,9	Jungfrau		
Di	6.	5 24	11 10	16 45	13 30	– 4,1	Spica	Größte Nordbreite	
Mi	7.	6 38	11 59	17 11	14 21	– 8,8	Jungfrau	**Neumond Nr. 1186**	**$17^h 02^m$**
Do	8.	7 50	12 49	17 40	15 13	–13,0	Waage	Libration West	
Fr	9.	8 59	13 39	18 13	16 05	–16,5	Skorpion		
Sa	10.	10 04	14 30	18 52	16 58	–19,1	Schlangenträger		
So	11.	11 02	15 20	19 37	17 50	–20,8	Schütze		
Mo	12.	11 53	16 10	20 28	18 43	–21,4	Schütze, Nunki		
Di	13.	12 36	16 58	21 24	19 34	–21,0	Schütze	Absteigender Knoten	
Mi	14.	13 12	17 45	22 24	20 25	–19,7	* Steinbock	Erdferne 404/29,′6	17^h
Do	15.	13 43	18 31	23 26	21 14	–17,6	Steinbock	**Erstes Viertel**	**$15^h 54^m$**
Fr	16.	14 09	19 16	–	22 02	–14,7	Wassermann		
Sa	17.	14 33	19 59	0 30	22 49	–11,1	Wassermann		
So	18.	14 55	20 43	1 36	23 35	– 7,1	Wassermann		
Mo	19.	15 16	21 28	2 43	0 22	– 2,7	Fische		
Di	20.	15 39	22 14	3 52	1 09	+ 2,0	Walfisch	Größte Südbreite Libration Ost	
Mi	21.	16 03	23 03	5 03	1 58	+ 6,7	* Fische		
Do	22.	16 32	23 55	6 17	2 50	+11,2	Widder		
Fr	23.	17 06	–	7 32	3 44	+15,2	Stier	**Vollmond**	**$6^h 39^m$**
Sa	24.	17 48	0 51	8 47	4 42	+18,5	Aldebaran		
So	25.	18 40	1 49	9 57	5 42	+20,7	* Stier		
Mo	26.	19 42	2 50	11 00	6 44	+21,5	Alhena	Erdnähe 367/32,′6	13^h
Di	27.	20 53	3 50	11 52	7 46	+20,9	Pollux	Aufsteigender Knoten	
Mi	28.	22 08	4 49	12 34	8 47	+19,0	Krebs, Krippe		
Do	29.	23 25	5 45	13 09	9 45	+15,9	Löwe, Regulus		
Fr	30.	–	6 38	13 38	10 41	+11,9	* Löwe	**Letztes Viertel**	**$1^h 19^m$**

Mond wandert knapp an Deneb Algedi vorbei und nähert sich Mars

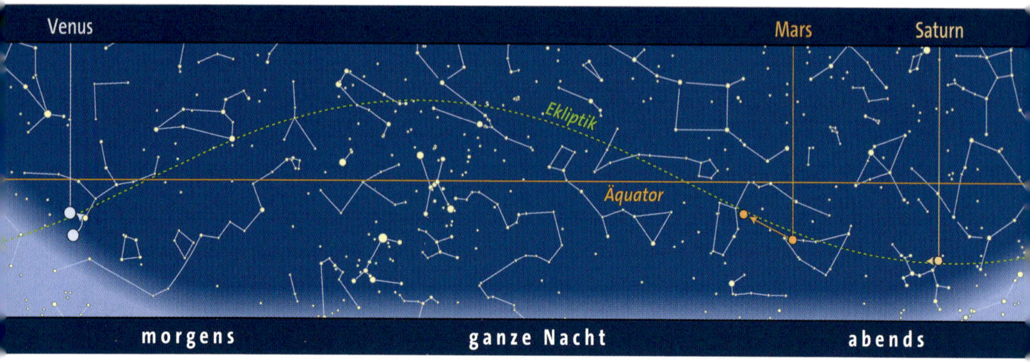

Merkur kommt am 6. in größte östliche Elongation von der Sonne. Trotz eines Elongationswinkels von 23°19′ kommt es in Mitteleuropa nicht zu einer Abendsichtbarkeit. Südlich von 39° Nord zeigt sich der –0ᵐ,3 helle Merkur in der fortgeschrittenen Dämmerung etwa eine Viertel bis eine halbe Stunde (je nach geografischer Breite) am Abendhimmel über dem Südwesthorizont.

In unseren Breiten erscheint Merkur wegen seiner extrem südlichen Deklination (–24,°3 am Elongationstag) nicht in der Abenddämmerung.

Die Phase Dichotomie wird am 11. abends erreicht. Das 7,″4 große Merkurscheibchen erscheint halb beleuchtet.

Am 17. wird Merkur stationär und eilt rasch rückläufig auf die Sonne zu, die ihm im Tierkreis entgegenkommt. Am 27. treffen beide zusammen, der flinke Planet steht in unterer Konjunktion mit der Sonne. Seine Konjunktionsschleife zieht Merkur im Gebiet der Sternbilder Skorpion und Schlangenträger, wobei er am 9. Antares (α Scorpii) in 1,°8 nördlichem Abstand passiert (siehe Abb. 11.2 unten).

Am 29. eilt Merkur durch sein Perihel, wobei ihn nur 46,0 Millionen Kilometer (= 0,307 AE) von der Sonne trennen.

Venus hat ihre untere Konjunktion mit der Sonne gerade hinter sich. Am 14. wird sie stationär und beendet damit ihre Rückläufigkeit. Der Umkehrpunkt liegt nahe bei Spica (α Vir) in der Jungfrau. Am 15. befindet sie sich 1,°2 östlich von Spica (siehe Abb. 11.3 auf Seite 235). Bereits im ersten Monatsdrittel beginnt Venus ihre Morgensternperiode. Etwa eine Stunde vor Sonnenaufgang kann man Venus am 5. tief im Südosten erkennen. An diesem Tag geht der –4ᵐ,3 helle, innere Nachbarplanet um 6^h08^m auf. Die Sichtbarkeitsdauer nimmt im Laufe des Monats rasch zu, die Helligkeit steigert sich bis Ende November auf –4ᵐ,9. Am 10. geht Venus um 5^h34^m auf, am 20. um 4^h44^m und am 30. bereits um 4^h17^m.

Im Teleskop sieht man um den 10. eine extrem schmale Sichel von fast einer Bogenminute Durchmesser. Die Sichel wird während des Monats rasch dicker und kleiner. Am 30. sind 25 Prozent des Venusscheibchens beleuchtet, wobei der scheinbare Durchmesser knapp 42″

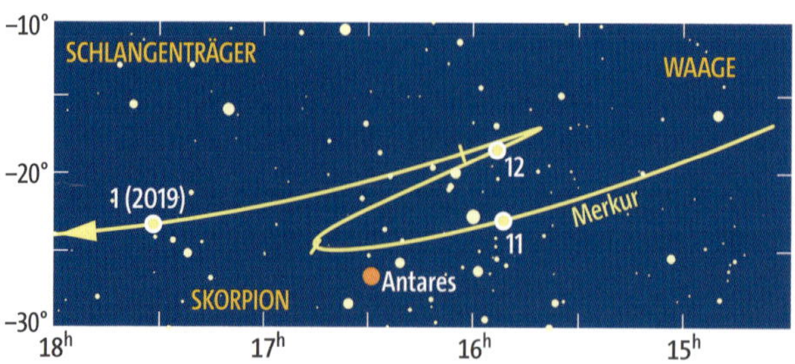

11.2 Bahn von Merkur: Konjunktionsschleife von Merkur im Gebiet der Sternbilder Skorpion und Schlangenträger. Die Zahlen geben die Merkurposition zum jeweiligen Monatsersten an (1 = 1. Januar 2019).

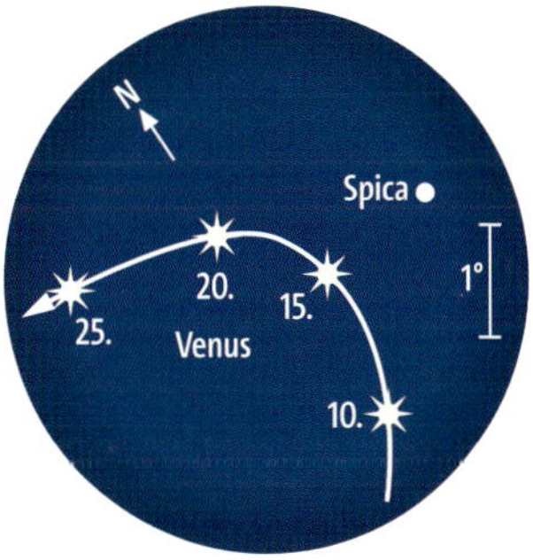

11.3 Venus bei Spica:
Planet Venus zieht vom 10. bis 25. November in einer Schleife an Spica in der Jungfrau vorbei. Fernglasanblick gegen 6^h30^m MEZ.

beträgt. Für engagierte Sternfreundinnen und Sternfreunde ist es im November besonders reizvoll, die Venusphasen von Tag zu Tag zu verfolgen.

Mars ist nach wie vor ein auffälliges Gestirn in der ersten Nachthälfte, auch wenn seine Glanzzeit vom Sommer nun vorbei ist. Der rote Planet wandert schneller werdend rechtläufig durch den Tierkreis und strebt immer nördlicheren Positionen zu. Am 5. passiert er Deneb Algedi (δ Capricorni) und wechselt am 11. aus dem Steinbock in das Sternbild Wassermann. Während des Monats sinkt die Marshelligkeit um eine halbe Größenklasse auf $-0{,}^{m}1$ ab.

Der Marsuntergang erfolgt am 1. um 23^h56^m und am Monatsende nur zehn Minuten früher. Die geringe Verspätung der Untergänge ist einmal der schnellen Wanderung von Mars durch den Tierkreis geschuldet. Zum anderen werden wegen der ansteigenden Deklination die Tagbögen von Mars immer größer. Der zunehmende Halbmond kommt am 16. bei Mars vorbei (siehe Abb. 11.1 auf Seite 230).

Jupiter hat sich vom Abendhimmel zurückgezogen. Er steht unsichtbar mit der Sonne am Taghimmel, die ihn am 26. im Tierkreis überholt. An diesem Tag befindet er sich in den Morgenstunden in Konjunktion mit der Sonne. Die Konjunktion mit Merkur am 28. bleibt unbeobachtbar. Der Riesenplanet wandert rechtläufig durch das Sternbild Waage und wechselt am 20. in den Skorpion (siehe Abb. 5.4 auf Seite 117).

Zur Konjunktion erreicht Jupiter seine größte Entfernung von der Erde, nämlich 949 Millionen Kilometer (= 6,34 AE). Von der Sonne trennen ihn am 26., dem Konjunktionstag, 802 Millionen Kilometer (= 5,36 AE).

11.4 Mond bei Saturn:
Enge Begegnung der zunehmenden Mondsichel mit Saturn am 11. November. Fernglasanblick gegen 18^h MEZ bei 5° Gesichtsfelddurchmesser.

Saturn, der rechtläufig durch das Sternbild Schütze wandert, verkürzt drastisch seine Abendsichtbarkeit. Gegen Monatsende wird es schwierig, den Ringplaneten ohne Fernglas aufzustöbern, da er sich nach Einbruch der Dunkelheit schon in den horizontnahen Dunstschichten aufhält.

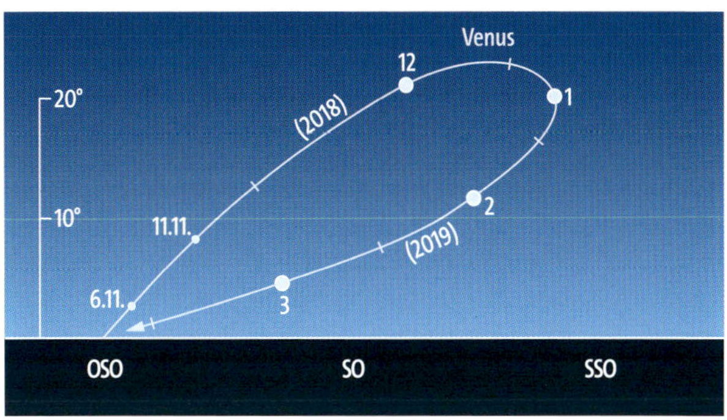

11.5 Venus am Morgenhimmel:
Stellung der Venus am morgendlichen Südhimmel eine Stunde vor Sonnenaufgang von November 2018 bis Mitte März 2019. Die Zahlen geben die Venusposition zum jeweiligen Monatsersten an (12 = 1. Dezember).

11.6 Mond bei Regulus:
Die abnehmende Mondsichel begegnet Regulus im Löwen am 2. November. Fernglasanblick gegen 6^{h} MEZ.

Der Untergang des $0^{m}{,}6$ hellen Ringplaneten erfolgt am 1. um $20^{h}02^{m}$, am 10. um $19^{h}30^{m}$ und am 20. um $18^{h}55^{m}$. Danach bleibt gerade eine gute Stunde, um Saturn zu beobachten. Am Monatsletzten sinkt der immer noch $0^{m}{,}6$ helle Ringplanet schon um $18^{h}21^{m}$ unter die südwestliche Horizontlinie.

Am 11. kommt es zur Begegnung mit der zunehmenden Mondsichel, die gegen 18^{h} etwa $0^{\circ}{,}7$ nördlich von Saturn zu sehen ist (s. Abb. 11.4 auf Seite 235).

Uranus, rückläufig im Sternbild Widder, stand im letzten Oktoberdrittel in Opposition zur Sonne. Bei Einbruch der Dunkelheit kann man den grünlichen Planeten mit geeigneter Optik schon aufsuchen. Seine Helligkeit beträgt immer noch $5^{m}{,}7$.

Vom Morgenhimmel zieht sich Uranus allmählich zurück. Am 1. geht der lichtschwache Planet um $6^{h}29^{m}$ unter, am 15. um $5^{h}31^{m}$ und am 30. um $4^{h}29^{m}$. Seine Kulminationszeiten verlagert er von $23^{h}29^{m}$ zu Monatsbeginn auf $21^{h}31^{m}$ am Monatsende. Dies ist die günstigste Zeit, um nach Uranus zu fahnden. Die scheinbare Uranusbahn ist in Abb. 10.5 auf Seite 219 zu finden.

Neptun, rückläufig im Wassermann, zieht sich aus der zweiten Nachthälfte zurück, seine Helligkeit sinkt leicht um $0^{m}{,}1$ auf $7^{m}{,}9$ ab. Seine rückläufige Wanderung bremst Neptun merkbar ab; am 25. wird er stationär. Anschließend zieht er wieder rechtläufig durch den Wassermann (siehe Abb. 9.5 auf Seite 198).

Am 1. geht Neptun um $2^{h}10^{m}$ unter, am 15. um $1^{h}14^{m}$ und am 30. bereits um $0^{h}15^{m}$. Die Meridiandurchgänge verlagert der bläuliche Planet von $20^{h}38^{m}$ zu Monatsbeginn auf $19^{h}42^{m}$ zur Monatsmitte und auf $18^{h}43^{m}$ Ende November.

Planetoiden

Juno (3) kommt am 17. um 23^{h} im Sternbild Fluss Eridanus in **Opposition** zur Sonne. Mit einer Oppositionshelligkeit von $7^{m}{,}4$ ist sie bereits in einem guten Fernglas zu erkennen.

Die Aufsuchkarte Abb. 11.8 auf Seite 237 soll das Auffinden von Juno ermöglichen. Zu Monatsanfang $7^{m}{,}6$ hell, sinkt ihre Helligkeit nach der Opposition wieder auf $7^{m}{,}6$ bis Monatsende ab.

Juno kulminiert am 1. um $1^{h}44^{m}$, in der Oppositionsnacht um $0^{h}31^{m}$ und Ende November schon um $23^{h}25^{m}$. Am Oppositionstag geht sie um $18^{h}40^{m}$ auf, am 30. bereits um $17^{h}44^{m}$.

11.7 Mond bei Aldebaran:
Der Vollmond passiert am 23. November Aldebaran im Stier knapp nördlich. Fernglasanblick gegen 21^{h} MEZ. Die Hyadensterne im Hintergrund sind wegen des hellen Mondlichtes kaum zu erkennen.

Von der Erde ist Juno am Oppositionstag 155 Millionen Kilometer (= 1,04 AE) entfernt. Von der Sonne trennen sie 297 Millionen Kilometer (= 1,99 AE).

Hebe – Planetoid Nr. 6 – wird am 11. im Sternbild Einhorn (lat.: Monoceros) stationär und eilt anschließend, zunächst noch langsam, rückläufig ihrer Opposition entgegen, die sie kurz vor Jahresende erreicht (siehe Abb. 12.6 auf Seite 257). Ihre Helligkeit nimmt um eine halbe Größenklasse zu und erreicht Ende November $8^{m}{,}7$.

Hebe kulminiert am 1. um $4^{h}31^{m}$, am 15. um $3^{h}38^{m}$ und am 30. bereits um $2^{h}34^{m}$. Ihre Aufgänge verlagert sie von $22^{h}07^{m}$ zu Monatsbeginn auf $20^{h}11^{m}$ zu Monatsende.

Periodische Sternschnuppenströme

Vom 13. bis 30. November treten am Morgenhimmel die **Leoniden** in Aktion. Ihr Radiant liegt im Löwen rund 10° nordöstlich von Regulus. Das spitze Maximum ist in der Nacht vom 17. auf 18. November zu erwarten. Mit einer Rate von 15 Meteoren pro Stunde ist zu rechnen. Die Sternschnuppen sind außerordentlich schnell (um 70 Kilometer pro Sekunde). Das Erscheinen der Leoniden geht auf den Kometen 55P/Tempel-Tuttle zurück, der sich zurzeit nahe seinem Aphel aufhält. In manchen Jahren waren die Leoniden besonders aktiv. Nur alle 33 Jahre kollidiert die Erde mit dem Zentrum der Leoniden-Trümmerwolke. In diesem Jahr ist mit einer eher bescheidenen Leoniden-Aktivität zu rechnen. Die beste Beobachtungszeit sind die Stunden nach Mitternacht.

Auf die **Tauriden**, deren Maximum auf den 10. November fällt, wurde schon im September hingewiesen. Zwischen 20^h und 4^h morgens ist mit etwa fünf bis zehn Meteoren pro Stunde zu rechnen. In den letzten Jahren hat sich gezeigt, dass die Tauriden eigentlich in zwei Teilströme zerfallen. Die **Nord-Tauriden** haben ihr Maximum am 10. November, die **Süd-Tauriden** sind etwas früher dran, ihr Höhepunkt fällt auf den 4. November.

Die **Alpha-Monocerotiden** sind ein periodisch aktiver Strom. In den Jahren 1925, 1935, 1985 und 1995 konnte jeweils innerhalb

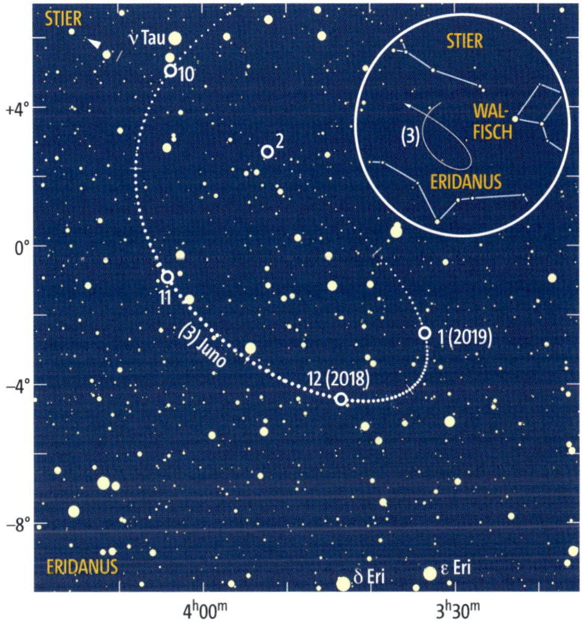

11.8 Bahn von Juno: Scheinbare Bahn des Kleinplaneten Juno von Oktober 2018 bis Februar 2019.

Konstellationen und Ereignisse

Datum	MEZ	Ereignis
6.	3^h	Mond bei Venus, Mond 9,°6 nördlich
6.	16	Merkur in größter östlicher Elongation (23°)
8.	19	Mond bei Jupiter, Mond 3,°8 nördlich
9.	13	Mond bei Merkur, Mond 6,°7 nördlich
11.	17	**Mond bei Saturn**, Mond 1,°5 nördlich, **Abstand 0,°7 um 18^h**
12.	19	Mond bei Pluto, Mond 0,°9 nördlich (Bedeckung!)
14.	4	Venus im Stillstand, anschließend rechtläufig
16.	5	**Mond bei Mars**, Mond 1,°0 südlich, **Abstand 4,°2 um 23^h am 15. und 5,°6 um 17^h am 16.**
17.	6	Merkur im Stillstand, anschließend rückläufig
17.	7	Mond bei Neptun, Mond 2,°7 südlich
20.	21	Mond bei Uranus, Mond 4,°8 südlich
25.	9	Neptun im Stillstand, anschließend rechtläufig
26.	8	Jupiter in Konjunktion mit der Sonne
27.	10	Merkur in unterer Konjunktion mit der Sonne
28.	1	Merkur bei Jupiter, Merkur 0,°5 nördlich
29.	10	Merkur im Perihel

einer halben Stunde eine besonders hohe Aktivität mit Fallraten bis zu 500 Sternschnuppen beobachtet werden. Der Verursacherkomet ist noch unbekannt. Die berechneten Bahnen der zuletzt aufgezeichneten Meteore weisen auf ein Objekt mit rund 500 Jahren Umlaufzeit hin. Unter einigen Annahmen wird ein erneutes Auftreten des Stromes erst für 2019 erwartet.

Der Fixsternhimmel

Die Bilder hoch im Süden und um den Zenit wie Kassiopeia, Andromeda, Pegasus, Perseus und Widder prägen den typischen Herbstcharakter des gestirnten Firmaments. Im Osten kündigt sich hingegen der Winter durch eine Reihe heller Sterne an: Kapella im Fuhrmann, Aldebaran im Stier, Beteigeuze und Rigel im Orion, Kastor und Pollux in den Zwillingen. Lediglich der strahlend helle Sirius im Großen Hund und der ebenfalls recht helle Prokyon im Kleinen Hund sind zur Standardbeobachtungszeit (23^h zu Monatsbeginn, 22^h zur Monatsmitte) noch nicht auf der Himmelsbühne erschienen.

Die bei uns zirkumpolare Kassiopeia durchschreitet eben in oberer Kulmination zwischen Zenit und Polarstern den Meridian.

Die Sternenkette der Andromeda geht ebenfalls hoch über unseren Köpfen durch den Meridian. Der berühmte Andromedanebel (M 31), unsere Nachbarmilchstraße in rund drei Millionen Lichtjahren Entfernung, steht recht zenitnah und kann unter günstigen Sichtbedingungen schon mit bloßen Augen als mattes Lichtfleckchen ausgemacht werden.

Auch die Fische haben nun ihre höchste Stellung im Süden erreicht. Sie sind nicht leicht zu erkennen, da sie sich nur aus Sternen vierter Größe und schwächer zusammensetzen. Dem Namen nach ist das Sternbild Fische zwar fast jedem bekannt, weil es zum Tierkreis (Zodiacus) gehört. Aber wegen seiner lichtschwachen Sterne haben nur wenige die Fische mit eigenen Augen bewusst am Himmel gesehen. Vermutlich wegen seiner geringen Helligkeit hat man dieses Bild fast immer mit den Mächten der Finsternis oder der Erdmutter Gaia in Verbindung gebracht.

Im Südwesten nimmt der ebenfalls lichtschwache Wassermann seinen Platz ein. Knapp über dem Südwesthorizont leuchtet noch Mars, der sich im Grenzgebiet Steinbock – Wassermann aufhält.

Südlich der Fische passiert der Walfisch (lat.: Cetus) den Meridian. Es ist nicht ganz einfach, den Cetus zu erkennen, da er ein ausgedehntes und lichtschwaches Sternbild ist.

Tief im Südosten ist der Himmelsjäger Orion bereits erschienen, das Leitsternbild des Winterhimmels. Von seinem hellen, bläulichen Fußstern Rigel zieht sich der lange Fluss Eridanus in Richtung Westen und knickt dann kurz vor dem Meridian in Südrichtung ab.

Der Eridanus schlängelt sich weit nach Süden und ist von unseren Breiten aus nie vollständig zu sehen. Auch sein Hauptstern Achernar (α Eridani), mit $0\overset{m}{.}5$ scheinbarer Helligkeit einer der

Veränderliche Sterne im November

Algol-Minima	10. 6^h15^m	13. 3^h04^m	15. 23^h53^m	18. 20^h42^m	21. 17^h30^m	21. 7^h58^m
β-Lyrae-Minima	3. 15^hN	10. 3^hH	16. 15^hN	23. 2^hH	29. 14^hN	
δ-Cepheï-Maxima	3. 18^h	9. 3^h	14. 11^h	19. 20^h	25. 5^h	30. 14^h
Mira-Helligkeit	1. 7^m	10. 7^m	20. 6^m	30. 4^m		

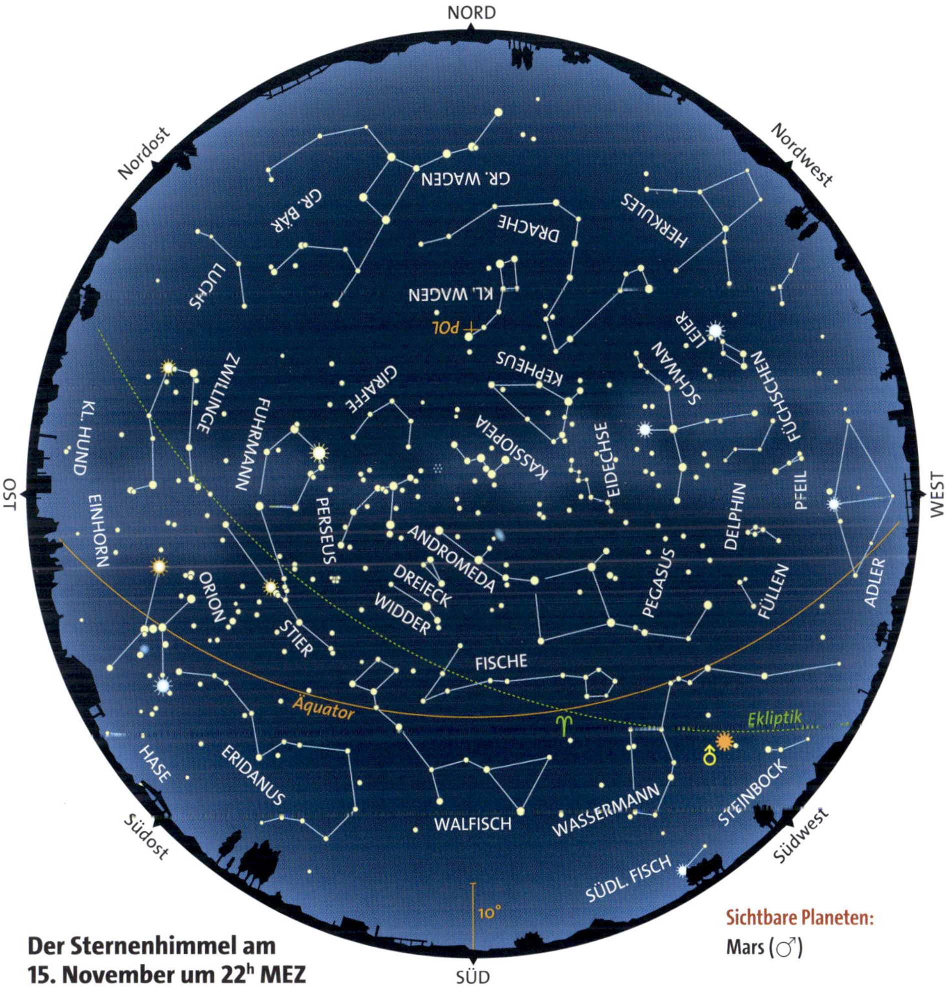

Der Sternenhimmel am 15. November um 22^{h} MEZ

Sichtbare Planeten:
Mars (♂)

Die Sternkarte ist auch gültig für:

	MEZ	MESZ
1. 9.	3^{h}	4^{h}
15. 9.	2	3
1.10.	1	2
15.10.	0	1
1.11.	**23**	
15.11.	**22**	
30.11.	**21**	
15.12.	20	
31.12.	19	
15. 1.	18	

zehn hellsten Sterne am irdischen Firmament, steht so weit südlich, dass er bei uns nie über den Horizont steigt.

Die bei uns sichtbaren Sterne des Eridanus sind dritter und vierter Größenklasse, so dass der Eridanus in Mitteleuropa recht unauffällig bleibt. Am hellsten ist noch β Eridani oder Cursa beziehungsweise Dhalim genannt, dessen scheinbare Helligkeit zu $2\overset{m}{,}8$ gemessen wurde. Cursa leuchtet weißlich (Spektralklasse: A3 III) und ist 89 Lichtjahre von uns entfernt.

Cursa liegt in unmittelbarer Nachbarschaft von Rigel im Orion. Hier beginnt der Fluss Eridanus.

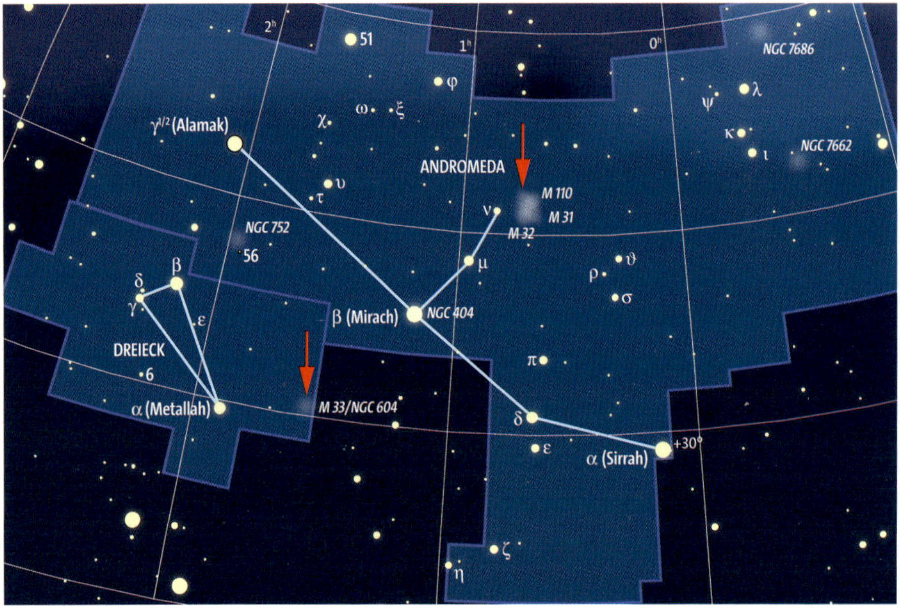

11.9 Andromeda und Dreieck: **Die Sternbilder Andromeda und Dreieck mit den zwei Galaxien M 31 (Andromedanebel) und M 33.**

Objekte für Feldstecher und Fernrohr

Zu den prominenten Himmelsobjekten des herbstlichen Abendhimmels, die bei keiner Sternführung dem Publikum vorenthalten werden sollten, zählen der große Andromedanebel (M 31), der Triangulum-Nebel (M 33), beides Nachbarmilchstraßensysteme der Galaxis, sowie die beiden nahe beieinander stehenden offenen Sternhaufen h und χ im Perseus. Manchmal spricht man auch von einem doppelten Sternhaufen, wenn man h und χ Per meint. Beide haben keine Messier-Nummern. Alle vier „Deep-Sky-Objekte" sind bereits häufig im Himmelsjahr beschrieben worden. Sie sind im Fernglas relativ leicht zu entdecken.

Wer schon mit seinem Fernglas zum Perseus blickt, kann sich einmal die OB-Assoziation im Perseus ansehen, ein ideales Fernglasobjekt. Man richte das Fernglas dazu auf Mirphak (α Per).

In seiner Umgebung funkeln mehr als ein Dutzend heißer, blau-weißer Sterne von 4^{m} bis 6^{m}, die im Gebiet zwischen α Per und δ Per verstreut sind. Die OB-Assoziation im Perseus ist mit nur 600 Lichtjahren Entfernung eine der nächsten.

Assoziationen sind Gebiete junger Sterne, die gemeinsam entstanden sind und nicht lange beieinander bleiben. Die Assoziationen lösen sich in einigen zig Millionen Jahren auf. Ihre Sterne verstreuen sich in der Milchstraße.

Östlich von Mirphak stößt man auf das Sternendreieck μ Per ($4\overset{m}{,}1$), λ Per ($4\overset{m}{,}3$)und b Per ($4\overset{m}{,}6$). b Per ist der Prototyp der Rotationsvariablen mit der geringen Amplitude von $0\overset{m}{,}1$.

Ein wenig nördlich davon liegt der offene Sternhaufen NGC 1528 mit einer Gesamthelligkeit von $6\overset{m}{,}4$.

Die meisten seiner Sterne sind schwächer als 9^{m}. Der scheinbare Durchmesser liegt bei 18′. Es handelt sich um eine lockere Sternenanordnung ohne eine zentrale Konzentration. Empfehlenswert für Teleskope ab 20 cm freier Öffnung.

11.10 Der Perseus: **Das Sternbild Perseus mit den im Text besprochenen Objekten für Feldstecher und Teleskop.**

Der Krabbennebel

Nicht leicht zu finden ist der Krabbennebel (engl.: crab nebula) im Stier, M 1 mit seiner Messier-Nummer. Seinen Namen verdankt er seinem Aussehen. Um M 1 zu finden, gehe man vom südlichen Stierhorn aus, das von ζ Tauri ($3^m{,}0$) markiert wird. Ein wenig nordwestlich davon stößt man auf den Krabbennebel. Mit nur 8^m Helligkeit ist er selbst mit einem lichtstarken Fernglas nur schwer zu erkennen. Im Teleskop macht er auch nicht einen besonderen Eindruck. M 1 erscheint leicht länglich (Ausdehnung 4′ × 6′). Filamentartige Strukturen sind nur in großen Teleskopen zu sehen. In Liebhaberfernrohren sind zwei 16^m helle Sterne im Zentrum von M 1 nicht zu erkennen. Einer von ihnen ist der Zentralstern, ein rasch rotierender Neutronenstern oder Pulsar, der alle 33 Millisekunden einen Licht- und Radioblitz aussendet. Entdeckt wurde der Neutronenstern im Krabbennebel als zweiter Pulsar schon 1968. Einst als Planetarischer Nebel bezeichnet, ist heute bekannt, dass M 1 der Überrest einer Supernova ist, die am 4. Juli 1054 an dieser Stelle aufleuchtete, wie fernöstliche Quellen berichten. Die Supernova war heller als Venus und konnte fast den gesamten Juli 1054 auch am Taghimmel gesehen werden. Die Gaswolke von M 1 dehnt sich mit einer Geschwindigkeit von rund 1000 Kilometer pro Sekunde aus. Entdeckt wurde M 1 von John Bevis im Jahre 1731. M 1 ist über 6000 Lichtjahre entfernt.

Messier 15 im Pegasus

Ein besonders schöner Kugelhaufen ist M 15 im Pegasus. Mit 6^m Helligkeit ist er schon in einem kleinen Fernglas gut zu erkennen. Manche behaupten, M 15 sogar mit bloßen Augen gesehen zu haben, was unter extrem guten Sichtbedingungen für hervorragende Augen theoretisch möglich ist. M 15 findet man bei der Schnauze des Pegasus, ein wenig nordwestlich von dem $2^m{,}4$ hellen Stern Enif (ε Pegasi) an der Grenze zum Sternbild Füllen (Equuleus). Im Fernglas sieht M 15 fast wie ein unscharf eingestellter Stern aus, was durch sein helles, dichtes Zentrum bewirkt wird. Im Teleskop sieht er leicht oval aus. Sein scheinbarer Durchmesser be-

11.11 Der Pegasus:
Das Sternbild Pegasus mit dem kugelförmigen Sternhaufen M 15.

trägt mit den Außenpartien immerhin 18′. Seine Entfernung wurde zu rund 35 000 Lichtjahren bestimmt. Andere Distanzmessungen ergeben als Entfernung von M 15 jedoch 39 000 Lichtjahre. Da M 15 in einer sternarmen Gegend liegt, ist er kaum zu übersehen.

Doppelsterne

Ein sehr beeindruckender Doppelstern ist η Cassiopeiae. Er ist leicht zu finden und zeigt einen schönen Farbkontrast. Die $3^{m}_{,}5$ helle Hauptkomponente leuchtet gelb (G0) und hat in $13''_{,}2$ Distanz einen tiefroten, nur $7^{m}_{,}4$ hellen Begleiter.

Schon ein Zweizöller löst dieses Pärchen einwandfrei auf. Beide Sonnen umkreisen einander in 480 Jahren. Mit 19 Lichtjahren Entfernung zählt η Cas noch zu den Nachbarsternen unserer Sonne.

Außer dem prominenten Doppelstern Mesarthim (γ Arietis) seien noch zwei Doppelsterne im Widder genannt, die allerdings nicht leicht zu trennen sind. Um sie aufzulösen, ist mindestens ein Fünfzöller erforderlich: κ Arietis steht knapp südlich von Hamal (α Ari), dem Hauptstern des Widders. Die Hauptkomponente ist ein gelblicher Stern (F8) von $5^{m}_{,}6$ scheinbarer Helligkeit. Der ebenfalls gelbliche Begleiter ist nur $7^{m}_{,}7$ hell. Beide Komponenten stehen in $1''_{,}4$ Distanz voneinander (Positionswinkel: 344°) und umrunden einander in 325 Jahren. In manchen Sternkarten steht die Flamsteed-Nr. 10 Ari statt κ Ari. Die Doppelsternkatalognummer (Aitken) für 10 Ari lautet: ADS 1631.

Ein weiterer enger Doppelstern im Widder ist ε Ari mit nur $1''_{,}5$ Separation. Mit $5^{m}_{,}2$ und $5^{m}_{,}5$ sind beide Komponenten fast gleich hell. Beide Sonnen leuchten weiß (jeweils A2-V-Sterne). Der Positionswinkel beträgt 208°. ε Ari ist knapp 300 Lichtjahre von uns entfernt.

Der Planetenzoo

NASA/JPL-Ca tech

11.12 Exotische Landschaft eines Exoplaneten einer fernen Sonne.

Unsere Sonne wird von acht großen Planeten umrundet. Daneben schwirren hunderttausende Zwergplaneten und Planetoiden um die Sonne. Auch Milliarden von Kometen sowie unzählige Meteoroide, Gas und Staub sind Bestandteile unseres Sonnensystems.

Die großen Planeten laufen dabei in fast kreisförmigen Bahnen um die Sonne. Auch liegen ihre Bahnen ziemlich genau in einer Ebene. Die größte Abweichung von der Kreisform zeigt die Merkurbahn (e = 0,206), deren Neigung zur Fundamentalebene (Ekliptikebene) mit 7° auch am größten ist.

Die acht Planeten lassen sich in zwei Gruppen einteilen: In die terrestrischen (erdähnlichen) oder Gesteinsplaneten und in die Riesenplaneten oder Gasplaneten. Die vier terrestrischen Planeten Merkur, Venus, Erde und Mars laufen in geringen Abständen von 0,4 bis 1,5 AE um die Sonne. Ihre Durchmesser sind relativ klein – von Merkur mit 4878 km bis zur Erde mit 12 756 km. Ihre Dichten sind groß – von 3,9 g/cm^3 (Mars) bis zu 5,5 g/cm^3 (Erde). Ihre Massen sind recht gering – von 0,06 Erdmassen bei Merkur bis zu einer Erdmasse. Sie setzen sich aus Gestein und Metallen zusammen. Sie rotieren langsam: Venus einmal (retrograd) in 243 Tagen und Merkur in 58,6 Tagen. Noch am schnellsten dreht sich die Erde – eine volle Rotation dauert nur 23^h56^m. Die terrestrischen Planeten sind arm an Monden. Merkur und Venus besitzen keinen Mond, die Erde einen und Mars zwei winzige Trabanten.

Die Gasplaneten Jupiter, Saturn, Uranus und Neptun haben große Abstände von der Sonne, von 5,2 AE bis 30 AE. Ihre Durchmesser sind gewaltig, vom elffachen Erddurchmesser des Jupiter bis zum vierfachen Erddurchmesser des Neptun. Ihre Dichten sind gering – von 0,7 g/cm^3 (Saturn) bis 1,7 g/cm^3 (Neptun). Die Massen der Riesenplaneten sind erheblich. Jupiter besitzt die 318-fache Erdmasse. Am leichtesten ist noch Uranus mit 14,5-facher Erdmasse. Wasserstoff und Helium sind Hauptbestandteile der Gasplaneten mit geringen Beimengungen von Kohlenwasserstoffen wie Methan und Kohlenstoff-Stickstoff-Verbindungen wie Ammoniak. In den Zentren der Riesenplaneten vermutet man jeweils einen Kern aus Gestein und Metallen. Ob dies zutrifft, soll die Raumsonde Juno der NASA bei Jupiter erkunden (siehe auch Monatsthema Mai „Jupiter und Juno“ auf Seite 125).

Umhüllt werden die Riesenplaneten von dichten und ausgedehnten Atmosphären. Sie besitzen keine festen Oberflächen und rotieren sehr schnell. Jupiter dreht sich in knapp zehn Stunden um seine Achse. Eine Neptunrotation dauert nur 16 Stunden. Zahlreiche Monde begleiten die Gasplaneten auf ihrem Weg um die Sonne. Bei Jupiter und Saturn sind jeweils über fünf Dutzend Satelliten entdeckt worden. Von Uranus kennt man inzwischen 27 Trabanten und bei Neptun sind 14 Monde aufgespürt worden. Alle Riesenplaneten werden von Ringen aus Eispartikeln und Staub umgeben, wobei Saturn das beeindruckendste Ringsystem besitzt, das schon in kleinen Amateurteleskopen zu sehen ist.

Die Gasplaneten wandern alle jenseits der Eis- oder Schneegrenze um die Sonne. Jenseits der Eisgrenze bleibt die Oberflächentemperatur sonnenbeschienener Körper stets unter dem Gefrierpunkt von Wasser.

Die Entstehung der Planeten

Unser Planetensystem bildete sich vor knapp fünf Milliarden Jahren aus einer gewaltigen, um die werdende Sonne rotierende Gas- und Staubscheibe. Dies erklärt auch, weshalb alle Planeten in nahezu einer gemeinsamen Ebene um die Sonne laufen. Der vergleichsweise geringe Staubanteil der protoplanetaren, flachen Akkretionsscheibe lieferte das Baumaterial für die zukünftigen Planeten. Der Staub setzte sich aus mikroskopisch kleinen Körnern von Silikaten und Eisen zusammen. Beim Umschwirren der Sonne dieses Materials kam es zu permanenten Kollisionen der Staubkörner, die durch Adhäsion aneinander haften blieben. Adhäsion wird durch die elektromagnetischen Kräfte zwischen Molekülen bewirkt. In wenigen Millionen Jahren wuchsen die zunächst winzigen Partikel zu immer größeren Körnern heran. Es bildeten sich Klumpen, die zu größeren Brocken und schließlich zu kilometergroßen Blöcken, sogenannten Planetesimalen, heranwuchsen. Schließlich kam die Gravitation ins Spiel. Die Planetesimale fanden zu planetengroßen Körpern zusammen, deren Schwerkraft sie zu Kugeln formte. Die Protoplaneten banden nicht nur Staub und größere Brocken an sich, sondern auch interplanetares Gas, was zu gewaltigen Atmosphären führte. Die sonnennahen terrestrischen Planeten verloren jedoch durch die Sonnenhitze und den intensiven Sonnenwind, ein Partikelstrom aus Protonen, Alpha-Teilchen und Elektronen, ihre ursprünglichen Wasserstoffatmosphären. Erst Vulkanismus lieferte die späteren, dünnen Gashüllen um die erdähnlichen inneren Planeten.

Die äußeren Riesenplaneten jenseits der Eisgrenze erlebten kein Striptease ihrer Atmosphären. Im Gegenteil, durch das vorhandene Eis erfolgte die Akkretion zu großen Planeten schneller. Um einen relativ kleinen, felsigen Kern formten sich gewaltige Hüllen aus Wasserstoff und Helium – im tiefen Inneren zu metallischem Wasserstoff gepresst, weiter außen dicke Atmosphären bildend.

Dieses recht plausible Szenario der Planetenentstehung wurde jedoch vor nunmehr über zwanzig Jahren in Frage gestellt, als man Planeten um fremde Sonnen entdeckte. Inzwischen sind rund 4000 Planeten um andere Sterne gefunden worden. Dieser Zoo von Planeten in über 600 Sonnensystemen gibt den Theoretikern der Planetenbildung viele Rätsel auf. Die bisherigen Vorstellungen über die Entstehung von Planeten müssen offenbar revidiert werden. Das traditionelle Modell für die Bildung von Planeten funktioniert nicht bei den Exoplaneten, wie die kalten Trabanten von Sternen genannt werden.

Exoplaneten werfen Fragen auf

Bis zum Jahr 1995 war man sich nicht sicher, ob unser Planetensystem einzigartig ist oder ob auch um andere Sterne außer unserer Sonne Pla-

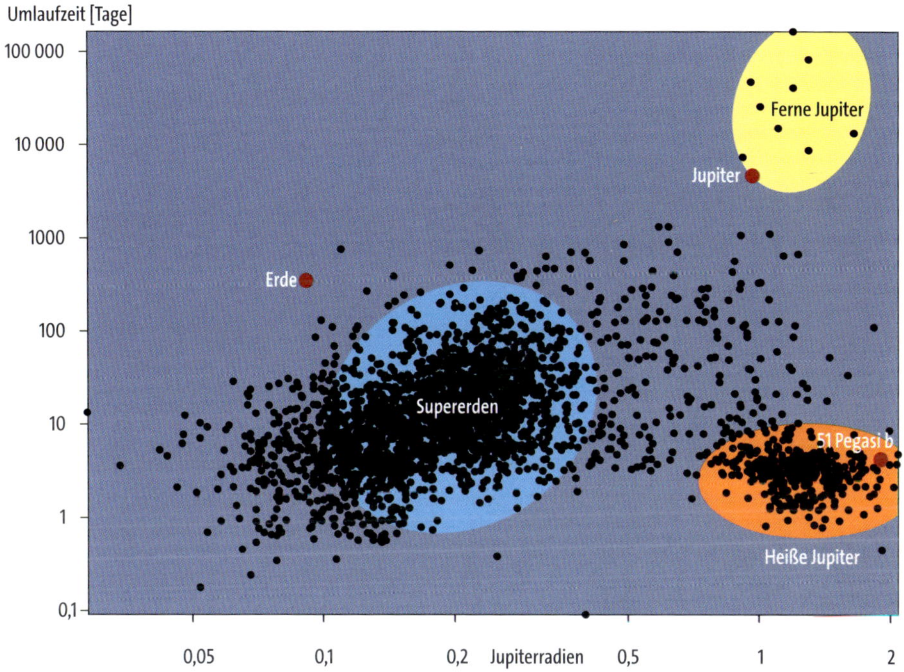

11.13 Das Diagramm zeigt die Verteilung der Exoplaneten nach Größe und Umlaufzeit.

neten kreisen. Im Oktober 1995 gaben zwei Schweizer Astronomen vom Observatorium Genf die Entdeckung eines Planeten um den Stern Nr. 51 im Sternbild Pegasus bekannt: sie hatten den ersten Planeten außerhalb unseres Sonnensystems gefunden (siehe auch „51 Pegasi – ein sonnenähnlicher Stern mit einem Planeten" im *Kosmos Himmelsjahr 1997* auf Seite 179). Im Dezember 2015 hat die neu gegründete Arbeitsgruppe der IAU zur offiziellen Benennung der Sterne 51 Pegasi den Eigennamen „Helvetios" verliehen.

Der Planet 51 Pegasi b – so seine Kennung – löste bald Verwunderung aus. Mit halber Jupitermasse ausgestattet, ist er sicher ein Gasplanet. Aber er umrundet in nur vier Tagen seine Muttersonne 51 Peg, wobei er ihr viel näher ist als Merkur unserer Sonne. Somit muss er sich auch entsprechend aufheizen und vermutlich gebunden rotieren, also seiner Sonne ständig die gleiche Seite zukehren. Wie kann aber ein solch heißer Jupiter in der Nähe eines Sterns entstehen?

Bald wurden weitere „heiße Jupiter" entdeckt, teils sogar mit mehr Masse und auch Größe als Jupiter. Man spricht von „Superjupiter". So wird beispielsweise der Stern HD 87883 von einem Planeten mit 82-facher Jupitermasse umkreist. Dies ist fast schon ein Brauner Zwerg.

Bald schien es, die meisten Exoplaneten seien vom Typ heiße Jupiter und Superjupiter. Doch dies ist auf einen Auswahleffekt bei der Suche nach Exoplaneten zurückzuführen. Die Entdeckung von Exoplaneten erfolgt durch indirekte Methoden. Sterne mit Planeten zeigen periodische Variationen ihrer Radialgeschwindigkeit, wenn man nur präzise genug misst. Denn der Mittelpunkt des Sternes kreist um den gemeinsamen Schwerpunkt des Systems Stern – Planet. Dieser Doppler-Wobble-Effekt ist ausgeprägter, je massereicher ein Planet ist und je näher er sei-

11.14 Die Eisgrenze in unserem Sonnensystem liegt zwischen der Mars- und der Jupiterbahn.

nen Zentralstern umkreist. Liegt die Bahnebene eines Planeten in oder nahe dem Visionsradius (Sichtlinie) des Beobachters, so zieht er von Zeit zu Zeit vor seinem Mutterstern vorbei und bewirkt eine minimale Abschwächung des Sternenlichtes, die mit hochgenauen Helligkeitsmessungen erfasst werden kann. Auch mit dieser Transit-Methode werden in erster Linie große und sonnennahe Planeten erfasst.

Nur wenige Exoplaneten hat man mit den größten, erdgebundenen Teleskopen direkt gesehen. Denn ein Exoplanet leuchtet Milliarden Mal schwächer als sein Zentralstern, der mit seinem Glanz die ihn umkreisenden Planeten überstrahlt. Um überhaupt eine Chance zu erhalten, einen Exoplaneten direkt zu beobachten, muss man das Licht des Zentralsterns mit einer Art Koronograf ausblenden (**G**emini **P**lanet **I**mager – GPI). Etwas Ähnliches macht die ESO mit dem Instrument **S**pectro-**P**olarimetric **H**igh-contrast **E**xoplanet **RE**search (SPHERE).

Um nicht nur heiße Jupiter und Superjupiter zu finden, sondern auch Planeten mit Massen und Durchmesser ähnlich denen unserer Erde, hat die NASA die Mission Kepler entworfen. Die Kepler-Raumsonde wurde im März 2009 gestartet. Sie hat ein relativ kleines Areal von 105 Quadratgrad in den Sternbildern Schwan , Leier und Drache nach Sternen mit erdähnlichen Planeten abgesucht (siehe auch „Wo ist die zweite Erde?“ im *Kosmos Himmelsjahr 2013* auf Seite 142). Zur Überraschung der Planetenjäger wurden mit Kepler zahlreiche Exoplaneten entdeckt, deren Größen und Massen zwischen den Werten von Erde und Neptun liegen. Solche „Supererden“ sind in unserem Sonnensystem unbekannt.

Mit Kepler stieg die Anzahl der aufgefundenen Exoplaneten sprunghaft an. Bis Anfang 2017 war die Zahl der definitiv nachgewiesenen Exoplaneten auf 3535 angestiegen, die in 595 Planetensystemen ihre Muttersterne umrunden. Neben der großen Menge an Supererden und „Neptuns“ zeigt der Planetenzoo noch weitere verwunderliche Eigenschaften, die einer Erklärung bedürfen. Etliche Planetenbahnen sind langestreckt wie die Kometenbahnen in unserem Sonnensystem. Ferner variieren die Bahnneigungen stark und weichen von der Äquatorebene des Muttersterns erheblich ab. Auch gibt es retrograd laufende Planeten, die ihre Zentralsonne entgegen zu deren Rotationsrichtung umkreisen. Dies ist eine höchst merkwürdige Erscheinung, wenn man davon ausgeht, dass Planeten aus rotierenden Akkretionsscheiben gebildet werden. Zudem

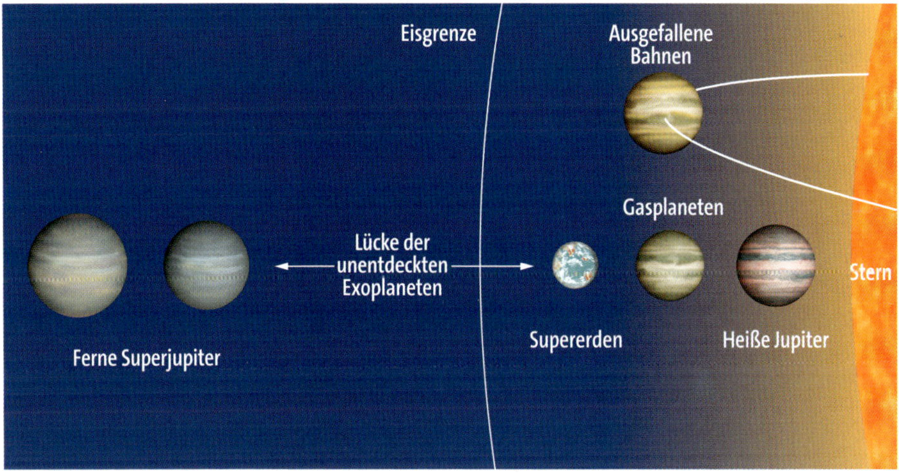

11.15 Zwischen den sternnahen Exoplaneten und den sternfernen Superjupiters klafft eine Lücke.

wurden Riesenplaneten entdeckt, die in sehr großen Abständen um ihre Muttersonne wandern. So beträgt der Abstand eines vier Jupitermassen schweren Planeten von seinem Mutterstern HD 131399A immerhin 82 AE, das sind 12,3 Milliarden Kilometer. Das System ist 320 Lichtjahre von uns entfernt.

Nach den inzwischen vorliegenden statistischen Daten ist davon auszugehen, dass die Zahl der Exoplaneten die Anzahl der Sterne in der Galaxis bei weitem übertrifft. Hinzu kommen die Planeten, die ungebunden ohne Muttersonne durch das Milchstraßensystem driften. Diese herumtreibenden Planeten (engl.: free floating planets) wurden mit Hilfe des Gravitationslinseneffektes aufgespürt.

Gemäß der Allgemeinen Relativitätstheorie (ART) bündelt ein dunkler Körper – beispielsweise ein Planet – durch seine Schwerkraft das Licht des fernen Sternes wie eine optische Linse, wenn er vor dem Stern vorbeiläuft. Denn nach der ART werden die Lichtstrahlen durch das Schwerefeld des Planeten abgelenkt. Kurzfristig erscheint der Stern etwas heller. Da die Masse eines Planeten vergleichsweise gering ist, so ist es auch der Effekt, was als „Microlensing“ bezeichnet wird. Man vermutet, dass es ebenso viele ungebundene Planeten wie Sterne in unserer Milchstraße gibt.

Die Suche nach Exoplaneten bleibt spannend. Unter den Planetenjägern macht sich Goldgräberstimmung breit. Fast ständig gibt es neue Überraschungen. So wurde Anfang 2017 die Entdeckung eines 40 Lichtjahre entfernten Systems mit sieben erdgroßen Planeten bekannt gegeben, die um eine rote Zwergsonne kreisen. Die Durchmesser dieser Exoplaneten liegen zwischen 0,77 und 1,13 Erddurchmessern. Die Bahnen dieses Trappist-1 benannten Systems sind alle kleiner als die Merkurbahn. Drei von sieben Trappist-1-Planeten laufen innerhalb der habitablen Zone um ihren Zentralstern, was Spekulationen über mögliche Lebensformen auf ihnen nährt.

Neue Ideen zur Planetenentstehung

Die vielen sehr unterschiedlichen Planetensysteme bereiten den Theoretikern Kopfzerbrechen. Wie ist die Vielfalt des Planetenzoos zu erklären? Wie sind die heißen Jupiter in unmittelbarer Nähe von Sternen entstanden? Wieso sind über 60 Prozent der Exoplaneten Supererden? Woher kommen die driftenden, muttersternlosen Planeten? Wie sind die exzentrischen und stark geneigten Bahnen zustande gekommen? Heiße Jupiter und Superjupiter sind sicher nicht in unmittelbarer Nähe ihrer Sonne gebildet worden. Vielmehr kann es sein, dass nach ihrer Bildung durch ihre Gravitationswirkung dichtere Zonen in der Akkretionsscheibe entstanden sind. Der erhöhte Strömungswiderstand ließ die Planeten nach innen zum Mutterstern driften. Man nennt dies Migration.

Für die Migrationshypothese spricht auch die Resonanzstabilisierung von Bahnen, die eintritt, wenn Planeten in Bahnen laufen, deren Umlaufzeiten zueinander in kleinen ganzzahligen Verhältnissen stehen. Ein schönes Beispiel dafür sind Neptun und Pluto. Drei Neptunumläufe (495 Jahre) entsprechen zwei Plutoumläufen (496 Jahre). Vermutlich hat Jupiter auch einen Migrationshintergrund. Nach seiner Entstehung im Gebiet des heutigen Planetoidengürtels driftete er nach innen bis in die Nähe der Marsbahn und wanderte anschließend wieder nach außen in seine gegenwärtige Bahn, wobei er die Bildung eines weiteren Planeten aus dem Material des Planetoidengürtels verhinderte.

Auch ist anzunehmen, dass in der frühen Phase der Akkretion manche frisch gebackene Planeten die Plätze, besser die Bahnen tauschten. Grund dafür dürfte das Gedränge sein, wenn größere Planetesimale nahe beieinander entstanden und sich gravitativ beeinflussten. Dabei könnte es auch zu den exzentrischen und stark geneigten Bahnen mancher Exoplaneten gekommen sein. Die Dichteverteilung in den Akkretionsscheiben spielt ebenfalls eine entscheidende Rolle. Mit Hilfe der gigantischen Radioteleskopanlage ALMA der ESO in Chile erhofft man sich, mehr über die Akkretionsscheiben neu entstehender Sterne zu erfahren. Unklar ist bisher noch, ob die Supererden Gesteins- oder Gasplaneten sind. Wenn sie aber Gasplaneten sind, was verhinderte ein weiteres Wachstum zu Jupiter- oder gar Superjupitergröße?

Ein interessantes System ist HR 8799: Vier Planeten von mindestens fünffacher Jupitermasse umrunden den Stern in Entfernungen jenseits der Distanz Sonne – Saturn, zwei davon sogar in mehr als Neptunentfernung, also in über 30 AE. Ihre nahezu kreisförmigen Bahnen lassen ver-

11.16 Verteilung der entdeckten Exoplaneten nach ihrer Größe.

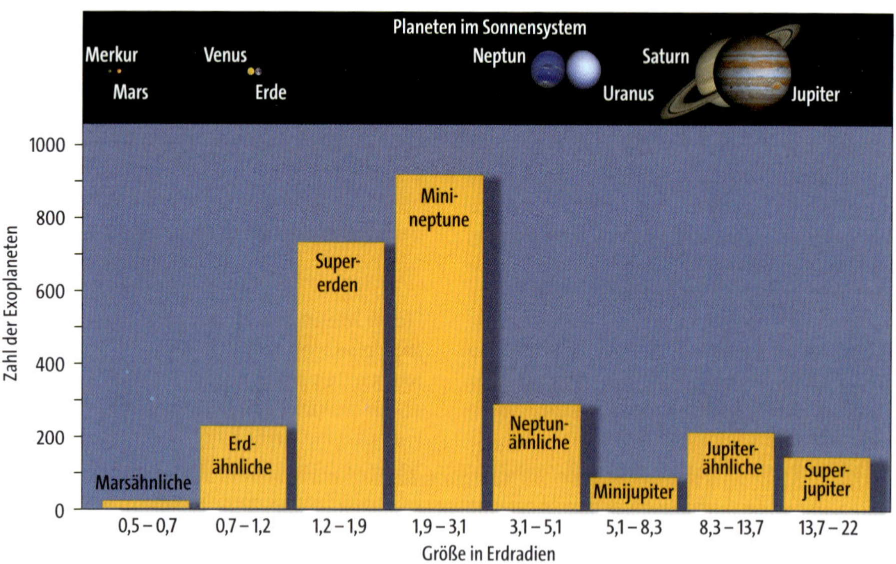

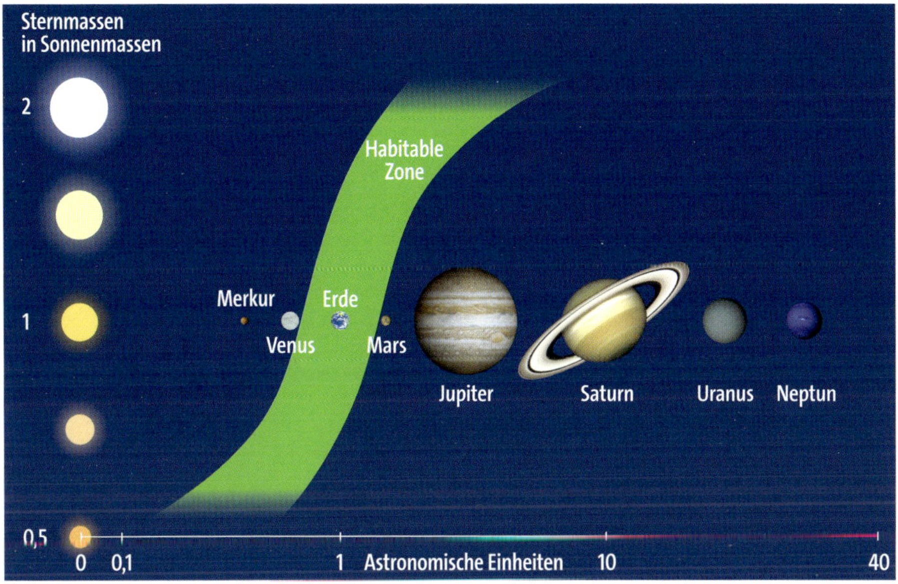

11.17 Lage der habitablen (bewohnbaren) Zone in Abhängigkeit von der Masse des Muttersterns.

muten, dass sie nicht von innen nach außen gewandert sind. Sie können sich kaum durch Akkretion nach der traditionellen Theorie gebildet haben. In diesen vom Stern aus gesehen fernen Bezirken bewegen sich Planetesimale äußerst träge, weshalb die Massenzunahme von Protoplaneten zu langsam erfolgt, um einen massereichen Planeten zu bilden, bevor die protoplanetare Scheibe zerfallen ist. Eine Hypothese geht davon aus, dass es zu einem Gravitationskollaps kommen kann, wenn der äußere Rand der Akkretionsscheibe eine entsprechend hohe Dichte von Gas und Staub aufweist und vor allem recht kalt ist. Beim Kollaps muss außerdem die auftretende Wärme effizient abgeführt werden.

Eine Erkenntnis ist sicher: Bei der Bildung von Planetensystemen aus rotierenden Akkretionsscheiben um junge Sonnen muss es chaotisch zugegangen sein. Anders ist die Vielfalt im Planetenzoo nicht zu verstehen. Bald werden weitere Daten zur Verfügung stehen, um Licht in das Dunkel der Planetenbildung zu bringen. Die NASA will in Kürze die Raumsonde **T**ransiting **E**xoplanet **S**urvey **S**atellite (TESS) ins All schießen, gefolgt vom ESA-Projekt **CH**aracterising-**E**x**OP**lanet **S**atellite (CHEOPS). Sowohl TESS als auch CHEOPS sollen bei hellen, sonnenähnlichen Sternen gezielt nach Exoplaneten suchen, die weder besonders nah noch weit weg ihren Mutterplaneten umrunden. Denn es sollte auch Planeten in mittleren Abständen vom Zentralstern geben.

Viel verspricht man sich auch von den Beobachtungsmöglichkeiten, die das **J**ames **W**ebb **S**pace **T**elescope (JWST) bietet (siehe Monatsthema Februar „Das James-Webb-Weltraumteleskop“ auf Seite 64). Mit ihm hofft man, selbst die chemische Zusammensetzung der Atmosphären von Exoplaneten zu ergründen und auch festzustellen, ob es sich um eine felsige Oberfläche eines Gesteinsplaneten handelt oder ob der Kandidat ein Gasplanet ist.

Sicher sind noch überraschende Entdeckungen im Planetenzoo zu erwarten. Wie meinte kürzlich ein Astronom? Zitat: „Die Natur ist cleverer als all unsere Theorien.“

Dezember 2018

- Die Sonne passiert am 21. um 23^h23^m MEZ den tiefsten Punkt ihrer Jahresbahn, der astronomische Winter beginnt.
- Venus leuchtet am 2. in maximalem Glanz am Morgenhimmel.
- Merkur bietet um die Monatsmitte eine günstige Morgensichtbarkeit.
- Mars ist noch in der ersten Nachthälfte sichtbar.

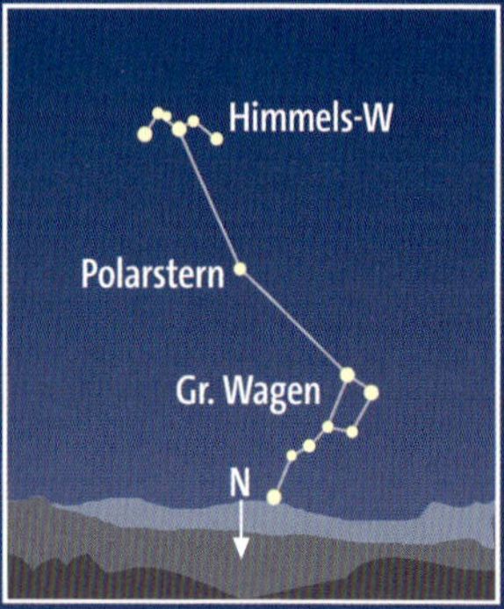

Großer Wagen und Himmels-W Anfang Dezember um 22 Uhr

12.1 Anblick des morgendlichen Südosthimmels am 4. Dezember gegen 6^h MEZ. Knapp über dem Horizont strahlt die helle Venus. Neben dem Morgenstern sieht man die schmale Sichel des abnehmenden Mondes.

1 Sa	
2 So	1. Advent Venus in maximalem Glanz (Morgenhimmel)
3 Mo	
4 Di	Mond bei Venus (Morgenhimmel)
5 Mi	
6 Do	Mond bei Merkur (Morgenhimmel)
7 Fr	**Neumond** Mars bei Neptun (Abendhimmel)
8 Sa	
9 So	2. Advent
10 Mo	
11 Di	
12 Mi	
13 Do	
14 Fr	Mond bei Mars (Abendhimmel)
15 Sa	Mond im ersten Viertel, Merkur in größter westlicher Elongation (Morgenhimmel)
16 So	3. Advent
17 Mo	
18 Di	
19 Mi	
20 Do	
21 Fr	Winterbeginn
22 Sa	**Vollmond** Merkur bei Jupiter (Morgenhimmel)
23 So	4. Advent
24 Mo	Heiliger Abend
25 Di	1. Weihnachtstag
26 Mi	2. Weihnachtstag
27 Do	
28 Fr	
29 Sa	Mond im letzten Viertel
30 So	
31 Mo	Silvester

Sonne – Sternbilder

18.12. 13^h:
Sonne tritt in das Sternbild Schütze
21.12. 23^{h}23^m:
Sonne tritt in das Tierkreiszeichen Steinbock
Julianisches Datum am
1. Dezember, 1^h MEZ: 2458453,5

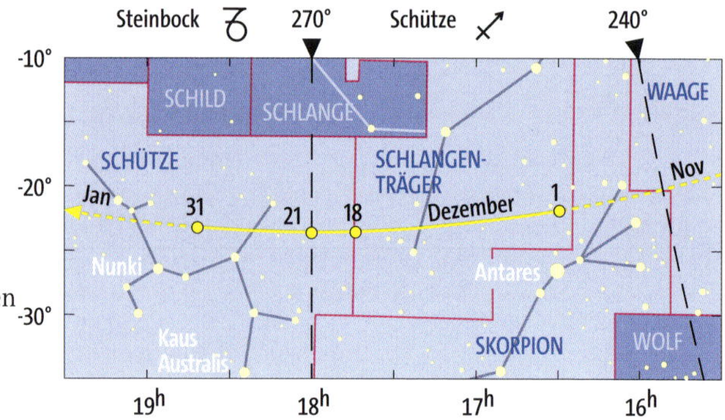

Tabelle Sonnenlauf

Tag	Dämmerg. Anfang	Aufgang MEZ	Kulmination	Untergang MEZ	Dämmerg. Ende	Mittagshöhe	Zeitgleichg.	Rektaszension	Deklination
	h m	h m	h m	h m	h m	o	m	h m	o
1.	6 38	7 56	12 09	16 21	17 39	18,2	+11	16 27	–21,7
5.	6 43	8 02	12 11	16 19	17 38	17,6	+ 9	16 44	–22,3
10.	6 48	8 07	12 13	16 18	17 38	17,1	+ 7	17 06	–22,9
15.	6 52	8 12	12 15	16 18	17 38	16,7	+ 5	17 28	–23,2
20.	6 55	8 15	12 18	16 20	17 40	16,6	+ 2	17 50	–23,4
25.	6 57	8 18	12 20	16 23	17 43	16,6	0	18 12	–23,4
31.	6 59	8 19	12 23	16 27	17 47	16,9	– 3	18 39	–23,1

Tages- und Nachtstunden

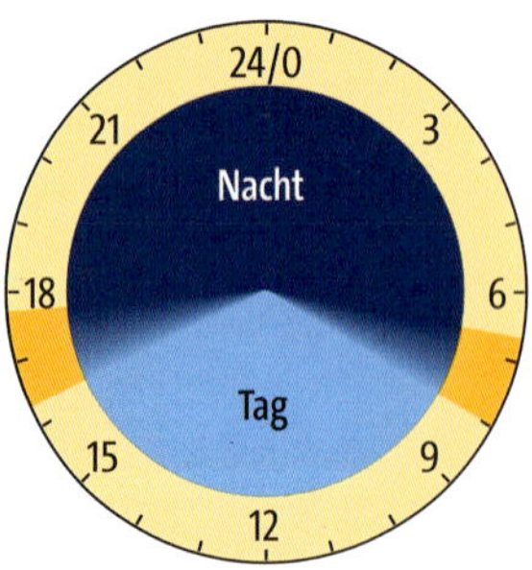

5. Dezember

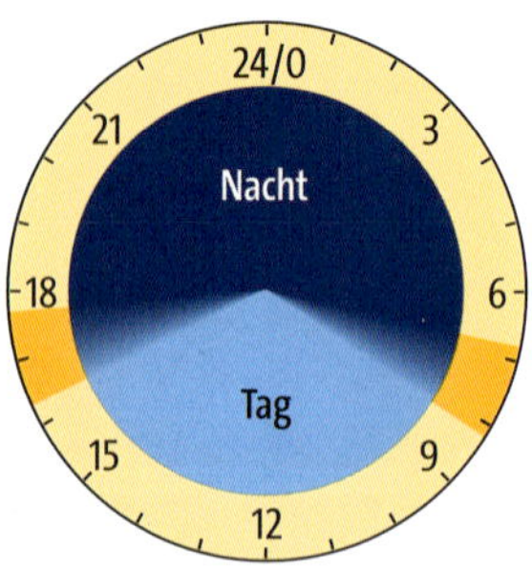

15. Dezember

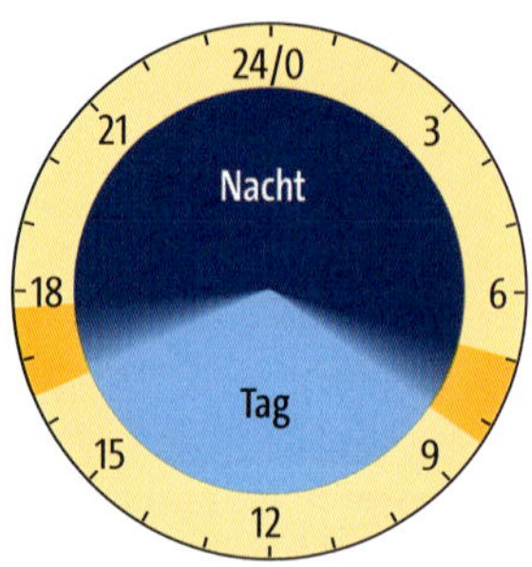

25. Dezember

Tabelle Mondlauf

Datum		Aufg. MEZ	Kulmination	Unterg. MEZ	Rektaszension	Deklination	Sterne und Sternbilder	Phase	MEZ
		h m	h m	h m	h m	°			
Sa	1.	0 41	7 29	14 03	11 34	+ 7,3	Löwe		
So	2.	1 56	8 18	14 26	12 26	+ 2,4	Jungfrau		
Mo	3.	3 10	9 06	14 50	13 16	− 2,6	Spica	Größte Nordbreite	
Di	4.	4 23	9 54	15 14	14 06	− 7,4	Jungfrau	Libration West	
Mi	5.	5 34	10 42	15 41	14 57	−11,7	Waage		
Do	6.	6 44	11 31	16 11	15 48	−15,5	Waage		
Fr	7.	7 50	12 21	16 47	16 40	−18,4	Antares	**Neumond Nr. 1187**	**$8^h 20^m$**
Sa	8.	8 52	13 11	17 29	17 32	−20,4	Schlangenträger		
So	9.	9 46	14 02	18 18	18 25	−21,4	Schütze, Nunki		
Mo	10.	10 33	14 51	19 12	19 17	−21,4	Schütze, Nunki	Absteigender Knoten	
Di	11.	11 12	15 39	20 11	20 09	−20,4	Steinbock		
Mi	12.	11 45	16 25	21 12	20 58	−18,6	Steinbock	Erdferne 405/29,′5	13^h
Do	13.	12 13	17 10	22 15	21 47	−15,9	Steinbock		
Fr	14.	12 37	17 54	23 19	22 33	−12,6	Wassermann		
Sa	15.	12 59	18 37	–	23 19	− 8,7	Wassermann	**Erstes Viertel**	**$12^h 49^m$**
So	16.	13 20	19 20	0 24	0 05	− 4,5	Fische		
Mo	17.	13 41	20 04	1 31	0 51	0,0	Walfisch		
Di	18.	14 04	20 51	2 40	1 38	+ 4,6	Fische	Größte Südbreite Libration Ost	
Mi	19.	14 29	21 40	3 51	2 28	+ 9,2	* Walfisch		
Do	20.	15 00	22 34	5 05	3 20	+13,5	Widder		
Fr	21.	15 37	23 32	6 21	4 16	+17,2	Stier, Hyaden		
Sa	22.	16 25	–	7 35	5 16	+19,9	Stier	**Vollmond**	**$18^h 49^m$**
So	23.	17 24	0 33	8 44	6 19	+21,4	Alhena		
Mo	24.	18 34	1 35	9 43	7 23	+21,4	Zwillinge	Erdnähe 361/33,′1 Aufsteigender Knoten	11^h
Di	25.	19 51	2 37	10 31	8 26	+19,9	Krebs, Krippe		
Mi	26.	21 10	3 37	11 10	9 28	+17,1	Löwe		
Do	27.	22 29	4 33	11 42	10 26	+13,2	Löwe, Regulus		
Fr	28.	23 46	5 26	12 09	11 22	+ 8,6	Löwe		
Sa	29.	–	6 16	12 33	12 14	+ 3,7	Jungfrau	**Letztes Viertel**	**$10^h 34^m$**
So	30.	1 00	7 04	12 56	13 05	− 1,3	Jungfrau	Größte Nordbreite	
Mo	31.	2 13	7 52	13 20	13 55	− 6,2	Jungfrau	Libration West	

Der Mond nähert sich Mars

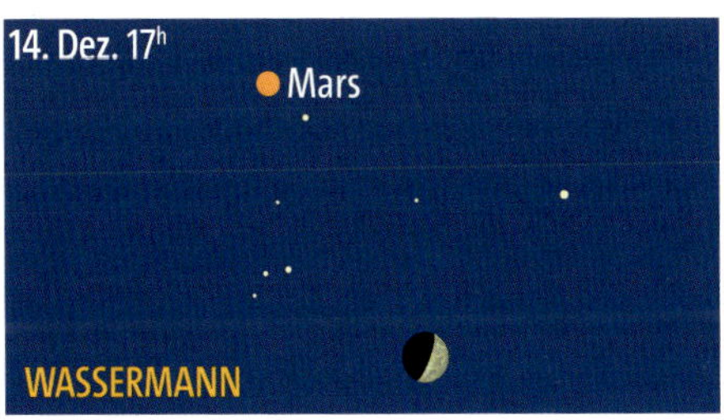

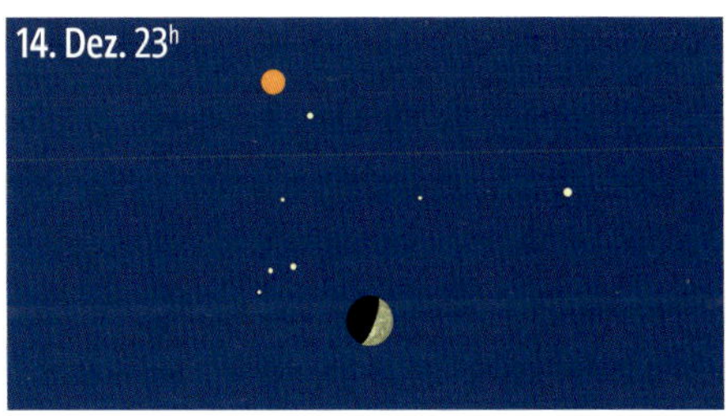

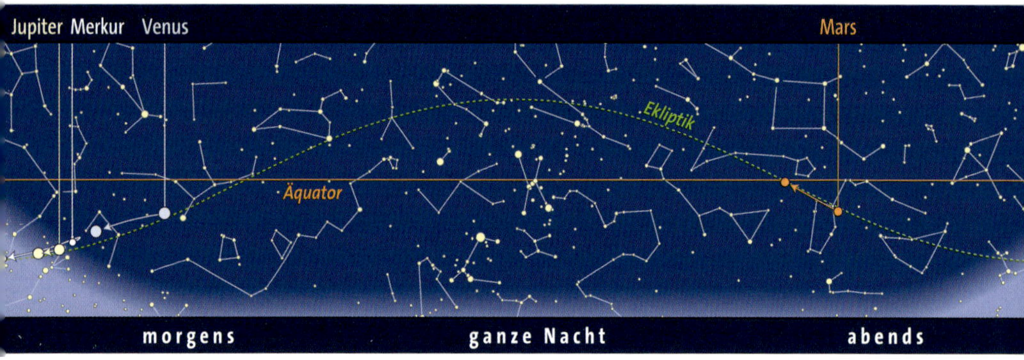

Merkur bietet zum Jahresausklang eine respektable Morgensichtbarkeit. Seine untere Konjunktion hat der sonnennahe Planet eben hinter sich. Er entfernt sich rückläufig von der Sonne und gewinnt rasch westlichen Winkelabstand von ihr. Am 15. erreicht Merkur mit 21°16′ Winkelabstand seine größte westliche Elongation von der Sonne. Seine Rückläufigkeit beendet er bereits am 6. und ist anschließend wieder rechtläufig. An diesem Tag kann man erstmals mit Aussicht auf Erfolg in der Morgendämmerung nach Merkur Ausschau halten. Am 6. geht der $0^{\mathrm{m}}{,}4$ helle Planet um $6^{\mathrm{h}}24^{\mathrm{m}}$ auf. Etwa zwanzig Minuten später zeigt er sich tief am Südosthimmel. Kurz nach 7^{h} verblasst er in der zunehmenden Morgenhelle. Bis 15. nimmt die Merkurhelligkeit fast um eine ganze Größenklasse zu. Der $-0^{\mathrm{m}}{,}5$ helle Merkur geht an diesem Tag um $6^{\mathrm{h}}15^{\mathrm{m}}$ auf. Vom 10. bis 18. kann man den schnellen Götterboten relativ leicht mit bloßen Augen erspähen. Nach dem 15. verspäten sich die Merkuraufgänge deutlich. Die letzte Chance, Merkur am Morgenhimmel zu sehen, ergibt sich am 27. Dezember, an dem der $-0^{\mathrm{m}}{,}4$ helle

12.2 Merkur am Morgenhimmel:
Stellung von Merkur über dem Südosthorizont zu den angegebenen Daten jeweils eine Stunde vor Sonnenaufgang. Die Pfeile geben die Bewegungen von Merkur und Sonne während der nächsten halben Stunde an.

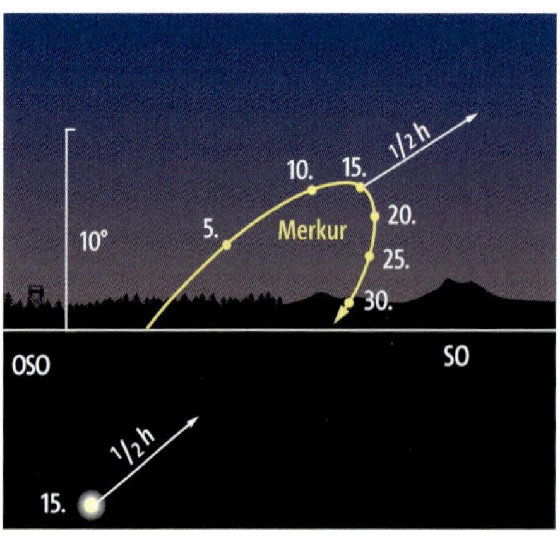

12.3 Sichtbarkeitsdiagramm für Merkur:
Es gilt genau für 50° nördlicher Breite und 10° östlicher Länge. Dunkelgelbe Fläche: Unter günstigen Sichtbedingungen kann man Merkur mit bloßen Augen erkennen, hellgelbe Fläche: Merkur ist leicht zu sehen.

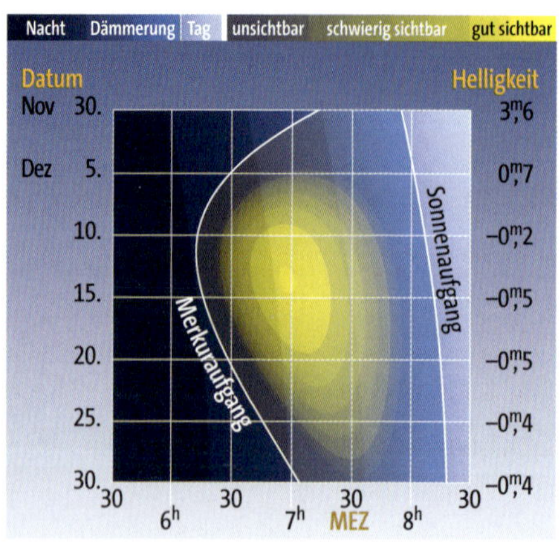

Merkur um 6^h53^m aufgeht (siehe Abb. 12.2 und 12.3 auf Seite 254).

Am 21. zieht Merkur 6° nördlich an Antares vorbei (siehe Abb. 11.2 auf Seite 234). Am gleichen Tag passiert er Jupiter in 0°52′ nördlichem Abstand (siehe Abb. 12.5 auf Seite 256). Mit $-1^{m}{,}8$ ist der Riesenplanet deutlich heller als Merkur und daher leichter am Morgenhimmel zu entdecken.

Venus präsentiert sich als heller Morgenstern unübersehbar am Osthimmel. Am 2. strahlt der Planet der Liebesgöttin Aphrodite mit $-4^{m}{,}9$ in größtem Glanz. Bis Jahresende nimmt die Venushelligkeit ein wenig auf $-4^{m}{,}6$ ab. Venus verlässt am 13. das Sternbild Jungfrau und wechselt in die Waage, wobei sie sich rechtläufig von Spica entfernt (siehe Abb. 9.3 auf Seite 197).

Die Venusaufgänge verfrühen sich von 4^h15^m am 1. auf 4^h06^m am 15., wobei sie sich bis Silvester wieder auf 4^h18^m etwas verspäten.

Das Venusscheibchen nimmt weiter an Durchmesser ab, die Sichel wird breiter. Bis Ende Dezember nimmt der Beleuchtungsgrad auf 47 Prozent zu, der scheinbare Venusdurchmesser nimmt auf knapp 27″ ab.

Am 3. wandert die Sichel des abnehmenden Mondes knapp 4° nördlich an Venus vorbei (siehe Abb. 12.1 auf Seite 250). Am Morgen des 4. beträgt der topozentrische Abstand dann $5{,}^{\circ}3$.

Am 26. läuft Venus abermals in den Nachmittagsstunden durch das Perihel ihrer Bahn.

Mars ist noch in der ersten Nachthälfte am Firmament vertreten. Er wandert rechtläufig durch das Sternbild Wassermann und wechselt am 21. in die Fische. Anfang Januar 2019 überschreitet er den Himmelsäquator in nördlicher Richtung.

Am 7. kommt es zu einer engen Begegnung mit Neptun. Der rote Planet zieht nur 2′22″ nördlich an Neptun vorbei (siehe Abb. 12.4 rechts).

Am 1. geht der $-0^{m}{,}1$ helle Mars um 23^h46^m unter. Bis Silvester sinkt die Marshelligkeit um eine halbe Größenklasse auf $0^{m}{,}4$ ab. Damit zählt Mars immer noch zu den hellsten Gestirnen am Nachthimmel. Der Marsuntergang erfolgt am 31. um 23^h41^m.

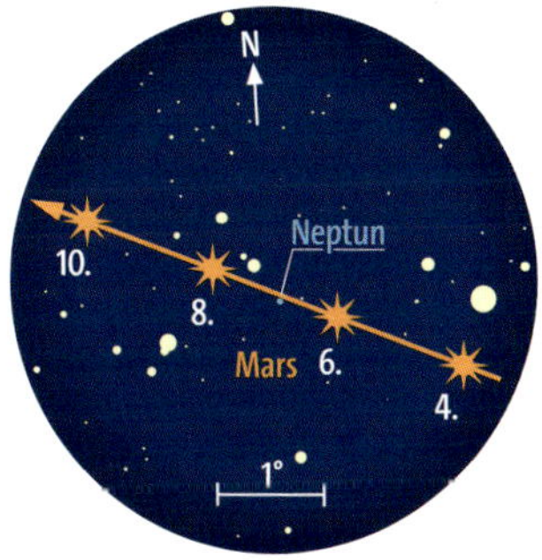

12.4 Mars bei Neptun: **Enge Begegnung von Mars mit Neptun am 7. Dezember. Fernglasanblick gegen 18^h MEZ bei 5° Gesichtsfelddurchmesser.**

Jupiter hat seine Konjunktion mit der Sonne gerade hinter sich. Im letzten Monatsdrittel

Konstellationen und Ereignisse

Datum	MEZ	Ereignis
2.	1^h	**Venus in maximalem Glanz** ($-4^{m}{,}9$)
3.	20	**Mond bei Venus**, Mond $3{,}^{\circ}6$ nördlich, **Abstand $5{,}^{\circ}3$ um 5^h am 4.**
5.	22	**Mond bei Merkur**, Mond $1{,}^{\circ}9$ nördlich, **Abstand $5{,}^{\circ}2$ um 7^h am 6.** (Fernglas!)
6.	14	Mond bei Jupiter, Mond $3{,}^{\circ}5$ nördlich
6.	21	Merkur im Stillstand, anschließend rechtläufig
7.	16	**Mars bei Neptun**, Mars $0{,}^{\circ}04$ nördlich, **Abstand $0{,}^{\circ}07$ um 18^h** (Fernglas!)
9.	6	Mond bei Saturn, Mond $1{,}^{\circ}1$ nördlich
10.	5	Mond bei Pluto, Mond $0{,}^{\circ}7$ nördlich (Bedeckung!)
14.	15	Mond bei Neptun, Mond $3{,}^{\circ}0$ südlich
15.	0	**Mond bei Mars**, Mond $3{,}^{\circ}6$ südlich, **Abstand $4{,}^{\circ}6$ um 23^h am 14.**
15.	13	**Merkur in größter westlicher Elongation** (21°)
18.	5	Mond bei Uranus, Mond $5{,}^{\circ}0$ südlich
21.	16	**Merkur bei Jupiter**, Merkur $0{,}^{\circ}9$ nördlich, **Abstand $0{,}^{\circ}9$ um 7^h am 22.**
21.	23^h23^m	**Sonne im Winterpunkt, Wintersonnenwende**
26.	18	Venus im Perihel

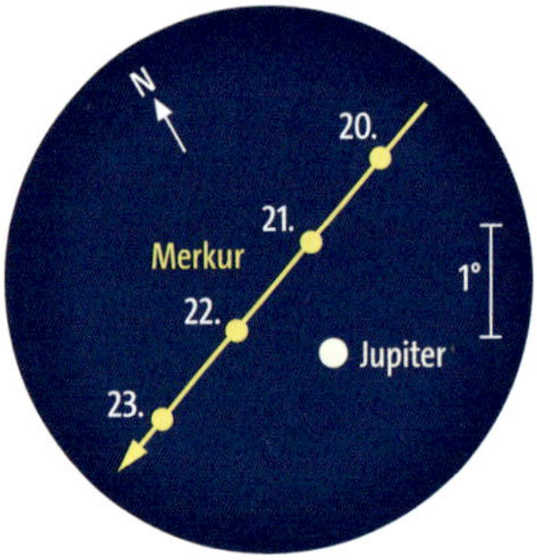

12.5 Merkur bei Jupiter:
Am 21./22. Dezember eilt Merkur am Riesenplaneten Jupiter vorbei. Fernglasanblick gegen 7^h MEZ.

taucht er wieder am Morgenhimmel auf. Der Riesenplanet wandert durch das Sternbild Skorpion und tritt am 13. in den Schlangenträger. Am 20. steht er 5° nördlich von Antares (α Scorpii), dem Hauptstern des Skorpions (siehe Abb. 5.4 auf Seite 117). Einen Tag später eilt Merkur in 52′ nördlichem Abstand an Jupiter vorbei (siehe Abb. 12.5 links).

Am 20. geht der $-1^m{,}8$ helle Jupiter um 6^h42^m auf. Eine Viertelstunde nach seinem Aufgang macht sich der Riesenplanet tief im Südosten als helles Lichtpünktchen bemerkbar. Bald nach 7^h30^m verblasst er in der zunehmenden Morgenhelligkeit. Bis Jahresende verfrühen sich die Aufgänge von Jupiter auf 6^h10^m; zu Silvester kann man den Planeten gut am Morgenhimmel erkennen.

Saturn zieht sich vom Abendhimmel zurück und wird unbeobachtbar. Er nähert sich seiner Konjunktion mit der Sonne, die er am 2. Januar 2019 erreicht.

Am 1. geht der $0^m{,}6$ helle Saturn um 18^h17^m unter. Ab etwa 17^h30^m kann man ihn in der zunehmenden Dunkelheit erkennen. Gegen 18^h verblasst er in Horizontnähe. Bis 10. verfrühen sich seine Untergangszeiten auf 17^h46^m. Nach diesem Datum wird man vergeblich nach dem Ringplaneten Ausschau halten.

Uranus überschreitet am 3. rückläufig die Grenze vom Widder zum Sternbild Fische (siehe Abb. 10.5 auf Seite 219). Seine rückläufige Bewegung wird deutlich langsamer. Anfang des nächsten Jahres wird er zum Stillstand kommen und damit seine Oppositionsperiode beenden.

Das Ende der Oppositionsperiode wird auch an der leicht auf $5^m{,}8$ zurückgehenden Helligkeit bemerkbar.
Aus der zweiten Nachthälfte zieht sich der grünliche Planet allmählich zurück. Die Untergänge von Uranus verfrühen sich im Laufe des Monats von 4^h25^m am 1. auf 3^h28^m am 15. und auf 2^h24^m zu Silvester.

Uranus passiert den Meridian am 1. um 21^h27^m, am 15. um 20^h30^m und am 31. schon um 19^h27^m. Die günstigste Beobachtungszeit, um nach dem grünlichen Planeten zu suchen, fällt in die Abendstunden. Helles Stadtlicht sollte man vermeiden, ebenso wirkt sich Mondlicht störend aus, was um die Monatsmitte der Fall ist. Am Jahresende beträgt seine Entfernung von der Erde 2921 Millionen Kilometer (= 19,52 AE).

Neptun, wieder rechtläufig im Wassermann, kann noch wegen der nun früh einsetzenden Dunkelheit am frühen Abendhimmel aufgefunden werden. Die Aufsuchkarte Abb. 9.5 auf Seite 198 soll helfen, den $7^m{,}9$ hellen Planeten zu entdecken.

Neptun geht am 1. um 18^h39^m durch den Meridian und um 0^h11^m unter. Zur Monatsmitte am 15. erfolgt sein Untergang um 23^h12^m und die Meridianpassage um 17^h45^m. Diese erfolgt am 31. dann schon um 16^h43^m. Zu Silvester geht der bläuliche Planet um 22^h11^m unter.

Am 7. wandert der rötliche Mars nur zweieinhalb Bogenminuten (2′22″) nördlich am bläulichen Neptun vorbei – eine bemerkenswert enge Konjunktion (siehe Abb. 12.4 auf Seite 255).

Planetoiden

Juno (3) stand Mitte des Vormonats in Opposition zur Sonne. Ihre Helligkeit geht deutlich von $7^m{,}6$ auf $8^m{,}2$ zurück. Planetoid Nr. 3 hält sich im Eridanus auf und wird am 27. um 16^h stationär, was seine Bewegung in Rektaszension betrifft. In Deklination strebt Juno wieder nach Norden (siehe Abb. 11.8 auf Seite 237).

Ihre Kulminationen verlagert Juno von 23^h21^m am 1. auf 22^h18^m am 15. und auf 21^h14^m am letzten Tag des Jahres.

12.6 Bahn von Hebe:
Scheinbare Bahn des Kleinplaneten (6) Hebe von Oktober 2018 bis Mitte Januar 2019 im Sternbild Einhorn.

Hebe (6) erreicht kurz vor Jahresende, in der Nacht vom 27. auf 28. Dezember um 3^h morgens, ihre **Oppositionsstellung** zur Sonne. Sie wandert rückläufig durch das Sternbild Monoceros (lat., Einhorn) und zieht am 19. am Südrand des Rosettennebels (NGC 2237) vorbei (siehe Abb. 12.6 oben). Am 29. tritt sie in den Orion ein.

Zu Monatsbeginn noch $8^m_,7$ hell erreicht sie zur Opposition eine scheinbare Helligkeit von $8^m_,4$. Am 1. kulminiert Hebe um 2^h29^m, am 15. um 1^h23^m und in der Oppositionsnacht um 0^h15^m. Ihr Aufgang erfolgt am 28. um 17^h45^m.

Zur Opposition ist Hebe 189 Millionen Kilometer (= 1,263 AE) von der Erde entfernt. Ihre Sonnendistanz beträgt dabei 332 Millionen Kilometer (= 2,219 AE). Ihre geringste Entfernung von der Erde erreicht Hebe schon eine Woche vor der Opposition. Am 20. trennen sie um 16^h lediglich 188 Millionen Kilometer von der Erde, das sind 1,257 AE.

Periodische Sternschnuppenströme

Vom 6. bis 16. Dezember macht sich der ekliptikale Strom der **Geminiden** bemerkbar. Ihr Ausstrahlungspunkt liegt in den Zwillingen, rund 1° südwestlich von Kastor. Das Maximum ist in der Nacht vom 13. Auf 14. Dezember zu erwarten, wo stündlich bis 120 Meteore, mitunter auch sehr helle Objekte, über den Himmel huschen.

Die Geschwindigkeiten liegen um 35 Kilometer pro Sekunde. Die günstigste Beobachtungszeit liegt zwischen 21^h und 6^h morgens. Ihren Ursprung führen die Geminiden auf den Planetoiden (3200) Phaeton zurück, der ein inaktiver Kometenkern sein dürfte mit einer Umlaufzeit von 1,4 Jahren.

Vom 16. bis 25. Dezember tauchen die **Ursiden** auf, deren Radiant im Sternbild Kleiner Bär zu finden ist. Ihr scharfes Maximum erreichen die Ursiden-Meteore in der Nacht vom 21. auf 22. Dezember gegen Mitternacht. Dabei ist mit rund zehn Meteoren pro Stunde zu rechnen. Da der Radiant zirkumpolar ist, können die Ursiden die ganze Nacht über beobachtet werden. Der Ursprung der Ursiden wird auf den Kometen 8P/Tuttle zurückgeführt. Die Sternschnuppen haben mittlere Geschwindigkeiten von 35 km/s. In den letzten Jahren wurden rund zehn bis 20, manchmal auch mehr Objekte pro Stunde im Maximum registriert.

Wenig ergiebig ist der Strom der **Coma-Bereniciden**, dessen Radiant im Haar der Berenike liegt. Sie treten etwa von Mitte Dezember bis Mitte Januar auf. Es handelt sich um sehr schnelle Objekte (um 65 km/s). Das Maximum liegt um den 19. Dezember, wobei lediglich 5–10 Meteore pro Stunde zu erwarten sind.

Der Fixsternhimmel

In der Osthälfte des Firmaments sind bereits die Wintersternbilder vollständig versammelt. Mit Ausnahme des Perseus haben alle Herbstbilder die Mittagslinie, den Meridian, überschritten und befinden sich in der westlichen Hemisphäre des Firmaments. Tief im Nordwesten ist noch das Sternenkreuz des fliegenden Schwans mit dem hellen Stern Deneb zu sehen. Der Schwan ist gewissermaßen ein Relikt des Sommerhimmels. Knapp über dem Nordwesthorizont flackert die Wega in der Leier, die bei uns nahezu zirkumpolar ist und daher fast das ganze Jahr über in klaren Nächten beobachtbar bleibt.

Hoch in westlicher Richtung erblickt man noch das Herbstviereck, das Pegasusquadrat, dessen Spitze zum Horizont deutet. Das Pegasusquadrat hängt mit der obersten Ecke an der Sternenkette der Andromeda, die sich vom Zenit ausgehend nach Westen erstreckt. Den Platz im Zenit nimmt nun der Perseus ein, der strahlende Held aus der Andromedasage. Zwischen Kassiopeia und Perseus findet man fast senkrecht über unseren Köpfen die beiden prächtigen offenen Sternhaufen h und χ Perseï. Für den Einsteiger in die Beobachtung von Veränderlichen Sternen sei auf Algol (β Perseï) hingewiesen. Er ist der Prototyp der Algol-Bedeckungsveränderlichen. Algol steht jetzt hoch über unseren Köpfen und ist leicht zu finden. Schon mit bloßen Augen kann man sich im Schätzen seiner Helligkeit üben. Die Helligkeitsminima von Algol sind in der monatlichen Rubrik „Veränderliche Sterne" vermerkt.

Hoch im Süden hat gerade der Widder (lat.: Aries) den Meridian durchschritten.

Südlich des Widders macht der Sternenhimmel einen vergleichsweise düsteren Eindruck. Helle Sterne fehlen völlig in diesem Areal, das vom Walfisch und dem langgestreckten Fluss Eridanus eingenommen wird.

Umso eindrucksvoller zeigt sich nun der Ost- und Südosthimmel. Hoch im Osten, fast im Zenit, steht die helle, gelbliche Kapella im Fuhrmann, darunter liegen die beiden Sternenketten der Zwillinge mit Kastor und Pollux. Die meisten Völker sahen in diesen beiden Sternenketten zwei Menschengestalten. Die Inder nannten das Bild Mithuna und sahen darin einen Knaben und ein Mädchen.

Kastor (α Geminorum) ist mit $1^{m}{,}6$ scheinbarer Helligkeit etwas lichtschwächer als Pollux (β Geminorum). Kastor ist 52 Lichtjahre entfernt und setzt sich aus sechs Sonnen zusammen. Pollux ist ein orangefarbener Riesenstern (Spektraltyp K0 III) mit $1^{m}{,}2$ scheinbarer Helligkeit. Seine Entfernung beträgt 34 Lichtjahre. Damit ist Pollux uns ein wenig näher als Arktur. Er ist somit der sonnennächste rote Riesenstern mit 30-facher Sonnenleuchtkraft.

Der Stier mit dem prächtigen Sternhaufen der Hyaden, in dessen Vordergrund der rot-gelbe Aldebaran auffällig leuchtet, und dem Siebengestirn, den Plejaden, schreitet zügig auf den Meridian zu. Die westlichen Teile des Stiers haben bereits die Mittagslinie erreicht.

Südöstlich des Stieres strahlt unübersehbar der Orion, das prominenteste der Wintersternbilder, mit den beiden hellen Sternen Beteigeuze und Rigel sowie den in einer geraden Linie stehenden drei Gürtelsternen. Auch Prokyon im Kleinen Hund (α Canis Minoris) ist bereits im Osten aufgetaucht. Tief im Südosten ist gerade Sirius im Großen Hund (α Canis Maioris), der hellste Fixstern am irdischen Himmel, über die Horizontlinie gestiegen. Damit ist das komplette Wintersechseck am Osthimmel vertreten. Es setzt sich aus den Sternen Sirius, Prokyon, Pollux, Kapella, Aldebaran und Rigel zusammen.

Das Sternbild Stier (Taurus)

Der Stier gehört zu den ältesten und am häufigsten erwähnten Sternbildern. Dies ist leicht zu verstehen, gehört er doch zum Tierkreis und setzt sich außerdem aus auffälligen Gestirnen zusammen: der helle, rötlich funkelnde Aldebaran zieht die Aufmerksamkeit ebenso auf

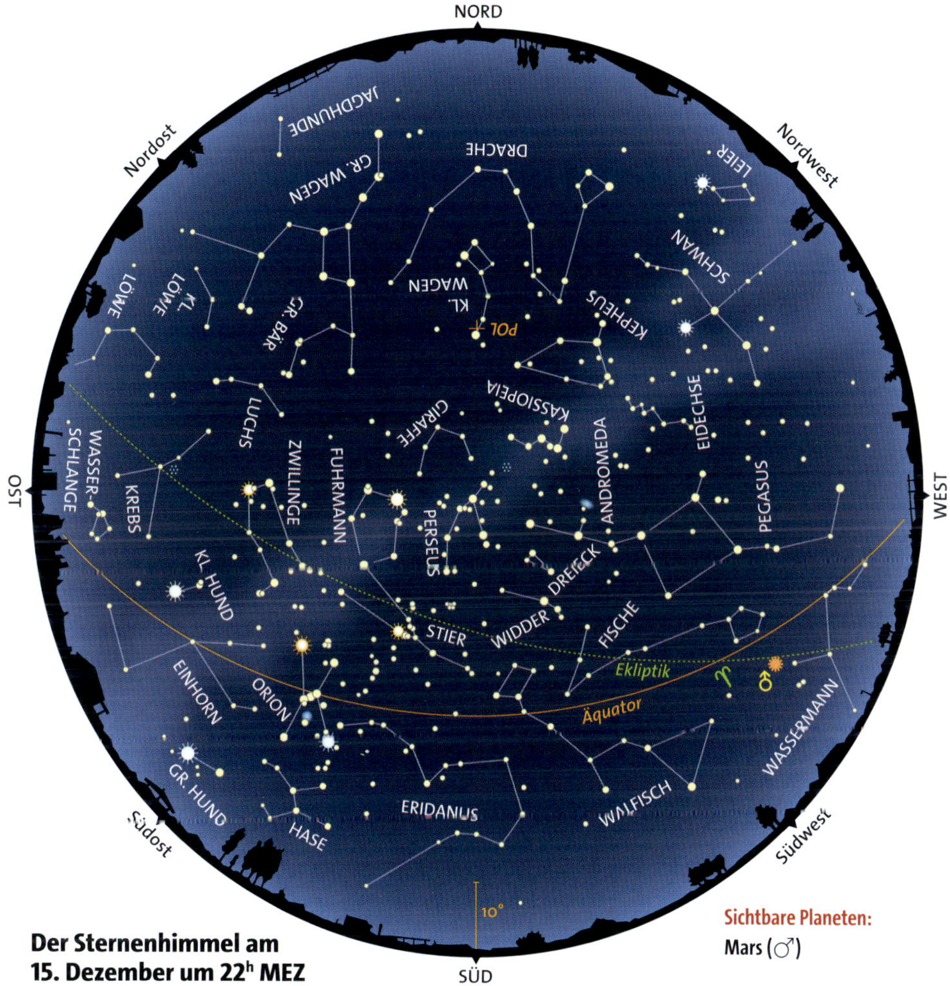

Der Sternenhimmel am 15. Dezember um 22^h MEZ

Sichtbare Planeten:
Mars (♂)

Die Sternkarte ist auch gültig für:	MEZ	MESZ
15. 9.	4^h	5^h
1.10.	3	4
15.10.	2	3
1.11.	1	
15.11.	0	
1.12.	**23**	
15.12.	**22**	
31.12.	**21**	
15. 1.	20	
31. 1.	19	

sich wie die beiden offenen Sternhaufen Hyaden und Plejaden, zwischen denen die Sonnenbahn, die Ekliptik, hindurchläuft. Hyaden und Plejaden bilden das sogenannte „Goldene Tor der Ekliptik". Hinzu kommt, dass der Frühlingspunkt von rund 4000 bis 1700 v. Chr. im Stier lag und dieses Bild daher als Symbol der Fruchtbarkeit, des Lichtes, des aufstrebenden Lebens, der Stärke und Kraft angesehen wurde. Gegenwärtig erreicht die Sonne im Stier ihren Jahreshöchststand, denn der Sommerpunkt liegt inzwischen im Stier. Fast alle Völker erkannten in diesem Sternenareal einen Stier. Schon die Babylonier erwähnen den „Stier des Lichtes". In Ägypten, Kreta und Griechenland sah man im Stier ein göttliches Wesen, das Stärke,

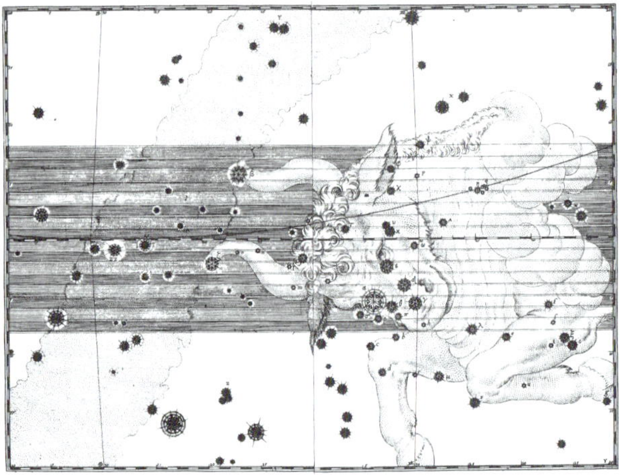

12.7 Der Taurus:
Das Sternbild Stier in der figürlichen Darstellung im Sternatlas *Uranometria* von Johannes Bayer aus dem Jahre 1603.

Mut, Überlegenheit und Ausdauer versinnbildlicht.

In der klassischen Mythologie taucht der Stier (ταυρος) als Metamorphose des Göttervaters Zeus auf. Zeus hatte einst ein Auge auf Europa geworfen. Europa war die bildhübsche Tochter des Königs von Phönizien, Agenor. Als er Europa einmal belauert, wie sie mit ihren Gespielinnen am Meeresstrand Blumen pflückt, verwandelt er sich in einen prächtigen weißen Stier. Als Europa den Stier erblickt, ist sie ganz ohne Furcht. Ihr gefällt das stattliche Tier, das offensichtlich zahm ist. Sie nähert sich dem Stier und beginnt, ihn mit Blumen zu füttern. Der Stier wiederum leckt ihr dankbar die Hände. Europa setzt einen frischen Kranz auf die prächtigen Hörner. Als sich der Stier ins Gras legt, besteigt sie den Stier und setzt sich auf seinen Rücken. Sachte erhebt sich dieser und schreitet majestätisch zum Gestade des Meeres. Zuerst watet er im seichten Wasser, dann geht er immer weiter hinein und entfernt sich vom Ufer. Als es Europa schließlich angst und bange wird, schwimmt der Stier bereits im tiefen Wasser. Ihre Hilferufe verhallen ungehört. Europa klammert sich in Todesangst an die mächtigen Hörner, während der gewaltige Stierleib das Meer durchpflügt. Zwei Tage geht die Reise durch das Reich Poseidons, bis schließlich die Küste Kretas erreicht ist. Augenblicklich verwandelt sich der Stier in einen strahlenden kräftigen Jüngling, der sich als Herrscher der Insel ausgibt. Heftig liebt er Europa, die im Gefühl trostloser Verlassenheit ihm keinen Widerstand entgegensetzt. Danach erhebt sich der Jüngling in den Sternenhimmel, wo er noch heute als Kretischer Stier zu erkennen ist – nur halb, wie er im Wasser schwimmt. Europa aber gebiert einen Sohn, den sie Minos nennt. Als König von Kreta wird er berühmt.

Bei den Arabern hieß dieses Sternbild El Taur, in Persien Tora, in Syrien Taura, in der Türkei Ughuz, im Jüdischen Shor, alles Bezeichnungen für „Stier". Selbst die Indios am Amazonas sahen in der V-förmigen Gestalt der Hyaden einen Stierkopf.

In China waren die Sterne Teil des viel größeren Bildes „Weißer Tiger". In einer anderen Version heißt dieses Bild Ta Leang, die Große Brücke (zum Himmel). Nach ägyptischen Vorstellungen kam das Menschengeschlecht empor, als die Sonne im Stier stand (im Frühlingspunkt, lange vor der Zeitenwende).

Im hebräischen Tierkreis markiert der Stier den ersten Buchstaben dieses Alphabets, nämlich Aleph. Im christlichen Sternbilderreigen (apostolischer Zodiak) wiederum sieht man hier den heiligen Andreas.

Friedrich Wilhelm Argelander gibt 121 mit bloßen Augen sichtbare Sterne an, die zum Stier gehören. Der hellste Stern, α Tauri, heißt Aldebaran. Da er rötlich leuchtet, soll er das blutunterlaufende Auge des Stiers markieren. Bei Auf- oder Untergang leuchtet Aldebaran tiefrot infolge der selektiven Extinktion. Der Name stammt vom arabischen Al Dabaran, der Folgende, nämlich den Plejaden (ursprünglich: Nair al Dabaran, der eine Helle,

12.8 Der Taurus:
Skelettkarte des Sternbildes Stier mit der Position des Krabbennebels M 1 und dem jungen, veränderlichen Stern T Tauri.

der folgt). Aldebaran ist ein roter Riesenstern in 66 Lichtjahren Entfernung. Er gehört zu den veränderlichen Sternen ($0^{m}{,}75$ bis $0^{m}{,}95$).

Alnath, β Tauri, stellt die Spitze des nördlichen Stierhorns dar. Seine Helligkeit beträgt $1^{m}{,}7$. Früher wurde dieser Stern noch zum Fuhrmann gerechnet (γ Aurigae). Von Alnath trennen uns 130 Lichtjahre.

Der Stier ist reich an interessanten Objekten. Allein um die beiden prominenten offenen Sternhaufen Hyaden und Plejaden ranken sich zahlreiche Sagen und Geschichten. Erwähnenswert ist auch der Krabbennebel (M 1), der Überrest einer Supernova-Explosion, die am 4. Juli 1054 am irdischen Himmel aufflammte. Im Zentrum von M 1 sitzt ein rasch rotierender Neutronenstern, ein sogenannter Pulsar. Der Stern T Tauri ist der Prototyp einer ganzen Klasse von unregelmäßigen veränderlichen Sternen, die sich noch in einem frühen Stadium ihres Sternenlebens befinden.

Veränderliche Sterne im Dezember

Algol-Minima	3. 4^h47^m	6. 1^h36^m	8. 22^h24^m	11. 19^h15^m	23. 6^h31^m	26. 3^h20^m
	29. 0^h10^m	31. 20^h59^m				
β-Lyrae-Minima	6. 2^hH	12. 13^hN	19. 1^hH	25. 13^hN		
δ-Cepheï-Maxima	5. 23^h	11. 7^h	16. 16^h	22. 1^h	27. 10^h	
Mira-Helligkeit	1. 4^m	10. 4^m	20. 3^m	31. 4^m		

Der Dunklen Energie auf der Spur

SDSS/David Kirkby

12.9 Das 2,5-Meter-Sloan-Digital-Sky-Survey-Teleskop auf dem Apache Point Observatory in New Mexico.

In den Jahren 1924 bis 1928 entdeckten Edwin P. Hubble und sein Kollege Milton Humason mit dem damals weltweit größten Teleskop, dem 2,5-Meter-Reflektor des Mt. Wilson-Observatoriums in Kalifornien, die Expansion des Universums: Die Galaxienhaufen und -superhaufen fliehen voreinander. Je größer die Distanz der Galaxien, desto schneller entfernen sie sich. Galaxien gelten als Bausteine des Universums.

Später fand man heraus, dass die Galaxienhaufen und -superhaufen in einer honigwabenartigen Struktur im Universum angeordnet sind. Riesige Wände oder Mauern (engl.: walls) aus Galaxienhaufen umspannen ausgedehnte Leerräume (engl.: voids).

Heute blicken die Astronomen mit ihren Riesenteleskopen bis weit über zehn Milliarden Lichtjahre Entfernung ins Weltall. Doch weiter als vierzehn Milliarden Jahre geht der Blick nicht. Denn ein Blick in die Tiefen des Universums ist auch gleichzeitig ein Blick in die Vergangenheit. Da das Universum knapp 14 Milliarden Jahre alt ist, kann nur Licht höchstens aus dieser Zeit bis zur Erde gelangt sein. Denn die ersten Sterne und Galaxien entstanden 200 bis 400 Millionen Jahre nach dem Big Bang, dem heißen Beginn unseres Universums.

Lange war man der Auffassung, dass die Gravitationswirkung der im Weltall vorhandenen Massen die Expansion des Universums mehr oder minder stark bremst.

Groß war daher die Überraschung, als man vor zwanzig Jahren auf Grund von Supernovae-Helligkeitsmessungen im Vergleich mit der kosmologischen Rotverschiebung in den Galaxienspektren entdeckte, dass das Universum *beschleunigt* expandiert – die Ausdehnungsgeschwindigkeit nimmt immer mehr zu (siehe auch *Kosmos Himmelsjahr 2015*, Seite 262, Monatsthema „Das große Zerreißen").

Die Expansion des Universums

Doch wer oder was treibt die Expansion an und sorgt für ihre Beschleunigung? Um die beschleunigende Wirkung zu erklären, hat man 1998 den Begriff „Dunkle Energie" (engl.: Dark Energy) eingeführt, ohne zunächst eine Ahnung davon zu haben, welcher Natur sie eigentlich ist. Von der Dunklen Energie ist lediglich bekannt, dass sie als Energiefeld auftritt, welches für die gegenwärtige Beschleunigung der Expansion des Universums sorgt. Das Weltall dehnt sich immer schneller aus.

Wie stark wirkt die Dunkle Energie? Wird sie dafür sorgen, dass eines fernen Tages das „Große Zerreißen" einsetzt? Es mag sein, dass die Dunkle Energie so übermächtig wird, dass die Galaxienhaufen auseinander getrieben werden, die Galaxien sich auflösen, dass Planeten ihren Muttersternen entrissen werden, dass selbst Sterne und Planeten zerplatzen, ja die Materie selbst – Moleküle, Atome, Elementarteilchen Opfer dieses mächtigen Energiefeldes werden.

Um die Stärke der Dunklen Energie zu ergründen, hat man unter anderem das Beobachtungsprogramm BOSS gestartet. BOSS steht für **B**aryon **O**scillation **S**pectroscopic **S**urvey. Das Programm sieht vor, eine dreidimensionale Karte der Verteilung von Galaxienhaufen und -superhaufen zu erstellen, die sich in einem Raumbereich von 650 Quadrilliarden Kubiklichtjahren befinden. Dieser riesige Bereich enthält etwa 1,2 Millionen Galaxien.

Zur Erfassung dieser Galaxien dient das 2,5-m-Sloan-Digital-Sky-Survey-Teleskop auf dem Apache Point in New Mexico (USA). Es wird damit die größte Karte von 95 Prozent des unsichtbaren Anteils des Universums, der Dunklen Energie und der Dunklen Materie entstehen. Die bisherigen Beobachtungsergebnisse zeigen, dass die Dunkle Materie dafür sorgt, dass die Galaxien sich zu Haufen und diese wiederum zu Superhaufen zusammenballen, während in größeren Raumbereichen die Dunkle Energie ihre Wirkung entfaltet.

Die Beobachtungen erfassen Galaxien in bis zu sieben Milliarden Lichtjahren Entfernung. Man blickt somit in eine Vergangenheit von sieben Milliarden Jahren. Dabei kann man die mittleren Distanzen der Galaxiensuperhaufen voneinander in Abhängigkeit von der kosmischen Entwicklungsgeschichte erfassen.

Man misst dabei eine Größe, die als „kosmischer Schallhorizont" bezeichnet wird. Was hat es damit auf sich?

12.10 Das Beobachtungsprogramm BOSS: In einem Himmelsausschnitt von 1000 Quadratgrad wurden ca. 120 000 Galaxien untersucht und so auf ihre räumliche Verteilung geschlossen.

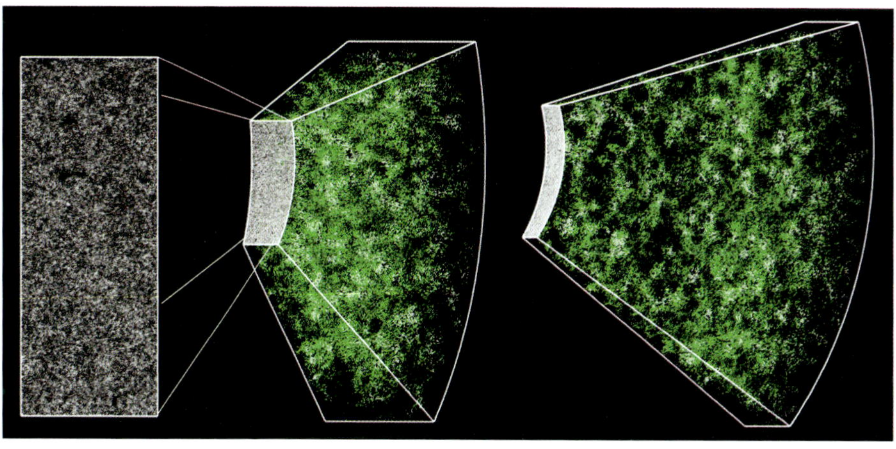

SDSS/Jeremy Tinker

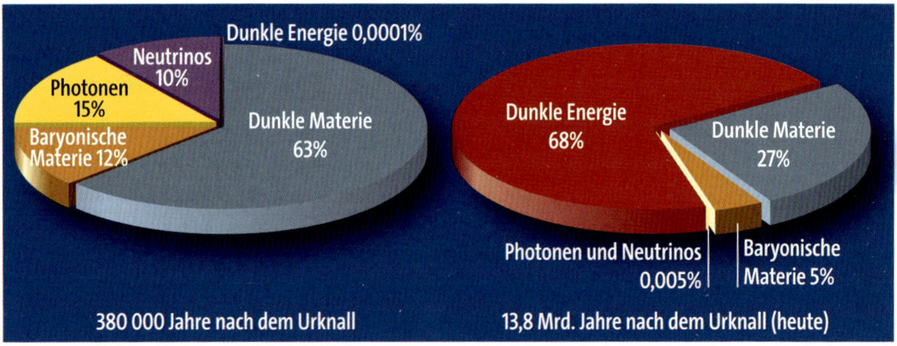

12.11 Relativer Anteil der Dunklen Energie vor knapp 14 Milliarden Jahren und heute.

Relikte des Urknalls

In einer sehr frühen Phase des Universums, in den ersten 380000 Jahren nach dem Urknall, war das Weltall erfüllt von einem heißen Plasma, vornehmlich Elektronen, Protonen, Deuteriumkernen, α-Teilchen (Helium-Kerne), die sogenannte baryonische Materie, sowie Photonen und Neutrinos. Dieses primordiale, heiße und undurchsichtige Plasma durcheilten Druckwellen mit hohen Geschwindigkeiten von rund 60 % der Lichtgeschwindigkeit. Man spricht von baryonischen akustischen Wellen oder schlicht von Schallwellen.

Infolge der Expansion des Universums nahmen Dichte und Temperatur des Plasmas rapide ab. Als die Temperatur unter 3000 Kelvin (rund 2700 °C) sank, fingen die Protonen (Wasserstoffkerne) und die Heliumatomkerne (α-Teilchen) die Elektronen ein, ein Vorgang, der oft etwas missverständlich als „Rekombination" bezeichnet wird. Kurz, die Materie neutralisierte sich, wodurch das Universum durchsichtig wurde, denn es gab kaum mehr freie Elektronen, an denen die Photonen gestreut wurden.

Blickt man zurück auf die Feuerwand vom Urknall, analysiert man somit die kosmische Hintergrundstrahlung, was den Raumsonden COBE, WMAP und Planck mit zunehmender Auflösung gelang, so findet man Abweichungen von einer aus allen Richtungen einfallenden Strahlung im Mikrokelvin-Bereich. Diese winzigen Temperaturvariationen im kosmischen Mikrowellenhintergrund sind ein Indiz für die ursprünglichen Dichteschwankungen.

Diese Dichteschwankungen sind die Spuren der primordialen Quantenfluktuationen, die in dem extrem jungen Universum bei der inflationären Phase von 10^{-35} bis 10^{-32} Sekunden auf kosmische Skalengröße ausgedehnt wurden. Dabei wurden auch die kosmischen Schallwellen gewissermaßen eingefroren und damit die Dichteschwankungen der Materie im Kosmos. An den Stellen höherer Dichte begann die Materie auf Grund der eigenen Schwerkraft zu klumpen, es entstanden Sterne, Galaxien, Galaxienhaufen und deren Superhaufen. Maßgeblich beteiligt war daran die Dunkle Materie, die keinen thermischen Druck spürt bzw. verursacht. Sie koppelt ausschließlich über die Gravitation mit der uns vertrauten baryonischen Materie.

Die Galaxienhaufen und Superhaufen bilden riesige Mauern, die große, fast völlig leere Räume umspannen, sogenannte Voids. Die großräumige Verteilung der Materie zeigt eine honigwabenartige Struktur.

Aus der Vermessung der Dichteschwankungen in der kosmischen Hintergrundstrahlung, also der Winkelmaße der Temperaturschwankungen im Mikrowellenhintergrund, kann man die Größe der Voids und die relativen Distanzen der Superhaufen voneinander zu einem bestimmten Weltalter hochrechnen. Die Skalengröße liegt dabei heute bei 490 Millionen Lichtjahren. Aus der Abweichung von diesem Maßstab lässt sich auf die Wirkung der Dunklen Energie schließen.

Der Energieinhalt des Universums setzt sich heute zu 68 % aus Dunkler Energie und zu 32 % aus Materie zusammen, wobei 27 % auf die Dunkle Materie und nur 5 % auf die baryonische, uns vertraute Materie entfallen. Somit wird gegenwärtig die Expansion des Kosmos von der Dunklen Energie dominiert. Bis vor sieben Milliarden Jahren war es noch die Materie, die die Ausdehnung des Weltalls abbremste. Vor fünf bis sechs Milliarden Jahren begann das Zeitalter der sich beschleunigenden Expansion. In einigen weiteren Milliarden Jahren wird die Expansion ausschließlich von der Dunklen Energie beherrscht werden. Die Ursache für diese Ereignisfolge liegt in dem Umstand, dass die Materiedichte mit der Ausdehnung des Weltalls entsprechend abnimmt, die Dunkle Energie hingegen als Eigenschaft des Vakuums ändert ihren Energieinhalt pro Volumenelement nicht. So bleibt die Vakuumenergiedichte offensichtlich für alle Zeiten konstant. In etwa einer Billion (10^{12}) Jahren wird die Dunkle Energie auch die letzten Galaxien über den kosmischen Horizont katapultieren und somit unseren Blicken entziehen. Aber Menschen wird es in jenen fernen Zeiten ebenso wenig geben wie unsere Erde. Unsere Sonne wird längst zu einem kalten, winzigen Schwarzen Zwerg entartet sein.

Es kann aber alles auch viel schneller gehen. Schon nach einigen Dutzend Milliarden Jahren könnte das Universum samt seinem Inhalt im „Großen Zerreißen" (Big Rip) enden. Dies hängt von der Stärke der Dunklen Energie ab, die es zu ermitteln gilt. Bleibt die Dunkle Energie zeitlich konstant (kosmologische Konstante, Zustandsgleichung $w = -1$) oder variiert sie mit der Zeit? Dann spricht man von Quintessenz. Ab einer bestimmten Stärke ($w < -1$) wird sie zur Fantomenergie, die unausweichlich zum Big Rip führt.

Die Suche nach der Dunklen Energie

Um der Dunklen Energie auf die Spur zu kommen, sind außer dem schon erwähnten BOSS-

12.12 Das Weltraumteleskop Euclid

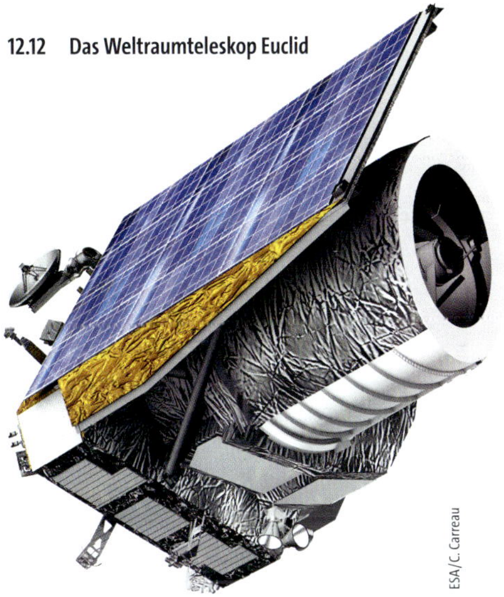

ESA/C. Carreau

Programm noch weitere Beobachtungskampagnen gestartet worden oder in Vorbereitung beziehungsweise in Planung. Bereits im August 2013 begann man mit dem **D**ark **E**nergy **S**urvey (DES). Mit dem 4-m-Victor-M.-Blanco-Teleskop des Inter American Observatory auf dem Cerro Tololo in Chile, ausgerüstet mit einer 570 Megapixel-Kamera, wurden rund 300 Millionen Galaxien erfasst und dabei mehr Supernovae registriert als je zuvor. Dabei gelang es auch, die absoluten Helligkeiten und deren Streuungen von Supernovae des Typs Ia mit Hilfe klassischer Cepheïden genauer als bisher zu bestimmen. Die ersten Auswertungen der Beobachtungsdaten lassen eindeutig die seit rund sechs Milliarden Jahren beschleunigte Expansion des Kosmos erkennen.

Die Japaner sind mit ihrem 8-m-Subaru-Teleskop auf dem Mauna Kea (Big Island, Hawaii) und einer 870-Megapixel-CCD-Kamera der Dunklen Energie auf der Spur. Sie erreichen damit wesentlich lichtschwächere und damit fernere Galaxien als das DES-Projekt, das nur über ein Teleskop der 4-Meter-Klasse verfügt.

Auch mit dem Röntgenteleskop Chandra versucht man, aus der Verteilung des Millionen Grad heißen, allerdings sehr dünnen intergalak-

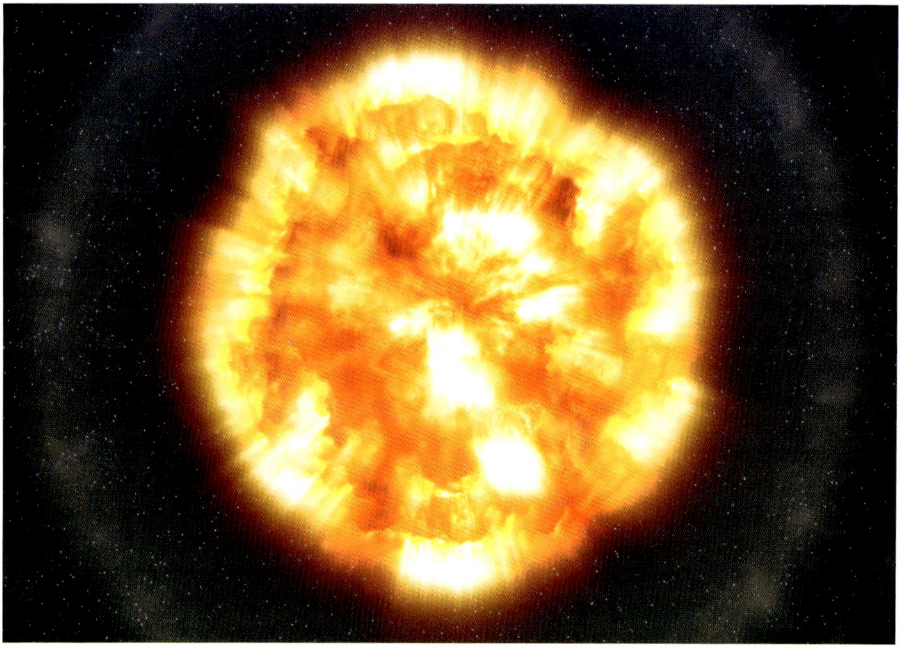

12.13 Künstlerische Darstellung einer Supernova-Detonation.

tischen Gases die wachsende Größe der Galaxiensuperhaufen zu ermitteln. Aus den ersten Beobachtungsergebnissen folgt, dass die Dunkle Energie seit acht Millionen Jahren nicht an Stärke zugenommen hat. Dies spricht dafür, dass es sich bei der Dunklen Energie um die klassische Vakuumenergie (auch als Einsteins kosmologische Konstante bezeichnet) handelt, deren Energiedichte konstant bleibt (Zustandsparameter $w = -1$; $dw/dt = 0$).

Ein weiteres Beobachtungsprogramm zur Erforschung der Dunklen Energie startet 2018 unter der Bezeichnung **D**ark **E**nergy **S**pectroscopic **I**nstrument (DESI). Mit dem 4-m-Mayall-Teleskop auf dem Kitt Peak National Observatory (Arizona) sollen Rotverschiebungen von 30 Millionen Galaxien bis zu zehn Milliarden Lichtjahren Distanz hochpräzise gemessen und mit Supernova-Helligkeitsmessungen verglichen werden.

Auch mit dem im Bau befindlichen **L**arge **S**ynoptic **S**urvey **T**elescope (LSST) mit 8,4 m Spiegeldurchmesser soll ab 2019 mit einer 3,2-Gigapixel-Kamera nach der Dunklen Energie gefahndet werden (siehe auch Monatsthema „LSST – die Entdeckungsmaschine" im *Kosmos Himmelsjahr 2017* auf Seite 202).

Die Radioastronomen lässt die Dunkle Energie ebenfalls nicht kalt. Mit dem **S**quare **K**ilometre **A**rray (SKA), das ab 2020 betriebsbereit sein soll, sollen die vermuteten intergalaktischen Wolken aus kaltem, neutralem Wasserstoff in den Galaxiensuperhaufen durch Beobachtung der 21-cm-Linie vermessen und ihre zunehmende Ausdehnung im Laufe der Geschichte des Kosmos registriert werden (siehe auch Monatsthema „ALMA und SKA – Radioteleskope der Superlative" im *Kosmos Himmelsjahr 2014* auf Seite 227).

Speziell zur Untersuchung der Dunklen Energie soll das von der europäischen Weltraumagentur ESA geplante Weltraumteleskop Euclid dienen, an dem sich auch die amerikanische NASA beteiligt. Genau genommen ist Euclid kein

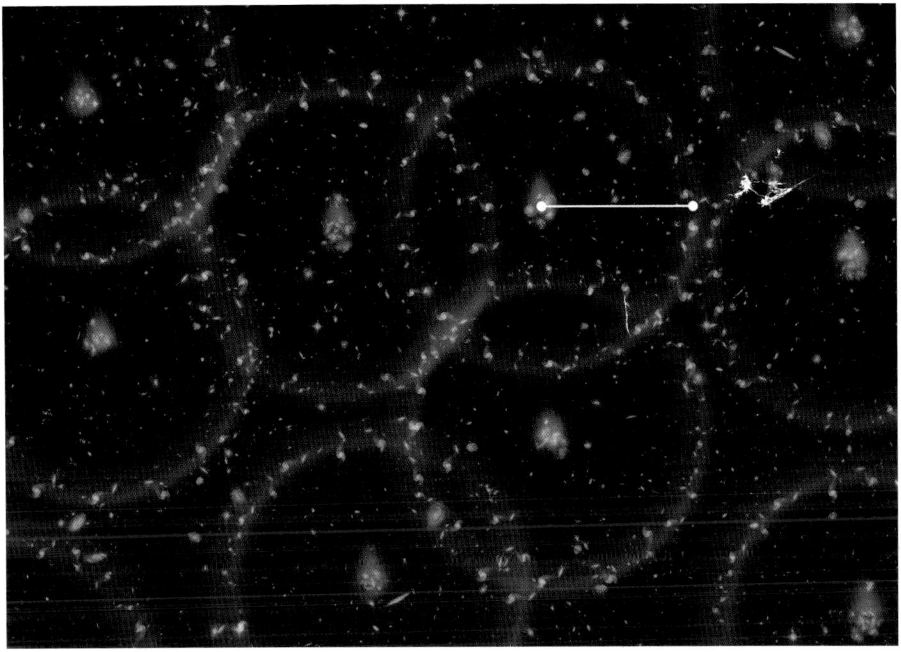

12.14 Baryonische akustische Wellen (Illustration).

Einzelfernrohr, sondern ein Doppelinstrument aus zwei 1,2-m-Korsch-Teleskopen, eines für den sichtbaren Spektralbereich und eines für das nahe Infrarot. (Im Monatsthema Februar „Das James-Webb-Weltraumteleskop" auf Seite 64 findet sich eine kurze Beschreibung eines Korsch-Teleskops.) Die Brennweite beträgt jeweils 24,5 Meter. Euclid soll im Jahre 2020 vom europäischen Weltraumbahnhof Kourou in Französisch-Guayana gestartet werden und im Lagrange-Punkt L2 in etwa 1,5 Millionen Kilometer Entfernung von der Erde platziert werden.

Täglich soll Euclid rund 850 Gigabyte an Daten zur Erde funken. In der Betriebszeit von sechs Jahren will man etwa ein Drittel der Fläche der Himmelskugel (etwa 14000 Quadratgrad) bis in eine Raumtiefe von zehn Milliarden Lichtjahren erfassen. Neben der Messung von Rotverschiebungen von mehr als zwei Milliarden Galaxien sollen auch großräumig Gravitationslinsen erfasst werden, um die Massen von Galaxienhaufen zu bestimmen.

Spätestens 2030 wird man wissen, welches Schicksal die Dunkle Energie dem Universum bescheren wird: Das Große Zerreißen oder den unendlich langen Weg zum zeitlosen Zustand der Ewigkeit, in dem nichts mehr passiert.

Vielfach wird die Dunkle Energie als „mysteriös" bezeichnet. Im Grunde ist die Dunkle Energie nicht mysteriöser als die Gravitation. Beide werden durch Energiefelder repräsentiert, die auf Materie Kraft ausüben – einmal abstoßend, dann wieder anziehend. Nur ist die Gravitation seit Isaac Newton, also seit mehr als dreihundert Jahren bekannt, die Dunkle Energie beziehungsweise ihre Wirkung auf die Expansion des Alls aber erst seit zwanzig Jahren. Beides sind Feldtheorien, deren quantenmechanische Ausarbeitung noch fehlt. Im Unterschied zur Gravitation wird die Dunkle Energie mit einem quellenfreien Skalarfeld beschrieben. Sie kann schlicht als Antigravitation aufgefasst werden, was den Symmetrieprinzipien der Physik entspricht.

Die Welt in — Ihren Händen

KOSMOS WELT DER KARTEN
496 Seiten
ca. €/D 78,–

Die „Welt der Karten" verknüpft moderne Kartografie mit dem Blick auf den Globus von vor Hunderten von Jahren. Geografisch geordnet erscheinen neben den modernen, digital erstellten Karten (Maßstab: 1:1,4 Millionen) historische Kartenblätter unterschiedlichster Herkunft und Epochen. So trifft die Karte von heute auf ihr Pendant von gestern. Dieses Konzept bietet auf einzigartige Weise räumliche und zeitliche Orientierung und ermöglicht interessante Vergleiche.

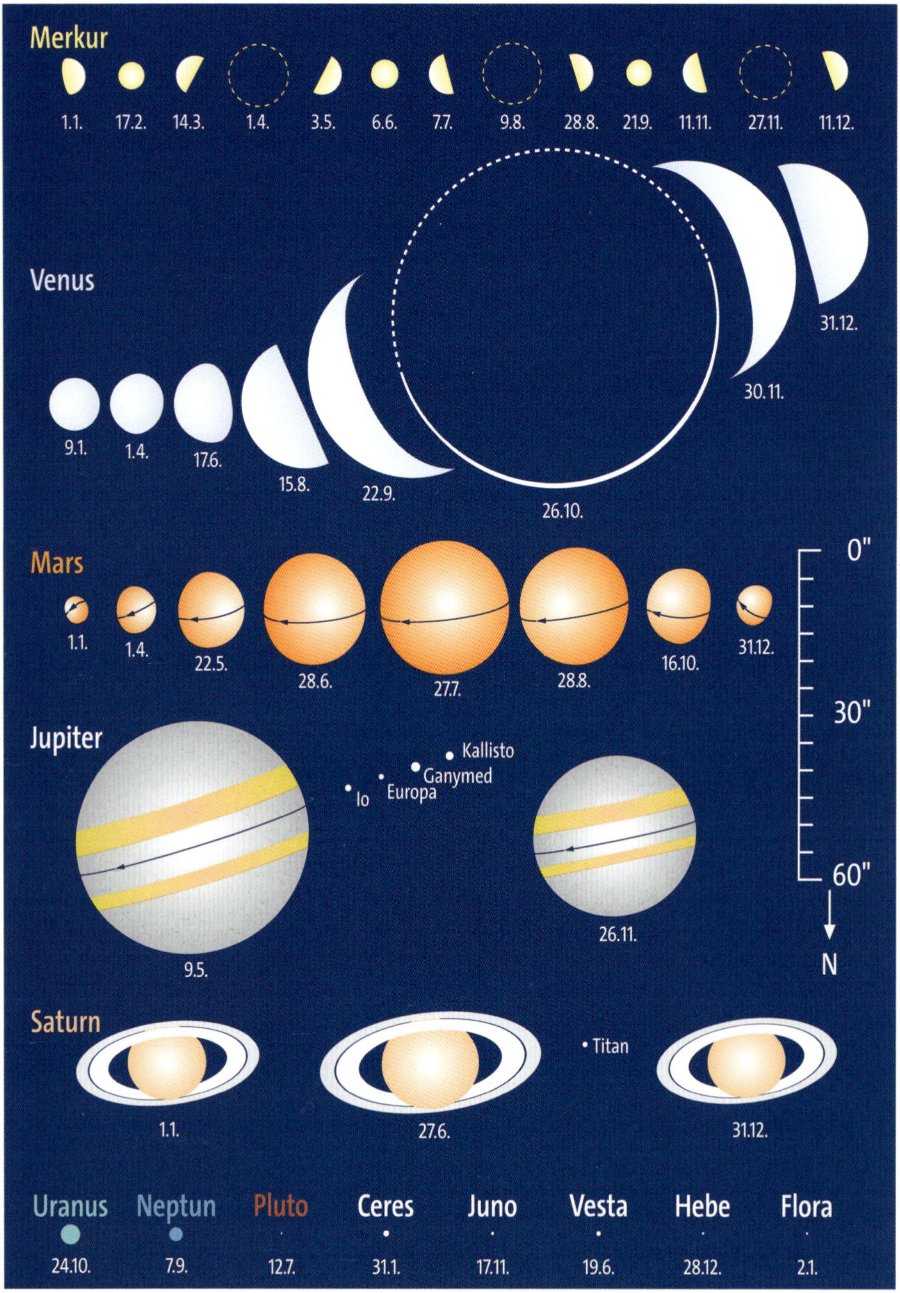

T.1 Die Größe der Planetenscheibchen im Jahre 2018. Man beachte den eingetragenen Maßstab in Bogensekunden. Anblick im umkehrenden Fernrohr (Norden unten, Osten rechts).

Planetensichtbarkeit

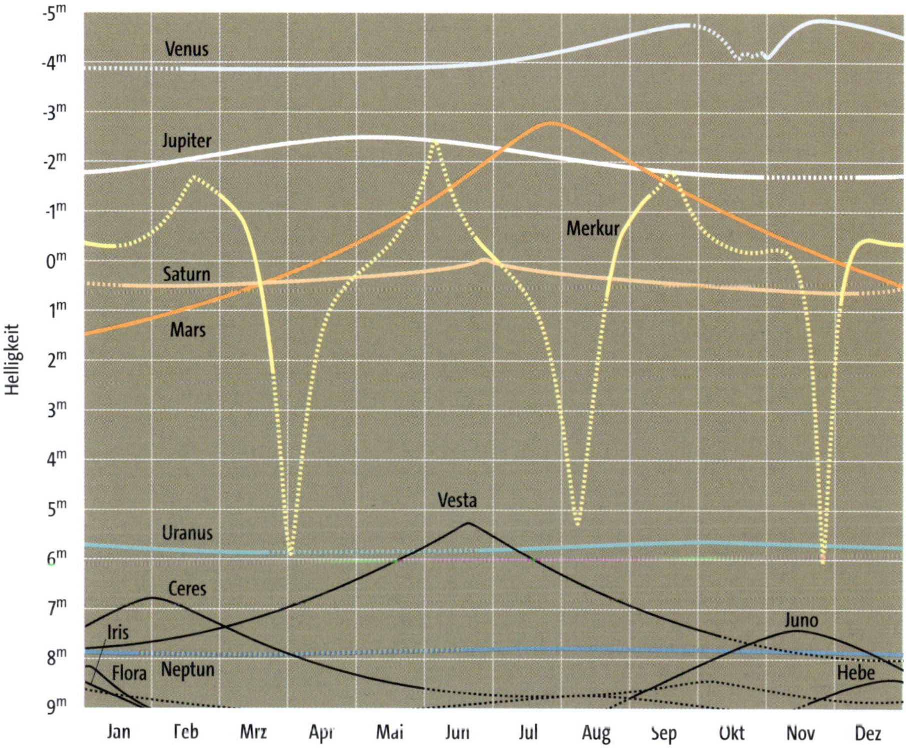

T.2 Die Helligkeiten der Planeten 2018.

T.3 Die Sichtbarkeiten der Planeten im Jahr 2018. M bedeutet Morgensichtbarkeit, A Abendsichtbarkeit.

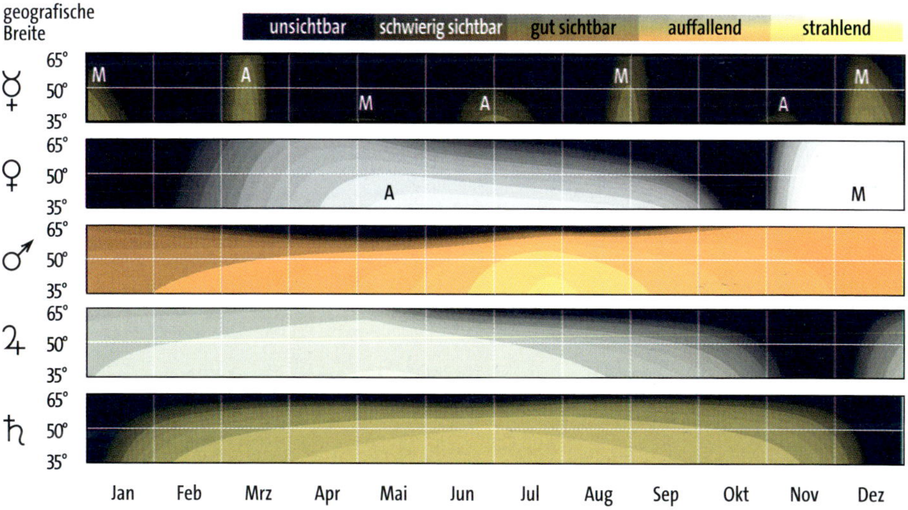

Ekliptikale Koordinaten des Mondes 2018

Tag	JANUAR Länge °	Breite °	FEBRUAR Länge °	Breite °	MÄRZ Länge °	Breite °	APRIL Länge °	Breite °	MAI Länge °	Breite °	JUNI Länge °	Breite °
2.	99,8	−3,0	152,7	+1,6	160,6	+2,3	210,3	+5,0	244,3	+4,6	288,9	+1,6
4.	130,1	−0,4	181,0	+3,8	188,8	+4,2	236,1	+4,9	268,7	+3,3	312,5	−0,5
6.	159,1	+2,1	207,6	+5,1	215,5	+5,2	260,7	+4,0	292,5	+1,5	336,3	−2,5
8.	186,2	+4,1	232,7	+5,2	240,7	+5,0	284,6	+2,4	316,1	−0,6	1,1	−4,2
10.	211,8	+5,1	256,8	+4,5	264,9	+4,0	308,2	+0,4	340,4	−2,6	27,4	−5,1
12.	236,2	+5,1	280,4	+3,0	288,5	+2,3	332,5	−1,8	5,9	−4,2	55,6	−4,9
14.	260,0	+4,3	304,1	+1,0	312,3	+0,2	357,9	−3,6	33,1	−5,0	85,1	−3,4
16.	283,7	+2,7	328,4	−1,3	336,9	−2,0	24,7	−4,8	61,7	−4,6	115,2	−1,0
18.	307,4	+0,7	353,3	−3,3	2,5	−3,9	52,6	−4,9	91,1	−3,1	144,6	+1,6
20.	331,6	−1,5	19,2	−4,8	29,1	−5,0	81,1	−3,9	120,2	−0,7	172,7	+3,8
22.	356,3	−3,5	45,9	−5,3	56,6	−5,0	109,6	−1,8	148,6	+1,8	199,4	+5,0
24.	22,2	−4,9	73,7	−4,6	84,5	−3,9	137,8	+0,6	175,9	+3,8	225,0	+5,1
26.	49,4	−5,3	102,3	−2,8	112,8	−1,8	165,4	+2,9	202,4	+4,9	249,7	+4,3
28.	78,1	−4,4	131,5	−0,3	141,2	+0,7	192,5	+4,4	228,0	+5,0	273,8	+2,8
30.	107,9	−2,4	–	–	169,4	+3,0	218,9	+5,0	252,9	+4,1	297,5	+0,8

Tag	JULI Länge °	Breite °	AUGUST Länge °	Breite °	SEPTEMBER Länge °	Breite °	OKTOBER Länge °	Breite °	NOVEMBER Länge °	Breite °	DEZEMBER Länge °	Breite °
2.	321,1	−1,4	6,5	−4,6	55,2	−4,9	93,2	−2,5	146,3	+2,2	185,0	+4,7
4.	345,0	−3,3	32,0	−5,3	82,6	−3,5	121,4	−0,2	174,5	+4,1	212,0	+5,1
6.	9,8	−4,7	58,8	−4,9	111,3	−1,2	150,1	+2,3	202,3	+5,0	238,2	+4,4
8.	36,0	−5,3	87,3	−3,3	140,8	+1,4	179,0	+4,2	229,3	+4,7	263,5	+2,9
10.	63,9	−4,6	117,0	−0,8	170,4	+3,7	207,3	+5,0	255,2	+3,5	288,0	+0,8
12.	93,5	−2,8	147,2	+1,9	199,2	+5,0	234,4	+4,7	279,9	+1,7	311,7	−1,3
14.	123,8	−0,2	176,8	+4,1	226,4	+5,0	259,9	+3,4	303,8	−0,4	335,3	−3,2
16.	153,7	+2,5	204,7	+5,2	251,9	+4,1	284,1	+1,5	327,4	−2,4	359,4	−4,6
18.	182,2	+4,4	230,9	+5,1	276,1	+2,4	307,8	−0,5	351,5	−4,0	24,5	−5,2
20.	209,1	+5,3	255,7	+4,0	299,8	+0,4	331,6	−2,5	16,7	−5,0	51,3	−4,8
22.	234,5	+5,0	279,6	+2,3	323,5	−1,7	356,1	−4,1	43,4	−4,9	79,7	−3,2
24.	258,9	+3,9	303,2	+0,2	347,8	−3,5	21,7	−4,9	71,4	−3,7	109,2	−0,7
26.	282,7	+2,1	327,0	−1,9	12,9	−4,7	48,5	−4,8	100,2	−1,6	138,9	+2,0
28.	306,3	−0,1	351,2	−3,7	38,9	−5,0	76,1	−3,5	128,9	+1,0	167,8	+4,1
30.	330,0	−2,2	16,1	−4,9	65,7	−4,3	104,1	−1,4	157,3	+3,3	195,5	+5,2

Koordinaten gelten für 1^h MEZ und sind geozentrische Werte.
Von Mitteleuropa aus steht der Mond etwa 0,°7 südlicher.
Abstand der Mondbahn relativ zu helleren Sternen 2018:

Stern:	Aldebaran	Al Nath	Alhena	Pollux	Regulus	Spica	Antares	Nunki
Mond:	1° nördl.	9° südl.	4° nördl.	8° südl.	1° nördl.	6° nördl.	8° nördl.	4° nördl.

T.4 Lage der Mondbahn im Tierkreis relativ zur Ekliptik von 180° bis 360° ekliptikaler Länge.

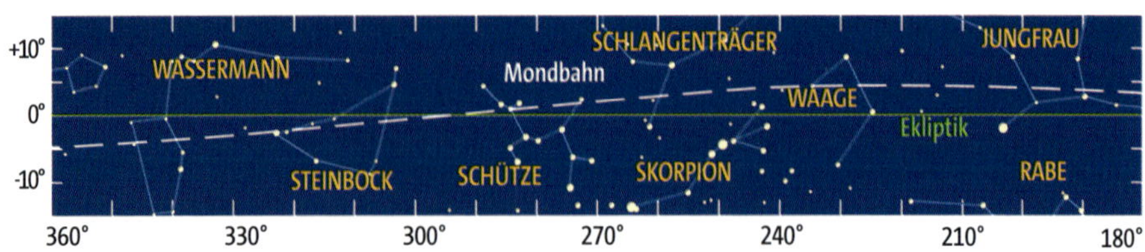

Ekliptikale Koordinaten der Sonne und der großen Planeten 2018

Datum		SONNE Länge °	MERKUR Länge °	MERKUR Breite °	VENUS Länge °	VENUS Breite °	MARS Länge °	MARS Breite °	JUPITER Länge °	JUPITER Breite °	SATURN Länge °	SATURN Breite °
Jan	1.	280,2	257,7	+2,0	278,3	−0,5	223,9	+0,9	226,7	+1,1	271,1	+0,9
	10.	289,4	268,1	+0,7	289,6	−0,8	229,5	+0,8	228,1	+1,1	272,2	+0,9
	20.	299,6	282,1	−0,6	302,2	−1,1	235,7	+0,8	229,6	+1,1	273,3	+0,9
	31.	310,8	298,8	−1,6	316,0	−1,3	242,5	+0,7	230,9	+1,1	274,5	+0,9
Feb	10.	320,9	315,3	−2,1	328,5	−1,4	248,6	+0,5	231,8	+1,1	275,5	+0,9
	20.	331,0	333,1	−1,8	341,0	−1,5	254,6	+0,4	232,5	+1,2	276,4	+0,9
	28.	339,1	348,1	−1,0	351,0	−1,4	259,4	+0,3	232,8	+1,2	277,0	+0,9
Mrz	10.	349,1	5,8	+0,9	3,5	−1,2	265,3	+0,1	233,0	+1,2	277,7	+0,9
	20.	359,1	16,0	+2,9	15,9	−0,9	271,1	−0,1	232,8	+1,2	278,2	+0,9
	31.	10,0	13,1	+3,1	29,5	−0,5	277,2	−0,3	232,2	+1,3	278,6	+0,9
Apr	10.	19,8	5,8	+0,8	41,8	−0,1	282,6	−0,6	231,5	+1,3	278,9	+0,9
	20.	29,6	5,4	−1,6	54,0	+0,4	287,8	−0,9	230,4	+1,3	278,9	+0,9
	30.	39,3	12,5	−2,8	66,2	+0,8	292,7	−1,3	229,3	+1,3	278,8	+0,9
Mai	10.	49,0	24,5	−2,9	78,3	+1,2	297,2	−1,7	228,0	+1,3	278,5	+0,9
	20.	58,7	40,4	−2,1	90,3	+1,6	301,2	−2,2	226,7	+1,2	278,1	+0,9
	31.	69,2	61,9	−0,3	103,4	+1,9	304,8	−2,8	225,5	+1,2	277,5	+0,9
Jun	10.	78,8	83,7	+1,3	115,2	+2,0	307,2	−3,5	224,5	+1,2	276,9	+0,9
	20.	88,4	104,1	+2,0	126,8	+2,0	308,6	−4,2	223,7	+1,1	276,2	+0,9
	30.	97,9	120,9	+1,5	138,3	+1,8	308,9	−4,9	223,3	+1,1	275,4	+0,8
Jul	10.	107,5	133,7	0,0	149,6	+1,5	307,8	−5,6	223,1	+1,1	274,7	+0,8
	20.	117,0	141,6	−2,1	160,7	+0,9	305,7	−6,2	223,2	+1,0	274,0	+0,8
	31.	127,5	142,2	−4,4	172,5	+0,1	302,8	−6,5	223,7	+1,0	273,4	+0,8
Aug	10.	137,1	135,5	−4,7	182,8	−0,8	300,3	−6,5	224,4	+0,9	272,9	+0,8
	20.	146,7	131,3	−2,4	192,6	−1,8	298,7	−6,2	225,4	+0,9	272,5	+0,7
	31.	157,3	139,9	+0,5	202,4	−3,1	298,4	−5,7	226,8	+0,9	272,3	+0,7
Sep	10.	167,0	156,9	+1,7	210,2	−4,3	299,5	−5,1	228,2	+0,8	272,3	+0,7
	20.	176,7	175,8	+1,6	216,3	−5,6	301,9	−4,5	229,9	+0,8	272,4	+0,7
	30.	186,5	193,5	+0,7	219,9	−6,7	305,3	3,9	231,6	+0,8	272,7	+0,6
Okt	10.	196,4	209,7	−0,5	220,2	−7,4	309,5	−3,4	233,5	+0,7	273,2	+0,6
	20.	206,3	224,6	−1,6	216,7	−7,1	314,4	−2,9	235,6	+0,7	273,8	+0,6
	31.	217,2	239,5	−2,5	210,2	−5,4	320,3	−2,3	237,9	+0,7	274,6	+0,6
Nov	10.	227,3	250,1	−2,7	205,8	2,9	326,1	−1,9	240,1	+0,7	275,5	+0,6
	20.	237,3	252,5	−1,4	205,2	−0,6	332,2	−1,5	242,3	+0,7	276,4	+0,5
	30.	247,4	241,3	+1,7	208,4	+1,2	338,5	−1,2	244,5	+0,7	277,5	+0,5
Dez	10.	257,6	237,8	+2,7	214,3	+2,4	345,0	−0,9	246,7	+0,6	278,6	+0,5
	20.	267,8	247,1	+1,7	222,1	+3,1	351,6	−0,6	248,9	+0,6	279,7	+0,5
	31.	279,0	262,1	+0,3	232,3	+3,4	359,0	−0,3	251,3	+0,6	281,0	+0,5

Länge:	Jan 1.	Mrz 1.	Mai 1.	Jul 1.	Sep 1.	Nov 1.	Dez 31.	Breite
URANUS	24°,3	25°,7	28°,9	31°,7	32°,1	30°,0	28°,3	−0°,6 bis −0°,5
NEPTUN	341,6	343,5	345,6	346,2	345,0	343,6	343,8	−1°,0 bis −0°,9
PLUTO	288,5	290,4	291,0	290,0	288,7	288,7	290,3	−0°,1 bis +0°,5

T.4 Lage der Mondbahn im Tierkreis relativ zur Ekliptik von 0° bis 180° ekliptikaler Länge.

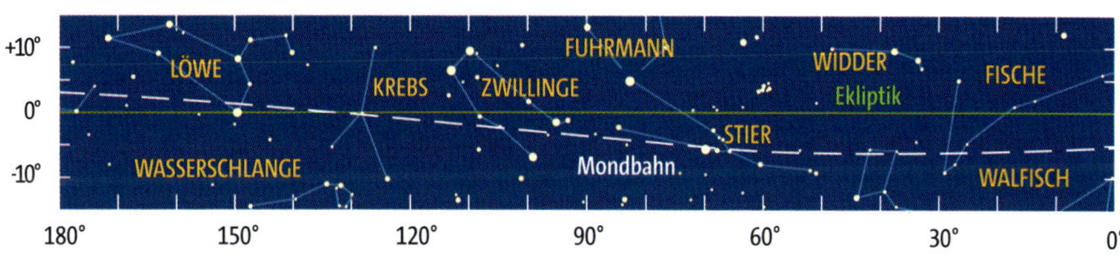

Ephemeriden der großen Planeten Januar – Juni 2018

		Merkur						Venus					
Datum		Rektas.	Deklin.	Kulmin.	Aufg.	Du.	bel.	Rektas.	Deklin.	Kulmin.	Unterg.	Du.	bel.
		h m	°	h m	h m	″	%	h m	°	h m	h m	″	%
Jan	1.	17 07	−20,9	10 46	6 30	6,7	62	18 36	−23,7	12 16	16 16	9,8	100
	5.	17 25	−21,8	10 49	6 38	6,2	70	18 58	−23,4	12 22	16 23	9,8	100
	10.	17 52	−22,7	10 56	6 51	5,8	78	19 25	−22,8	12 29	16 35	9,8	100
	15.	18 21	−23,3	11 06	7 05	5,4	84	19 52	−21,9	12 36	16 48	9,8	100
	20.	18 53	−23,5	11 18	7 17	5,2	88	20 19	−20,7	12 43	17 02	9,8	100
	25.	19 25	−23,1	11 31	7 28	5,0	92	20 45	−19,3	12 49	17 17	9,9	100
	31.	20 05	−22,0	11 47	7 37	4,9	95	21 15	−17,3	12 56	17 35	9,9	100
Feb	5.	20 39	−20,4	12 01	7 41	4,8	97	21 40	−15,4	13 01	17 51	9,9	99
	10.	21 14	−18,2	12 16		4,8	99	22 05	−13,3	13 06	18 06	9,9	99
	15.	21 48	−15,5	12 31	Unterg.	4,8	100	22 29	−11,1	13 10	18 22	10,0	99
	20.	22 23	−12,1	12 46	17 54	4,9	100	22 52	− 8,8	13 14	18 38	10,0	99
	25.	22 57	− 8,2	13 01	18 29	5,1	97	23 15	− 6,3	13 18	18 53	10,1	98
	28.	23 18	− 5,6	13 09	18 50	5,3	94	23 29	− 4,8	13 19	19 02	10,1	98
Mrz	5.	23 51	− 1,2	13 22	19 24	5,7	85	23 52	− 2,3	13 23	19 18	10,2	97
	10.	0 20	+ 3,1	13 31	19 53	6,3	68	0 15	+ 0,3	13 25	19 33	10,2	97
	15.	0 42	+ 6,7	13 33	20 11	7,3	47	0 37	+ 2,9	13 28	19 48	10,3	96
	20.	0 54	+ 9,0	13 24	20 12	8,5	27	1 00	+ 5,4	13 31	20 03	10,4	96
	25.	0 55	+ 9,6	13 04	19 53	9,8	10	1 23	+ 7,9	13 34	20 19	10,5	95
	31.	0 43	+ 8,0	12 28	19 07	11,1	1	1 50	+10,8	13 39	20 37	10,6	94
Apr	5.	0 30	+ 5,5	11 55		11,4	2	2 14	+13,1	13 42	20 53	10,8	94
	10.	0 20	+ 3,1	11 26	Aufg.	11,2	8	2 38	+15,3	13 46	21 09	10,9	93
	15.	0 17	+ 1,3	11 04	4 55	10,5	17	3 02	+17,3	13 51	21 24	11,0	92
	20.	0 22	+ 0,7	10 50	4 43	9,6	27	3 26	+19,1	13 56	21 40	11,2	91
	25.	0 34	+ 1,1	10 42	4 33	8,7	36	3 51	+20,7	14 01	21 55	11,4	90
	30.	0 50	+ 2,3	10 40	4 24	8,0	44	4 17	+22,1	14 07	22 09	11,6	89
Mai	5.	1 11	+ 4,3	10 41	4 16	7,3	52	4 42	+23,3	14 13	22 23	11,8	88
	10.	1 35	+ 6,8	10 46	4 08	6,7	60	5 09	+24,1	14 19	22 35	12,0	86
	15.	2 03	+ 9,7	10 54	4 02	6,2	68	5 35	+24,7	14 26	22 45	12,2	85
	20.	2 35	+13,0	11 06	3 57	5,8	77	6 01	+25,0	14 33	22 53	12,5	84
	25.	3 10	+16,4	11 23	3 55	5,5	86	6 28	+25,0	14 39	22 59	12,8	82
	31.	3 59	+20,2	11 49		5,2	96	6 59	+24,6	14 47	23 04	13,2	81
Jun	5.	4 45	+22,9	12 15	Unterg.	5,1	100	7 25	+24,0	14 53	23 05	13,5	79
	10.	5 32	+24,6	12 43	21 03	5,1	98	7 50	+23,1	14 59	23 04	13,9	77
	15.	6 19	+25,2	13 10	21 32	5,3	91	8 15	+21,9	15 04	23 01	14,3	76
	20.	7 02	+24,7	13 33	21 50	5,6	81	8 39	+20,5	15 08	22 56	14,7	74
	25.	7 41	+23,3	13 51	21 58	6,0	72	9 03	+18,9	15 12	22 50	15,2	72
	30.	8 14	+21,4	14 04	21 58	6,5	63	9 25	+17,1	15 15	22 42	15,8	70

		Saturn						Ring				
Datum		Rektas.	Deklin.	Kulmin.	Aufg.	Äqu.	Pol.	gr. A.	kl. A.	Öffn.	hel. Ö.	Leucht.
		h m	°	h m	h m	″	″	″	″	°	°	
Jan	1.	18 05	−22,5	11 42	7 37	15,1	13,8	34,2	15,3	26,5	26,5	1,43
	15.	18 12	−22,5	10 54	6 49	15,2	13,8	34,4	15,3	26,4	26,5	1,34
	31.	18 19	−22,5	9 59	5 53	15,3	14,0	34,8	15,3	26,1	26,5	1,30
Feb	15.	18 26	−22,4	9 06	5 00	15,6	14,2	35,4	15,5	25,9	26,5	1,27
	28.	18 30	−22,4	8 19	4 13	15,8	14,5	36,0	15,6	25,8	26,4	1,25
Mrz	15.	18 34	−22,3	7 24	3 18	16,2	14,8	36,8	15,9	25,6	26,4	1,23
	31.	18 37	−22,3	6 24	2 17	16,6	15,2	37,8	16,3	25,5	26,4	1,22
Apr	15.	18 38	−22,3	5 26	1 19	17,1	15,6	38,7	16,6	25,5	26,3	1,23
	30.	18 38	−22,3	4 27	0 20	17,5	15,9	39,7	17,1	25,5	26,3	1,24
Mai	15.	18 36	−22,3	3 26	23 15	17,8	16,3	40,5	17,5	25,6	26,2	1,27
	31.	18 33	−22,3	2 20	22 09	18,1	16,6	41,2	17,9	25,7	26,2	1,31
Jun	15.	18 28	−22,4	1 16	21 06	18,3	16,7	41,6	18,1	25,9	26,1	1,38
	30.	18 24	−22,5	0 13	20 04	18,4	16,8	41,7	18,3	26,0	26,1	1,60

Mars						Jupiter						Datum	
Rektas. h m	Deklin. °	Kulmin. h m	Aufg. h m	Du. ″	bel. %	Rektas. h m	Deklin. °	Kulmin. h m	Aufg. h m	Äqu. ″	Pol. ″		
14 47	−15,2	8 25	3 37	4,8	93	14 58	−15,8	8 36	3 52	33,1	30,9	1.	Jan
14 57	−15,9	8 19	3 36	4,9	93	15 01	−16,0	8 23	3 40	33,4	31,2	5.	
15 09	−16,8	8 12	3 33	5,0	93	15 04	−16,2	8 06	3 24	33,8	31,6	10.	
15 22	−17,7	8 05	3 31	5,1	92	15 07	−16,4	7 49	3 09	34,2	32,0	15.	
15 34	−18,5	7 58	3 28	5,3	92	15 10	−16,6	7 33	2 53	34,7	32,4	20.	
15 47	−19,2	7 51	3 25	5,4	91	15 12	−16,7	7 15	2 37	35,2	32,9	25.	
16 02	−20,0	7 42	3 22	5,6	91	15 15	−16,9	6 55	2 17	35,8	33,4	31.	
16 15	−20,6	7 35	3 18	5,7	91	15 17	−17,0	6 37	2 00	36,3	33,9	5.	Feb
16 28	−21,2	7 28	3 15	5,9	90	15 19	−17,1	6 19	1 42	36,8	34,5	10.	
16 41	−21,7	7 22	3 11	6,1	90	15 20	−17,2	6 01	1 25	37,4	35,0	15.	
16 53	−22,1	7 15	3 07	6,3	90	15 22	−17,3	5 42	1 07	38,0	35,5	20.	
17 06	−22,5	7 08	3 02	6,5	89	15 23	−17,3	5 24	0 48	38,6	36,1	25.	
17 14	−22,7	7 04	2 59	6,6	89	15 23	−17,3	5 12	0 37	39,0	36,4	28.	
17 27	−23,0	6 57	2 54	6,9	89	15 23	−17,4	4 53	0 18	39,6	37,0	5.	Mrz
17 39	−23,2	6 50	2 49	7,1	89	15 24	−17,4	4 34	23 54	40,2	37,6	10.	
17 52	−23,4	6 43	2 43	7,4	88	15 23	−17,3	4 14	23 34	40,8	38,1	15.	
18 05	−23,5	6 35	2 36	7,7	88	15 23	−17,3	3 54	23 14	41,3	38,7	20.	
18 17	−23,6	6 28	2 29	8,0	88	15 22	−17,2	3 33	22 53	41,9	39,2	25.	
18 32	−23,6	6 19	2 20	8,4	88	15 21	−17,1	3 08	22 27	42,5	39,8	31.	
18 43	−23,5	6 11	2 12	8,7	88	15 19	−17,0	2 47	22 05	43,0	40,2	5.	Apr
18 55	−23,4	6 03	2 03	9,1	88	15 17	−16,9	2 26	21 43	43,5	40,6	10.	
19 07	−23,3	5 55	1 54	9,5	88	15 16	−16,8	2 04	21 21	43,9	41,0	15.	
19 18	−23,1	5 46	1 45	10,0	88	15 13	−16,6	1 42	20 58	44,2	41,3	20.	
19 29	−23,0	5 37	1 34	10,5	88	15 11	−16,5	1 20	20 36	44,4	41,6	25.	
19 39	−22,8	5 28	1 24	11,0	88	15 09	−16,3	0 58	20 13	44,6	41,8	30.	
19 49	−22,6	5 18	1 13	11,5	88	15 06	−16,1	0 36	19 49	44,8	41,9	5.	Mai
19 58	−22,4	5 08	1 01	12,1	89	15 04	−16,0	0 14		44,8	41,9	10.	
20 07	−22,2	4 57	0 49	12,8	89	15 01	−15,8	23 47	Unterg.	44,8	41,9	15.	
20 16	−22,0	4 46	0 37	13,5	90	14 59	−15,6	23 25	4 14	44,7	41,8	20.	
20 23	−21,9	4 34	0 24	14,2	90	14 56	−15,5	23 03	3 53	44,5	41,6	25.	
20 31	−21,8	4 18	0 08	15,2	91	14 53	−15,3	22 37	3 28	44,2	41,3	31.	
20 37	−21,8	4 05	23 51	16,0	92	14 51	−15,2	22 15	3 07	43,9	41,0	5.	Jun
20 42	−21,8	3 50	23 37	16,9	93	14 50	−15,0	21 54	2 46	43,5	40,7	10.	
20 46	−21,9	3 34	23 21	17,8	93	14 48	−14,9	21 32	2 25	43,1	40,3	15.	
20 49	−22,1	3 17	23 06	18,8	94	14 47	−14,9	21 11	2 04	42,6	39,8	20.	
20 50	−22,4	2 59	22 49	19,7	95	14 45	−14,8	20 51	1 44	42,1	39,4	25.	
20 51	−22,8	2 39	22 32	20,7	96	14 45	−14,8	20 30	1 24	41,5	38,9	30.	

Uranus					Neptun					Pluto		Datum	
Rektas. h m	Deklin. °	Kulmin. h m	Unterg. h m	Du. ″	Rektas. h m	Deklin. °	Kulmin. h m	Unterg. h m	Du. ″	Rektas. h m	Deklin. °		
1 31	+ 8,9	19 06	1 56	3,6	22 53	−8,1	16 30	21 54	2,2	19 19	−21,7	1.	Jan
1 31	+ 8,9	18 12	1 02	3,5	22 54	−8,0	15 36	21 01	2,2	19 21	−21,7	15.	
1 32	+ 9,0	17 10	0 00	3,5	22 56	−7,8	14 35	20 01	2,2	19 23	−21,6	31.	
1 34	+ 9,2	16 13	23 00	3,5	22 58	−7,6	13 38	19 05	2,2	19 25	−21,6	15.	Feb
1 36	+ 9,4	15 23	22 12	3,4	23 00	−7,4	12 49		2,2	19 27	−21,6	28.	
1 38	+ 9,7	14 27	21 17	3,4	23 02	−7,2	11 52	Aufg.	2,2	19 28	−21,5	15.	Mrz
1 42	+10,0	13 27	20 19	3,4	23 04	−7,0	10 51	5 21	2,2	19 29	−21,5	31.	
1 45	+10,3	12 32		3,4	23 06	−6,8	9 54	4 23	2,2	19 30	−21,5	15.	Apr
1 48	+10,6	11 36	Aufg.	3,4	23 07	−6,6	8 56	3 25	2,2	19 30	−21,6	30.	
1 51	+10,9	10 40	3 44	3,4	23 09	−6,5	7 59	2 26	2,3	19 29	−21,6	15.	Mai
1 54	+11,2	9 40	2 43	3,4	23 09	−6,4	6 57	1 24	2,3	19 28	−21,7	31.	
1 57	+11,4	8 44	1 45	3,4	23 10	−6,4	5 58	0 25	2,3	19 27	−21,7	15.	Jun
1 59	+11,6	7 47	0 47	3,5	23 10	−6,4	4 59	23 22	2,3	19 26	−21,8	30.	

Ephemeriden der großen Planeten Juli – Dezember 2018

Datum		Merkur Rektas. h m	Merkur Deklin. °	Merkur Kulmin. h m	Merkur Unterg. h m	Merkur Du. ″	Merkur bel. %	Venus Rektas. h m	Venus Deklin. °	Venus Kulmin. h m	Venus Unterg. h m	Venus Du. ″	Venus bel. %
Jul	1.	8 20	+21,0	14 06	21 57	6,6	61	9 30	+16,7	15 15	22 41	15,9	70
	5.	8 42	+19,1	14 12	21 51	7,0	54	9 48	+15,1	15 17	22 33	16,3	68
	10.	9 05	+16,7	14 14	21 39	7,7	46	10 09	+13,0	15 19	22 24	17,0	66
	15.	9 22	+14,4	14 11	21 23	8,4	38	10 30	+10,7	15 20	22 13	17,7	64
	20.	9 33	+12,3	14 02	21 03	9,2	29	10 50	+ 8,4	15 20	22 02	18,4	62
	25.	9 38	+10,8	13 46	20 39	10,0	20	11 10	+ 6,0	15 20	21 50	19,2	60
	31.	9 33	+ 9,9	13 16		10,9	10	11 33	+ 3,1	15 19	21 35	20,4	57
Aug	5.	9 21	+10,4	12 45	Aufg.	11,3	3	11 51	+ 0,6	15 18	21 22	21,4	55
	10.	9 06	+11,7	12 10	5 11	11,0	1	12 09	– 1,8	15 16	21 08	22,5	53
	15.	8 55	+13,5	11 40	4 31	10,2	6	12 27	– 4,2	15 14	20 55	23,8	50
	20.	8 52	+15,0	11 19	4 01	9,0	18	12 43	– 6,6	15 11	20 40	25,2	47
	25.	9 02	+15,9	11 10	3 48	7,8	36	13 00	– 8,9	15 07	20 25	26,8	45
	31.	9 30	+15,3	11 15	3 55	6,5	61	13 18	–11,6	15 02	20 07	29,0	41
Sep	5.	10 02	+13,5	11 28	4 18	5,8	79	13 33	–13,7	14 57	19 51	31,1	38
	10.	10 37	+10,6	11 44	4 49	5,3	92	13 46	–15,6	14 50	19 34	33,4	34
	15.	11 13	+ 7,0	12 00	5 23	5,0	98	13 58	–17,3	14 42	19 17	36,0	31
	20.	11 47	+ 3,1	12 14	5 56	4,9	100	14 08	–18,9	14 33	18 58	39,0	27
	25.	12 20	– 0,8	12 27		4,8	99	14 16	–20,2	14 20	18 39	42,2	23
	30.	12 51	– 4,7	12 38	Unterg.	4,8	98	14 21	–21,2	14 06	18 18	45,9	18
Okt	5.	13 21	– 8,4	12 48	18 09	4,8	96	14 23	–21,8	13 47	17 57	49,7	14
	10.	13 50	–11,8	12 58	18 01	4,9	93	14 21	–21,9	13 26	17 34	53,6	9
	15.	14 18	–14,9	13 06	17 54	5,0	90	14 16	–21,5	13 00	17 12	57,2	5
	20.	14 47	–17,8	13 15	17 47	5,2	87	14 07	–20,5	12 32		60,0	2
	25.	15 15	–20,2	13 23	17 41	5,5	82	13 57	–18,9	12 02	Aufg.	61,6	1
	31.	15 47	–22,5	13 32	17 36	5,9	75	13 45	–16,6	11 26	6 46	61,4	1
Nov	5.	16 12	–23,9	13 36	17 32	6,4	67	13 36	–14,5	10 59	6 08	59,5	3
	10.	16 32	–24,7	13 36	17 28	7,1	55	13 31	–12,7	10 34	5 34	56,5	7
	15.	16 45	–24,7	13 28	17 20	8,0	39	13 30	–11,3	10 14	5 06	52,9	11
	20.	16 43	–23,7	13 06		9,0	19	13 33	–10,3	9 57	4 44	49,0	16
	25.	16 25	–21,5	12 26	Aufg.	9,8	2	13 38	– 9,8	9 43	4 28	45,2	20
	30.	15 58	–18,8	11 40	7 13	9,7	3	13 47	– 9,8	9 32	4 17	41,7	25
Dez	5.	15 43	–17,0	11 07	6 29	8,7	22	13 58	–10,1	9 24	4 10	38,5	29
	10.	15 45	–17,1	10 50	6 13	7,6	44	14 11	–10,7	9 17	4 06	35,7	33
	15.	16 00	–18,2	10 46	6 15	6,7	62	14 26	–11,5	9 13	4 06	33,1	37
	20.	16 22	–19,8	10 50	6 28	6,1	74	14 43	–12,5	9 09	4 08	30,9	40
	25.	16 50	–21,4	10 58	6 45	5,6	82	15 00	–13,6	9 07	4 11	28,9	43
	31.	17 26	–23,0	11 10	7 07	5,2	88	15 23	–15,0	9 07	4 18	26,8	47

Datum		Saturn Rektas. h m	Saturn Deklin. °	Saturn Kulmin. h m	Saturn Unterg. h m	Saturn Äqu. ″	Saturn Pol. ″	Ring gr. A. ″	Ring kl. A. ″	Ring Öffn. °	Ring hel. Ö. °	Ring Leucht.
Jul	1.	18 23	–22,5	0 08	4 14	18,4	16,8	41,7	18,3	26,1	26,1	1,60
	15.	18 19	–22,5	23 05	3 14	18,3	16,7	41,5	18,3	26,2	26,0	1,34
	31.	18 15	–22,6	21 58	2 07	18,1	16,5	41,0	18,2	26,4	26,0	1,30
Aug	15.	18 12	–22,7	20 56	1 04	17,7	16,2	40,3	18,0	26,5	25,9	1,27
	31.	18 10	–22,7	19 52	23 56	17,3	15,8	39,3	17,6	26,6	25,9	1,25
Sep	15.	18 10	–22,7	18 53	22 57	16,9	15,5	38,4	17,2	26,6	25,8	1,24
	30.	18 12	–22,8	17 56	21 59	16,5	15,1	37,4	16,8	26,6	25,8	1,23
Okt	15.	18 15	–22,8	17 00	21 04	16,1	14,7	36,6	16,3	26,5	25,7	1,24
	31.	18 20	–22,8	16 02	20 06	15,7	14,4	35,7	15,9	26,4	25,7	1,25
Nov	15.	18 26	–22,8	15 09	19 13	15,5	14,1	35,1	15,5	26,3	25,6	1,27
	30.	18 32	–22,7	14 16	18 21	15,2	13,9	34,6	15,2	26,1	25,5	1,30
Dez	15.	18 40	–22,6	13 25	17 29	15,1	13,8	34,3	14,9	25,8	25,5	1,34
	31.	18 48	–22,5	12 30	16 35	15,1	13,7	34,2	14,7	25,5	25,4	1,61

Mars Rektas. h m	Deklin. °	Kulmin. h m	Aufg. h m	Du. ″	bel. %	Jupiter Rektas. h m	Deklin. °	Kulmin. h m	Unterg. h m	Äqu. ″	Pol. ″	Datum	
20 51	−22,9	2 35	22 28	20,9	97	14 45	−14,8	20 26	1 20	41,4	38,8	1.	Jul
20 50	−23,2	2 19	22 14	21,6	97	14 44	−14,7	20 10	1 04	41,0	38,3	5.	
20 47	−23,8	1 57	21 55	22,5	98	14 44	−14,8	19 50	0 44	40,4	37,8	10.	
20 44	−24,3	1 34	21 35	23,2	99	14 44	−14,8	19 31	0 24	39,8	37,3	15.	
20 39	−24,8	1 09	21 15	23,8	100	14 44	−14,8	19 12	0 04	39,3	36,7	20.	
20 34	−25,4	0 44	20 53	24,2	100	14 45	−14,9	18 53	23 41	38,7	36,2	25.	
20 27	−25,9	0 14		24,3	100	14 46	−15,0	18 30	23 18	38,0	35,6	31	
20 21	−26,2	23 44	Unterg.	24,3	99	14 47	−15,1	18 12	22 59	37,5	35,0	5.	Aug
20 16	−26,5	23 19	3 03	23,9	99	14 49	−15,3	17 54	22 40	36,9	34,5	10.	
20 12	−26,6	22 55	2 38	23,4	98	14 51	−15,4	17 36	22 22	36,4	34,0	15.	
20 09	−26,5	22 33	2 16	22,8	97	14 53	−15,6	17 18	22 03	35,9	33,6	20.	
20 07	−26,4	22 12	1 56	22,0	96	14 55	−15,8	17 01	21 45	35,4	33,1	25.	
20 07	−26,1	21 48	1 34	21,0	94	14 58	−16,0	16 41	21 23	34,9	32,6	31.	
20 09	−25,7	21 30	1 18	20,2	93	15 01	−16,2	16 24	21 05	34,4	32,2	5.	Sep
20 11	−25,3	21 14	1 05	19,3	92	15 04	−16,5	16 07	20 47	34,0	31,8	10.	
20 16	−24,8	20 59	0 53	18,4	91	15 07	−16,7	15 51	20 29	33,7	31,5	15.	
20 21	−24,2	20 44	0 42	17,6	90	15 11	−16,9	15 34	20 12	33,3	31,1	20.	
20 27	−23,5	20 31	0 33	16,7	89	15 14	−17,2	15 18	19 54	33,0	30,8	25.	
20 35	−22,8	20 19	0 26	16,0	89	15 18	−17,4	15 02	19 37	32,7	30,6	30.	
20 43	−22,0	20 08	0 19	15,2	88	15 21	−17,7	14 46	19 20	32,4	30,3	5.	Okt
20 52	−21,1	19 57	0 13	14,5	87	15 25	−17,9	14 31	19 03	32,1	30,1	10.	
21 01	−20,2	19 47	0 09	13,9	87	15 29	−18,2	14 15	18 46	31,9	29,8	15.	
21 11	−19,3	19 37	0 04	13,2	87	15 34	−18,5	13 59	18 29	31,7	29,7	20.	
21 21	−18,2	19 27	0 01	12,7	86	15 38	−18,7	13 44	18 12	31,5	29,5	25.	
21 34	−16,9	19 17	23 57	12,0	86	15 43	−19,0	13 26	17 52	31,4	29,3	31.	
21 45	−15,8	19 08	23 54	11,5	86	15 48	−19,3	13 11	17 35	31,3	29,2	5.	Nov
21 56	−14,6	19 00	23 52	11,0	86	15 52	−19,5	12 55	17 19	31,2	29,1	10.	
22 08	−13,4	18 51	23 50	10,6	86	15 57	−19,7	12 40	17 02	31,1	29,1	15.	
22 19	−12,1	18 43	23 49	10,1	86	16 01	−20,0	12 25		31,1	29,1	20.	
22 31	−10,8	18 35	23 48	9,7	86	16 06	−20,2	12 10	Aufg.	31,1	29,1	25.	
22 42	− 9,5	18 27	23 46	9,4	86	16 11	−20,4	11 55	7 37	31,1	29,1	30.	
22 54	− 8,1	18 19	23 45	9,0	86	16 15	−20,6	11 40	7 23	31,1	29,1	5.	Dez
23 06	− 6,7	18 11	23 44	8,7	86	16 20	−20,8	11 25	7 10	31,2	29,2	10.	
23 18	− 5,3	18 04	23 43	8,4	86	16 25	−21,0	11 10	6 56	31,3	29,3	15.	
23 30	− 3,9	17 56	23 42	8,1	87	16 29	−21,2	10 55	6 42	31,4	29,4	20.	
23 42	− 2,4	17 48	23 42	7,8	87	16 34	−21,3	10 40	6 28	31,6	29,5	25.	
23 57	− 0,7	17 39	23 41	7,5	87	16 39	−21,5	10 22	6 10	31,8	29,7	31.	

Uranus Rektas. h m	Deklin. °	Kulmin. h m	Aufg. h m	Du. ″	Neptun Rektas. h m	Deklin. °	Kulmin. h m	Aufg. h m	Du. ″	Pluto Rektas. h m	Deklin. °	Datum	
1 59	+11,6	7 43	0 43	3,5	23 10	−6,4	4 55	23 18	2,3	19 25	−21,8	1.	Jul
2 00	+11,7	6 49	23 45	3,5	23 09	−6,5	3 59	22 23	2,3	19 24	−21,9	15.	
2 01	+11,8	5 47	22 43	3,6	23 08	−6,6	2 56	21 20	2,3	19 22	−21,9	31.	
2 01	+11,7	4 48	21 44	3,6	23 07	−6,8	1 55	20 20	2,4	19 21	−22,0	15.	Aug
2 00	+11,7	3 44	20 40	3,7	23 05	−6,9	0 51	19 17	2,4	19 20	−22,1	31.	
1 59	+11,5	2 44	19 41	3,7	23 04	−7,1	23 46		2,4	19 19	−22,1	15.	Sep
1 57	+11,4	1 43	18 41	3,7	23 02	−7,2	22 46	Unterg.	2,4	19 19	−22,2	30.	
1 55	+11,2	0 42	17 41	3,7	23 01	−7,4	21 46	3 18	2,3	19 19	−22,2	15.	Okt
1 52	+10,9	23 33		3,7	23 00	−7,5	20 42	2 14	2,3	19 20	−22,2	31.	
1 50	+10,7	22 31	Unterg.	3,7	23 00	−7,5	19 42	1 14	2,3	19 21	−22,2	15.	Nov
1 48	+10,6	21 31	4 29	3,7	22 59	−7,5	18 43	0 15	2,3	19 23	−22,1	30.	
1 47	+10,5	20 30	3 28	3,7	23 00	−7,5	17 45	23 12	2,3	19 25	−22,1	15.	Dez
1 46	+10,4	19 27	2 24	3,6	23 01	−7,4	16 43	22 11	2,2	19 27	−22,0	31.	

Ephemeriden hellerer Kleinplaneten 2018

Ceres (1)

Datum		Rektas. h m	Deklin. °	Kulmin. h m
Jan	1.	9 32	+26,2	3 11
	5.	9 31	+26,7	2 54
	10.	9 28	+27,4	2 32
	15.	9 25	+28,1	2 09
	20.	9 21	+28,8	1 46
	25.	9 17	+29,4	1 22
	31.	9 12	+30,2	0 53
Feb	**5.**	9 07	+30,7	0 29
	10.	9 02	+31,2	0 04
	15.	8 57	+31,6	23 35
	20.	8 53	+31,9	23 11
	25.	8 49	+32,1	22 48
	28.	8 47	+32,1	22 34
Mrz	**5.**	8 45	+32,2	22 12
	10.	8 42	+32,1	21 51
	15.	8 41	+32,0	21 30
	20.	8 41	+31,8	21 10
	25.	8 41	+31,6	20 50
	31.	8 42	+31,2	20 28
Apr	**5.**	8 44	+30,9	20 10
	10.	8 47	+30,5	19 53
	15.	8 50	+30,0	19 37
	20.	8 53	+29,5	19 21
	25.	8 58	+29,0	19 06
	30.	9 02	+28,5	18 51
Mai	**5.**	9 07	+27,9	18 36
	10.	9 13	+27,3	18 22
	15.	9 19	+26,7	18 08
	20.	9 25	+26,0	17 54
	25.	9 31	+25,3	17 41
	31.	9 39	+24,5	17 25

Hebe (6)

Datum		Rektas. h m	Deklin. °	Kulmin. h m
Nov	1.	6 51	+4,5	4 31
	5.	6 52	+4,3	4 17
	10.	6 53	+4,0	3 58
	15.	6 53	+3,7	3 38
	20.	6 52	+3,6	3 18
	25.	6 50	+3,5	2 56
	30.	6 48	+3,5	2 34
Dez	**5.**	6 44	+3,6	2 11
	10.	6 40	+3,8	1 47
	15.	6 36	+4,1	1 23
	20.	6 31	+4,5	0 58
	25.	6 25	+5,0	0 34
	31.	6 19	+5,8	0 04

Vesta (4)

Datum		Rektas. h m	Deklin. °	Kulmin. h m
Feb	1.	16 26	−16,0	8 03
	5.	16 33	−16,2	7 54
	10.	16 42	−16,5	7 44
	15.	16 51	−16,7	7 33
	20.	17 00	−16,9	7 22
	25.	17 08	−17,1	7 10
	28.	17 13	−17,2	7 03
Mrz	5.	17 21	−17,3	6 51
	10.	17 28	−17,4	6 39
	15.	17 35	−17,4	6 27
	20.	17 42	−17,5	6 14
	25.	17 49	−17,5	6 01
	31.	17 56	−17,5	5 44
Apr	**5.**	18 01	−17,5	5 29
	10.	18 05	−17,5	5 14
	15.	18 09	−17,5	4 59
	20.	18 13	−17,5	4 42
	25.	18 15	−17,5	4 25
	30.	18 17	−17,6	4 07
Mai	**5.**	18 18	−17,6	3 49
	10.	18 18	−17,7	3 29
	15.	18 18	−17,9	3 09
	20.	18 16	−18,0	2 47
	25.	18 14	−18,3	2 25
	31.	18 10	−18,5	1 58
Jun	**5.**	18 06	−18,8	1 34
	10.	18 01	−19,1	1 10
	15.	17 56	−19,4	0 46
	20.	17 51	−19,8	0 21
	25.	17 46	−20,1	23 51
	30.	17 41	−20,5	23 27
Jul	**5.**	17 37	−20,9	23 03
	10.	17 33	−21,2	22 39
	15.	17 29	−21,6	22 16
	20.	17 27	−21,9	21 54
	25.	17 25	−22,3	21 33
	31.	17 24	−22,7	21 08
Aug	**5.**	17 24	−23,0	20 49
	10.	17 25	−23,3	20 30
	15.	17 27	−23,6	20 13
	20.	17 29	−23,9	19 56
	25.	17 32	−24,2	19 39
	31.	17 37	−24,6	19 21
Sep	**5.**	17 42	−24,8	19 06
	10.	17 48	−25,0	18 52
	15.	17 54	−25,2	18 38
	20.	18 00	−25,4	18 25
	25.	18 07	−25,5	18 13
	30.	18 14	−25,6	18 00

Juno (3)

Datum		Rektas. h m	Deklin. °	Kulmin. h m
Sep	1.	3 34	+8,9	5 15
	5.	3 39	+8,6	5 05
	10.	3 45	+8,1	4 51
	15.	3 50	+7,5	4 36
	20.	3 55	+6,8	4 21
	25.	3 59	+6,0	4 05
	30.	4 02	+5,2	3 49
Okt	**5.**	4 04	+4,3	3 31
	10.	4 06	+3,4	3 13
	15.	4 07	+2,4	2 54
	20.	4 07	+1,4	2 35
	25.	4 06	+0,4	2 14
	31.	4 03	−0,7	1 48
Nov	**5.**	4 01	−1,6	1 26
	10.	3 58	−2,4	1 03
	15.	3 54	−3,1	0 40
	20.	3 51	−3,7	0 17
	25.	3 47	−4,1	23 49
	30.	3 43	−4,4	23 25
Dez	**5.**	3 40	−4,5	23 03
	10.	3 37	−4,4	22 40
	15.	3 35	−4,2	22 18
	20.	3 33	−3,9	21 57
	25.	3 32	−3,4	21 37
	31.	3 32	−2,7	21 14

Iris (7)

Datum		Rektas. h m	Deklin. °	Kulmin. h m
Jan	1.	2 08	+15,3	19 45
	5.	2 12	+15,4	19 34
	10.	2 18	+15,5	19 21
	15.	2 25	+15,7	19 08
	20.	2 32	+16,0	18 55
	25.	2 40	+16,3	18 43
	31.	2 50	+16,7	18 30

Flora (8)

Datum		Rektas. h m	Deklin. °	Kulmin. h m
Jan	1.	6 53	+21,0	0 33
	5.	6 48	+21,4	0 12
	10.	6 42	+21,8	23 42
	15.	6 37	+22,3	23 17
	20.	6 32	+22,7	22 53
	25.	6 29	+23,1	22 30
	31.	6 25	+23,5	22 03

In den **halbfett** gedruckten Tagesintervallen sind die Kleinplaneten einfacher aufzufinden.
Spaltenüberschriften: Rektaszension und Deklination für 1^h MEZ.
Kulmination = Meridiandurchgang: MEZ für 10° östliche Länge.
Aufgang und Untergang: MEZ für 10° östliche Länge und 50° nördliche Breite.
Scheinbarer Durchmesser für 1^h MEZ, Äqu.: Äquatordurchmesser, Pol: Poldurchmesser.
Beleuchteter Teil des Planetenscheibchens für 1^h MEZ.
Saturnring: große und kleine Ringachse, Öffnung, heliozentrische Öffnung, Leuchtkraft relativ zur Leuchtkraft der Saturnkugel.

Zentralmeridiane Mars und Jupiter 2018 (1^h MEZ = 2^h MESZ)

Dat.	Mars						
	Mai	Jun	Jul	Aug	Sep	Okt	Nov
1.	153°	219°	302°	25°	106°	187°	249°
2.	143	209	292	16	97	177	240
3.	134	200	283	7	88	168	230
4.	124	191	274	358	79	158	220
5.	114	181	265	349	70	149	210
6.	105	172	256	340	61	139	201
7.	95	163	247	332	51	130	191
8.	86	153	238	323	42	120	181
9.	76	144	229	314	33	111	172
10.	67	135	220	305	24	101	162
11.	57	125	211	296	14	92	152
12.	48	116	202	287	5	82	142
13.	38	107	193	278	356	72	133
14.	29	97	185	269	346	63	123
15.	19	88	176	260	337	53	113
16.	10	79	167	251	328	44	103
17.	0	70	158	242	319	34	94
18.	351	60	149	233	309	24	84
19.	341	51	140	224	300	15	74
20.	332	42	131	215	290	5	64
21.	322	33	122	206	281	356	54
22.	313	24	113	197	272	346	45
23.	304	14	104	188	262	336	35
24.	294	5	96	179	253	327	25
25.	285	356	87	170	243	317	15
26.	275	347	78	161	234	307	5
27.	266	338	69	152	225	298	356
28.	256	329	60	143	215	288	346
29.	247	320	51	134	206	278	336
30.	238	311	42	125	196	269	326
31.	228		34	116		259	
D	−14	−15	−13	−10	−12	−17	−23

Dat.	Jupiter System I							
	Jan	Feb	Mrz	Apr	Mai	Jun	Jul	Aug
1.	223°	76°	177°	35°	96°	314°	12°	224°
2.	20	233	335	193	254	112	170	22
3.	178	31	133	351	52	270	328	180
4.	336	189	291	149	210	68	126	337
5.	134	347	89	307	8	226	283	135
6.	292	145	247	105	166	24	81	293
7.	89	303	45	263	324	182	239	91
8.	247	101	203	61	122	340	37	248
9.	45	259	1	219	280	138	195	46
10.	203	57	159	17	78	296	353	204
11.	1	214	317	175	236	94	151	2
12.	159	12	115	333	34	252	308	159
13.	316	170	273	131	192	50	106	317
14.	114	328	71	289	350	208	264	115
15.	272	126	229	87	148	6	62	273
16.	70	284	27	245	306	164	220	70
17.	228	82	185	43	104	322	17	228
18.	26	240	343	201	262	119	175	26
19.	183	38	141	360	60	277	333	183
20.	341	196	299	158	219	75	131	341
21.	139	354	97	316	17	233	289	139
22.	297	152	255	114	175	31	86	297
23.	95	309	53	272	333	189	244	94
24.	253	107	211	70	131	347	42	252
25.	50	265	9	228	289	145	200	50
26.	208	63	167	26	87	303	358	207
27.	6	221	325	184	245	101	155	5
28.	164	19	123	342	42	258	313	163
29.	322		281	140	200	56	111	320
30.	120		79	298	358	214	269	118
31.	278		237		156		66	276
D	−3.2	−3.3	−3.4	−3.4	−3.3	−3.2	−3.0	−3.0

Dat.	Jupiter System II							
	Jan	Feb	Mrz	Apr	Mai	Jun	Jul	Aug
1.	76°	52°	300°	281°	113°	95°	284°	260°
2.	226	202	90	72	264	246	74	50
3.	16	353	241	222	54	36	224	200
4.	166	143	31	12	205	186	15	350
5.	316	293	181	163	355	337	165	140
6.	106	83	332	313	145	127	315	290
7.	257	234	122	104	296	277	105	80
8.	47	24	272	254	86	68	256	230
9.	197	174	63	44	237	218	46	21
10.	347	324	213	195	27	8	196	171
11.	137	115	3	345	177	159	346	321
12.	288	265	154	136	328	309	136	111
13.	78	55	304	286	118	99	287	261
14.	228	205	94	76	269	249	77	51
15.	18	356	245	227	59	40	227	201
16.	168	146	35	17	209	190	17	351
17.	319	296	185	168	360	340	167	141
18.	109	87	336	318	150	131	317	291
19.	259	237	126	108	301	281	108	82
20.	49	27	277	259	91	71	258	232
21.	199	177	67	49	241	221	48	22
22.	350	328	217	200	32	12	198	172
23.	140	118	8	350	182	162	348	322
24.	290	268	158	141	332	312	138	112
25.	80	59	308	291	123	103	289	262
26.	231	209	99	81	273	253	79	52
27.	21	359	249	232	63	43	229	202
28.	171	150	40	22	214	193	19	352
29.	321		190	173	4	344	169	142
30.	112		340	323	155	134	319	292
31.	262		131		305		109	82

D = Neigung der Planetenachse zur Erde

Korrektur für MEZ	0^h	1^h	2^h	3^h	4^h	5^h	6^h	7^h	17^h	18^h	19^h	20^h	21^h	22^h	23^h	24^h	Änderung
Mars	−15°	0°	+15°	+29°	+ 44°	+ 58°	+ 73°	+ 88°	−126°	−111°	−97°	−82°	−68°	−53°	−38°	− 24°	+14°,6/Stunde
Jupiter System I	−37	0	+37	+73	+110	+146	+183	+219	−135	− 98	−62	−25	+12	+48	+85	+121	+36°,6/Stunde
Jupiter System II	−36	0	+36	+73	+109	+145	+181	+218	−140	−104	−67	−31	+ 5	+41	+78	+114	+36°,3/Stunde

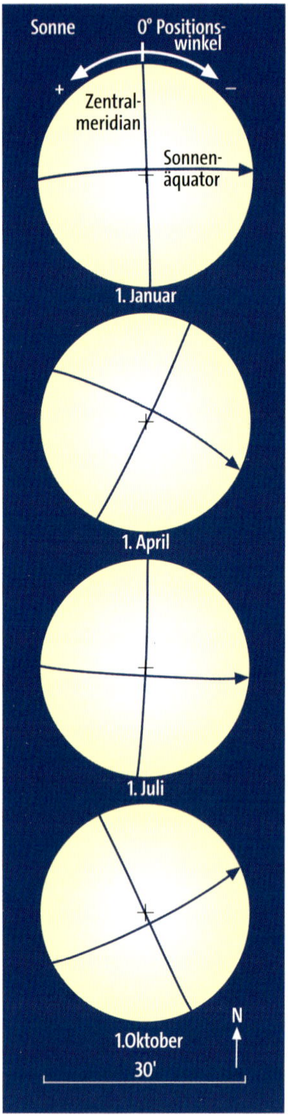

T.5 Lage des Zentralmeridians und des Äquators der Sonne im Verlauf des Jahres relativ zum Beobachter auf der Erde.

Ephemeride der Sonnenscheibe 2018 (1^h MEZ)

Datum		Entferng. AE	Du. ′	Z. M. °	B_0 °	P °	Sternzeit h m
Jan	1.	0,983	32,5	346,0	−3,0	+ 2,2	6 42
	10.	0,983	32,5	227,5	−4,0	− 2,1	7 18
	20.	0,984	32,5	95,8	−5,0	− 6,8	7 57
	31.	0,985	32,5	311,0	−5,9	−11,6	8 41
Feb	10.	0,987	32,4	179,3	−6,6	−15,5	9 20
	20.	0,989	32,4	47,6	−7,0	−18,9	10 00
	28.	0,991	32,3	302,3	−7,2	−21,2	10 31
Mrz	10.	0,993	32,2	170,5	−7,2	−23,5	11 10
	20.	0,996	32,1	38,7	−7,0	−25,1	11 50
	31.	0,999	32,0	253,6	−6,6	−26,1	12 33
Apr	10.	1,002	31,9	121,7	−6,0	−26,3	13 13
	20.	1,004	31,8	349,7	−5,2	−25,7	13 52
	30.	1,007	31,8	217,5	−4,3	−24,4	14 32
Mai	10.	1,010	31,7	85,4	−3,3	−22,4	15 11
	20.	1,012	31,6	313,1	−2,1	−19,7	15 50
	31.	1,014	31,6	167,6	−0,8	−16,0	16 34
Jun	10.	1,015	31,5	35,2	+0,4	−12,1	17 13
	20.	1,016	31,5	262,9	+1,6	− 7,8	17 53
	30.	1,017	31,5	130,5	+2,7	− 3,3	18 32
Jul	10.	1,017	31,5	358,1	+3,8	+ 1,2	19 11
	20.	1,016	31,5	225,8	+4,8	+ 5,6	19 51
	31.	1,015	31,5	80,3	+5,7	+10,3	20 34
Aug	10.	1,014	31,6	308,1	+6,3	+14,1	21 14
	20.	1,012	31,6	175,9	+6,8	+17,5	21 53
	31.	1,010	31,7	30,5	+7,2	+20,7	22 36
Sep	10.	1,007	31,8	258,4	+7,2	+23,0	23 16
	20.	1,004	31,8	126,4	+7,1	+24,8	23 55
	30.	1,002	31,9	354,4	+6,8	+25,9	0 35
Okt	10.	0,999	32,0	222,5	+6,2	+26,3	1 14
	20.	0,996	32,1	90,6	+5,5	+26,0	1 54
	31.	0,993	32,2	305,5	+4,5	+24,7	2 37
Nov	10.	0,990	32,3	173,7	+3,4	+22,8	3 16
	20.	0,988	32,4	41,8	+2,3	+20,1	3 56
	30.	0,986	32,4	270,0	+1,0	+16,6	4 35
Dez	10.	0,985	32,5	138,3	−0,2	+12,6	5 15
	20.	0,984	32,5	6,5	−1,5	+ 8,1	5 54
	31.	0,983	32,5	221,6	−2,8	+ 2,8	6 37

Z. M. Zentralmeridian (Abnahme 13°,2/Tag), B_0 Neigung der Sonnenachse zur Erde, P Positionswinkel des Sonnen-Nordpols, Sternzeit Greenwich.

Beginn der synodischen Sonnenrotation nach Carrington 2018

Rot. Nr.	Datum	MEZ h m	Rot. Nr.	Datum	MEZ h m
2200	Jan 27.	7 37	2207	Aug 6.	2 43
2201	Feb 23.	15 46	2208	Sep 2.	8 28
2202	Mrz 22.	23 28	2209	Sep 29.	14 53
2203	Apr 19.	6 12	2210	Okt 26.	21 51
2204	Mai 16.	11 55	2211	Nov 23.	5 11
2205	Jun 12.	16 52	2212	Dez 20.	12 50
2206	Jul 9.	21 38			

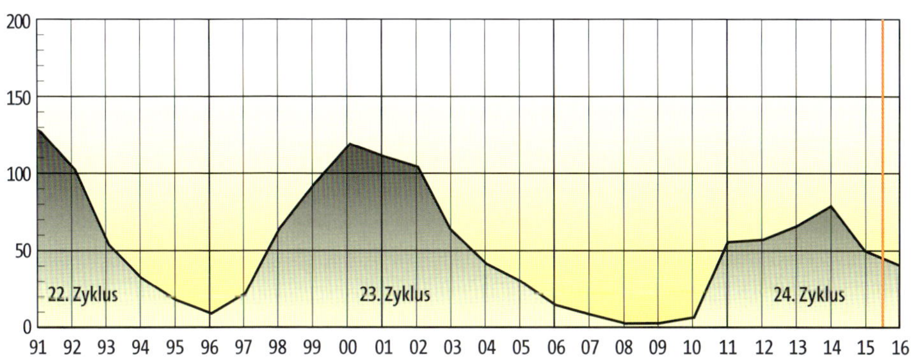

T.6 Jahresmittel der Sonnenfleckenrelativzahlen von 1991 bis 2016. Hinweis: Seit 1. Juli 2015 hat das internationale Sunspot Index Data Center (Brüssel) die Bestimmung der Relativzahlen neu festgelegt (rote Linie).

T.7 Monatsmittel der Sonnenfleckenrelativzahlen von Januar 2011 bis März 2017.

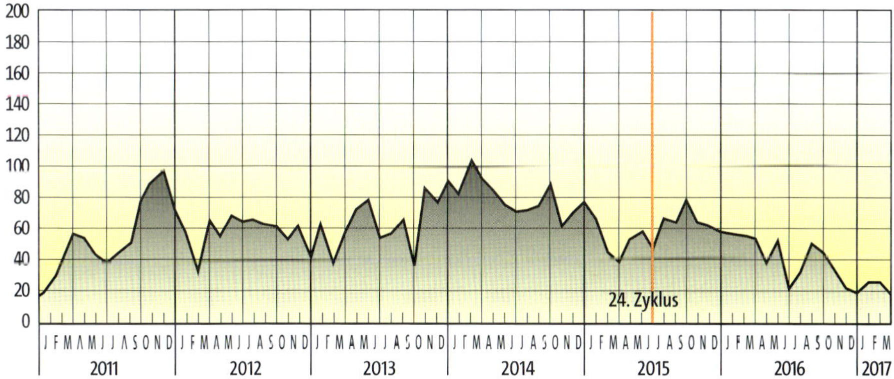

T.8 Stellung und relative Lage der zunehmenden Mondsichel zum Westhorizont jeweils am ersten Sichtbarkeitsabend nach Neumond eine halbe Stunde nach Sonnenuntergang im Jahre 2018.

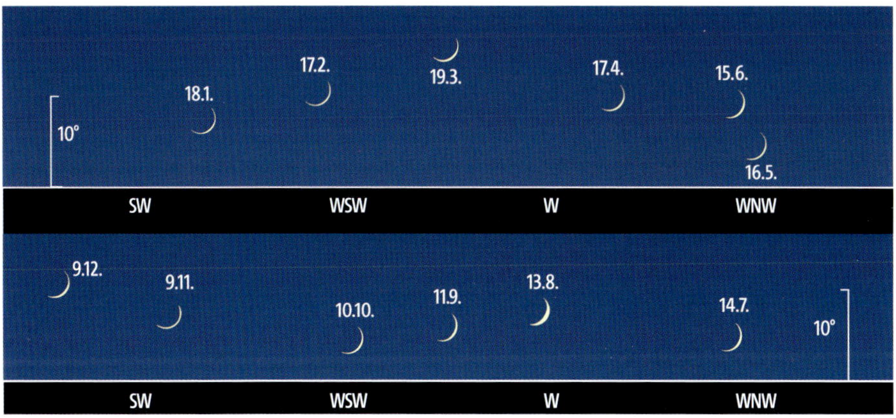

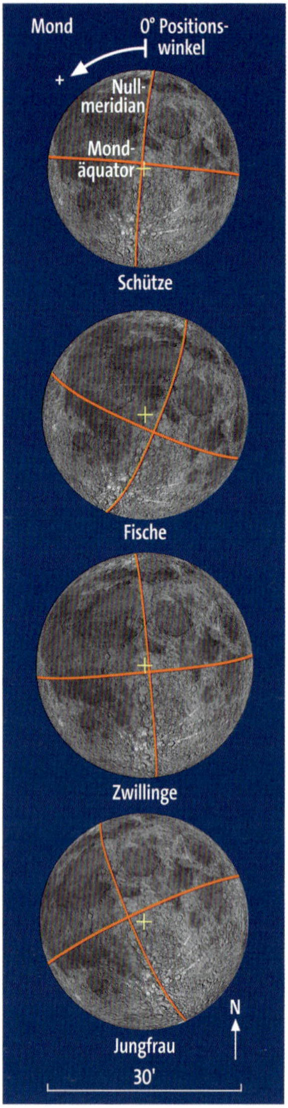

T.9 Lage des Nullmeridians und des Mondäquators relativ zum Beobachter auf der Erde in Abhängigkeit von der Position des Mondes im Tierkreis (siehe auch monatliche Rubrik „Der Mondlauf").

Sternbedeckungen durch den Mond 2018

Datum		MEZ h	m	Stern	Hell. m	bel. %	E/A	P °
Jan	5.	9	25	Regulus	1,4	85	E	105
	20.	17	15	70 Aqr	6,2	11	E	40
	22.	17	25	HR 94	6,1	27	E	0
	25.	18	50	HR 902	6,0	59	E	95
	26.	0	30	HR 948	6,0	61	E	50
	27.	0	35	HR 1279	6,0:	72	E	100
Feb	8.	4	20	Zuben Elakrab	3,9:	45	E	135
	8.	5	30	Zuben Elakrab	3,9:	45	A	265
	12.	6	50	ξ_1 Sgr	5,0	12	A	310
	18.	18	45	SAO 128661	6,6	8	E	35
	19.	18	35	26 Cet	6,0:	14	E	50
	21.	18	25	**μ Cet**	4,3:	32	E	15
	21.	19	10	μ Cet	4,3:	32	A	305
	22.	18	30	SAO 93532	6,9	43	E	15
	23.	17	55	**Aldebaran**	0,9	54	E	110
	23.	18	55	**Aldebaran**	0,9	54	A	220
	24.	21	55	127 Tau	6,7	67	E	70
	28.	18	55	ψ Leo	5,4	98	E	90
Mrz	22.	21	25	**75 Tau**	5,0:	30	E	110
	23.	0	30	Aldebaran	0,9	31	E	115
	23.	23	45	**119 Tau**	4,4	41	E	105
	24.	0	20	120 Tau	5,7	42	E	120
Apr	8.	3	15	π Sgr	2,9:	52	E	85
	8.	4	35	**π Sgr**	2,9:	51	A	275
	20.	21	10	68 Ori	5,8:	27	E	60
Mai	8.	4	05	ι Cap	4,3	50	A	320
	20.	20	00	x Cnc	6,3	34	E	40
	20.	20	55	HR 3558	6,2	35	E	35
Jun	25.	0	45	η Lib	5,4	90	E	100
Jul	4.	4	25	ψ_1 Aqr	4,2:	71	A	300
	8.	2	55	ξ_2 Cet	4,3	32	E	355
	8.	3	10	ξ_2 Cet	4,3	31	A	320
Aug	18.	20	40	49 Lib	5,5:	55	E	80
Sep	17.	19	00	14 Sgr	5,5	57	E	125
	18.	18	10	o Sgr	3,8	67	E	90
	21.	21	50	**γ Cap**	3,7:	90	E	135
	23.	22	05	ψ_1 Aqr	4,2:	98	E	10
	23.	23	00	ψ_2 Aqr	4,4	98	E	90
	27.	22	20	ξ_2 Cet	4,3	92	A	255
Okt	3.	3	45	56 Gem	5,1:	41	A	305
	18.	17	50	30 Cap	5,4:	68	E	85
	19.	22	30	39 Aqr	6,1:	78	E	30
	20.	17	40	74 Aqr	5,8:	84	E	125
	21.	22	55	HR 9014	6,1:	92	E	75
	28.	21	45	χ_1 Ori	4,4:	80	A	330
	29.	2	05	χ_2 Ori	4,6:	78	A	190
	30.	1	05	ζ Gem	3,8:	68	E	120
	30.	2	05	ζ Gem	3,8:	68	A	235
Nov	14.	17	20	20 Cap	6,3	41	E	55
	21.	22	00	μ Cet	4,3:	97	E	70
	25.	7	20	χ_1 Ori	4,4:	95	A	260
	30.	4	35	53 Leo	5,3	48	A	265
Dez	19.	1	50	ξ_2 Cet	4,3	82	E	135
	19.	19	35	HR 948	6,0	89	E	105

Hell.= Helligkeit („:" = Doppelstern), E/A = Eintritt/Austritt, bel.= beleuchteter Teil der Mondscheibe, P = Positionswinkel, **halbfett:** Ereignis bereits im Fernglas sichtbar

Datum		MEZ h	Hamburg m	Hannover m	Berlin m	Dresden m	Leipzig m	Düsseldorf m	Frankfurt m	Nürnberg m	Stuttgart m	München m	Zürich m	Wien m
Jan	5.	9	21,0	22,9	22,5	24,7	24,4	24,6	26,4	27,3	28,4	29,2	30,6	–
	20.	17	15,1	14,5	17,1	17,1	16,1	11,7	12,7	14,6	12,7	14,9	–	19,4
	22.	17	–	36,4	32,8	27,8	28,7	–	25,1	22,7	20,5	19,6	16,3	22,4
	25.	18/19	50,5	49,8	55,5	56,3	54,0	44,8	47,7	51,9	48,6	53,1	47,4	02,4
	26.	0	29,0	29,0	30,3	30,6	30,1	27,9	29,0	30,1	29,7	30,8	30,1	32,1
	27.	0	30,7	32,4	33,7	36,2	35,3	32,9	35,8	38,0	38,4	40,5	40,9	41,9
Feb	8.	4	19,5	19,1	22,1	22,3	21,1	17,0	18,3	20,2	19,0	20,9	19,2	25,1
	8.	5	32,0	30,8	36,7	36,6	34,5	25,0	27,1	30,9	26,9	30,9	24,1	40,2
	12.	6	48,8	48,0	50,6	50,1	49,1	45,5	46,1	47,6	45,7	47,1	44,1	51,8
	18.	18	44,1	43,4	44,5	44,2	43,8	41,7	42,0	42,9	42,0	43,0	41,6	45,0
	19.	18	35,6	35,1	37,6	37,8	36,9	32,7	34,0	36,0	34,4	36,5	34,0	40,2
	21.	18	38,8	32,0	34,2	30,0	29,7	26,1	23,5	23,9	20,6	21,6	16,9	26,7
	21.	18/19	53,6	00,4	06,3	12,2	09,1	59,5	06,8	12,8	11,4	16,6	13,4	23,2
	22.	18	42,7	35,2	38,0	33,3	33,0	28,6	26,0	26,3	22,7	23,7	18,5	29,5
	23.	17/18	51,8	51,4	57,2	58,4	56,0	46,6	49,8	54,7	51,5	56,7	51,2	06,7
	23.	18/19	58,6	56,7	01,5	59,7	58,4	51,2	51,6	53,2	49,5	50,9	45,1	56,9
	24.	21/22	52,4	52,1	56,5	57,3	55,5	48,3	50,9	54,3	52,1	55,6	51,8	01,6
	28.	18	59,2	57,1	59,1	57,0	56,7	54,1	53,2	53,4	51,7	52,1	49,7	55,0
Mrz	22.	21	19,8	21,8	22,9	25,6	24,6	22,7	25,7	27,9	28,7	30,8	31,7	31,6
	23.	0	28,9	–	–	–	–	–	–	–	–	–	–	–
	23.	23	38,9	40,8	40,4	42,6	42,3	42,8	44,6	45,5	46,9	47,6	49,4	46,6
	24.	0	12,2	14,3	13,1	15,4	15,4	17,2	18,8	19,2	21,1	21,4	24,2	19,2
Apr	8.	3	19,5	17,4	21,7	19,9	18,8	–	13,1	14,7	11,7	13,5	09,2	19,4
	8.	4	36,3	35,0	40,2	39,7	37,9	29,9	31,4	34,5	31,0	34,2	28,7	42,1
	20.	21	09,0	09,5	11,9	13,0	11,9	08,0	10,2	12,3	11,6	13,6	12,3	16,3
Mai	8.	4	02,5	03,2	07,9	09,4	07,3	00,5	02,9	06,1	03,8	07,2	02,9	14,9
	20.	19/20	–	–	–	04,8	01,3	–	–	54,8	–	54,9	–	04,7
	20.	20	–	–	–	–	–	–	–	–	56,3	–	51,1	–
Jun	25.	0	41,3	42,7	46,4	49,0	47,1	40,8	44,6	48,5	47,2	51,0	48,5	56,1
Jul	4.	4	18,5	19,2	28,4	30,6	27,0	12,3	18,4	25,3	20,9	27,5	20,1	38,8
	8.	2/3	–	–	05,9	58,4	01,0	–	00,4	54,1	52,8	49,1	47,9	47,6
	8.	3	–	–	13,0	15,9	13,1	–	06,2	12,3	09,8	13,2	09,3	19,4
Aug	18.	20	38,1	38,8	43,5	45,4	43,3	35,4	39,1	43,3	41,1	45,3	41,3	51,7
Sep	17.	18/19	54,8	54,8	00,7	02,2	59,7	50,5	54,1	58,7	55,8	00,6	55,6	09,4
	18.	18	09,0	07,7	13,4	13,1	11,1	02,4	04,2	07,6	04,1	07,6	02,0	16,0
	21.	21/22	45,8	46,3	55,4	00,1	54,8	40,2	46,1	55,2	50,4	–	52,1	–
	23.	21/22	12,9	09,8	12,0	08,9	08,7	05,6	03,6	03,5	00,5	00,9	56,5	05,3
	23.	22/23	57,4	56,5	02,6	02,9	00,6	51,0	53,6	57,7	53,9	58,4	52,1	08,3
	27.	22	25,5	23,3	25,8	23,4	23,1	19,7	18,7	19,0	16,7	17,0	13,9	20,2
Okt	3.	3	45,0	45,0	49,4	49,9	48,3	41,6	43,7	46,5	44,1	46,8	42,8	52,8
	18.	17	52,2	50,5	55,9	55,0	53,2	45,1	46,3	49,2	45,6	48,7	43,0	56,7
	19.	22	31,2	30,1	32,0	31,5	30,8	27,5	27,6	28,8	27,0	28,5	25,4	32,3
	20.	17	38,3	36,7	40,3	39,4	38,2	–	–	35,2	–	35,0	–	40,7
	21.	22/23	53,8	53,3	58,4	59,2	57,1	48,9	51,4	55,3	52,2	56,3	51,0	04,6
	28.	21	–	–	–	47,2	44,8	–	–	45,7	44,2	46,8	44,6	50,4
	29.	1/2	12,3	07,3	09,3	–	00,8	00,9	52,4	–	–	–	–	–
	30.	1	08,1	07,0	10,5	10,1	08,8	03,6	04,5	06,7	04,4	07,0	03,4	13,1
	30.	1/2	09,4	06,9	10,3	07,4	06,9	02,2	01,1	01,4	58,3	58,4	54,1	02,3
Nov	14.	17	21,2	19,9	25,2	24,9	23,0	14,5	16,3	19,6	16,0	19,5	13,7	27,5
	21.	21/22	01,9	00,2	04,8	03,9	02,3	55,1	56,0	58,6	55,2	58,0	52,7	05,7
	25.	7	17,4	18,9	19,4	21,4	20,8	19,4	21,2	22,7	22,8	24,2	23,8	25,0
	30.	4	38,8	37,5	42,5	41,9	40,2	32,3	33,4	36,1	32,2	35,1	28,8	43,2
Dez	19.	1	40,9	44,9	45,6	51,8	50,1	49,1	58,4	–	–	–	–	–
	19.	19	34,8	33,5	38,9	38,9	36,7	28,4	30,1	33,7	30,1	34,1	28,3	44,4

Unter jeder Stadt sind die Minuten und Zehntelminuten der Sternbedeckungszeit angegeben.

Sternzeit um 20^h MEZ = 21^h MESZ auf 10° östlicher Länge

Tag	Jan	Feb	Mrz	Apr	Mai	Jun	Jul	Aug	Sep	Okt	Nov	Dez
	h m	h m	h m	h m	h m	h m	h m	h m	h m	h m	h m	h m
1.	2 26	4 28	6 18	8 20	10 19	12 21	14 19	16 21	18 24	20 22	22 24	0 22
2.	2 29	4 32	6 22	8 24	10 23	12 25	14 23	16 25	18 28	20 26	22 28	0 26
3.	2 33	4 36	6 26	8 28	10 27	12 29	14 27	16 29	18 31	20 30	22 32	0 30
4.	2 37	4 40	6 30	8 32	10 30	12 33	14 31	16 33	18 35	20 34	22 36	0 34
5.	2 41	4 44	6 34	8 36	10 34	12 37	14 35	16 37	18 39	20 38	22 40	0 38
6.	2 45	4 47	6 38	8 40	10 38	12 41	14 39	16 41	18 43	20 42	22 44	0 42
7.	2 49	4 51	6 42	8 44	10 42	12 45	14 43	16 45	18 47	20 46	22 48	0 46
8.	2 53	4 55	6 46	8 48	10 46	12 48	14 47	16 49	18 51	20 49	22 52	0 50
9.	2 57	4 59	6 50	8 52	10 50	12 52	14 51	16 53	18 55	20 53	22 56	0 54
10.	3 01	5 03	6 54	8 56	10 54	12 56	14 55	16 57	18 59	20 57	23 00	0 58
11.	3 05	5 07	6 58	9 00	10 58	13 00	14 59	17 01	19 03	21 01	23 03	1 02
12.	3 09	5 11	7 02	9 04	11 02	13 04	15 02	17 05	19 07	21 05	23 07	1 06
13.	3 13	5 15	7 05	9 08	11 06	13 08	15 06	17 09	19 11	21 09	23 11	1 10
14.	3 17	5 19	7 09	9 12	11 10	13 12	15 10	17 13	19 15	21 13	23 15	1 14
15.	3 21	5 23	7 13	9 16	11 14	13 16	15 14	17 17	19 19	21 17	23 19	1 18
16.	3 25	5 27	7 17	9 19	11 18	13 20	15 18	17 20	19 23	21 21	23 23	1 21
17.	3 29	5 31	7 21	9 23	11 22	13 24	15 22	17 24	19 27	21 25	23 27	1 25
18.	3 33	5 35	7 25	9 27	11 26	13 28	15 26	17 28	19 31	21 29	23 31	1 29
19.	3 36	5 39	7 29	9 31	11 30	13 32	15 30	17 32	19 35	21 33	23 35	1 33
20.	3 40	5 43	7 33	9 35	11 34	13 36	15 34	17 36	19 38	21 37	23 39	1 37
21.	3 44	5 47	7 37	9 39	11 37	13 40	15 38	17 40	19 42	21 41	23 43	1 41
22.	3 48	5 51	7 41	9 43	11 41	13 44	15 42	17 44	19 46	21 45	23 47	1 45
23.	3 52	5 54	7 45	9 47	11 45	13 48	15 46	17 48	19 50	21 49	23 51	1 49
24.	3 56	5 58	7 49	9 51	11 49	13 52	15 50	17 52	19 54	21 53	23 55	1 53
25.	4 00	6 02	7 53	9 55	11 53	13 55	15 54	17 56	19 58	21 56	23 59	1 57
26.	4 04	6 06	7 57	9 59	11 57	13 59	15 58	18 00	20 02	22 00	0 03	2 01
27.	4 08	6 10	8 01	10 03	12 01	14 03	16 02	18 04	20 06	22 04	0 07	2 05
28.	4 12	6 14	8 05	10 07	12 05	14 07	16 06	18 08	20 10	22 08	0 11	2 09
29.	4 16	–	8 09	10 11	12 09	14 11	16 10	18 12	20 14	22 12	0 14	2 13
30.	4 20	–	8 12	10 15	12 13	14 15	16 13	18 16	20 18	22 16	0 18	2 17
31.	4 24	–	8 16	–	12 17	–	16 17	18 20	–	22 20	–	2 21

Korrektur für andere östliche geografische Längen

Länge	4°	5°	6°	7°	8°	9°	11°	12°	13°	14°	15°	16°
Korr.	-24^m	-20^m	-16^m	-12^m	-8^m	-4^m	$+4^m$	$+8^m$	$+12^m$	$+16^m$	$+20^m$	$+24^m$

Korrektur für andere Uhrzeiten derselben Nacht (Datumswechsel um Mitternacht)

MEZ	18^h	19^h	21^h	22^h	23^h	0^h	1^h	2^h	3^h	4^h	5^h	6^h
MESZ	19^h	20^h	22^h	23^h	0^h	1^h	2^h	3^h	4^h	5^h	6^h	7^h
Korr.	-2^h00^m	-1^h00^m	$+1^h00^m$	$+2^h00^m$	$+3^h00^m$	$+4^h01^m$	$+5^h01^m$	$+6^h01^m$	$+7^h01^m$	$+8^h01^m$	$+9^h01^m$	$+10^h02^m$

Erläuterungen siehe auch Seite 12 unter „Sternzeit".
Die obige Tabelle gibt für jeden Tag des Jahres die Sternzeit um 20^h MEZ (= 21^h Sommerzeit) am Meridian 10° östlicher Länge an. Für den Ortsmeridian des Beobachters ist eine Korrektur entsprechend der geografischen Längendifferenz zu 10° östlicher Länge anzubringen. Pro Längengrad beträgt diese Korrektur vier Minuten. Für Orte westlich des Meridians ist die Korrektur abzuziehen, für Orte östlich hingegen zu addieren. Auf der rechten Seite findet man in der Tabelle „Geografische Koordinaten größerer Städte" in der letzten Spalte die Zeitkorrektur vermerkt. Wer zu einer anderen Zeit als 20^h beobachtet, muss noch die Zeitkorrektur gemäß der obigen Tabelle anbringen. Beispiel: Wieviel Uhr Sternzeit ist es am 25. März um 23^h in München? Aus der Tabelle entnimmt man: Sternzeit am 25. März um 20^h = 7^h53^m. Dies gilt für 10° östlicher Länge. Die Zeitkorrektur für München beträgt laut Tabelle rechts sechs Minuten. Da München östlich vom 10°-Meridian liegt, sind diese sechs Minuten zu addieren, und man erhält 7^h59^m (Achtung: Das Vorzeichen in der Spalte Zeitkorrektur der rechten Tabelle gilt für die Korrektur der Kulminationszeiten! Für die Sternzeitberechnung kehren sich die Vorzeichen um!). Am 25. März ist es also um 20^h MEZ 7^h59^m Sternzeit. Für 23^h MEZ ist gemäß obiger Tabelle die Korrektur von 3^h00^m anzubringen; um 23^h MEZ ist es also am 25. März in München 10^h59^m Sternzeit.

Geografische Koordinaten größerer Städte mit Zeitkorrektur

Stadt	östl. Länge	nördl. Breite	Zeitkorrektur gegen 10° östl. Länge	Stadt	östl. Länge	nördl. Breite	Zeitkorrektur gegen 10° östl. Länge
Aachen	6°,1	50°,8	+16^m	Kiel	10°,1	54°,3	− 1^m
Amsterdam	4,9	52,4	+20	Klagenfurt	14,3	46,6	−17
Antwerpen	4,4	51,2	+22	Koblenz	7,6	50,4	+10
Augsburg	10,9	48,4	− 4	Köln	7,0	50,9	+12
Baden-Baden	8,2	48,8	+ 7	Konstanz	9,2	47,7	+ 3
Basel	7,6	47,6	+ 9	Krefeld	6,6	51,3	+14
Berlin	13,4	52,5	−14	Leipzig	12,4	51,3	−10
Bern	7,4	46,9	+10	Linz (Donau)	14,3	48,3	−17
Bielefeld	8,5	52,0	+ 6	Ludwigshafen (Rh.)	8,4	49,5	+ 6
Bochum	7,2	51,5	+11	Lübeck	10,7	53,9	− 3
Bonn	7,1	50,7	+12	Lüttich	5,5	50,6	+18
Bozen	11,3	46,5	− 5	Luxemburg	6,1	49,6	+15
Braunschweig	10,5	52,3	− 2	Magdeburg	11,6	52,1	− 7
Bregenz	9,8	47,5	+ 1	Mailand	9,2	45,5	+ 3
Bremen	8,8	53,1	+ 5	Mainz	8,3	50,0	+ 7
Brünn	16,6	49,2	−26	Mannheim	8,5	49,5	+ 6
Brüssel	4,3	50,8	+23	Mönchengladbach	6,4	51,2	+14
Chemnitz	12,9	50,8	−12	München	11,6	48,1	− 6
Coburg	11,0	50,3	− 4	Münster	7,6	52,0	+10
Darmstadt	8,7	49,9	+ 5	Nürnberg	11,1	49,5	− 4
Dortmund	7,5	51,5	+10	Osnabrück	8,0	52,3	+ 8
Dresden	13,7	51,1	−15	Potsdam	13,1	52,4	−12
Düsseldorf	6,8	51,2	+13	Prag	14,4	50,1	−18
Duisburg	6,8	51,4	+13	Regensburg	12,1	49,0	− 8
Eisenach	10,3	51,0	− 1	Reutlingen	9,2	48,5	+ 3
Emden	7,2	53,4	+11	Rostock	12,1	54,1	− 8
Erfurt	11,0	51,0	− 4	Rotterdam	4,5	51,9	+22
Essen	7,0	51,5	+12	Saarbrücken	7,0	49,2	+12
Frankfurt (Main)	8,7	50,1	+ 5	Salzburg	13,1	47,8	−12
Frankfurt (Oder)	14,6	52,3	−18	Schwerin	11,4	53,6	− 6
Freiburg (Breisgau)	7,9	48,0	+ 9	Stralsund	13,1	54,3	−12
Genf	6,2	46,2	+15	Straßburg	7,7	48,6	+ 9
Görlitz	15,0	51,2	−20	Stuttgart	9,2	48,8	+ 3
Graz	15,5	47,1	−22	Trier	6,6	49,8	+13
Halle	12,0	51,5	− 8	Tübingen	9,1	48,5	+ 4
Hamburg	10,0	53,6	0	Ulm	10,0	48,4	0
Hannover	9,7	52,4	+ 1	Wien	16,4	48,2	−25
Heidelberg	8,7	49,4	+ 5	Wiesbaden	8,2	50,1	+ 7
Heilbronn	9,2	49,1	+ 3	Wilhelmshaven	8,1	53,5	+ 8
Innsbruck	11,4	47,3	− 6	Worms	8,4	49,6	+ 7
Kaiserslautern	7,8	49,4	+ 9	Würzburg	9,9	49,8	0
Karlsruhe	8,4	49,0	+ 6	Wuppertal	7,1	51,3	+11
Kassel	9,5	51,3	+ 2	Zürich	8,6	47,4	+ 6

Erläuterungen siehe auch Seite 11/12 unter „Auf- und Untergangszeiten".
Die Tabelle enthält die geografischen Koordinaten einiger größerer Städte in Mitteleuropa. In der vierten Spalte ist der Zeitunterschied der Ortszeit zum Meridian 10° östlicher Länge in Minuten angegeben. Um diesen Betrag kulminieren die Gestirne in der jeweiligen Stadt früher (negativer Wert) oder später (positiver Wert). Beispiel: Für Stuttgart findet man $+3^m$, für München -6^m.
In Stuttgart gehen die Gestirne jeweils drei Minuten später durch den Meridian als im Himmelsjahr angegeben, in München dagegen um sechs Minuten früher.
Die Auf- und Untergangszeiten sind außer von der geografischen Länge auch noch von der geografischen Breite abhängig. Um sie für einen bestimmten Ort zu korrigieren, benutze man das Nomogramm auf Seite 292.

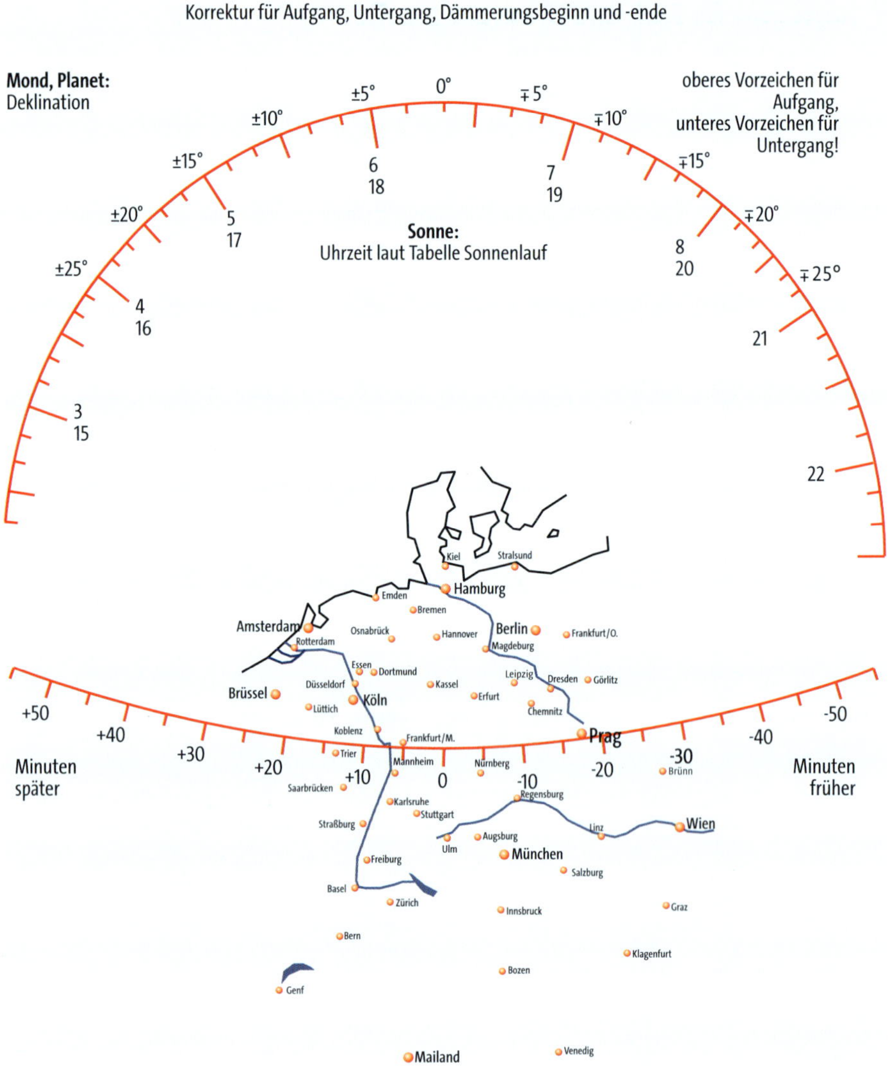

T.10 **Nomogramm zur Bestimmung der Auf- und Untergangszeiten (Erläuterungen siehe Seite 11).**

Korrektur für Auf- und Untergangszeiten

Sonne: Datum:			Jan. 21.	Febr. 8.	Febr. 23.	März 8.	März 20.	April 2.	April 16.	Mai 1.	Mai 20.	Juni 21.
		Dez. 22.	Nov. 22.	Nov. 3.	Okt. 19.	Okt. 6.	Sept. 23.	Sept. 10.	Aug. 27.	Aug. 12.	Juli 24.	
Mond, Planet:												
Deklination		–25°	–20°	–15°	–10°	– 5°	0°	+ 5°	+10°	+15°	+20°	+25°
Hamburg	Aufgang	+21^{m}	+15^{m}	+10^{m}	+ 6^{m}	+ 3^{m}	+ 1^{m}	– 4^{m}	– 7^{m}	11^{m}	–16^{m}	–22^{m}
	Unterg.	–21	–15	–10	– 6	– 3	+ 1	+ 4	+ 7	+11	+16	+22
Hannover	Aufgang	+14	+11	+ 8	+ 5	+ 3	+ 1	– 1	– 4	– 6	– 9	–13
	Unterg.	–12	– 9	– 6	– 3	– 1	+ 1	+ 3	+ 6	+ 8	+11	+15
Berlin	Aufgang	+ 1	– 3	– 6	– 9	–12	–14	–16	–19	–21	–25	–29
	Unterg.	–28	–24	–21	–18	–16	–14	–11	– 9	– 6	– 3	+ 1
Dresden	Aufgang	– 9	–11	–12	–13	–14	–15	–16	–17	–18	–19	–21
	Unterg.	–20	–19	–18	–17	–16	–15	–14	–13	–12	–11	– 9
Leipzig	Aufgang	– 2	– 4	– 6	– 7	– 8	–10	–11	–12	–13	–15	–17
	Unterg.	–17	–15	–13	–12	–11	–10	– 8	– 7	– 6	– 4	– 2
Düsseldorf	Aufgang	+19	+18	+16	+15	+14	+13	+12	+11	+10	+ 8	+ 6
	Unterg.	+ 7	+ 8	+10	+11	+12	+13	+14	+15	+16	+18	+20
Frankfurt	Aufgang	+ 6	+ 6	+ 6	+ 5	+ 5	+ 5	+ 5	+ 5	+ 5	+ 5	+ 4
	Unterg.	+ 4	+ 5	+ 5	+ 5	+ 5	+ 5	+ 5	+ 5	+ 6	+ 6	+ 6
Nürnberg	Aufgang	– 6	– 6	– 5	– 5	– 4	– 4	– 3	– 3	– 2	– 2	– 1
	Unterg.	– 1	– 2	– 2	– 3	– 3	– 4	– 4	– 5	– 5	– 6	– 6
Stuttgart	Aufgang	– 3	– 1	0	+ 1	+ 2	+ 3	+ 4	+ 5	+ 6	+ 7	+ 9
	Unterg.	+ 9	+ 7	+ 6	+ 5	+ 4	+ 3	+ 2	+ 1	0	– 1	– 3
München	Aufgang	–15	–13	–11	– 9	– 8	– 6	– 5	– 3	– 1	+ 1	+ 3
	Unterg.	+ 3	0	– 2	– 3	– 5	– 6	– 8	– 9	–11	–13	–16
Zürich	Aufgang	– 7	– 3	0	+ 2	+ 4	+ 6	+ 8	+11	+13	+16	+20
	Unterg.	+19	+15	+12	+10	+ 8	+ 6	+ 4	+ 1	– 1	–4	– 8
Wien	Aufgang	–34	–32	–30	–28	–27	–25	–24	–22	–21	–19	–16
	Unterg.	–17	–19	–21	–22	–24	–25	–27	–28	–30	–32	–35
Halber Tagbogen												
53° nördl. Breite		3^{h}32^{m}	4^{h}09^{m}	4^{h}41^{m}	5^{h}10^{m}	5^{h}37^{m}	6^{h}04^{m}	6^{h}31^{m}	6^{h}58^{m}	7^{h}28^{m}	8^{h}00^{m}	8^{h}38^{m}
50° nördl. Breite		3 50	4 21	4 50	5 15	5 40	6 04	6 28	6 52	7 19	7 47	8 20
47° nördl. Breite		4 04	4 32	4 57	5 20	5 42	6 03	6 25	6 47	7 11	7 36	8 04

\+ positiv: Korrektur addieren, Auf- oder Untergang findet später statt
– negativ: Korrektur subtrahieren, Auf- oder Untergang findet früher statt

Beispiel: Auf- und Untergang der Sonne am 20. März in Stuttgart.
Laut Tabelle „Sonnenlauf" auf Seite 72 lauten die Werte 6^{h}23^{m} und 18^{h}33^{m} für 50° Nord und 10° Ost.
Korrektur +3 und +3. Also geht die Sonne in Stuttgart um 6^{h}26^{m} auf und um 18^{h}36^{m} unter.
Für Daten und Deklinationen, die nicht in obiger Tabelle aufgeführt sind, nimmt man den nächstliegenden Wert, ohne einen großen Fehler zu begehen.

2019

Januar

Mo		7	14☽	21○	28
Di	1	8	15	22	29
Mi	2	9	16	23	30
Do	3	10	17	24	31
Fr	4	11	18	25	
Sa	5	12	19	26	
So	6●	13	20	27☾	

Februar

Mo		4●	11	18	25
Di		5	12☽	19○	26☾
Mi		6	13	20	27
Do		7	14	21	28
Fr	1	8	15	22	
Sa	2	9	16	23	
So	3	10	17	24	

März

Mo		4	11	18	25
Di		5	12	19	26
Mi		6●	13	20	27
Do		7	14☽	21○	28☾
Fr	1	8	15	22	29
Sa	2	9	16	23	30
So	3	10	17	24	31

April

Mo	1	8	15	22	29
Di	2	9	16	23	30
Mi	3	10	17	24	
Do	4	11	18	25	
Fr	5●	12☽	19○	26☾	
Sa	6	13	20	27	
So	7	14	21	28	

Mai

Mo		6	13	20	27
Di		7	14	21	28
Mi	1	8	15	22	29
Do	2	9	16	23	30
Fr	3	10	17	24	31
Sa	4●	11	18○	25	
So	5	12☽	19	26☾	

Juni

Mo		3●	10☽	17○	24
Di		4	11	18	25☾
Mi		5	12	19	26
Do		6	13	20	27
Fr		7	14	21	28
Sa	1	8	15	22	29
So	2	9	16	23	30

Juli

Mo	1	8	15	22	29
Di	2●	9☽	16○	23	30
Mi	3	10	17	24	31
Do	4	11	18	25☾	
Fr	5	12	19	26	
Sa	6	13	20	27	
So	7	14	21	28	

August

Mo		5	12	19	26
Di		6	13	20	27
Mi		7☽	14	21	28
Do	1●	8	15○	22	29
Fr	2	9	16	23☾	30●
Sa	3	10	17	24	31
So	4	11	18	25	

September

Mo		2	9	16	23	30
Di		3	10	17	24	
Mi		4	11	18	25	
Do		5	12	19	26	
Fr		6☽	13	20	27	
Sa		7	14○	21	28●	
So	1	8	15	22☾	29	

Oktober

Mo		7	14	21☾	28●
Di	1	8	15	22	29
Mi	2	9	16	23	30
Do	3	10	17	24	31
Fr	4	11	18	25	
Sa	5☽	12	19	26	
So	6	13○	20	27	

November

Mo		4☽	11	18	25
Di		5	12○	19☾	26●
Mi		6	13	20	27
Do		7	14	21	28
Fr	1	8	15	22	29
Sa	2	9	16	23	30
So	3	10	17	24	

Dezember

Mo		2	9	16	23	30
Di		3	10	17	24	31
Mi		4☽	11	18	25	
Do		5	12○	19☾	26●	
Fr		6	13	20	27	
Sa		7	14	21	28	
So	1	8	15	22	29	

Feiertage:

Aschermittwoch:	6. März	Pfingstsonntag:	9. Juni	Totensonntag:	24. November
Ostersonntag:	21. April	Fronleichnam:	20. Juni	1. Advent:	1. Dezember
Chr. Himmelfahrt:	30. Mai	Buß- und Bettag:	20. November		

Das Jahr 2019 ist ein **Gemeinjahr** zu 365 Tagen.

Beginn der Jahreszeiten:

Frühling: 20. März 22^h58^m
Sommer: 21. Juni 16^h54^m
Herbst: 23. September 8^h50^m
Winter: 22. Dezember 5^h19^m
Erde in Sonnennähe: 3. Januar 6^h
Erde in Sonnenferne: 4. Juli 23^h

Finsternisse:

6. Januar: Partielle Sonnenfinsternis
21. Januar: **Totale Mondfinsternis**
2. Juli: Totale Sonnenfinsternis
16. Juli: **Partielle Mondfinsternis**
26. Dezember: Partielle Sonnenfinsternis

Planeten:

Innere Planeten

Merkur:	Größte östliche Elongation:	**27. Feb.**	(18°)	*23. Juni*	(25°)	20. Okt.	(25°)
	Größte westliche Elongation:	11. April	(28°)	*9. Aug.*	(19°)	**28. Nov.**	(20°)
Venus:	Größte westliche Elongation:	6. Januar (47°)					
	Obere Konjunktion:	14. August					

Äußere Planeten	Opposition	(Mio. km)	im Sternbild	Konjunktion
Mars:	–	–	–	2. September
Jupiter:	10. Juni	641	Schlangenträger	27. Dezember
Saturn:	9. Juli	1351	Schütze	2. Januar
Uranus:	28 Oktober	2817	Widder	22. April
Neptun:	10. September	4327	Wassermann	7. März
Pluto:	14. Juli	4910	Schütze	11. Januar

2020

Januar					
Mo		6	13	20	27
Di		7	14	21	28
Mi	1	8	15	22	29
Do	2	9	16	23	30
Fr	3☽	10○	17☾	24●	31
Sa	4	11	18	25	
So	5	12	19	26	

Februar					
Mo		3	10	17	24
Di		4	11	18	25
Mi		5	12	19	26
Do		6	13	20	27
Fr		7	14	21	28
Sa	1	8	15☾	22	29
So	2☽	9○	16	23●	

März						
Mo		2☽	9○	16☾	23	30
Di		3	10	17	24●	31
Mi		4	11	18	25	
Do		5	12	19	26	
Fr		6	13	20	27	
Sa		7	14	21	28	
So	1	8	15	22	29	

April					
Mo		6	13	20	27
Di		7	14☾	21	28
Mi	1☽	8○	15	22	29
Do	2	9	16	23●	30☽
Fr	3	10	17	24	
Sa	4	11	18	25	
So	5	12	19	26	

Mai					
Mo		4	11	18	25
Di		5	12	19	26
Mi		6	13	20	27
Do		7○	14☾	21	28
Fr	1	8	15	22●	29
Sa	2	9	16	23	30☽
So	3	10	17	24	31

Juni					
Mo	1	8	15	22	29
Di	2	9	16	23	30
Mi	3	10	17	24	
Do	4	11	18	25	
Fr	5○	12	19	26	
Sa	6	13☾	20	27	
So	7	14	21●	28☽	

Juli					
Mo		6	13☾	20●	27☽
Di		7	14	21	28
Mi	1	8	15	22	29
Do	2	9	16	23	30
Fr	3	10	17	24	31
Sa	4	11	18	25	
So	5○	12	19	26	

August						
Mo		3○	10	17	24	31
Di		4	11☾	18	25☽	
Mi		5	12	19●	26	
Do		6	13	20	27	
Fr		7	14	21	28	
Sa	1	8	15	22	29	
So	2	9	16	23	30	

September					
Mo		7	14	21	28
Di	1	8	15	22	29
Mi	2○	9	16	23	30
Do	3	10☾	17●	24☽	
Fr	4	11	18	25	
Sa	5	12	19	26	
So	6	13	20	27	

Oktober					
Mo		5	12	19	26
Di		6	13	20	27
Mi		7	14	21	28
Do	1○	8	15	22	29
Fr	2	9	16●	23☽	30
Sa	3	10☾	17	24	31○
So	4	11	18	25	

November						
Mo		2	9	16	23	30○
Di		3	10	17	24	
Mi		4	11	18	25	
Do		5	12	19	26	
Fr		6	13	20	27	
Sa		7	14	21	28	
So	1	8☾	15●	22☽	29	

Dezember					
Mo		7	14●	21	28
Di	1	8☾	15	22☽	29
Mi	2	9	16	23	30○
Do	3	10	17	24	31
Fr	4	11	18	25	
Sa	5	12	19	26	
So	6	13	20	27	

Feiertage:

Aschermittwoch:	26. Februar	Pfingstsonntag:	31. Mai	Totensonntag:	22. November
Ostersonntag:	12. April	Fronleichnam:	11. Juni	1. Advent:	29. November
Chr. Himmelfahrt:	21. Mai	Buß- und Bettag:	18. November		

Das Jahr 2020 ist ein **Schaltjahr** zu 366 Tagen.

Beginn der Jahreszeiten:

Frühling: 20. März 4^h51^m
Sommer: 20. Juni 22^h45^m
Herbst: 22. September 14^h32^m
Winter: 21. Dezember 11^h03^m
Erde in Sonnennähe: 5. Januar 9^h
Erde in Sonnenferne: 4. Juli 13^h

Finsternisse:

10. Januar: *Halbschattenfinsternis des Mondes*
5. Juni: Halbschattenfinsternis des Mondes
21. Juni: Partielle Sonnenfinsternis
5. Juli: Halbschattenfinsternis des Mondes
30. November: Halbschattenfinsternis des Mondes
14. Dezember: Totale Sonnenfinsternis

Planeten:

Innere Planeten

Merkur:	Größte östliche Elongation:	**10. Feb.**	(18°)	*4. Juni*	(24°)	1. Okt.	(26°)
	Größte westliche Elongation:	24. März	(28°)	22. Juli	(20°)	**10. Nov.**	(19°)

Venus: Größte östliche Elongation: 24. März (46°) Größte westliche Elongation: 13. August (46°)
Untere Konjunktion: 3. Juni

Äußere Planeten	Opposition	(Mio. km)	im Sternbild	Konjunktion
Mars:	14. Oktober	62,1	Fische	–
Jupiter:	14. Juli	619	Schütze	–
Saturn:	20. Juli	1346	Schütze	13. Januar
Uranus:	31. Oktober	2811	Widder	26. April
Neptun:	11. September	4328	Wassermann	8. März
Pluto:	15. Juli	4946	Schütze	13. Januar

Astronomische Institute, Planetarien und Sternwarten

Augsburg
S-Planetarium
Im Thäle 3
86152 Augsburg
Tel.: (08 21) 3 24 67 62

Bamberg
Dr.-Remeis-Sternwarte Bamberg
Astronomisches Institut der Universität Erlangen-Nürnberg
Sternwartstraße 7
96049 Bamberg
Tel.: (09 51) 9 52 22 0
www.sternwarte.uni-erlangen.de

Berlin
Zentrum für Astron. und Astrophysik
Technische Universität Berlin
Hardenbergstraße 36
10623 Berlin
Tel.: (0 30) 31 42 37 34
www-astro.physik.TU-Berlin.de

Archenhold-Sternwarte
Alt-Treptow 1
12435 Berlin
Tel.: (0 30) 5 34 80 80
www.astw.de

Planetarium am Insulaner
Wilhelm-Foerster-Sternwarte
Munsterdamm 90
12169 Berlin
Tel.: (0 30) 7 90 09 30
www.planetarium.berlin

Zeiss-Großplanetarium Berlin
Prenzlauer Allee 80
10405 Berlin
Tel.: (0 30) 4 21 84 50
www.planetarium.berlin

Bochum
Astronomisches Institut der Ruhr-Universität
Universitätsstr. 150/NA7
44780 Bochum
Tel.: (02 34) 32 2 34 54
www.astro.ruhr-uni-bochum.de

Planetarium
Castroper Straße 67
44777 Bochum
Tel.: (02 34) 51 60 60
www.planetarium-bochum.de

Bonn
Argelander Institut
Auf dem Hügel 71
53121 Bonn
Tel. Sternwarte: (02 28) 73 36 55, 56
Tel. Radioastronomie: (02 28) 73 36 57, 58
Tel. Astrophysik: (02 28) 73 36 71, 76
www.astro.uni-bonn.de

Radioobservatorium Effelsberg
53902 Bad Münstereifel
Tel.: (0 22 57) 30 11 01

Max-Planck-Institut für Radioastronomie
Auf dem Hügel 69
53121 Bonn
Tel.: (02 28) 52 50
www.mpifr-bonn.mpg.de

Bremen
Sternwarte der Olbers-Gesellschaft
Olbers-Planetarium der Hochschule
Werderstr. 73
28199 Bremen
Tel.: (04 21) 70 68 82
http://olbers.hs-bremerhaven.de/

Cottbus
Raumflugplanetarium Juri Gagarin
Lindenplatz 21
03044 Cottbus
Tel.: (03 55) 71 31 09
www.planetarium-cottbus.de

Freiburg im Breisgau
Kiepenheuer-Institut für Sonnenphysik
Schöneckstraße 6
79104 Freiburg
Tel.: (07 61) 31 98 0
www.kis.uni-freiburg.de

Planetarium Freiburg
Bismarckallee 7 g
79098 Freiburg
Tel.: (07 61) 3 89 06 30
www.planetarium-freiburg.de

Garching siehe **München**

Göttingen
Institut für Astrophysik;
Georg-August-Universität Göttingen
Friedrich-Hund-Platz 1
37077 Göttingen
Tel.: (05 51) 39 50 42/39 50 53
www.astro.physik.uni-goettingen.de

Max-Planck-Institut für Sonnensystemforschung
Justus-von-Liebig-Weg 3
37077 Göttingen
Tel.: 0551 384 979-0
www.mps.mpg.de

Graz
Sektion Astrophysik des Instituts für Geophysik, Astrophysik und Meteorologie der Universität Graz
Universitätsplatz 5
A-8010 Graz
Tel.: ++43 (0) 316 380 52 70
www.kfunigraz.ac.at/igam

Hamburg
Hamburger Sternwarte
Gojenbergsweg 112
21029 Hamburg
Tel.: (0 40) 4 28 91-41 42
www.hs.uni-hamburg.de

Planetarium
Hindenburgstraße 1 b
22303 Hamburg
Tel.: (0 40) 4 28 86 52 52
www.planetarium-hamburg.de

Hannover
Astronomische Station am Institut für Erdmessung der Universität
Schneiderberg 50
30167 Hannover
Tel.: (05 11) 7 62 24 75

Heidelberg
Astronomisches Rechen-Institut
Mönchhofstraße 12–14
69120 Heidelberg
Tel.: (0 62 21) 40 50
www.ari.uni-heidelberg.de

Institut für Theoretische Astrophysik
Albert-Überle-Str. 2
69120 Heidelberg
Tel.: (0 62 21) 54 48 37
www.ita.uni-heidelberg.de

Max-Planck-Institut für Astronomie
Königstuhl 17
69117 Heidelberg
Tel.: (0 62 21) 52 80
www.mpia.de

Heidelberg (Forts.)
Landessternwarte Königstuhl 12
69117 Heidelberg
Tel.: (0 62 21) 50 90
www.lsw.uni-heidelberg.de

Innsbruck
Institut für Astro- und Teilchenphysik
Technikerstraße 25
A-6020 Innsbruck
Tel.: ++43 (0) 512 5 07 60 31
http://astro.uibk.ac.at/

Jena
Universitäts-Sternwarte
Schillergäßchen 2
07745 Jena
Tel.: (0 36 41) 94 75 01
www.astro.uni-jena.de

Planetarium
Am Planetarium 5
07743 Jena
Tel: (036 41) 94 75 01
www.planetarium-jena.de

Kassel
Planetarium im Museum für
Astronomie und Technikgeschichte
Orangerie
An der Karlsaue 20 c
34121 Kassel
www.astronomie-kassel.de

Kiel
Institut für Theoretische Physik und
Astrophysik
Leibnizstr. 15
24118 Kiel
www.astrophysik.uni-kiel.de

Kieler Planetarium e. V.
Fachhochschule Kiel
Sokratesplatz 6
24149 Kiel
Tel: (04 31) 2 10 17 41
www.Kieler-planetarium.de

Laupheim
Volkssternwarte und Planetarium
Milchstraße 1
88471 Laupheim
Tel.: (0 73 92) 9 10 59
www.planetarium-laupheim.de

Luzern
Planetarium im Verkehrshaus
der Schweiz
Lidostraße 5
CH-6006 Luzern
Tel.: ++41 (0 41) 3 70 44 44
www.verkehrshaus.ch

Mannheim
Planetarium
Wilhelm-Varnholt-Allee 1
68165 Mannheim
Tel.: (06 21) 41 56 92
www.planetarium-mannheim.de

München
Europäische Südsternwarte (ESO)
Karl-Schwarzschild-Straße 2
85748 Garching
Tel.: (0 89) 32 00 62 76
www.eso.org

Institut für Astronomie und
Astrophysik der Universität München
Scheinerstraße 1
81679 München
Tel.: (0 89) 21 80 60 01
www.usm.uni-muenchen.de

Max-Planck Institut für Astrophysik
Karl-Schwarzschild-Str. 1
85741 Garching
Tel.: (0 89) 3 00 00 0
www.mpa-garching.mpg.de

Max-Planck-Institut
für extraterrestrische Physik
Giessenbachstraße 1
85748 Garching
Tel.: (0 89) 3 00 00 0
www.mpe.mpg.de

Planetarium und Bayerische
Volkssternwarte
Rosenheimer Str. 145 h
81671 München
Tel.: (0 89) 40 62 39
www.sternwarte-muenchen.de

Planetarium Deutsches Museum
Museumsinsel 1
80538 München
www.deutsches-museum.de

Münster
Planetarium im Westfälischen
Landesmuseum für Naturkunde
Sentruper Straße 285
48161 Münster
Tel.: (02 51) 5 91 05
www.lwl-planetarium-muenster.de

Nürnberg
Nicolaus-Copernicus-Planetarium
Am Plärrer 41
90429 Nürnberg
Tel.: (09 11) 9 29 65 53
www.planetarium-nuernberg.de

Osnabrück
Museum am Schölerberg/
Planetarium
Klaus-Strick-Weg 10
49082 Osnabrück
Tel.: (05 41) 5 60 03 26
www.planetarium-osnabrueck.de

Potsdam
Leibniz-Institut für Astrophysik
Sternwarte Babelsberg
An der Sternwarte 16
14482 Potsdam
Tel.: (03 31) 7 49 90
www.aip.de

Leibniz-Institut für Astrophysik
Sonnenobservatorium Einsteinturm
Telegrafenberg A22
14473 Potsdam
Tel.: (03 31) 2 88 23 04/23 03

Observatorium für Solare
Radioastronomie Tremsdorf
14552 Tremsdorf
Tel.: (03 31) 7 49 92 92

URANIA-Planetarium
und „Bruno H. Bürgel-Gedenkstätte"
Gutenbergstr. 71/72
14467 Potsdam
Tel.: (03 31) 7 49 90
www.urania-potsdam.de

Recklinghausen
Westf. Volkssternwarte/Planetarium
Stadtgarten 6
45657 Recklinghausen
Tel: (023 61) 2 31 34
www.sternwarte-recklinghausen.de

Astronomische Institute, Planetarien und Sternwarten

Schwaz
Zeiss-Planetarium Schwaz
Alte Landstr. 15
A-6130 Schwaz/Tirol
Tel.: ++43 (0 52 42) 7 21 29
www.planetarium-schwaz.at

Siegen
Sternwarte der Universität
Adolf-Reichwein-Straße
57068 Siegen
Tel.: (02 71) 7 40 46 13
www.uni-siegen.de/fb7/didaktik/sternwarte

Stuttgart
Carl-Zeiss-Planetarium mit Sternwarte Welzheim
Mittlerer Schlossgarten
70173 Stuttgart
Tel.: (07 11) 1 62 92 15
www.planetarium-stuttgart.de

Sternwarte Welzheim
www.sternwarte-welzheim.de

Tautenburg
Thüringer Landessternwarte Tautenburg
Karl-Schwarzschild-Observatorium
Sternwarte 5
07778 Tautenburg
Tel.: (03 64 27) 86 30
www.tls-tautenburg.de

Tübingen
Institut für Astronomie und Astrophysik
Abteilung Astronomie
Sand 1
72076 Tübingen
Tel.: (0 70 71) 29 7 24 86
www.astro.uni-tuebingen.de

Abt. Theoretische Astrophysik
Auf der Morgenstelle 10
72076 Tübingen
Tel.: (0 70 71) 29 7 40 07
www.tat.physik.uni-tuebingen.de

Welzheim
Tel: (0 71 82) 42 84
www.sternwarte-welzheim.de

Wien
Astronomisches Büro und Freiluftplanetarium Sterngarten Georgenberg
Hasenwartgasse 32
A-1230 Wien
www.astronomisches-buero-wien.or.at

Digitales Planetarium im Naturhistorischen Museum Wien
Burgring 7
A-1010 Wien
Tel.: ++43 (0) 1 52 17 70
www.nhm-wien.ac.at/planetarium

Institut für Astronomie der Universität Wien, Universitäts-Sternwarte
Türkenschanzstraße 17
A-1180 Wien
Tel.: ++43 (0) 14 27 75 18 01
www.astro.univie.ac.at

Kuffner-Sternwarte
Johann Staud-Straße 10
A-1160 Wien
Tel.: ++43 (0) 19 14 81 30
www.kuffner.ac.at

URANIA-Sternwarte
Uraniastraße 1
A-1010 Wien
Tel.: ++43 (0) 17 12 61 91
www.urania-sternwarte.at

Zeiss-Planetarium
Oswald Thomas-Platz 1
A-1020 Wien
Tel.: ++43 (0) 1 7 29 54 94
www.planetarium-wien.at

Wolfsburg
Planetarium
Uhlandweg 2
38440 Wolfsburg
Tel.: (0 53 61) 89 02 55 10
www.planetarium-wolfsburg.de

Würzburg
Institut für Theoretische Physik und Astrophysik
Am Hubland
97074 Würzburg
Tel: (09 31) 8 88 50 31
www.astro.uni-wuerzburg.de

Zürich
Institut für Astronomie
ETH-Zentrum
CH-8092 Zürich
Tel.: ++41 (0) 44 6 33 76 08
www.astro.phys.ethz.ch

URANIA-Sternwarte Zürich AG
Uraniastraße 9
CH-8001 Zürich
Tel.: ++41 (0) 44 2 11 65 23
www.urania-sternwarte.ch

Amateurastronomische Vereinigungen und Privatsternwarten

Aalen
Astronomische AG Aalen e. V.
Sonnenbergstr. 23
73447 Oberkochen
www.sternwarte-aalen.de

Aachen
Volkshochschule Aachen/Sternwarte
Am Hangeweiher 23
52068 Aachen
www.sternwarte-aachen.de

Aichwald
Schurwaldsternwarte e. V.
Im Lutzen 21
73773 Aichwald
www.schurwaldsternwarte.de

Albstadt
Sternwarte und Planetarium
Hartmannstraße 140
72458 Albstadt-Ebingen
www.sternwarte-zollern-alb.de

Alzey
Interessengemeinschaft der Hobby-astronomen Alzey u. Umland e. V.
Theodor-Heuss-Ring 34
55232 Alzey

Augsburg siehe Diedorf

Bad Driburg
Sternwarte der F.-W. Weber Realschule
Elsterweg 13
33014 Bad Driburg

Bad Dürkheim
Astronomischer Arbeitskreis Pfalzmuseum für Naturkunde
Hermann-Schäfer-Str. 17
67098 Bad Dürkheim

Bad Münstereifel
Astropeiler Stockert e. V.
Astropeiler 2 – 4
53902 Bad Münstereifel
www.astropeiler.de

Bad Zwesten
Sternwarte der Hardtwaldklinik I
Hardtstr. 31
34596 Bad Zwesten

Baindt s. **Waldburg-Weingarten**

Bautzen
Sternwarte Bautzen
Schulsternwarte und Planetarium
Czornebohstraße 82 (Naturpark)
02625 Bautzen

Beelitz
Sternfreunde Beelitz e. V.
Jahnstr. 9
14547 Beelitz
www.sternwarte-beelitz.de

Bentheim
Astronomischer Verein der Grafschaft Bentheim e. V.
Jahnstr. 3,
49828 Neuenhaus

Berg
Christian-Jutz-Volkssternwarte Berg e. V.
Lindenallee
82335 Berg-Aufkirchen
www.sternwarte-berg.de

Bittenfeld
Privatsternwarte Bittenfeld
Ofengasse 8
71336 Waiblingen
www.allbert.de

Bochum
Institut für Umwelt- und Zukunftsforschung e. V.
Blankensteiner Str. 200 a
44797 Bochum
www.sternwarte-bochum.de

Bonn
Volkssternwarte Bonn e. V.
Poppelsdorfer Allee 47
53115 Bonn

Bozen
Amateurastronomen „Max Valier"
Neustifterweg 5
I-39100 Bozen
www.maxvalier.org

Braunschweig
Sternfreunde Braunschw.-Hondelage e. V.
Ackerweg 1 B
38108 Braunschweig
www.sternwarte-braunschweig.de

Bremerhaven
Bremerhavener Sternfreunde e. V.
Buschkämpen 29
27576 Bremerhaven
www.bremerhavener-sternfreunde.de

Planetarium Bremerhaven
Bussestr. 24
27570 Bremerhaven
www.bremerhafener-sternfreunde.de

Brittheim
Sternwarte Zollern-Alb
Am Wasserturm 4
72348 Rosenfeld
www.sternwarte-zollern-alb.de

Buchloe
Astronomische Gesellschaft Buchloe e. V.
Alois-Reiner-Str. 15 b
86807 Buchloe
www.astronomie-buchloe.de

Bülach
Schul- und Volkssternwarte Bülach
Rotzibüch bei Eschenmosen
CH-8180 Bülach

Burgsolms
Sternwarte Burgsolms
Lindenstr. 11
35606 Solms
www.sternwarte-burgsolms.de

Casablanca
Sahara Sky
Dunes de Tinfou
45900 Zagora Marokko
www. saharasky.com

Darmstadt
Volkssternwarte Darmstadt e. V.
Karlstr. 41
64347 Griesheim
www.vsda.de

Diedorf
Astronomische Vereinigung Augsburg e. V.
Sternwarte Diedorf
Pestalozzistr. 17a
86420 Diedorf
www.sternwarte-diedorf.de

Dortmund
Sternwarte im Westfalenpark
Astronomischer Verein Dortmund e. V.
Hainallee 4
44139 Dortmund
www.volkssternwarte-Dortmund.de

Amateurastronomische Vereinigungen und Privatsternwarten

Drebach
Volkssternwarte und Zeiss-Planetarium
Straße der Jugend 14
09430 Drebach
www.sternwarte-drebach.de
www.planetarium-drebach.de

Eberfing
Sternwarte Eberfing
Escherstr. 12
82390 Eberfing
www.sternwarte-eberfing.de

Ennepetal
Volkssternwarte Ennepetal e. V.
Hinnenberg 80
58256 Ennepetal
www.volkssternwarte-ennepetal.de

Erkrath
Sternwarte Neanderhöhe Hochdahl
und Planetarium
Sedentaler Str. 105
40699 Erkrath

Essen
Walter-Hohmann-Sternwarte Essen e. V.
Wallneyer Str. 159
45133 Essen
www.sternwarte-essen.de

Frankfurt/Main
Volkssternwarte des Phys. Vereins
Robert-Mayer-Straße 2–4
60054 Frankfurt/Main
www.physikalischer-verein.de

Astro-AG der Liebigschule
Frankfurt a. M.
Kollwitzstr. 3
60488 Frankfurt/Main
www.astro.junetz.de

Freiburg
Sternfreunde Freiburg e. V.
Rosenstr. 1 a
79108 Freiburg
www.sternfreunde-breisgau.de

Fulda
Hans-Nüchter-Sternwarte
Freiherr-von-Stein-Schule
Domänenweg 2
36037 Fulda
www.hans-nuechter-sternwarte.de

Planetarium im Vonderau-Museum
Jesuitenplatz 2
36037 Fulda
www.museum-fulda.de

Germering
Sternwarte des
Max-Born-Gymnasiums
Johann-Sebastian-Bach-Str. 8
82110 Germering

Gilching
Volkssternwarte Gilching in der VHS
Landsberger Str. 17 a
82205 Gilching
www.astrogilde.de

Gmunden
Eisner-Sternwarte
Kalvarienberg
A-4810 Gmunden
www.sternwarte-gmunden.at

Gondelsheim
Kraichgau-Sternwarte Gondelsheim e. V.
Lilienstraße 25
76669 Bad Schönborn
www.mhm-ka.de

Göttingen
Amateurastronomische Vereinigung
Göttingen e. V.
Schlesierring 8
37085 Göttingen
www.avgoe.de

Förderkreis Planetarium
Göttingen e. V.
Nordhäuser Weg 18
37085 Göttingen
www.planetarium-goettingen.de

Grafschaft
Astronomische Vereinigung Vulkaneifel
am Hohen List e. V.
Franz-Wolf-Str. 14
53501 Grafschaft-Bölingen
www.hoher-list.de

Greifswald
Greifswalder Sternwarte e. V.
Altes Physikalisches Institut
Domstr. 10a
17489 Greifswald
www.sternwarte-greifswald.de

Hagen
Volkssternwarte
Eugen-Richter-Turm
58135 Hagen
www.sternwarte-hagen.de

Halle
Astronomische Station Kanena e. V.
Schkeuditzer Str. 4 B
06116 Halle-Kanena
www.sternwarte-halle.de

Gesellschaft für astron. Bildung e. V.
Von-Seckendorff-Platz 3
06120 Halle/Saale
www.astroverein-halle.de

Hamburg
Gesellschaft für volkstümliche
Astronomie e. V.
Eiffestraße 426
20537 Hamburg
www.gva-hamburg.de

Handeloh
Arbeitskreis Astronomie in Handeloh
und Umgebung e. V.
Häschenstieg 16
21256 Handeloh
www.astronomie-handeloh.de

Hechingen
Astronomical Observatory Aurora
Friedrich-Wolf-Weg 23
72379 Hechingen
aoa@rdoelling.de

Heilbronn
Robert-Mayer-Volks- und Schulsternwarte
Bismarckstraße 10
74072 Heilbronn
www.sternwarte.org

Herzberg
Planetarium und Volkssternwarte
Lugstr. 3
04916 Herzberg
www.herzberger-sternfreunde-eV.de

Hofheim
Volkssternwarte
Ahornstr. 11
65719 Hofheim
www.sternwarte-hofheim.de

Ilsede
Privatsternwarte
Alter Weg 4 B
31241 Ilsede
http://Astro-Stammtisch.Korn-Deele.de

Ingolstadt
Sternwarte Ingolstadt AAI e. V.
Lilienthalstr. 137
85077 Manching
www.aai-Ingolstadt.de

Kelheim
Sternfreunde Kelheim e. V.
Eschenstr. 5
93326 Abensberg
www.sternfreunde-kelheim.de

Kiel
GvA Gruppe Kiel
Hofbrook 64
24119 Kronshagen
www.gva-kiel.de

Volkssternwarte Kronshagen
Suchsdorfer Weg 33
24119 Kronshagen

Köln
Planetarium
Blücherstr. 15 17
50733 Köln
www.koelner-planetarium.de

Volkssternwarte Köln
Nikolausstr. 55
50937 Köln
www.volkssternwarte-koeln.de

Königsdorf
Isartalsternwarte
Rothemühle 9
82549 Königsdorf
www.isartalsternwarte.de

Krefeld
Vereinigung Krefelder Sternfreunde e. V.
Yorckstr. 42
47800 Krefeld
www.vks-krefeld.de

Kreuzlingen
Planetarium und Sternwarte Kreuzlingen
Breitenrainstraße 21
CH-8280 Kreuzlingen
www.avk.ch

Leonberg
Sternwarte Höfingen
Theodor-Heuss-Str. 6/1
71229 Leonberg
www.sternwarte-hoefingen.de

Lilienthal
Astronomische Vereinigung
Lilienthal e. V.
Ottersteiner Vorweide 10
28879 Grasberg
www.avl-lilienthal.de

Limburg
Sternwarte Limburg e. V.
Am Stefanshügel, Industriestr. 1
65549 Limburg a. d. Lahn
www.sternwarte-limburg.de

Linz
Johannes Kepler
Sternwarte Linz
Sternwarteweg 5
A-4020 Linz

Lübeck
Sternwarte Lübeck
Am Ährenfeld 2
23564 Lübeck
www.sternwarte-luebeck.de

Luxembourg
Astronomes Amateurs du Luxembourg
16 B, Rue Emile Mayrisch
L 3522 Dudelange
www.aal.lu

Marburg
Volkssternwarte Marburg e. V.
Dresdener Str. 18 (Schulzentrum)
35274 Kirchhain
www.volkssternwarte-marburg.de

Meiningen
Sternwarte Henfling-Gymnasium
Röntgenstr. 12
98617 Meiningen

Merseburg
Sternfreunde Planetarium Merseburg e. V.
Teichstr. 2
06217 Merseburg
www.planetarium-merseburg.de

Monschau
Eifelastronomen e. V.
Görgesstr. 42
52156 Monschau
www.eifelastronomen.de

Münster
Sternfreunde Münster e. V.
Sentruper Straße 285
48161 Münster
www.sternfreunde-muenster.de

Neumarkt i.d. OPf.
Bayerische Volkssternwarte Neumarkt
Am Höhenberg 31
92318 Neumarkt i. d. OPf.
www.sternwarte-neumarkt.de

Neumünster
VHS-Sternwarte Neumünster
Hahnknüll 58
24537 Neumünster
www.sternwarte-nms.de

Neustadt/Weinstraße s. **Bad Dürkheim**

Nordenham
Planetarium
Bahnhofstraße 52
26954 Nordenham
www.sternfreunde-nordenham.de

Norderney
Astronomischer Arbeitskreis Norderney
„Wilhelm Dorenbusch Sternwarte"
Birkenweg 22
26548 Norderney
www.sternwarte-norderney.de

Nürnberg
Regiomontanus-Sternwarte
Nürnberger Astronomische
Arbeitsgemeinschaft e. V.
Regiomontanusweg 1
90491 Nürnberg
www.naa.net

Oberwallis
Astronomische Gesellschaft Oberwallis
Ebnetstr. 12
CH-3982 Bitsch

Oldenburg
Oldenburger Sternfreunde e. V.
Herbartstr. 15
26122 Oldenburg
www.oldenburger-sternfreunde.de

Amateurastronomische Vereinigungen und Privatsternwarten

Osnabrück
Astronomische Arbeitsgemeinschaft/
Naturwissenschaftlicher Verein
Museum am Schölerberg
Am Schölerberg 8
49082 Osnabrück
www.naturwissenschaftlicher-verein-os.de

Paderborn
Volkssternwarte Paderborn e. V.
Im Schlosspark 13
33104 Paderborn
www.vspb.de

Papenburg
Astronomischer Verein der
Volkssternwarte Papenburg e. V.
Wilhelm-Leuschner-Str. 48
26871 Papenburg
www.astronomie-papenburg.de

Papenburger Sternwarte e. V.
Bethlehem rechts 51 b
26871 Papenburg
www.sternwarte-papenburg.de

Passau
Volkssternwarte
Veste Oberhaus 125
94034 Passau
www.Sternwarte-Passau.de

Pfarrkirchen
Sternfreunde Pfarrkirchen-Zeilarn
Johanniskirchen (Sternwarte)
Mahlgassinger Weg 52 c
84347 Pfarrkirchen
www.cosmopan.de

Prince Albert, South Africa
Starfriends of Prince Albert for Celestial
Enjoyment
Astro Tours
Klipstr. 17
6930 Prince Albert
South Africa
www.astrotours.co.za

Regensburg
Verein der Freunde der Volkssternwarte
Regensburg
Ägidienplatz 2
93047 Regensburg
www.sternwarte-regensburg.de

Remscheid
Dr. Hans-Schäfer-Sternwarte
Schützenplatz 2
42853 Remscheid
www.sternwarte-remscheid.de

Riesa
Sternwarte Riesa e. V.
Greizer Str. 2
01587 Riesa
SternwarteRiesa@web.de

Rodewisch
Schulsternwarte und
Planetarium „Sigmund Jähn"
Rützengrüner Str. 41 a
08228 Rodewisch (Vogtland)
www.sternwarte-rodewisch.de

Rostock
Astronomische Station „Tycho Brahe"
Astronomischer Verein Rostock e. V.
Nelkenweg 6
18057 Rostock
www.sternwarte-rostock.de

Rümlang
Sternwarte Rotgrueb Rümlang
Obermattenstr. 9
CH-8153 Rümlang
http://ruemlang.astronomie.ch

Saar
Verein der Amateurastronomen des
Saarlandes e. V. (VAS)
Sternwarte Peterberg
66625 Nohfelden-Eiweiler
www.sternwarte-peterberg.de

Saarlouis
Verein der Astronomiefreunde
Cassiopeia Saarlouis e. V.
Großstr. 37
66740 Saarlouis
www.cassiopeia-saarlouis.de

Salzburg
Salzburger Volkssternwarte
Auer von Welsbach-Str. 22
84489 Burghausen
www.hausdernatur.at/astronomie

Schwanden ob Sigriswil
Sternwarte Planetarium SIRIUS
CH-3657 Schwanden/Sigriswil
www.sternwarte-planetarium.ch

Seewalchen
Astronomischer Arbeitskreis
Salzkammergut +
Sternwarte Gahberg
Sachsenstraße 2
A-4863 Seewalchen
www.astronomie.at

Sohland
Volks- und Schulsternwarte
„Bruno H. Bürgel" Sohland e. V.
Zöllnerweg 12
02689 Sohland
www.sternwarte-sohland.de

Solingen
Walter-Horn-Ges. e. V. Sternwarte
Sternstraße 5
42719 Solingen
www.sternwarte-solingen.de

Stuttgart
Schwäbische Sternwarte
Zur Uhlandshöhe 41
70188 Stuttgart
www.sternwarte.de

Suhl
Volks- und Schulsternwarte
Auf dem Hoheloh 1
98527 Suhl
www.suhler-sternfreunde.de

Tirschenreuth
Gerhard Franz Volkssternwarte
Marienstraße 49
95643 Tirschenreuth
www.sternwarte-tirschenreuth.de

Tornesch
Regionale Volks- und Schulsternwarte
Tornesch e. V.
Klaus Groth-Str. 11
25436 Tornesch
www.sternwarte-tornesch.de

Trebur
Michael Adrian Observatorium
Fichtenstr. 7
65468 Trebur
www.tlt-trebur.de

Trier
Verein Sternwarte Trier e. V.
Laurentius-Zeller-Str. 11
54294 Trier
www.sternwarte-trier.de

Überlingen
Sternwarte Überlingen e. V.
Obere St. Leonhardstr. 45
88662 Überlingen
www.sternwarte-ueberlingen.de

Uitikon
Stiftung Sternwarte Uitikon
Zürcherstr. 59
CH-8142 Uitikon
inderbitzin.a@bluewin.ch

Waghäusel
Astronomiefreunde Waghäusel e. V.
Kettelerstr. 19
68753 Waghäusel
www.afw2000.de.vu

Weikersheim
Astronomische Vereinigung Weikersheim e. V.
Sternwarte Am Karlsberg
97990 Weikersheim
www.sternwarte-weikersheim.de

Weil der Stadt
Johannes-Kepler-Sternwarte
Max-Caspar-Str. 47
71263 Weil der Stadt
www.kepler-sternwarte.de

Wertheim
Johann-Kern-Sternwarte Wertheim e. V.
Am Galgengraben
97877 Wertheim-Reicholzheim

Wien
Astronomischer Jugendclub
Richard Wagner-Platz 2/8
A-1160 Wien

Wiesbaden
Astronomische Gesellschaft Urania e. V.
Volkssternwarte
Bierstadter Str. 47
65189 Wiesbaden

Winterthur
Sternwarte Eschenberg
der AG Winterthur
Breitenstraße 2
CH-8542 Wiesendangen

Wuppertal siehe **Remscheid**

Zollern-Alb siehe **Brittheim**

Zweibrücken
Sternwarte des Naturwissensch. Vereins
FH Campus
Amerikastr. 1
66482 Zweibrücken
www.nawi-zw.de

Überregionale astronomische Amateur-Vereinigungen

Arbeitskreis Meteore e. V.
Mehlbeerenweg 5
14469 Potsdam

Bundesdeutsche Arbeitsgemeinschaft für Veränderliche Sterne e. V. (BAV)
Munsterdamm 90
12169 Berlin
www.bav-astro.de

Österreichischer Astronomischer Verein
Baumgartenstraße 23/4
A-1140 Wien

Schweizerische Astronomische Gesellschaft (SAG)
CH-8200 Schaffhausen
http://sag-sas.ch/

Vereinigung der Sternfreunde e. V. (VdS)
Postfach 1169
64629 Heppenheim
www.sternfreunde.de

Das Verzeichnis erhebt keinen Anspruch auf Vollständigkeit. Weitere Vereinigungen nimmt der Herausgeber gerne auf. Entsprechende Hinweise sende man bitte an:

PLANETARIUM STUTTGART
Willy-Brandt-Straße 25
70173 Stuttgart